Supported by Key Project for the Development of State Facilities and Information Infrastructure for Science and Technology: National Specimen Information Infrastructure (2005DKA21401)
国家科技基础条件平台：标本资源共享平台建设项目（2005DKA21401）资助
国家“十三五”重点图书出版规划项目

Type Specimens in China National Herbarium (PE)

Volume 6

ANGIOSPERMAE(3)

中国国家植物标本馆（PE）模式标本集

第6卷

被子植物门（3）

Institute of Botany, Chinese Academy of Sciences Edit
The editors of this volume LIN Qi and YANG Zhirong

中国科学院植物研究所 编
本卷主编 林 祁 杨志荣

河南科学技术出版社
Henan Science and Technology Press

图书在版编目（CIP）数据

中国国家植物标本馆模式标本集. 第6卷/林祁，杨志荣分册主编；中国科学院植物研究所编. —郑州：河南科学技术出版社, 2015.10（2016.11重印）

ISBN 978-7-5349-7944-6

Ⅰ.①中… Ⅱ.①林… ②杨…③中… Ⅲ.①植物—标本—中国—图集 Ⅳ.①Q94-34

中国版本图书馆CIP数据核字（2015）第224787号

The editors of this volume LIN Qi and YANG Zhirong

Edited by BAN Qin, BI Shuqing, CAO Ziyu, CHEN Shurong, DU Qing, DU Yufen, FU Lianzhong, LI Hongli, LI Qianyun, LIN Qi, LIN Yun, MA Xintang, SUN Miao, SUN Qian, WU Huibing, YANG Zhirong (Names are arranged in alphabetical order)

主　编　林　祁　杨志荣

编著者（以姓氏拼音为序）

班　勤　秘树青　曹子余　陈淑荣　杜　青　杜玉芬　傅连中　李红丽

李倩云　林　祁　林　云　马欣堂　孙　苗　孙　茜　吴慧冰　杨志荣

生物中国总策划：周本庆

出版发行：河南科学技术出版社

地址：郑州市经五路66号　　邮编：450002

电话：（0371）65737028　　65788613

网址：www.hnstp.cn

策划编辑：周本庆　杨秀芳

责任编辑：田　伟

责任校对：李振方

整体设计：张　伟

责任印制：张艳芳

印　　刷：北京盛通印刷股份有限公司

经　　销：全国新华书店

幅面尺寸：240mm×345mm　　印张：74.5　　字数：180千字

版　　次：2015年10月第1版　　2016年11月第2次印刷

定　　价：1200.00元

Introduction

Predecessors of China National Herbarium (abbreviated code PE), Institute of Botany, Chinese Academy of Sciences are the Herbarium, Department of Botany, the Fan Memorial Institute of Biology, Peiping (1928), as well as the Herbarium, Institute of Botany, the National Academy of Peiping (1929). Now PE has developed into the largest herbarium in Asia. The current collections contain more than 2,650,000 specimens in the herbarium, including mosses, ferns, seed plants, seed collections and plant fossil samples. Among them, there are about 20,000 type specimens (holotype, isotype, lectotype, isolectotype, neotype, isoneotype, epitype, isoepitype, paratype, isoparatype, syntype, isosyntype).

Type specimens in this book were produced by selecting the most important type specimen deposited at PE under the same scientific name (species, subspecies, variety and form), and then they were also reviewed and scanned. After compilation, ***Type Specimens in China National Herbarium*** (***PE***) which consists of 14 volumes is completed. The taxa are arranged by family according to the system of ***Flora Bryophytorum Sinicorum and Flora Reipublicae Popularis Sinicae.*** Infra-family taxa are alphabetized by genera, species, subspecies, varieties and forms. The explanation of each taxon is listed in the figure caption with Chinese name, scientific name, original publication, nature of specimen (holotype/ isotype/ lectotype/ isolectotype/ neotype/ isoneotype/ epitype/ isoepitype/ paratype/ isoparatype/ syntype/ isosyntype), type locality (country/ province/ county/ mountain if present), altitude, collection date, collector and collection number. The collector and type locality in this book follow ***Index Herbariorum Sinicorum*** (L. K. Fu, 1993) and ***Gazetteer of China—An Index to the Atlas of the People's Republic of China*** (Chinese Academy of Surveying & Mapping, 1997) respectively.

This book is a very important work for researching and identifying Chinese plants. It could also be used as a reference by plant taxonomists and peple from botanic research institutions, educational institutions and production departments at home and abroad.

Volume 6 of ***Type Specimens in China National Herbarium (PE)*** includes 565 type specimens from Juglandaceae to Urticaceae, comprising 367 holotypes, 141 isotypes, 29 lectotypes, 1 syntype, 3 isosyntypes, 24 paratypes, 2 isoparatypes, and belonging to 7 families, 43 genera, 464 species, 16 subspecies, 86 varieties and 1 forma.

LIN Qi

2014.2

前　言

中国科学院植物研究所国家植物标本馆（缩写代号 PE）的前身是 1928 年成立的北平静生生物调查所植物标本室和 1929 年成立的北平研究院植物研究所标本室，PE 现已发展为亚洲最大的植物标本馆，目前馆藏植物标本 265 万余份，包括苔藓植物标本、蕨类植物标本、种子植物标本、种子标本和植物化石标本，其中模式标本近 2 万份（含主模式、等模式、后选模式、等后选模式、新模式、等新模式、附加模式、等附加模式、副模式、等副模式、合模式、等合模式）。

书中所收录的模式标本是在同一学名下（种、亚种、变种、变型）遴选出一份最重要的馆藏模式标本，经整理并扫描后编撰而成《中国国家植物标本馆（PE）模式标本集》（共 14 卷）。全书各科依据《中国苔藓志》及《中国植物志》系统排列，属、种、亚种、变种、变型的名称按字母顺序排列。每张扫描模式标本相片的图注解释均标注中名、学名、原始文献、模式类型（主模式、等模式、后选模式、等后选模式、新模式、等新模式、附加模式、等附加模式、副模式、等副模式、合模式、等合模式）、采集地点（国名、省名、县名、山名）、海拔、采集时间（年月日）、采集人和采集号。本书中的采集人根据《中国植物标本馆索引》(傅立国，1993) 书写，采集地根据《中国地名录—中华人民共和国地图集地名索引》（国家测绘局地名研究所，1997）书写。

本书是一部研究与鉴定中国植物的重要著作，可供国内外植物分类学者及有关植物学科研、教学和生产部门人员参考。

第 6 卷包括被子植物门双子叶植物纲胡桃科至荨麻科的模式标本，共 567 份，含 367 份主模式、141 份等模式、29 份后选模式、1 份合模式、3 份等合模式、24 份副模式、2 份等副模式，隶属于 7 科、43 属、464 种、16 亚种、86 变种和 1 变型。

林　祁

2014 年 2 月

Contents
目　录

Juglandaceae / 胡桃科 hutaoke ······ 1

Betulaceae / 桦木科 huamuke ······ 7

Fagaceae / 壳斗科 qiaodouke ······ 69

Ulmaceae / 榆科 yuke ······ 211

Rhoipteleaceae / 马尾树科 maweishuke ······ 235

Moraceae / 桑科 sangke ······ 237

Urticaceae / 荨麻科 qianmake ······ 285

Index to Scientific Names / 拉丁学名索引 ······ 575

Index to Chinese Names / 中名索引 ······ 583

Juglandaceae

胡桃科

hutaoke

贵州山核桃 ***Carya kweichowensis*** K. Z. Kuang & A. M. Lu in Acta Phytotax. Sin. 17(2): 43, f. 2. 1979. **Holotype:** China. Guizhou: Anlong, alt. 1 300 m, 1960-06-18, T. S. Chang & Y. T. Chang 5460.

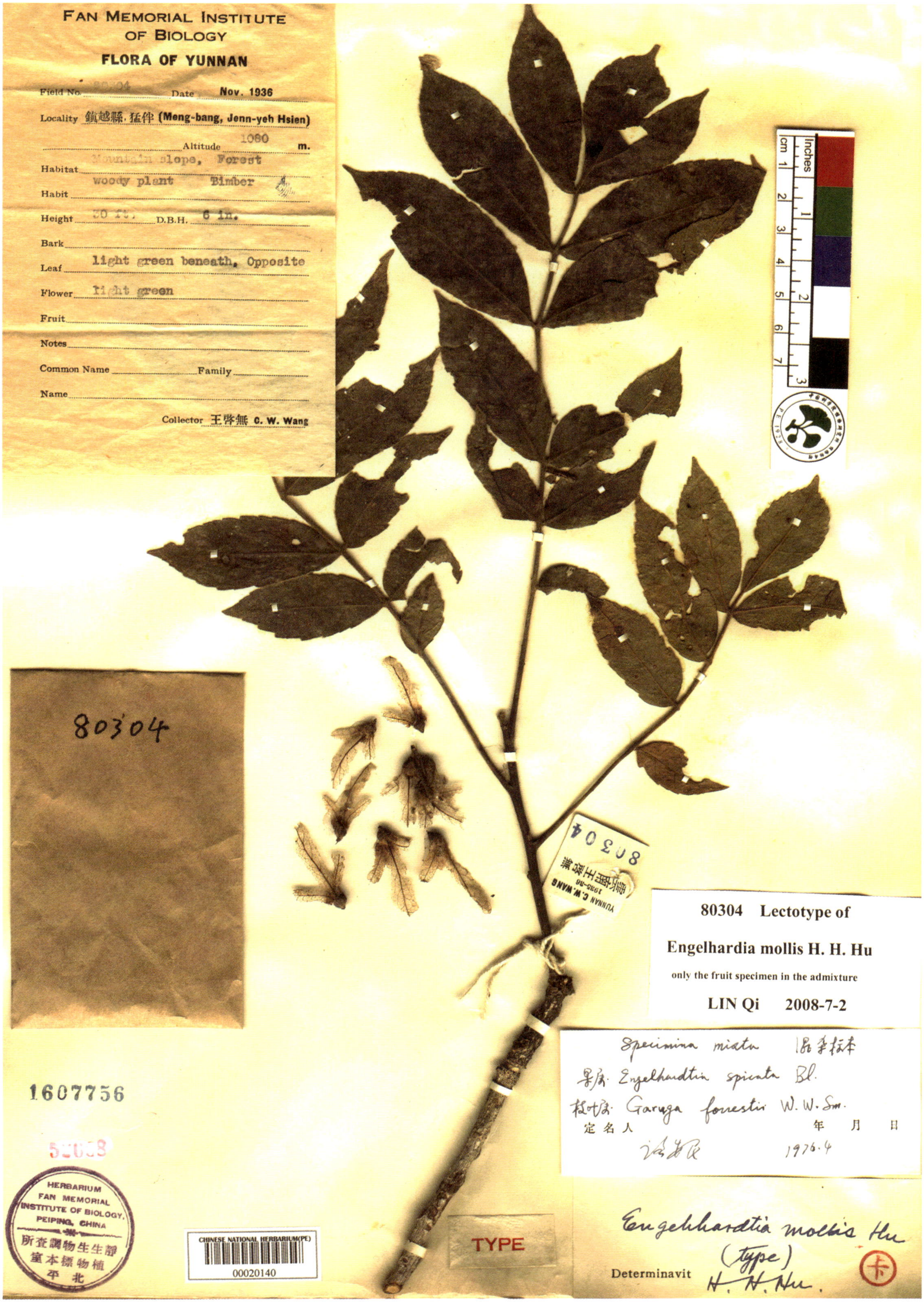

柔毛黄杞 ***Engelhardtia mollis*** Hu in Bull. Fan Mem. Inst. Biol., Bot. Ser. 10: 161. 1940. **Lectotype** (designated by Q. Lin & al. in Acta Bot. Boreal.-Occident. Sin. 29: 175. 2009.): China. Yunnan: Jenn-yeh (=Mengla), alt. 1080 m, 1936-11-??, C. W. Wang 80304.

麻核桃 ***Juglans hopeiensis*** Hu in Bull. Fan Mem. Inst. Biol., Bot. 5(6): 305. 1934. **Holotype:** China. Beijing: Xiakou, 1931-05-24, H. F. Chow 41354.

单叶化香树 ***Platycarya simplicifolia*** G. R. Long in Acta Phytotax. Sin. 28(4): 328, f. 1. 1990. **Holotype:** China. Guangxi: Rongan, alt. 650 m, 1989-05-22, G. R. Long 89003.

三小叶化香树 ***Platycarya simplicifolia*** G. R. Long var. ***terrnata*** G. R. Long in Acta Phytotax. Sin. 28(4): 329. 1990.
Holotype: China. Guangxi: Rongan, alt. 650 m, 1989-05-22, G. R. Long 89004.

Betulaceae

桦木科

huamuke

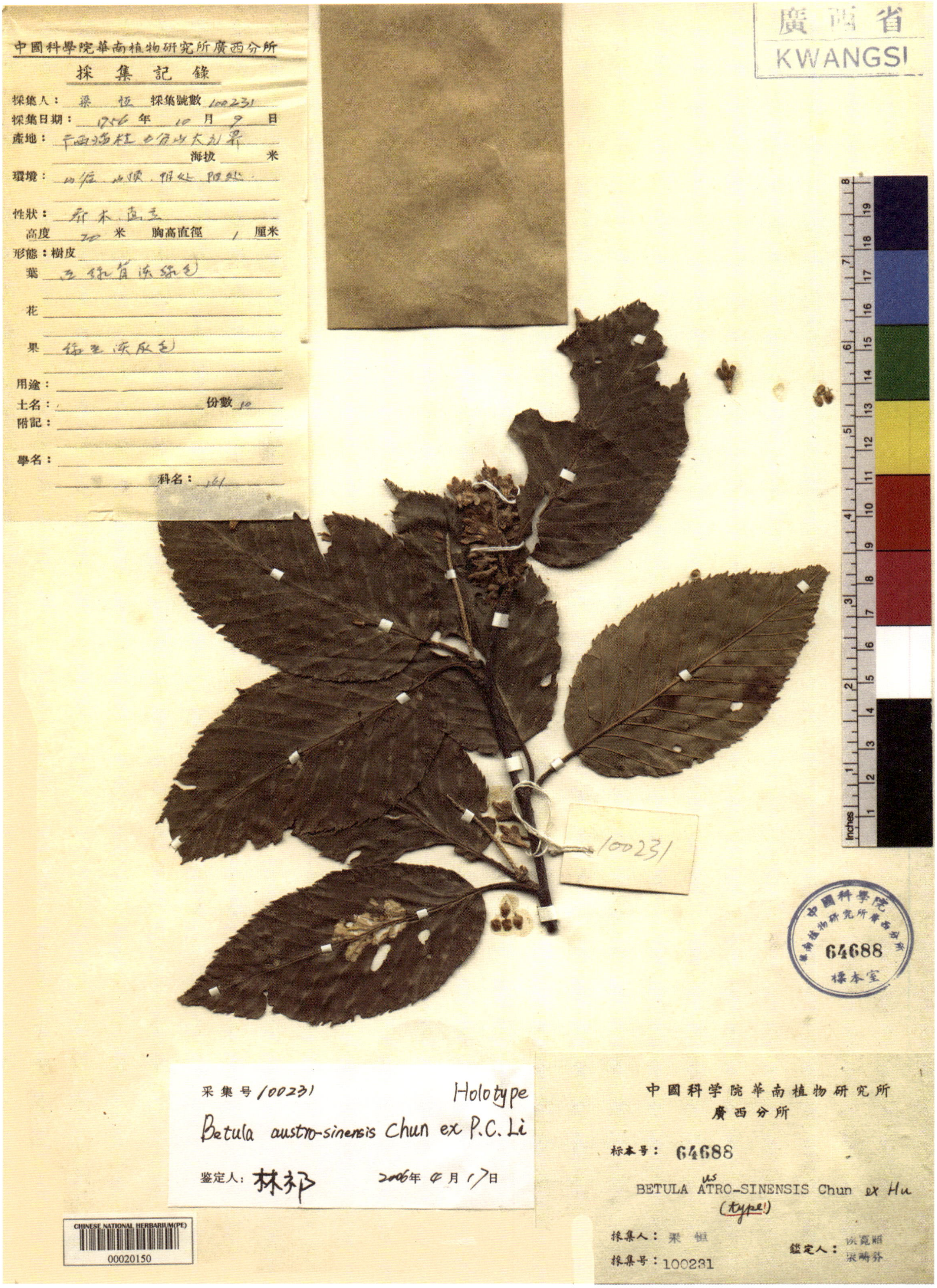

华南桦 ***Betula austro-sinensis*** W. Y. Chun ex P. C. Li in Acta Phytotax. Sin. 17(1): 89. 1979. **Holotype:** China. Guangxi: Lingui, 1956-10-09, H. Liang 100231.

波密桦 ***Betula bomiensis*** P. C. Li, Fl. Xizang. 1: 484, f. 149. 1983. **Lectotype** (designated by K. D. Rushforth in Edinburgh Journ. Bot. 60: 176. 2003.): China. Xizang: Bomi, alt. 3 300 m, 1979-08-??, Y. F. Huang 776, part A.

坚桦 ***Betula chinensis*** Maxim. in Bull. Soc. Nat. Moscou. 54(1): 47. 1879. **Isotype:** China. Beijing: Baihuashan, 1877-07-04, Bretschneider s. n.

丽江高山桦 ***Betula delavayi*** Franch. var. ***forrestii*** W. W. Smith in Notes Bot. Gard. Edinb. 8: 332. 1915. **Isotype:** China. Yunnan: Lijiang, alt. 3 330 m, 1910-05-??, G. Forrest. 5546.

多脉高山桦 ***Betula delavayi*** Franch. var. ***polyneura*** Hu ex P. C. Li in Acta Phytotax. Sin. 17(1): 90. 1979. **Holotype:** China. Yunnan: Lijiang, alt. 2 600 m, 1942-08-18, K. M. Feng 9061.

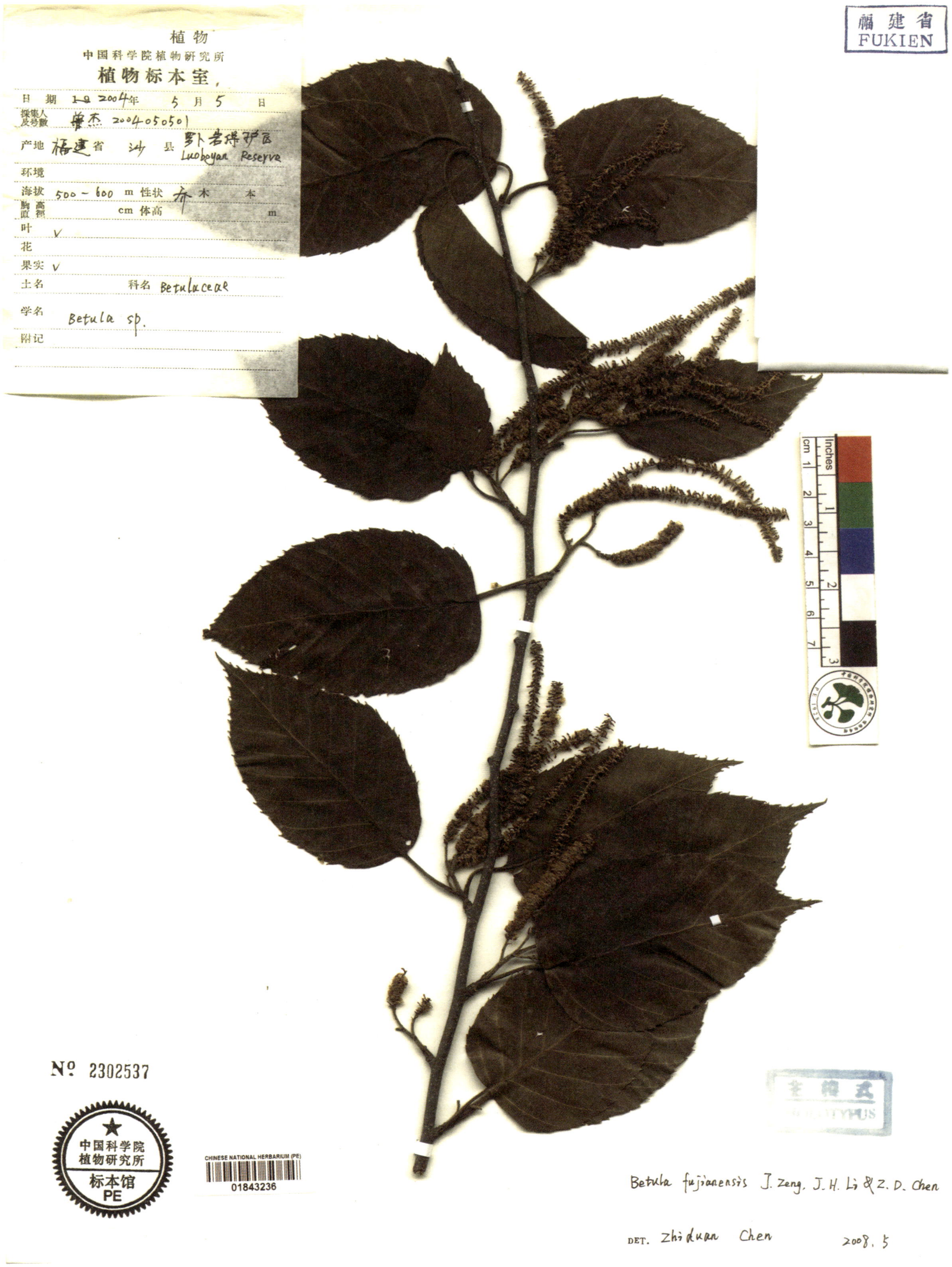

福建桦 ***Betula fujianensis*** J. Zeng, J. H. Li & Z. D. Chen in Bot. Journ. Linn. Soc. 156: 524, f. 1. 2008. **Holotype:** China. Fujian: Sha Xian, alt. 500~600 m, 2004-05-05, J. Zeng 2004050501.

金平桦 ***Betula jinpingensis*** P. C. Li in Acta Phytotax. Sin. 17(1): 89. 1979. **Holotype:** China. Yunnan: Jinping, alt. 2 200 m, 1958-08-04, Y. C. Ngo, Quan (10).

九龙桦 ***Betula jiulungensis*** Hu ex P. C. Li in Acta Phytotax. Sin 17(1): 90. 1979; Q. Lin & Q. Sun in Acta Bot. Boreal.-Occident. Sin. 27(1): 177. 2007. **Holotype:** China. Sichuan: Jiulong, alt. 2 400 m, 1960-10-09, T. S. Ying 4780.

贵州桦 ***Betula kweichowensis*** Hu in Sinensia 3: 88. 1932. **Holotype:** China. Guizhou: Yinjiang, Fanjingshan, alt. 500 m, 1930-12-17, Y. Tsiang 7663.

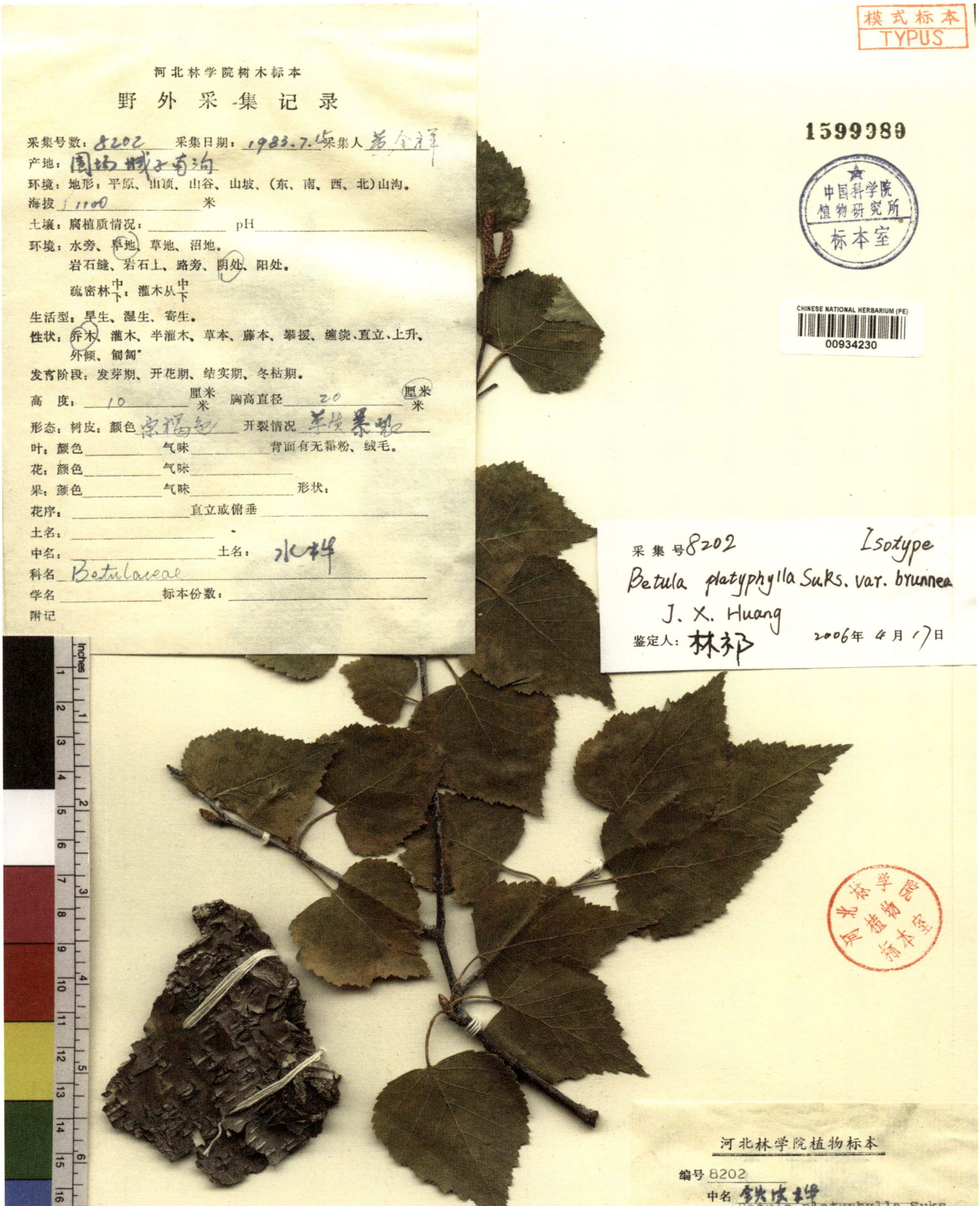

铁皮桦 ***Betula platyphylla*** Suks. var. ***brunnea*** J. X. Huang in Bull. Bot. Res., Harbin 6(2): 125, f. 1986. **Isotype:** China. Hebei: Weichang, alt. 1 100 m, 1983-07-15, J. X. Huang 8202.

峨眉矮桦 ***Betula potaninii*** Batal. var. ***trichogemma*** Hu ex P. C. Li in Acta Phytotax. Sin. 17(1): 91. 1979. **Lectotype** （designated by Q. Lin & al. in Acta Bot. Boreal.-Occident. Sin. 27: 1248. 2007.）: China. Sichuan: Emei, Emeishan, 1938-10-20, T. N. Liou 10530.

菱苞桦 ***Betula rhombibracteata*** P. C. Li in Acta Phytotax. Sin. 17(1): 88. 1979. **Holotype:** China. Yunnan: Dêqên, alt. 2 500 m, 1940-07-20, K. M. Feng 5675.

华南鹅耳枥 ***Carpinus austro-sinensis*** Hu in Sinensia 2: 87. 1931. **Isotype:** China. Guizhou: Anlong, alt. 620 m, 1930-10-22, Y. Tsiang 7470.

滇南鹅耳枥 *Carpinus austro-yunnanensis* Hu in Bull. Fan Mem. Inst. Biol., New Ser. 1 (3): 213. 1949. **Holotype:** China. Yunnan: Xichou, alt. 1 100 m, 1947-10-24, K. M. Feng 12609.

房山鹅耳枥 ***Carpinus chowii*** Hu in Journ. Arn. Arb. 13: 333. 1932. **Holotype:** China. Beijing: Fangshan, alt. 500 m, 1931-10-05, H. F. Chow 41730.

大金鹅耳枥 ***Carpinus daginensis*** Hu in Acta Phytotax. Sin. 9(3): 293. 1964. **Holotype:** China. Sichuan: Dajin, alt. 2 900 m, 1958-05-09, H. Li 77351.

密穗鹅耳枥 ***Carpinus densispica*** Hu in Acta Phytotax. Sin. 9(3): 286. 1964. **Holotype:** China. Yunnan: Dêqên, alt. 2 500~2 800 m, 1940-07-19, K. M. Feng 5618.

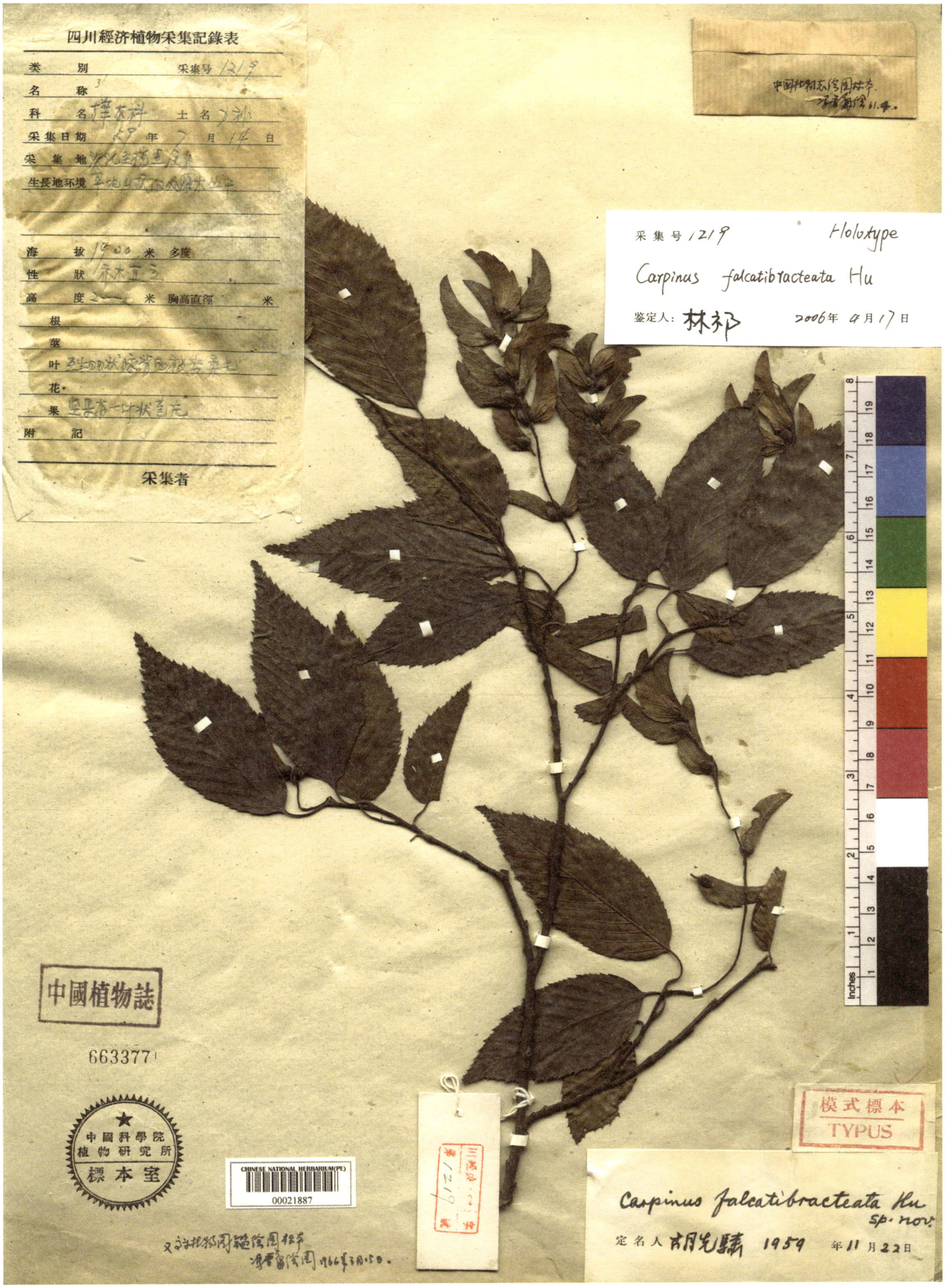

镰苞鹅耳枥 ***Carpinus falcatibracteata*** Hu in Acta Phytotax. Sin. 9(3): 297. 1964. **Holotype:** China. Sichuan: Hongxi, alt. 1 900 m, 1959-07-14, Sichuan Econ. Pl. Exped. 1219.

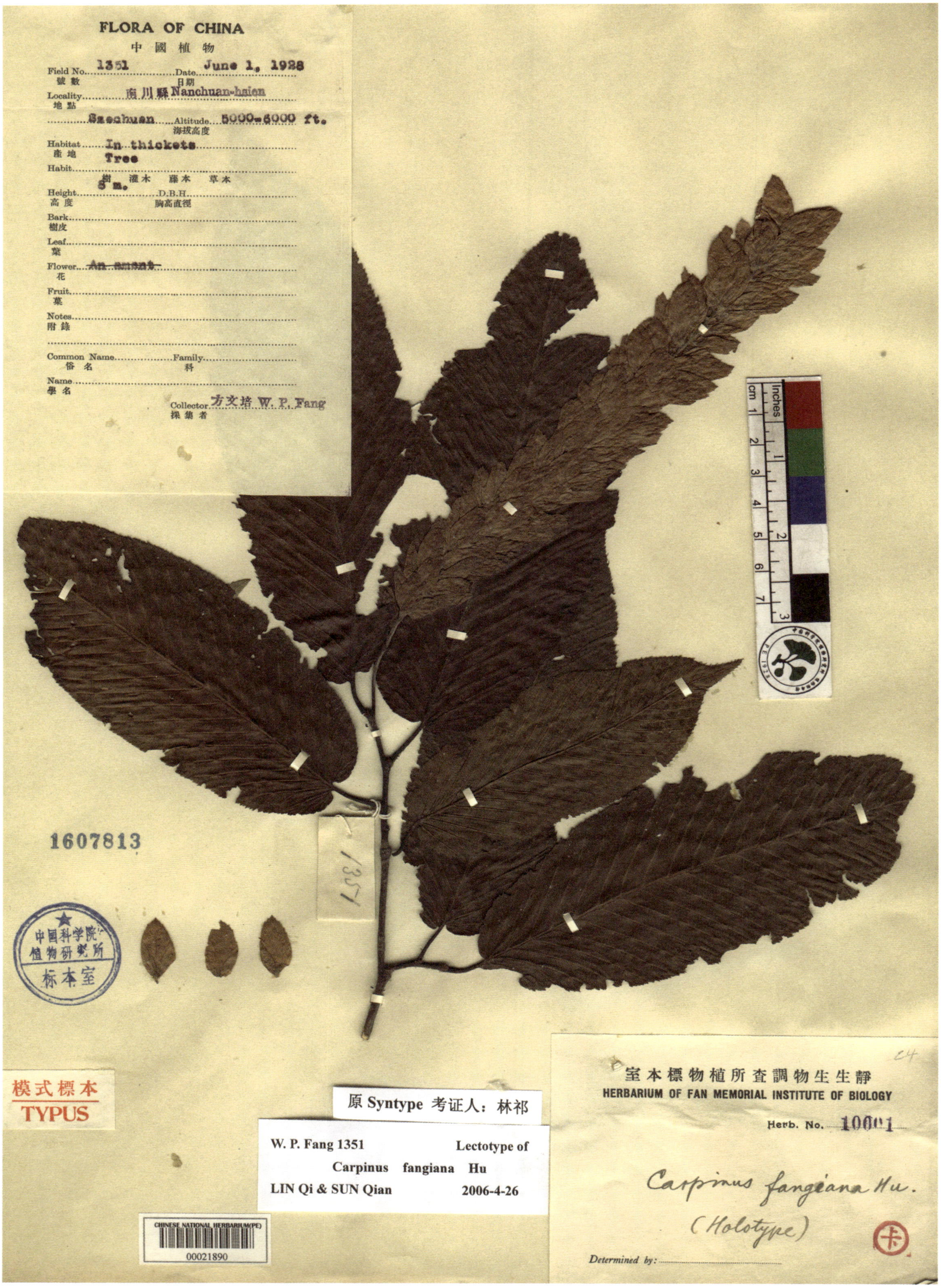

川黔千金榆 ***Carpinus fangiana*** Hu in Journ. Arn. Arb. 10: 154. 1929. **Lectotype** (designated by Q. Lin & al. in Acta Bot. Boreal.-Occident. Sin. 27: 1248. 2007.) : China. Chongqing: Nanchuan, alt. 1 500~1 800 m, 1928-06-01, W. P. Fang 1351.

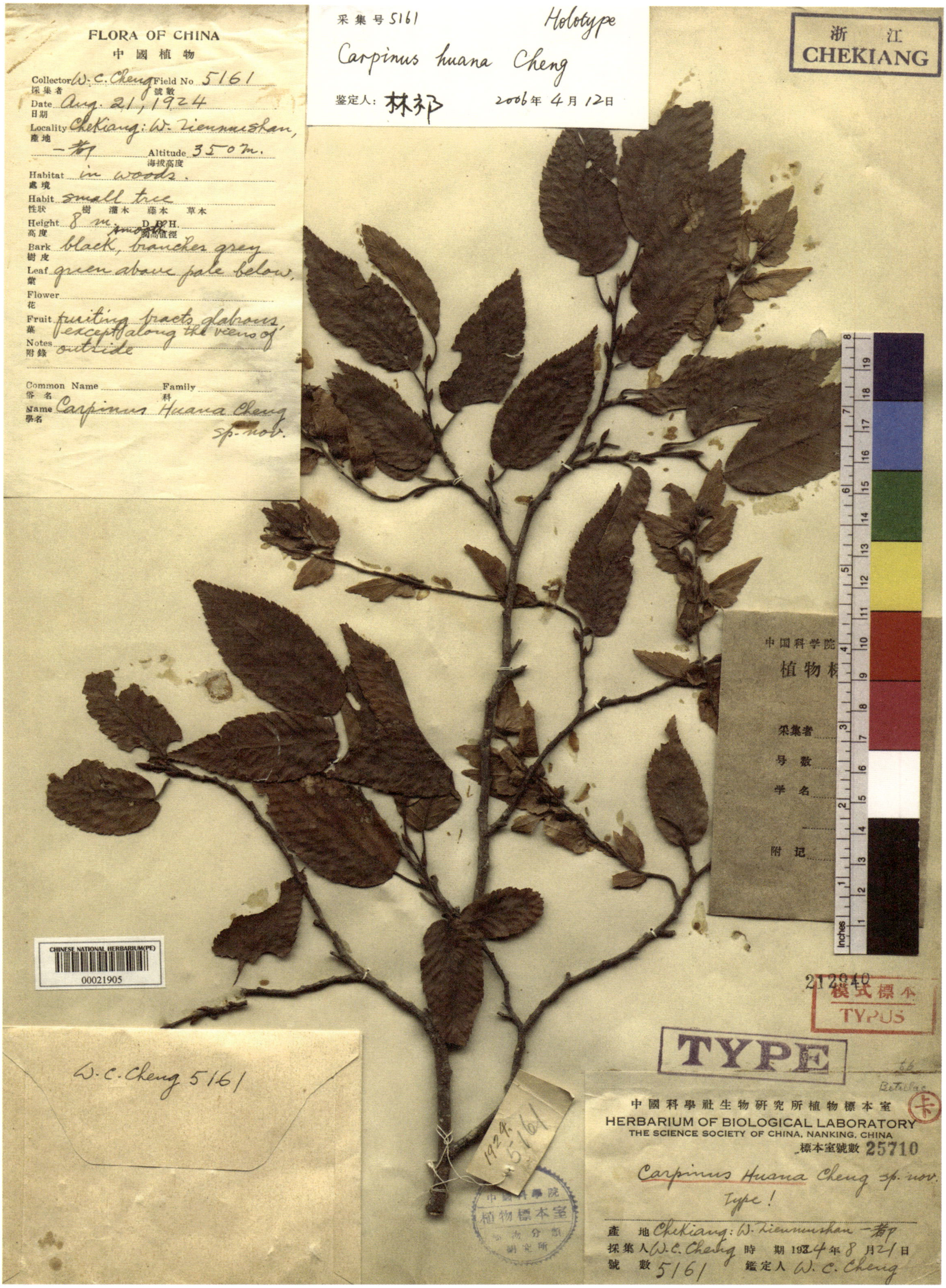

天目山鹅耳枥 ***Carpinus huana*** W. C. Cheng in Contr. Biol. Lab. Sci. Soc. China, Bot. Ser. 9(1): 68, f. 6. 1933. **Holotype:** China. Zhejiang: W Tianmushan, alt. 350 m, 1924-08-21, W. C. Cheng 5161.

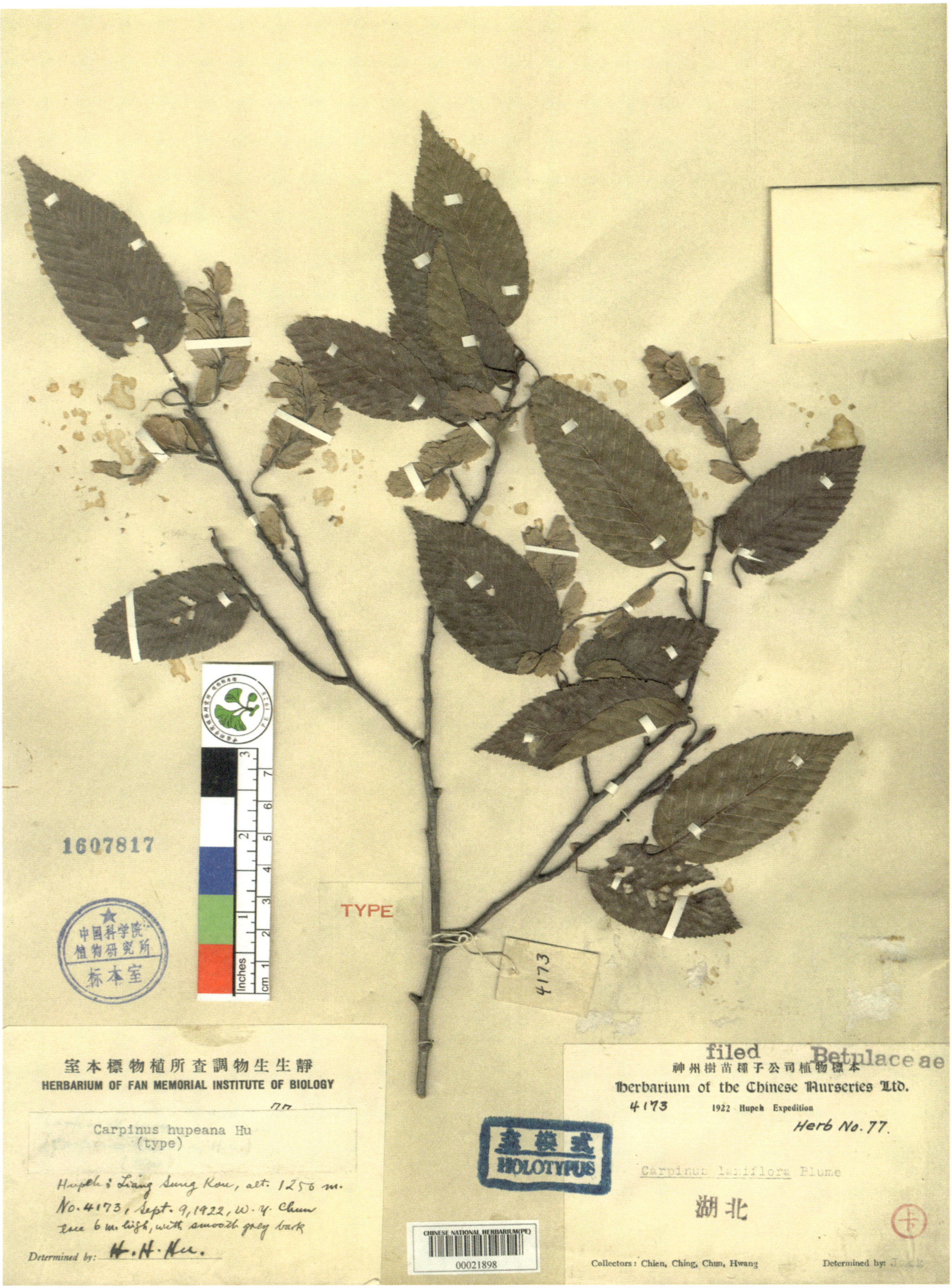

湖北鹅耳枥 ***Carpinus hupeana*** Hu in Sunyatsenis 1: 118. 1933. **Holotype:** China. Hubei: Liang Sung Kou, alt. 1250 m, 1922-09-09, W. Y. Chun 4173.

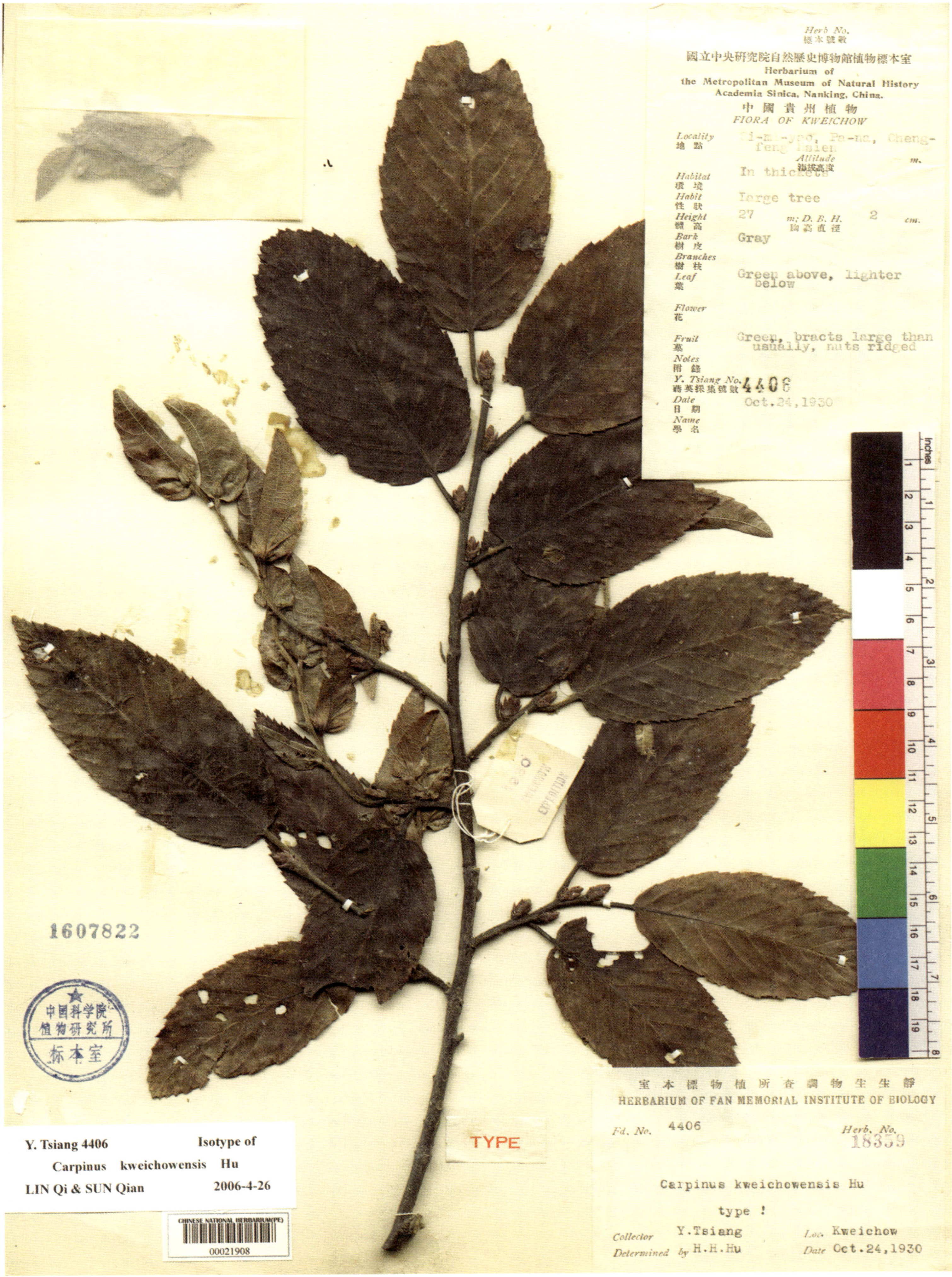

贵州鹅耳枥 ***Carpinus kweichowensis*** Hu in Sinensia 2: 79, f. 1. 1931. **Isotype:** China. Guizhou: Zhenfeng, 1930-10-24, Y. Tsiang 4406.

贵定鹅耳枥 ***Carpinus kweitingensis*** Hu in Sinensia 2: 82, f. 2. 1931. **Isotype:** China. Guizhou: Guiding, alt. 400~550 m, 1930-06-29, Y. Tsiang 5440.

贵阳鹅耳枥 ***Carpinus kweiyangensis*** Hu in Bull. Fan Mem. Inst. Biol., New Ser. 1(2): 187. 1948. **Holotype:** China. Guizhou: Guiyang, Qianlingshan, 1937-10-10, P. C. Tsoong 1118.

披针叶鹅耳枥 ***Carpinus lancilimba*** Hu in Bull. Fan Mem. Inst. Biol., New Ser. 1(2): 185. 1948. **Holotype:** China. Guizhou: Ceheng, 1940-10-28, P. C. Tsoong 1879.

丽江鹅耳枥 ***Carpinus likiangensis*** Hu in Acta Phytotax. Sin. 9(3): 287. 1964. **Lectotype** (designated by Q. Lin & al. in Acta Bot. Boreal. Occident. Sin. 27: 1248. 2007.): China. Yunnan: Lijiang, alt. 2 700 m, 1942-08-18, K. M. Feng 9055.

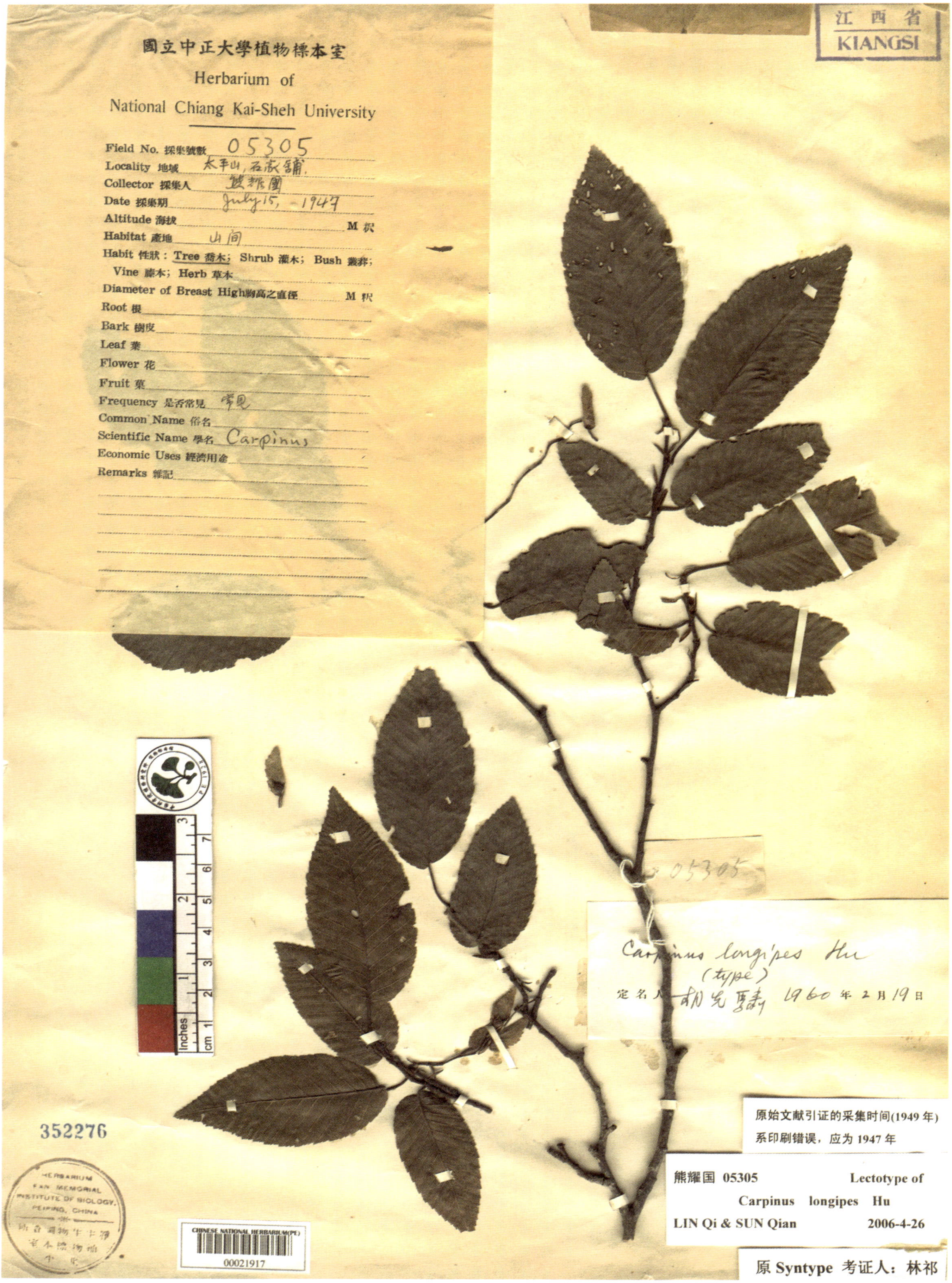

长柄鹅耳枥 ***Carpinus longipes*** Hu in Acta Phytotax. Sin. 9(3): 291. 1964. **Lectotype** (designated by Q. Lin & al. in Acta Bot. Boreal. Occident. Sin. 27: 1248. 2007.): China. Jiangxi: Taipingshan, 1947-07-15, Y. K. Hsiung 05305.

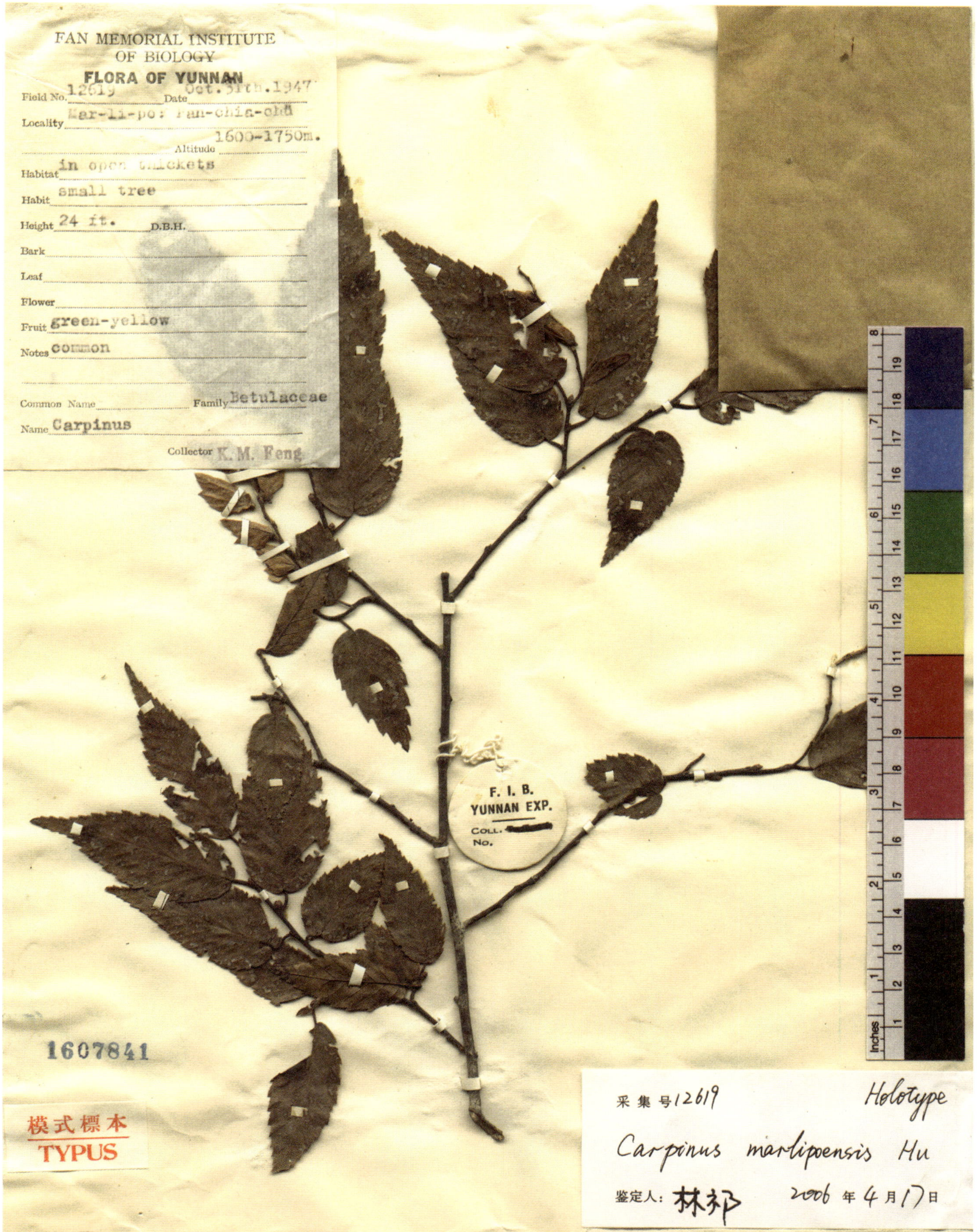

麻栗坡鹅耳枥 ***Carpinus marlipoensis*** Hu in Bull. Fan Mem. Inst. Biol., New Ser. 1(3): 215. 1949. **Holotype:** China. Yunnan: Malipo, alt. 1 600~1 750 m, 1947-10-31, K. M. Feng 12619.

狭叶鹅耳枥 ***Carpinus marlipoensis*** Hu var. ***angustifolia*** Hu in Acta Phytotax. Sin. 9(3): 288. 1964. **Holotype:** China. Yunnan: Xichou, alt. 1 400 m, 1943-05-24, P. C. Tsoong & K. Z. Kuang 426.

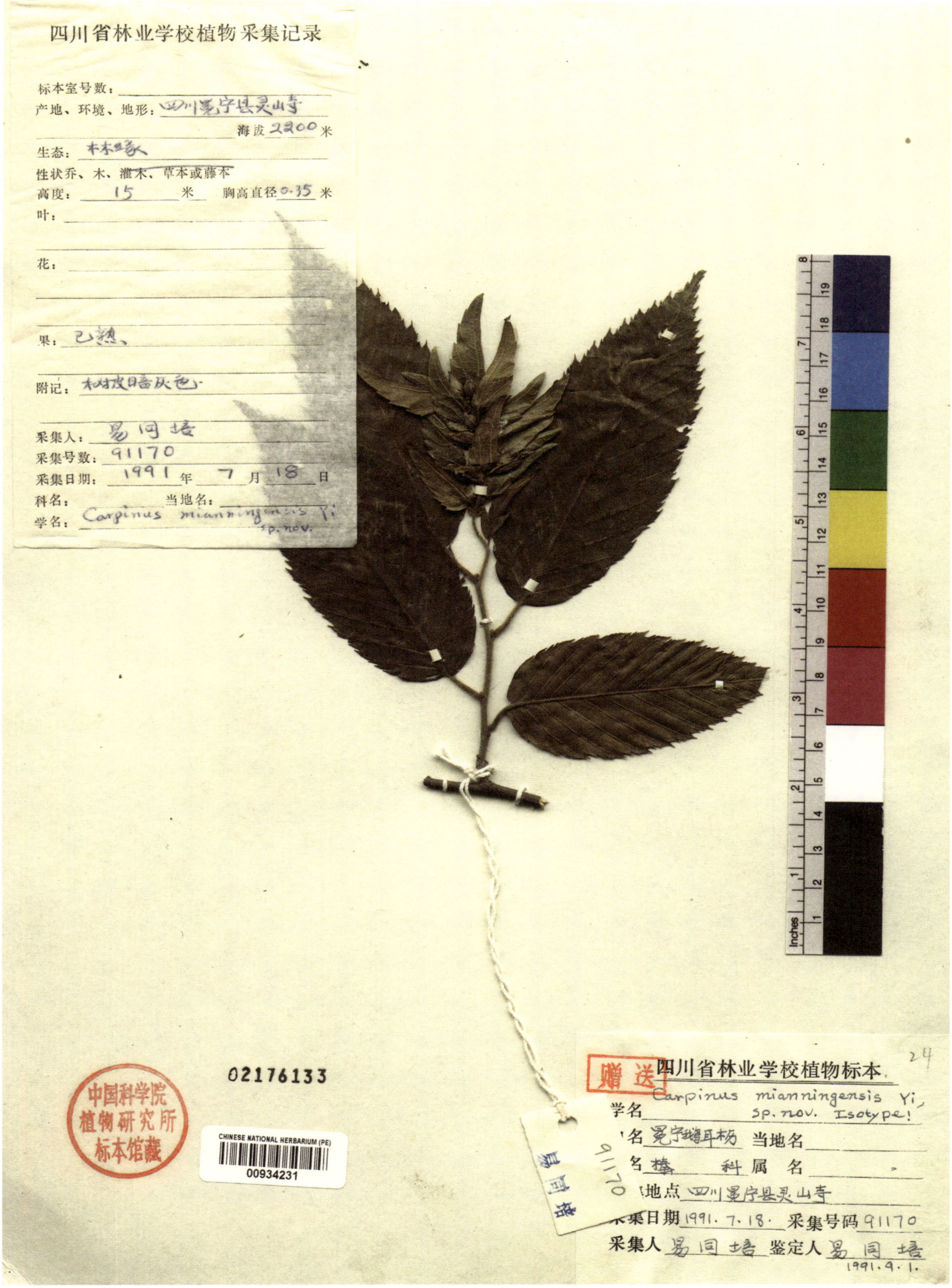

冕宁鹅耳枥 ***Carpinus mianningensis*** T. P. Yi in Bull. Bot. Res., Harbin 12(4): 335, f. 1992. **Isotype:** China. Sichuan: Mianning, alt. 2 200 m, 1991-07-18, T. P. Yi 91170.

软毛鹅耳枥 ***Carpinus mollicoma*** Hu in Bull. Fan Mem. Inst. Biol., New Ser. 1(3): 216. 1949. **Holotype:** China. Yunnan: Xichou, alt. 1 500 m, 1947-09-25, K. M. Feng 12053.

毛叶千金榆 ***Carpinus mollis*** Rehd. in Journ. Arn. Arb. 11: 154. 1930. **Isotype:** China. Sichuan: Songpan, 1928-08-17, W. P. Fang 4245.

维西鹅耳枥 ***Carpinus monbeigiana*** Hand.-Mazz. var. ***weisiensis*** Hu in Acta Phytotax. Sin. 9(3): 285. 1964. **Holotype:** China. Yunnan: Weixi, alt. 2 040 m, 1956-08-24, P. I Mao 00197.

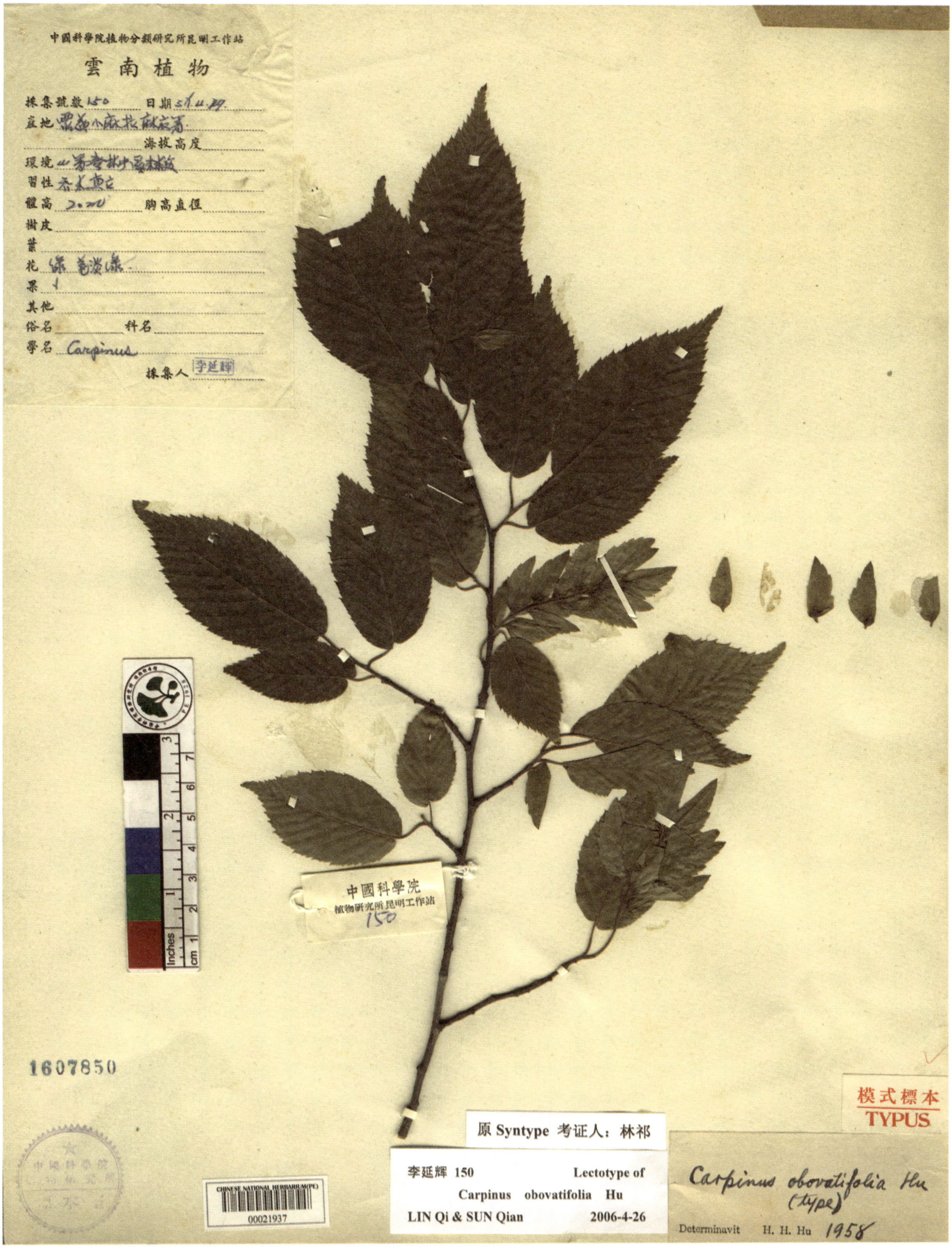

倒卵叶鹅耳枥 ***Carpinus obovatifolia*** Hu in Acta Phytotax. Sin. 9(3): 289. 1964. **Lectotype** (designated by Q. Lin & al. in Acta Bot. Boreal.-Occident. Sin. 27: 1249. 2007.): China. Yunnan: Zhanyi, 1957-04-19, Y. H. Li 150.

峨眉鹅耳枥 ***Carpinus omeiensis*** Hu & W. P. Fang ex Hu in Acta Phytotax. Sin. 9(3): 296. 1964. **Holotype:** China. Sichuan: Emei, Emeishan, alt. 1 900 m, 1957-10-07, G. H. Yang 57490.

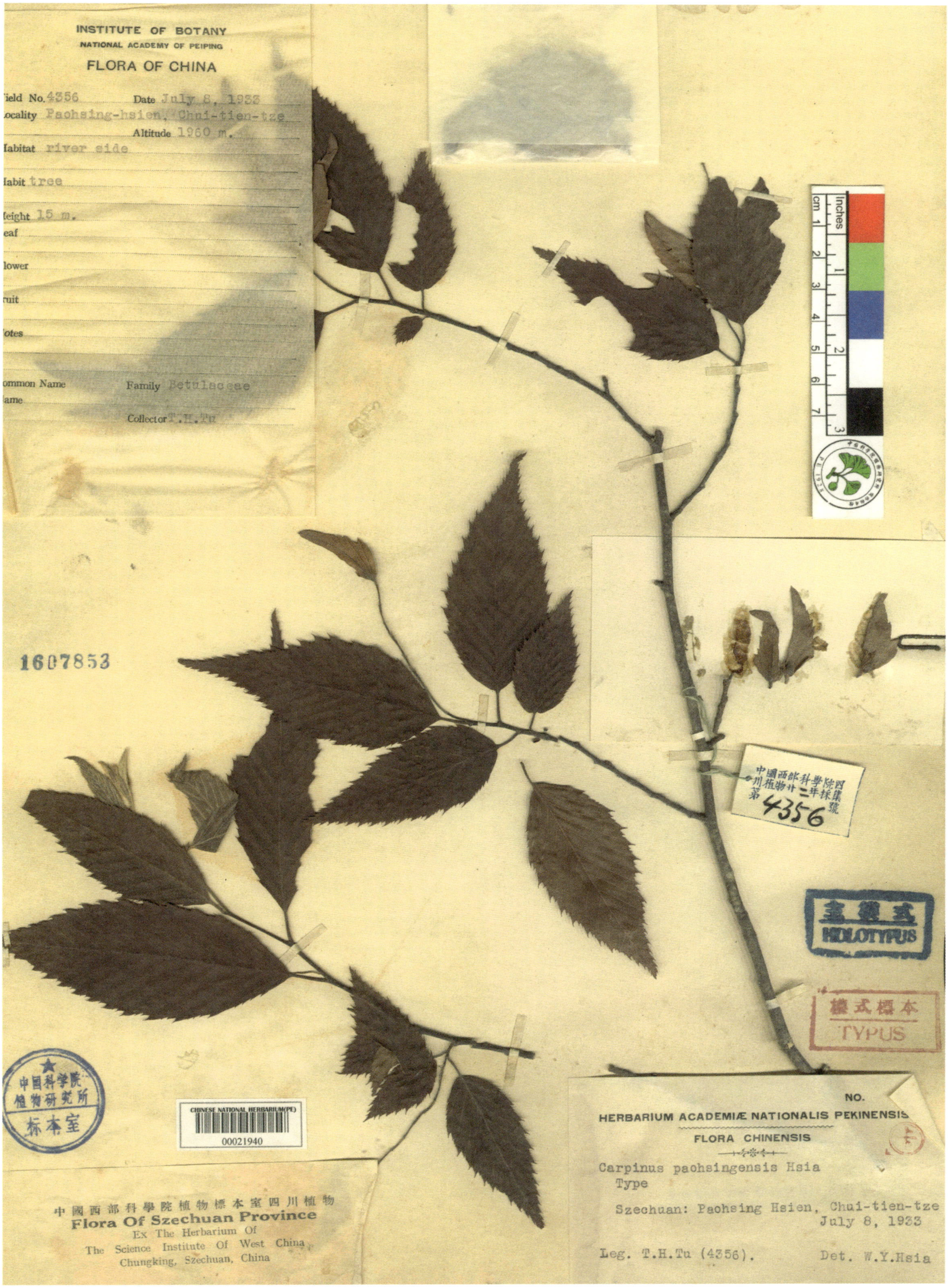

宝兴鹅耳枥 ***Carpinus paohsingensis*** W. Y. Hsia in Contr. Inst. Bot., Nat. Acad. Peiping 2: 179, pl. 13. 1934. **Holotype:** China. Sichuan: Paohsing (=Muping), alt. 1 960 m, 1933-07-08, T. H. Tu 4356.

小鹅耳枥 ***Carpinus parva*** Hu in Acta Phytotax. Sin. 9(3): 292. 1964. **Holotype:** China. Yunnan: Xichou, alt. 1 600 m, 1958-10-17, H. T. Tsai 58-8559.

毛果鹅耳枥 ***Carpinus pilosinucula*** Hu in Bull. Fan Mem. Inst. Biol., New Ser. 1(2): 142. 1948. **Holotype:** China. Guizhou: Anlong, 1940-07-15, P. C. Tsoong 1536.

屏边鹅耳枥 ***Carpinus pingpienensis*** Hu in Bull. Fan Mem. Inst. Biol., New Ser. 1(2): 188. 1948. **Holotype:** China. Yunnan: Pingbian, alt. 1 500 m, 1934-07-18, H. T. Tsai 60994.

普陀鹅耳枥 ***Carpinus putoensis*** W. C. Cheng in Contr. Biol. Lab. Sci. Soc. China, Bot. Ser. 9: 72. 1934. **Holotype:** China. Zhejiang: Putuoshan, 1930-05-15, K. K. Tsoong 94.

陕西鹅耳枥 ***Carpinus shensiensis*** Hu in Bull. Fan Mem. Inst. Biol., New Ser. 1(2): 145. 1948. **Holotype:** China. Shaanxi: Yuan Kwan Tang, 1935-10-15, Y. Y. Pai 2891.

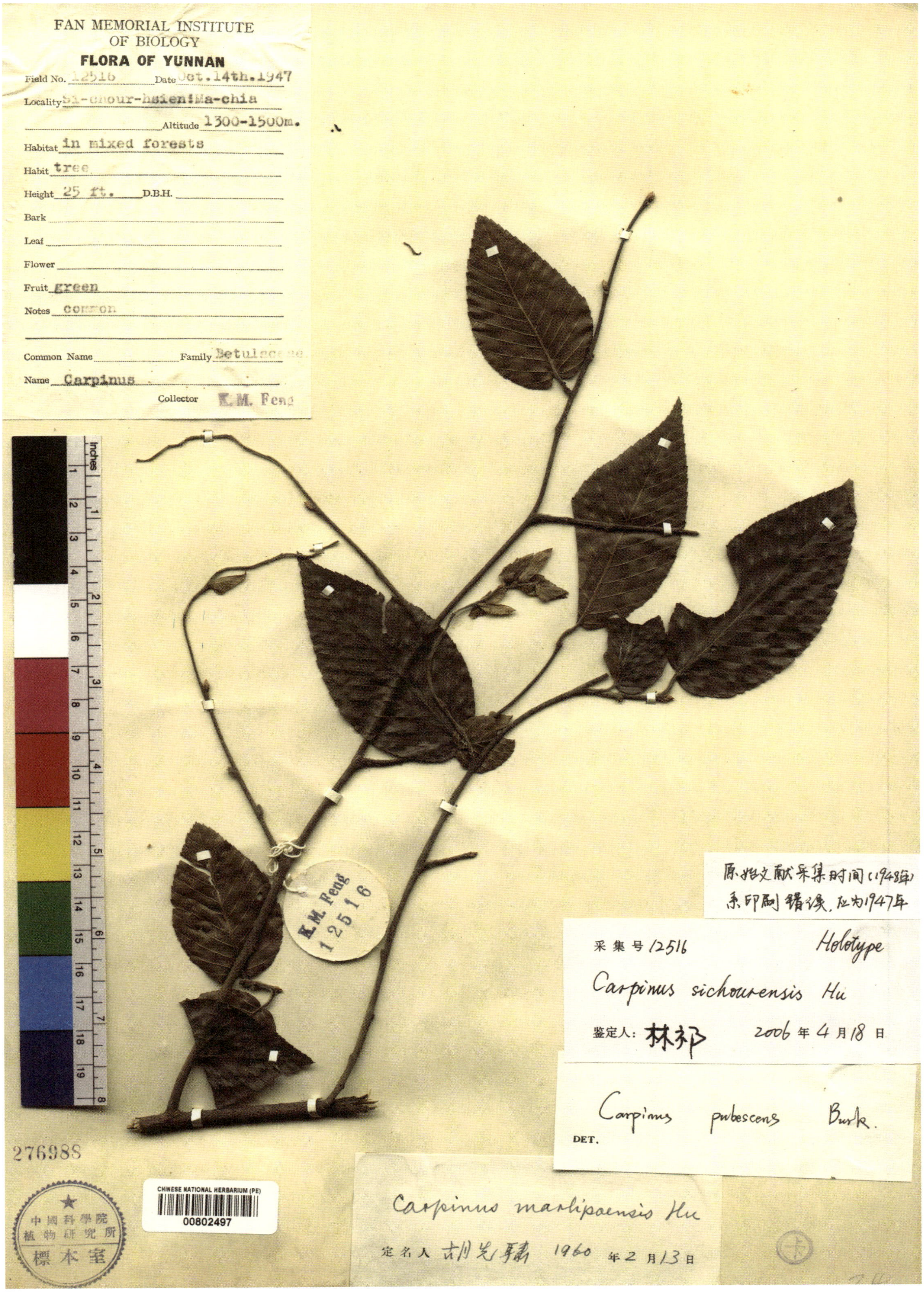

四川鹅耳枥 ***Carpinus sichourensis*** Hu in Bull. Fan Mem. Inst. Biol., New Ser. 1(3): 214. 1949. **Holotype:** China. Yunnan: Xichou, alt. 1 300~1 500 m, 1947-10-14, K. M. Feng 12516.

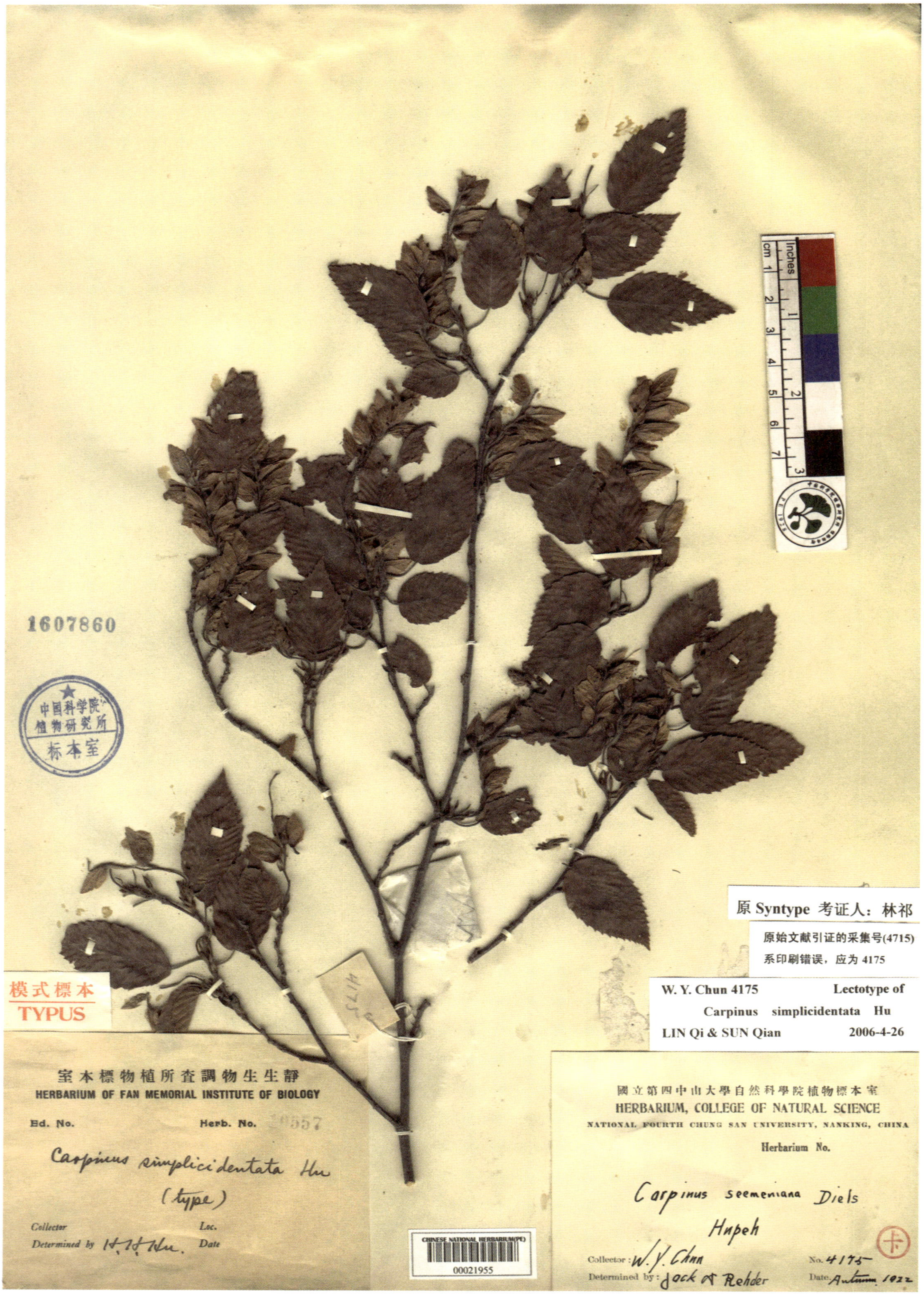

单齿鹅耳枥 ***Carpinus simplicidentata*** Hu in Bull. Fan Mem. Inst. Biol., New Ser. 1(2): 143. 1948. **Lectotype** (designated by Q. Lin & al. in Acta Bot. Boreal.-Occident. Sin. 27: 1249. 2007.): China. Hubei: Chin Tai Po, alt. 2 100 m, 1922-09-02, W. Y. Chun 4175.

德钦鹅耳枥 ***Carpinus tehchingensis*** Hu in Acta Phytotax. Sin. 9(3): 283. 1964. **Holotype:** China. Yunnan: Dêqên, alt. 2 700~2 900 m, 1940-07-18, K. M. Feng 5593.

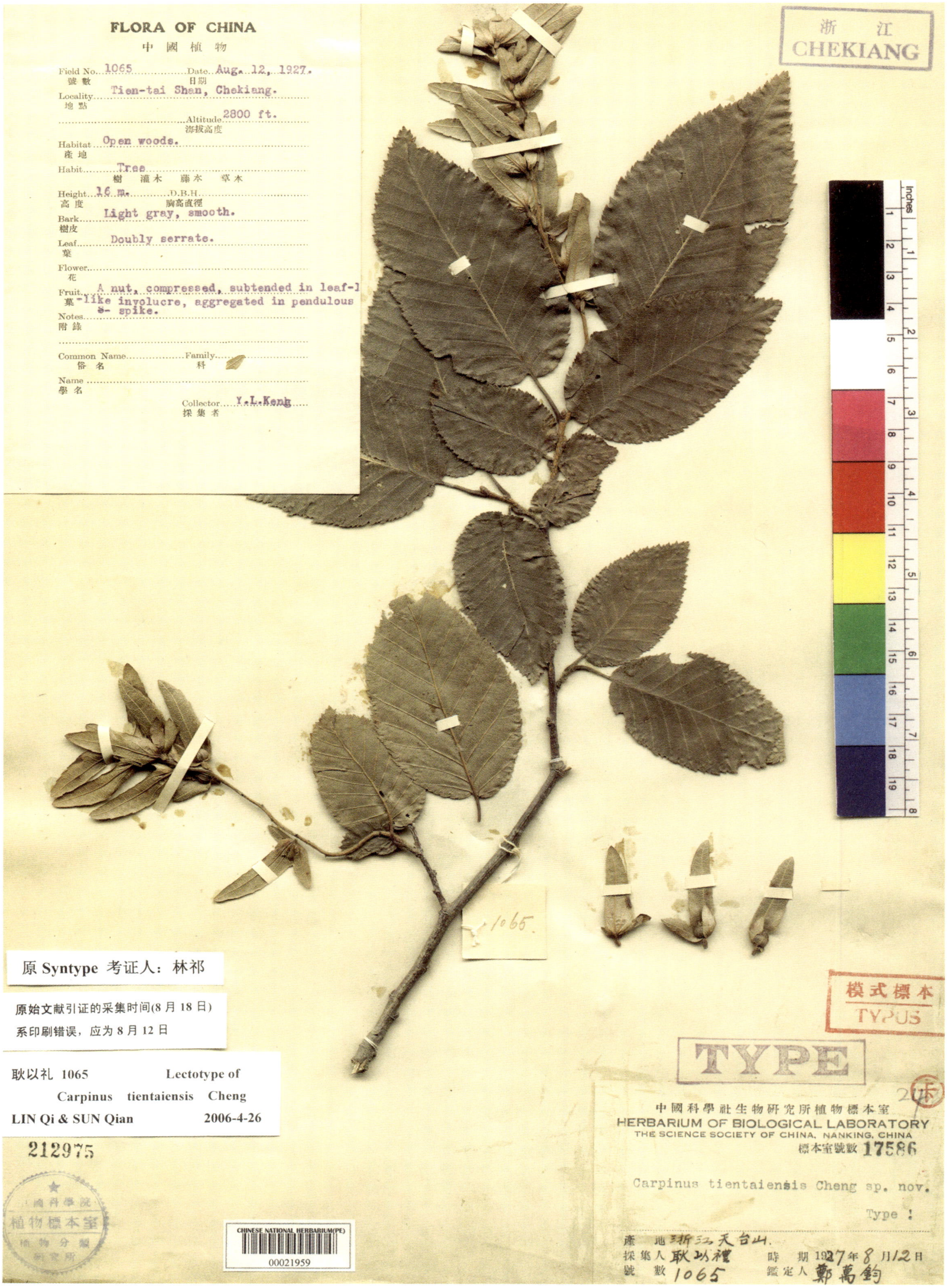

天台鹅耳枥 ***Carpinus tientaiensis*** W. C. Cheng in Contr. Biol. Lab. Sc. Soc. China, Bot. Ser. 8(2): 135, f. 4. 1932. **Lectotype** (designated by Q. Lin & Q. Sun in Acta Bot. Boreal.-Occident. Sin. 27: 178. 2007.): China. Zhejiang: Tiantai, Tiantaishan, alt. 850 m, 1927-08-12, Y. L. Keng 1065.

宽苞鹅耳枥 ***Carpinus tsaiana*** Hu in Bull. Fan Mem. Inst. Biol., New Ser. 1(2): 141. 1948. **Holotype:** China. Yunnan: Pingbian, alt. 1 500 m, 1934-07-07, H. T. Tsai 62398.

昌化鹅耳枥 ***Carpinus tschonoskii*** Maxim. in Bull. Acad. Sci. St. Petersb. 27: 534. 1881. **Lectotype:** (designated by Yun Lin & al. in Bull. Bot. Res., Harbin 35: 6. 2015): Japan. Hakone, 1864-??-??, Tschonoski s. n.

蒋氏鹅耳枥 ***Carpinus tsiangiana*** Hu in Sinensia 2: 90, f. 5. 1931. **Isotype:** China. Guizhou: Ma-an-shan, 1930-07-23, Y. Tsiang 8610.

钟氏鹅耳枥 ***Carpinus tsoongiana*** Hu in Bull. Fan Mem. Inst. Biol., New Ser. 1(2): 186. 1948. **Holotype:** China. Guizhou: Yongcong, 1937-07-26, P. C. Tsoong 1084.

遵义鹅耳枥 ***Carpinus tsunyihensis*** Hu in Acta Phytotax. Sin. 9(3): 296. 1964. **Holotype:** China. Guizhou: Zunyi, alt. 900~1 050 m, 1956-08-17, Sichuan-Guizhou Exped. 973.

桐梓鹅耳枥 ***Carpinus tungtzeensis*** Hu in Sinensia 2: 85, f. 3. 1931. **Isotype:** China. Guizhou: Tongzi, alt. 450 m, 1930-05-26, Y. Tsiang 5111.

长圆叶鹅耳枥 ***Carpinus turczaninowii*** Hance. var. ***oblongifolia*** Hu in Sunyatsenia 1: 115. 1933. **Holotype:** China. Jiangsu: Jurong, Baohuashan, alt. 450 m, 1925-07-23, A. N. Steward 1476.

贡山鹅耳枥 ***Carpinus viminea*** Lindl. var. ***chiukiangensis*** Hu in Acta Phytotax. Sin. 9(3): 282. 1964. **Holotype:** China. Yunnan: Gongshan, Qiujiang, alt. 1 950 m, 1938-07-31, T. T. Yu 19531.

威尔逊鹅耳枥 ***Carpinus wilsoniana*** Hu in Journ. Arn. Arb. 10: 155 1929. **Holotype:** China. Sichuan: Emei, Emeishan, alt. 5 500~6 000 m, 1928-08-09, W. P. Fang 2685.

大果华榛 ***Corylus chinensis*** Franch. var. ***macrocarpa*** Hu in Bull. Fan Mem. Inst. Biol., Bot. 8(1): 32. 1937. **Holotype:** China. Yunnan: Weixi, alt. 3 400 m, 1935-08-??, C. W. Wang 68308.

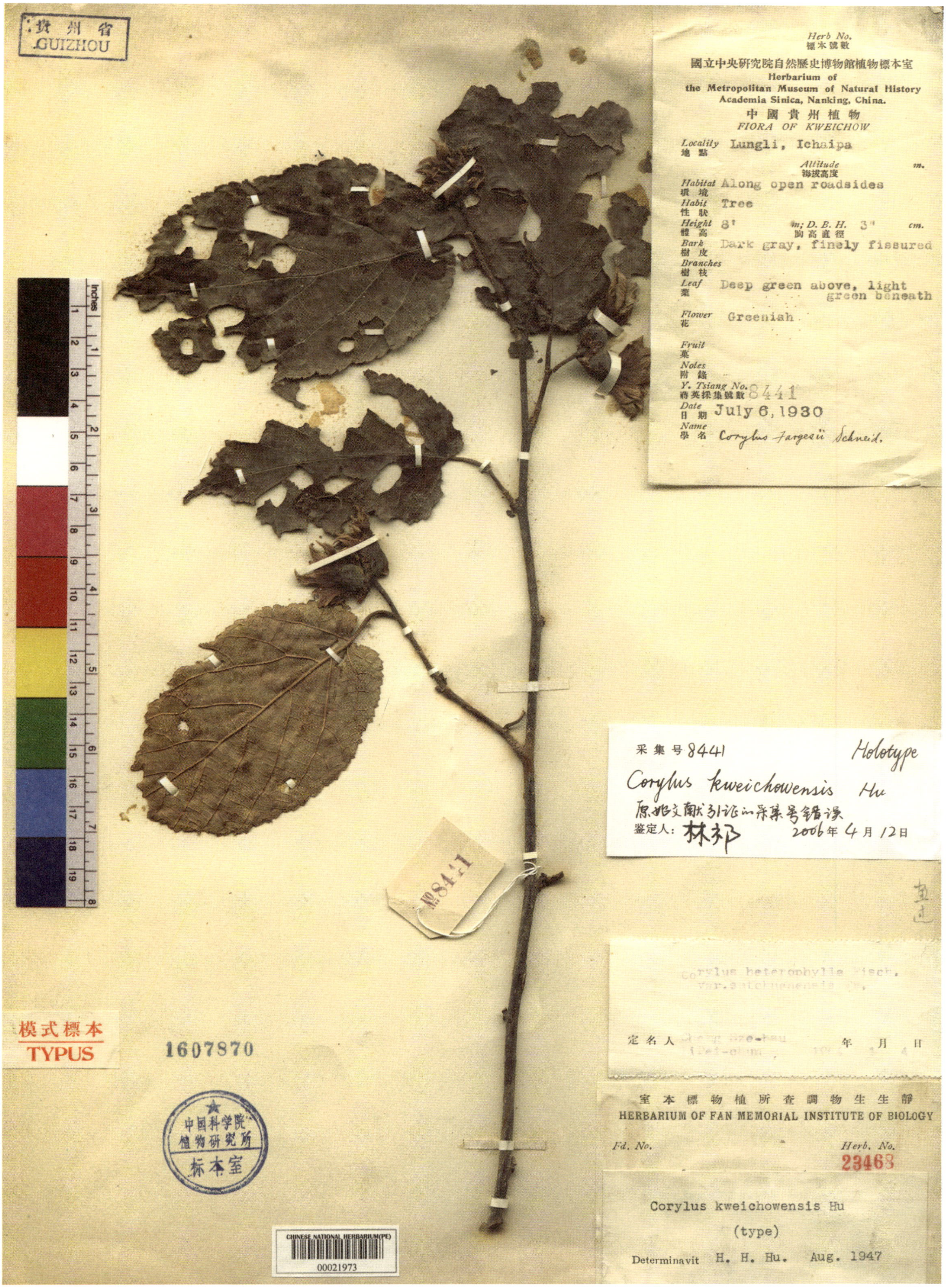

黔榛 ***Corylus kweichowensis*** Hu in Bull. Fan Mem. Inst. Biol., New Ser. 1(2): 149. 1948. **Holotype:** China. Guizhou: Longli, 1930-07-06, Y. Tsiang 8441.

藏刺榛 ***Corylus tibetica*** Batal. in Acta Horti Petrop. 13(7): 102. 1893. **Lectotype**(designated by Yun Lin & al. in Bull. Bot. Res., Harbin 35: 6. 2015): China. Gansu: Tshagon, 1885-07-10, G. N. Potanin s. n.

维西榛 ***Corylus wangii*** Hu in Bull. Fan Mem. Inst. Biol., Bot. 8(1): 31. 1937. **Lectotype**(designated by Q. Lin & al. in Acta Bot. Boreal.-Occident. Sin. 27: 1249. 2007): China. Yunnan: Weixi, alt. 3400 m, 1935-08-??, C. W. Wang 68243.

李氏铁木 ***Ostrya liana*** Hu in Journ. Arn. Arb. 11(1): 50 1930. **Holotype:** China. Hebei: Eastern Tomb, 1929-09-15, C. F. Li 3.

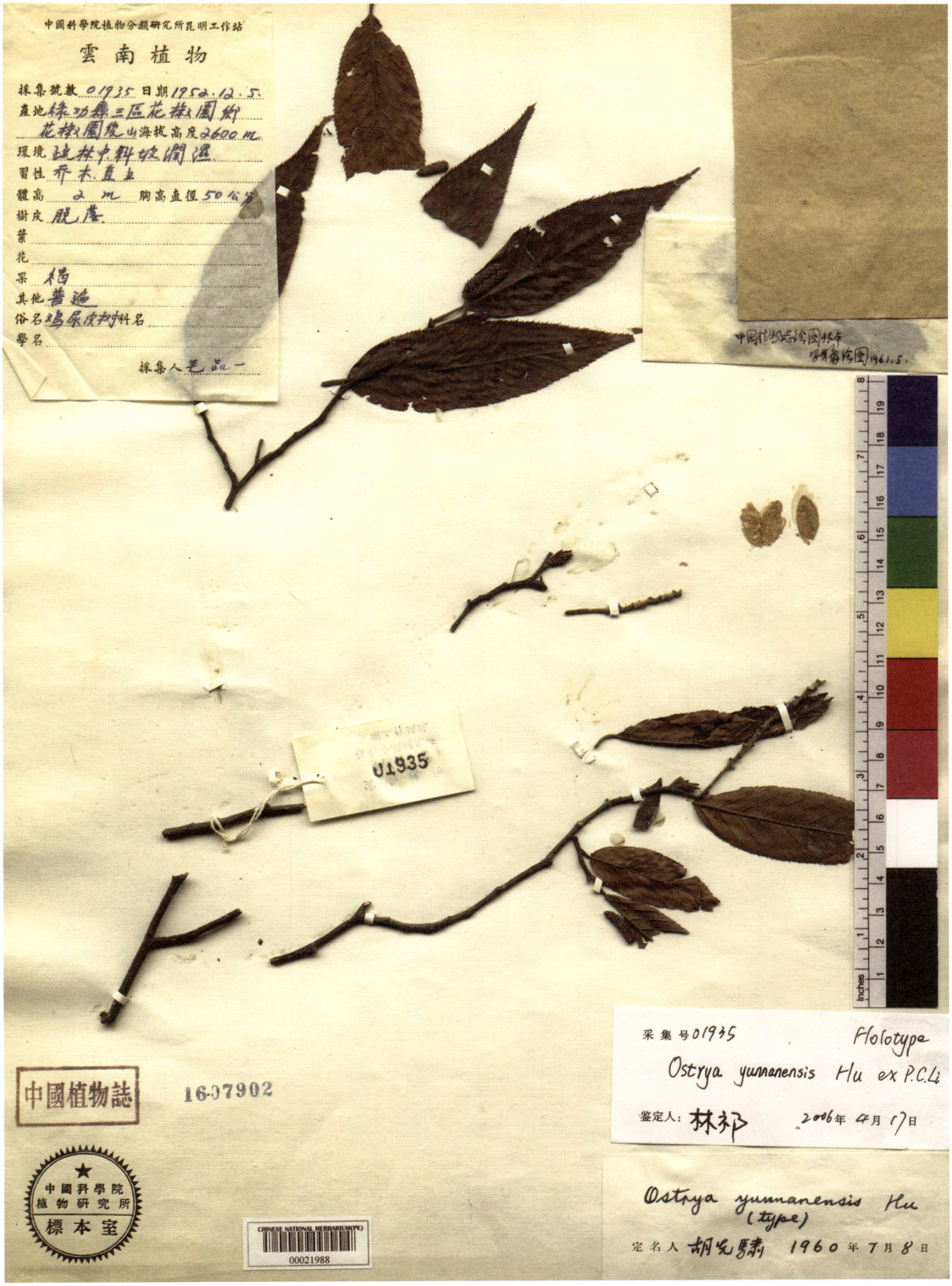

云南铁木 ***Ostrya yunnanensis*** Hu in Acta Phytotax. Sin. 17(1): 87. 1979. **Holotype:** China. Yunnan: Luquan, alt. 2 600 m, 1952-12-05, P. I Mao 01935.

Fagaceae

壳斗科

qiaodouke

南宁栲 ***Castanopsis amabilis*** W. C. Cheng & C. S. Chao in Sci. Silv. 8(1): 5, 8(2): 187. 1963. **Isoparatype:** China. Guangxi: Nanning, alt. 870 m, 1928-11-04, R. C. Ching 8393.

短刺南宁栲 ***Castanopsis amabilis*** W. C. Cheng & C. S. Chao var. ***brevispinosa*** W. C. Cheng & C. S. Chao in Sci. Silv. 8(2): 187. 1963. **Isotype:** China. Guangxi: Nanning, alt. 830 m, 1928-10-20, R. C. Ching 8049.

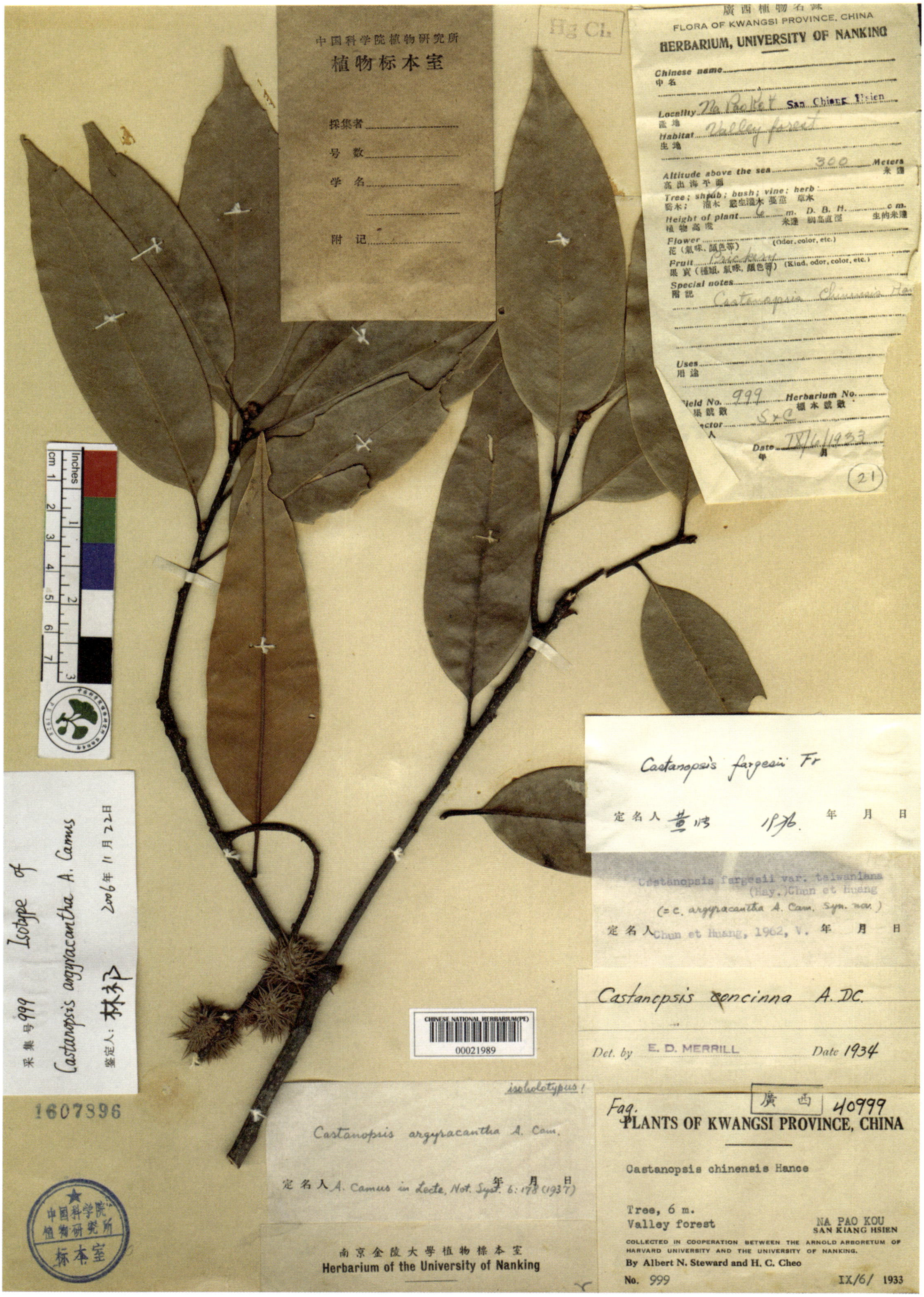

银白刺栲 ***Castanopsis argyracantha*** A. Camus in Not. Syst. 6: 178. 1937. **Isotype:** China. Guangxi: San Kiang (=Sanjiang), alt. 300 m, 1933-09-06, Na Pao Kou 999.

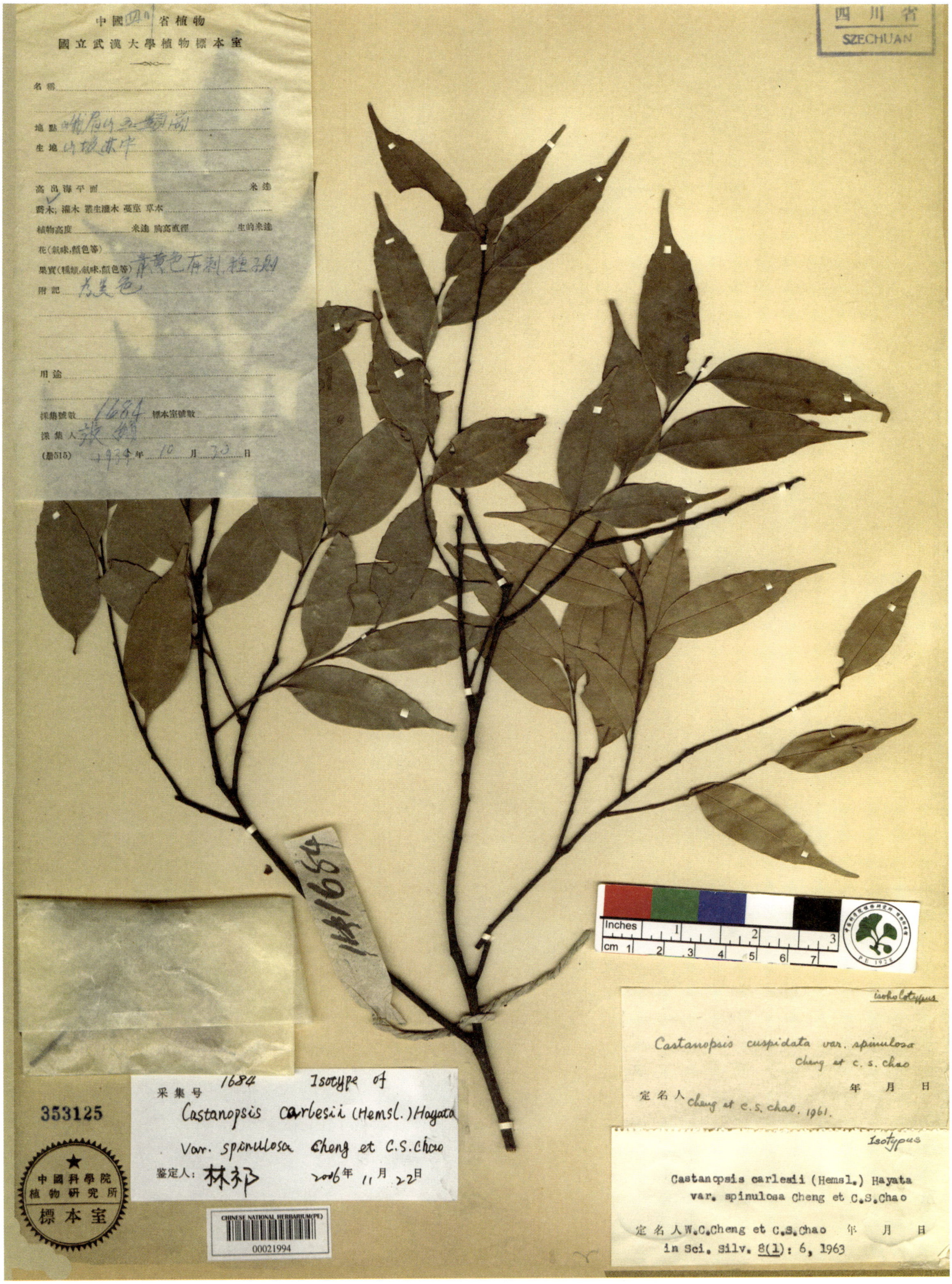

西南米槠 ***Castanopsis carlesii*** (Hemsl.)Hayata var. ***spinulosa*** W. C. Cheng & C. S. Chao in Sci. Silv. 8(1): 6. 1963.
Isotype: China. Sichuan: Emei, Emeishan, 1939-10-30, K.Chang 1684.

陈氏栲树 ***Castanopsis chuniana*** W. P. Fang, Icon. Pl. Omei. 2(1): pl. 116. 1945. **Isotype:** China. Sichuan: Xingjing, 1939-06-14, C. W. Yao 3564.

厚皮丝栗 ***Castanopsis chunii*** W. C. Cheng in Sci. Silv. 8(1): 5. 1963. **Paratype:** China. Guangdong: Ruyuan,1936-10-14, Y. Li 2083.

密刺栲 ***Castanopsis densispinosa*** Y. C. Hsu & H. W. Jen. in Acta Phytotax. Sin. 13(4): 16. 1975. **Isotype:** China. Yunnan: Jinping, alt. 1 700 m, 1974-??-??, H. W. Jen 74935 .

佛海栲 ***Castanopsis fohaiensis*** Hu in Bull. Fan Mem. Inst. Biol., Bot. Ser. 10: 91. 1940. **Holotype:** China. Yunnan: Fohai (=Menghai), alt. 1 800 m, 1936-07-??, C. W. Wang 77245.

圆芽锥 ***Castanopsis globigemmata*** Chun & C. C. Huang ex C. C. Huang & Y. T. Chang in Guihaia 10(1): 1. 1990 & 16(4): 300. 1996. **Isotype:** China. Yunnan: Pingbian, alt. 1420 m, 1954-10-22, K. M. Feng 05144.

川鄂丝栗 ***Castanopsis hupehensis*** C. S. Chao in Sci. Silv. 8(2): 187. 1963. **Isotype:** China. Hubei: Lichuan, alt. 975 m, 1948-09-22, W. C. Cheng & C. T. Hwa 1012.

贵州锥 ***Castanopsis kweichowensis*** Hu in Bull. Fan Mem. Inst. Biol., New Ser. 1(3): 221. 1949. **Holotype:** China. Guizhou: Dushan, alt. 530 m, 1930-08-26, Y. Tsiang 6718.

澜沧栲 ***Castanopsis lantsangensis*** Hu in Bull. Fan Mem. Inst. Biol., New Ser. 1(3): 229. 1949. **Holotype:** China. Yunnan: Lancang, alt. 2200 m, 1936-05-??, C. W. Wang 76817.

罗浮锥栗 ***Castanopsis lohfauensis*** Hu in Bull. Fan Mem. Inst. Biol., New Ser. 1(3): 224. 1949. **Holotype:** China. Guangdong: Boluo, Luofushan, 1922-08-30, W. T. Tsang 9942.

长穗锥栗 ***Castanopsis longispicata*** Hu in Bull. Fan Men. Inst. Biol., Bot. Ser. 10: 86. 1940. **Holotype:** China. Yunnan: Jinghong, Xiaomengyang, alt. 1200 m, 1936-09-??, C. W. Wang 75883.

龙陵锥栗 ***Castanopsis lunglingensis*** Hu in Bull. Fan Mem. Inst. Biol., New Ser. 1(3): 224. 1949. **Holotype:** China. Yunnan: Longling, alt. 1 500 m, 1941-08-??, C. W. Wang 89914.

长穗锥栗 ***Castanopsis macrostachys*** Hu in Acta Phytotax. Sin. 1(1): 105. 1951. **Holotype:** China. Yunnan: Malipo, alt.1 000 m, 1940-02-03, C. W. Wang 86647.

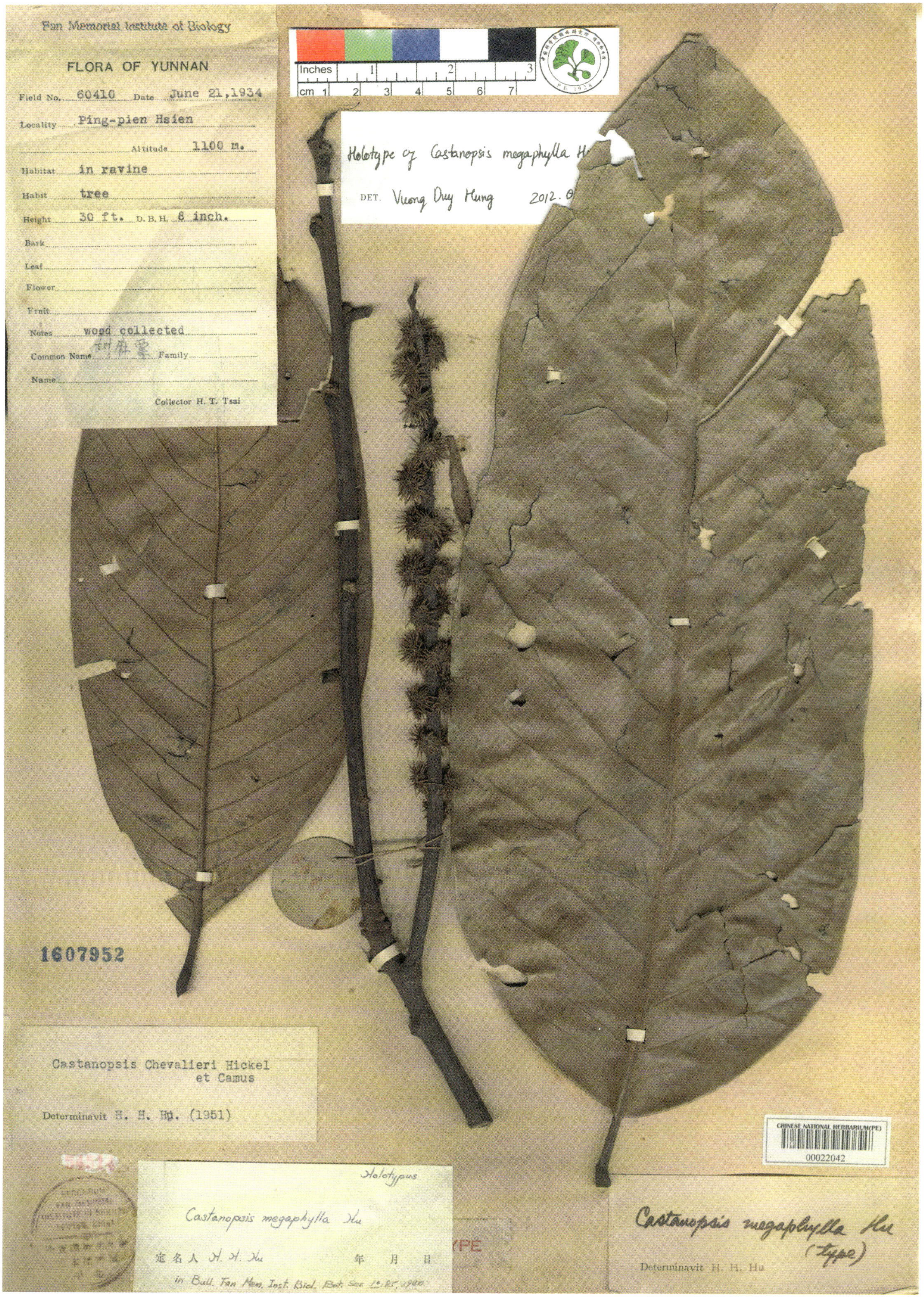

大叶锥栗 ***Castanopsis megaphylla*** Hu in Bull. Fan Mem. Inst. Biol., Bot. Ser. 10(2): 85. 1940. **Holotype:** China. Yunnan: Pingbian, alt. 1 100 m, 1934-06-21, H. T. Tsai 60410.

西畴大叶锥 ***Castanopsis megaphylla*** Hu in Bull. Fan Mem. Inst. Biol., New Ser. 1(3): 225. 1948. **Holotype:** China. Yunnan: Xichou, alt. 1 500~1 600 m, 1947-09-20, K. M. Feng 11935.

涠公锥 ***Castanopsis mekongensis*** A. Camus in Bull. Soc. Bot. France 85: 653. 1938. **Paratype:** Laos. Nam Ma Oun, 1936-05-21, M. Poilane 26308.

缅宁锥栗 ***Castanopsis mianningensis*** Hu in Acta Phytotax. Sin. 1(2): 140. 1951. **Holotype:** China. Yunnan: Lincang, alt. 2650 m, 1938-10-05, T. T. Yu 17910.

小果锥 ***Castanopsis microcarpa*** Hu in Bull. Fan Mem. Inst. Biol., New Ser. 1(3): 222. 1949. **Holotype:** China. Yunnan: Shunning (=Fengqing), alt. 2000 m, 1938-09-11, T. T. Yu 17624.

黑叶锥 ***Castanopsis nigrescens*** Chun & C. C. Huang ex C. C. Huang & Y. T. Chang in Guihaia 10(1): 4. 1990 & 16(4): 301. 1996. **Isotype:** China. Jiangxi: Dingnan, Z. B. Yang & J. Yao 2316.

南宁红锥 ***Castanopsis oblongifolia*** W. C. Cheng & C. S. Chao in Sci. Silv. 8(2): 186. 1963. **Isotype:** China. Guangxi, Precise locality not known, 1928-10-28, R. C. Ching 8298.

疏齿锥 ***Castanopsis remotidenticulata*** Hu in Acta Phytotax. Sin. 1(1): 104. 1951. **Holotype:** China. Yunnan: Wenshan, alt. 1 800~2 200 m, 1947-08-12, K. M. Feng 11140.

广西疏齿锥 ***Castanopsis remotiserrata*** Hu in Bull. Fan Mem. Inst. Biol., New Ser. 1(3): 228. 1949. **Isotype:** China. Guangxi: Precise locality not known, Anonymous 43.

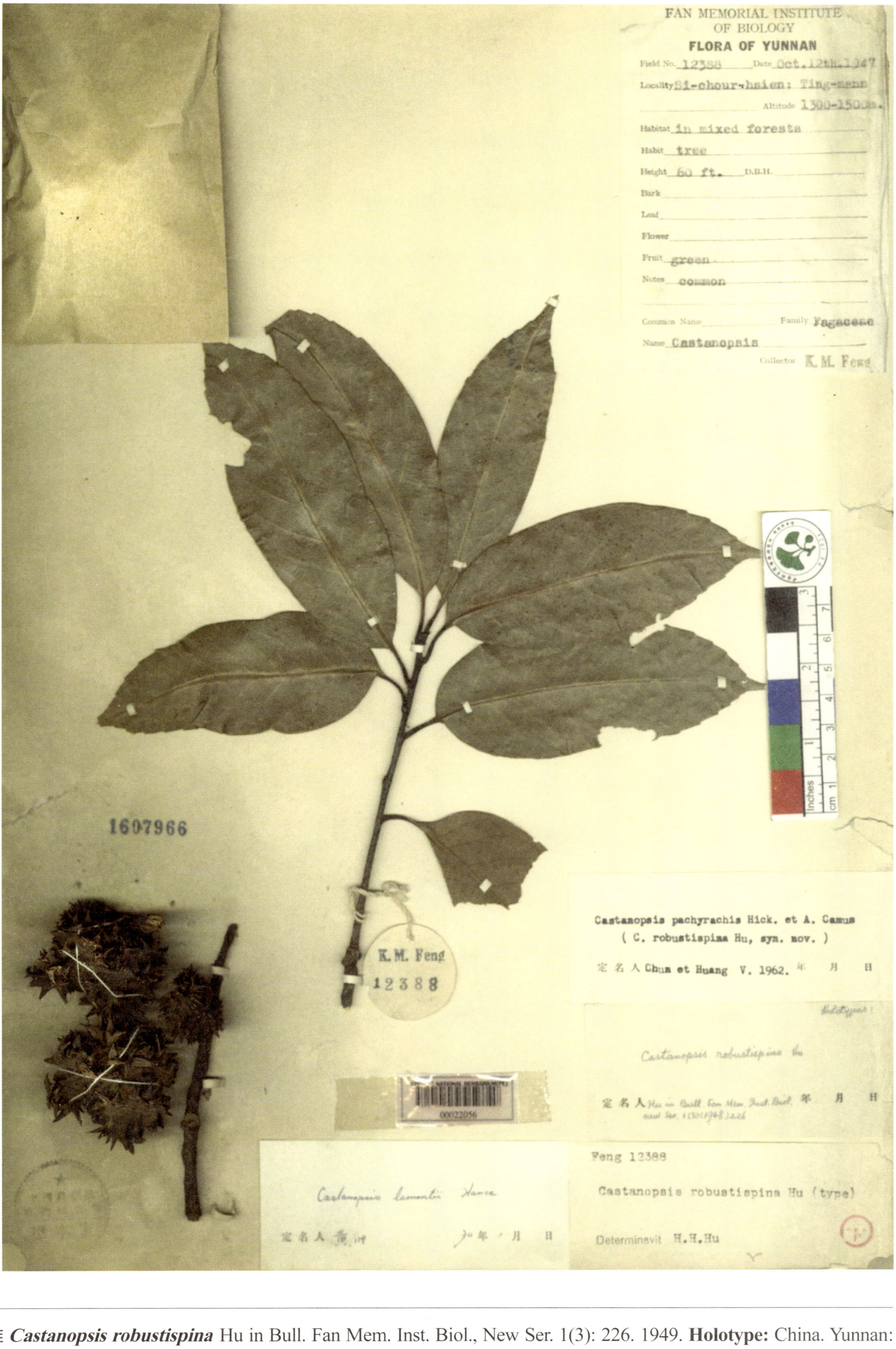

粗齿锥 ***Castanopsis robustispina*** Hu in Bull. Fan Mem. Inst. Biol., New Ser. 1(3): 226. 1949. **Holotype:** China. Yunnan: Xichou, alt. 1 300~1 500 m, 1947-10-12, K. M. Feng 12388.

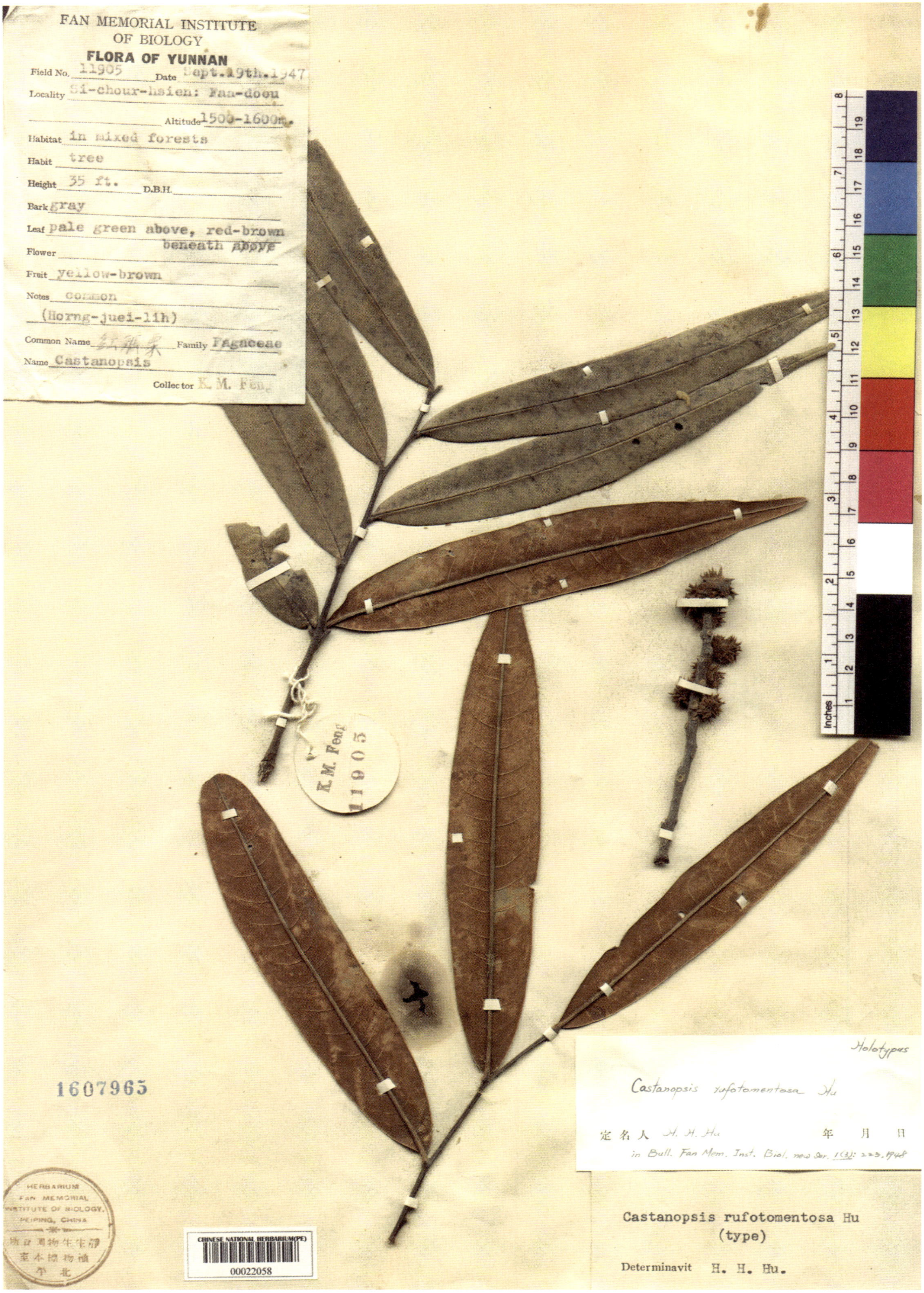

红壳锥 ***Castanopsis rufotomentosa*** Hu in Bull. Fan Mem. Inst. Biol., New Ser. 1(3): 223. 1949. **Holotype:** China. Yunnan: Xichou, alt. 1 600 m, 1947-09-19, K. M. Feng 11905.

大埔锥 ***Castanopsis tapuensis*** Hu in Bull. Fan Mem. Inst. Biol., New Ser. 1(3): 219. 1949. **Holotype:** China. Guangdong: Dapu, 1932-09-(08-29), W. T. Tsang 21741.

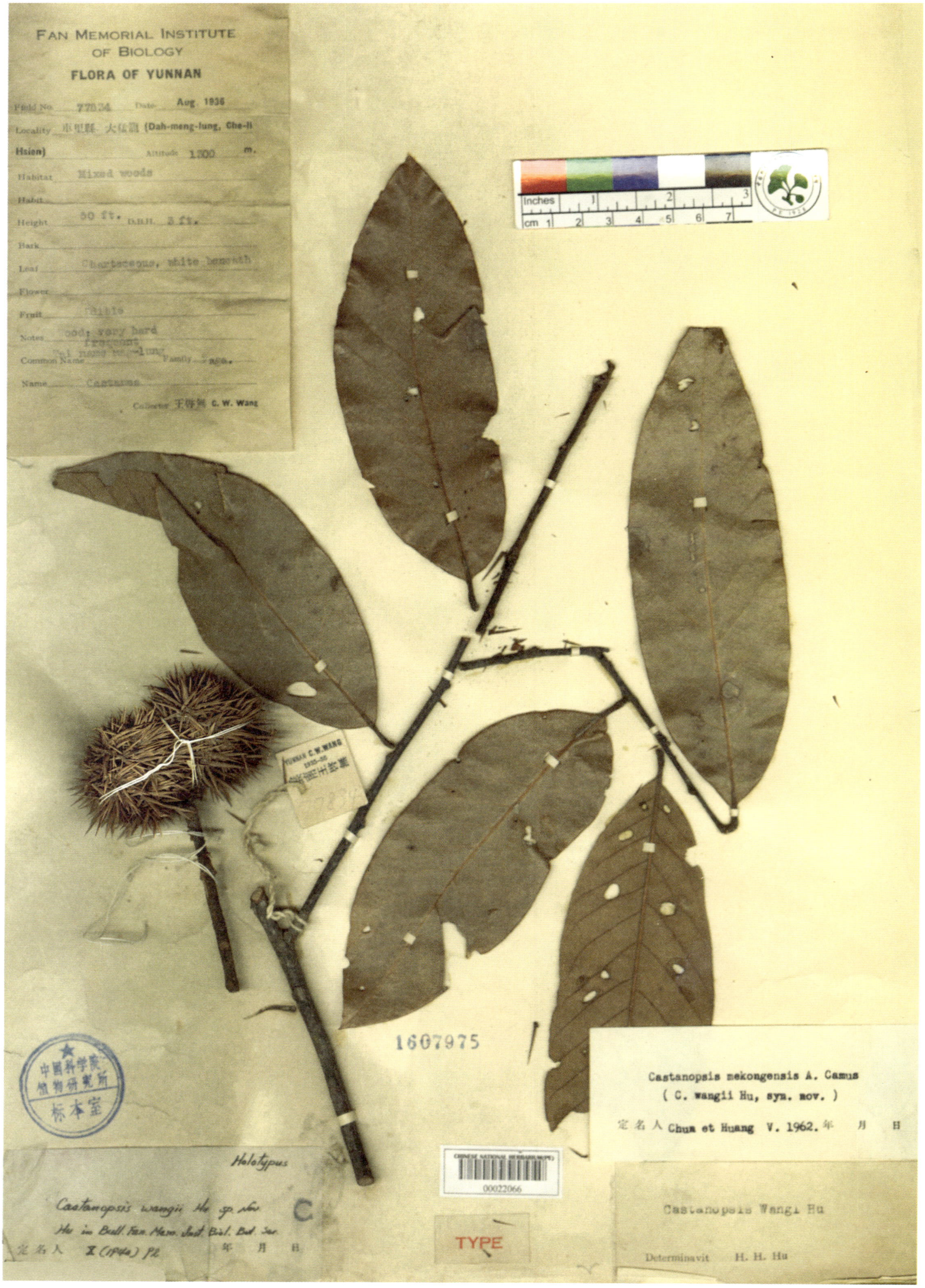

启无锥 ***Castanopsis wangii*** Hu in Bull. Fan Mem. Inst. Biol., Bot. Ser. 10: 92. 1940. **Holotype:** China Yunnan: Cheli (=Jinghong), alt. 1 300 m, 1936-08-??, C. W. Wang 77834.

砚山锥栗 ***Castanopsis yanshanensis*** Hu in Acta Phytotax. Sin. 1(2): 139. 1951. **Holotype:** China. Yunnan: Yanshan, alt. 1 200 m, 1939-10-16, C. W. Wang & Y. Liu 84416.

滇南青冈 ***Cyclobalanopsis austro-glauca*** Y. T. Chang ex Y. C. Hsu & H. W. Jen in Acta Bot. Yunnan. 1(1): 147. 1979.
Isotype: China. Yunnan: Xichou, alt. 2 300~2 500 m , 1947-10-14, K. M. Feng 12489 .

滇南椆 ***Cyclobalanopsis austro-yunnanensis*** Hu in Acta Phytotax. Sin. 1(2): 149. 1951. **Holotype:** China. Yunnan: Xichou, alt. 2 300~2 500 m, 1947-10-12, K. M. Feng 12387.

法斗槠 ***Cyclobalanopsis faadoouensis*** Hu in Acta Phytotax. Sin. 1(2): 151. 1951. **Holotype:** China. Yunnan: Xichou, alt. 1 400~1 500 m, 1947-09-29, K. M. Feng 12098.

冯氏槠 ***Cyclobalanopsis fengii*** Hu & W. C. Cheng in Acta Phytotax. Sin. 1(2): 150. 1951. **Holotype:** China. Yunnan: Gongshan, alt. 1 600~1 700 m, 1940-10-??, K. M. Feng 8102.

金平青冈 ***Cyclobalanopsis jinpinensis*** Y. C. Hsu & H. W. Jen in Acta Phytotax. Sin. 14(2): 85, pl. 15: 4. 1976. **Isotype:** China. Yunnan: Jinping, R. Q. Dong 7.

俅江青冈 ***Cyclobalanopsis kiukiangensis*** Y. T. Chang ex Y. C. Hsu & H. W. Jen in Acta Phytotax. Sin. 14(2): 85, pl. 15: 3. 1976. **Isotype:** China. Yunnan: Gongshan, alt. 1 300 m, 1938-09-25, T. T. Yu 20436.

国楣槠 ***Cyclobalanopsis koumeii*** Hu in Acta Phytotax. Sin. 1(2): 151. 1951. **Holotype:** China. Yunnan: Xichou, 1 600~1 800 m, 1947-09-02, K. M. Feng 11560.

龙迈槠 ***Cyclobalanopsis lungmaiensis*** Hu in Acta Phytotax. Sin. 1(2): 154. 1951. **Holotype:** China. Yunnan: Funing, alt. 1 000 m. 1940-05-05, C. W. Wang & Y. Liu 89165.

多脉青冈栎 ***Cyclobalanopsis multinervis*** W. C. Cheng & T. Hong in Sci. Silv. 8(1): 10. 1 963. **Isotype:** China. Hunan: Chengbu, ????-03-11, P. C. Tsoong 1515.

黑脉椆 ***Cyclobalanopsis nigrinervis*** Hu in Acta Phytotax. Sin. 1(2): 148. 1951. **Holotype:** China. Yunnan: Longling, alt. 2 500 m, 1941-07-28, C. W. Wang 89830.

槠果黑 ***Cyclobalanopsis nigrinux*** Hu in Acta Phytotax. Sin. 1(2): 154. 1951. **Holotype:** China. Yunnan: Xichou, alt. 1 500~1 600 m, 1947-09-19, K. M. Feng 11904.

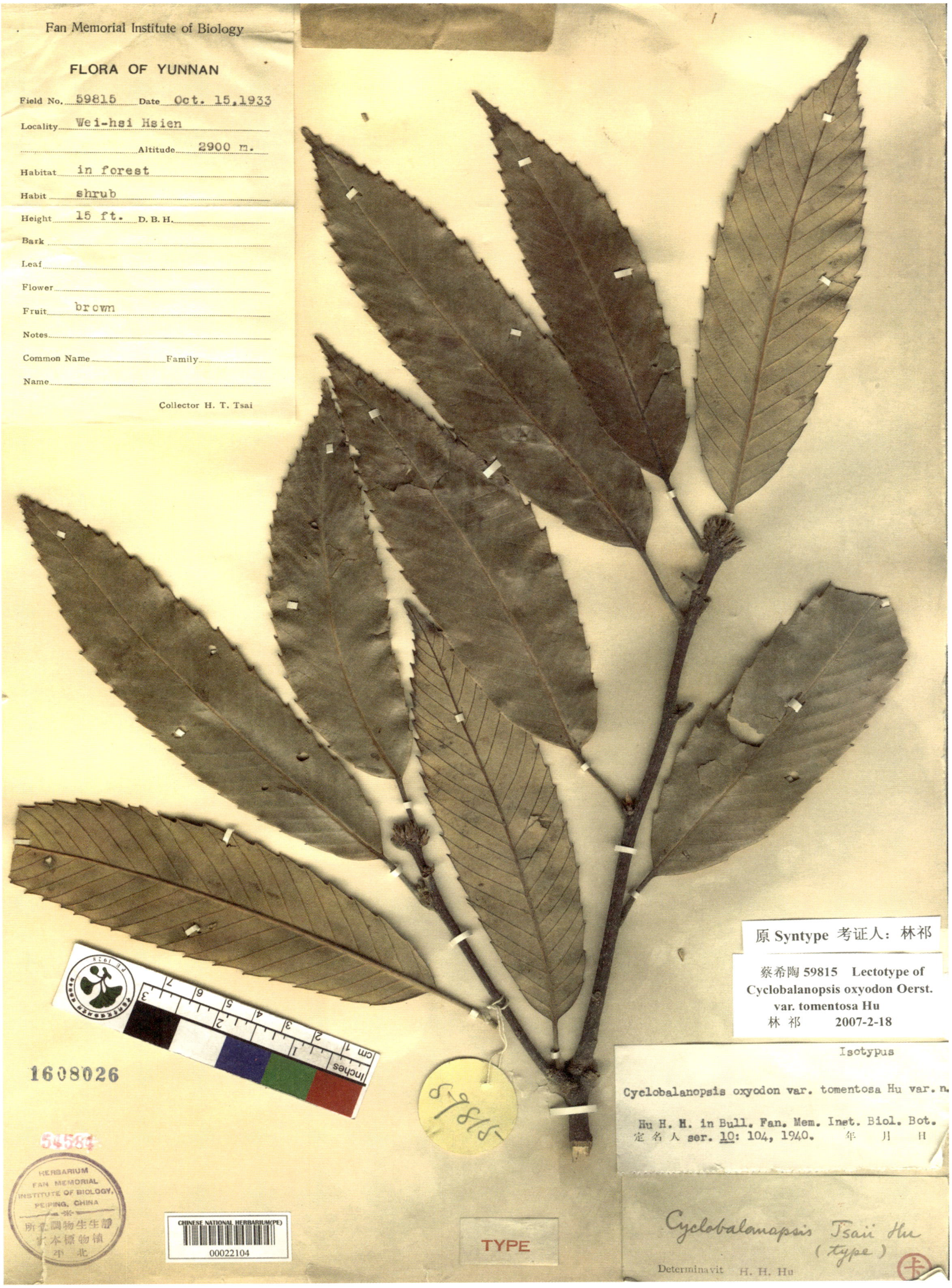

绒毛曼青冈 ***Cyclobalanopsis oxyodon*** Oerst. var. ***tomentosa*** Hu in Bull. Fan Mem. Inst. Biol., Bot. Ser. 10: 104. 1940. **Lectotype**(designated by Q. Lin & al. in Acta Bot. Boreal.-Occident. Sin. 27: 1250. 2007.): China Yunnan: Weixi, alt. 2 900 m, 1933-10-15, H. T. Tsai 59815.

睦边青冈 ***Cyclobalanopsis pachyloma*** (Seem.) Schott. var. ***mubianensis*** Y. C. Hsu & H. W. Jen in Acta Phytotax. Sin. 14(2): 84. 1976. **Holotype:** China. Guangxi: Mubian (=Napo), alt. 1 000 m, 1958-12-03, C. C. Chang 14033.

屏边青冈 ***Cyclobalanopsis pinbianensis*** Y. C. Hsu & H. W. Jen in Acta Phytotax. Sin. 14(2): 84, pl. 14: 2. 1976. **Isotype:** China. Yunnan: Pingbian, alt. 1 600 m. 1954-10-13, K. M. Feng 04992.

拟半齿青冈 ***Cyclobalanopsis semiserratoides*** Y. C. Hsu & H. W. Jen in Acta Phytotax. Sin. 14(2): 84, pl. 14: 1. 1976. **Isotype:** China. Yunnan: Pingbian, alt. 400 m, 1954-09-29, K. M. Feng 4731.

香屏椆 ***Cyclobalanopsis shiangpyngensis*** Hu in Acta Phytotax. Sin. 1(2): 153. 1951. **Holotype:** China. Yunnan: Xichou, alt. 1 500~1 800 m, 1947-09-02, K. M. Feng 11541.

西畴椆 ***Cyclobalanopsis sichourensis*** Hu in Acta Phytotax. Sin.1(2): 152. 1951. **Holotype:** China. Yunnan: Xichou, alt. 1 300~1 500 m, 1947-10-12, K. M. Feng 12384.

毛脉青冈 ***Cyclobalanopsis tomentosinervis*** Y. C. Hsu & H. W. Jen in Acta Phytotax. Sin. 14(2): 84, pl. 14: 3. 1976.
Isotype: China. Yunnan: Jinping, alt. 2 300 m, H. W. Jen 74964.

西藏青冈 ***Cyclobalanopsis xizangensis*** Y. C. Hsu & H. W. Jen in Acta Bot. Yunnan. 1(1): 148, pl. 2: 3. 1979. **Holotype:** China. Xizang: Mêdog, alt. 1 750 m, 1974-08-20, Qinghai-Xizang Exped. 74-4383.

毕节水青冈 ***Fagus bijiensis*** C. F. Wei & Y. T. Chang in Acta Phytotax. Sin. 11(2): 121, pl. 19. 1966. **Holotype:** China. Guizhou: Bijie, alt. 1 450 m, 1957-09-12 , P. H. Yu 766.

短柄山毛榉 ***Fagus brevipetiolata*** Hu in Act. Phytotax. Sin. 1(1): 103. 1951. **Holotype:** China. Yunnan: Malipo, alt. 1 500~1 700 m, 1947-12-13, K. M. Feng 13815.

崇澍水青冈 ***Fagus chienii*** W. C. Cheng in Contr. Biol. Lab. Sci. Soc. China, Bot. Ser. 10(1): 70. 1935. **Isotype:** China. Sichuan: Pingwu, alt. 1 300 m, 1931-08-17, W. C. Cheng 2903.

棒梗水青冈 ***Fagus clavata*** Y. T. Chang in Acta Phytotax. Sin. 11(2): 120, pl. 18. 1966. **Holotype:** China. Guizhou: Anlong, alt. 1 700 m, 1960-06-22, Z. S. Chang & Y. T. Chang 4870.

云南长柄水青冈 ***Fagus longipetiolata*** Seem. f. ***yunnanica*** Y. T. Chang in Acta Phytotax. Sin. 11(2): 119. 1966. **Holotype:** China. Yunnan: Jinping, 1959- 01-30, M. X. Dun 2554.

峨边光叶水青冈 ***Fagus lucida*** Rehd.& Wils. var. ***opienica*** Y. T. Chang in Acta Phytotax. Sin. 11(2): 123. 1966. **Holotype:** China. Sichuan: Ebian, alt. 1 700 m, 1959-??-??, C. T. Kuan 6545.

纳雍水青冈 ***Fagus nayonica*** Y. T. Chang in Acta Phytotax. Sin. 11(2): 123, pl. 20. 1966. **Holotype:** China. Guizhou: Nayong, alt. 2 000 m, 1959-07-27, Bijie Exped. 513.

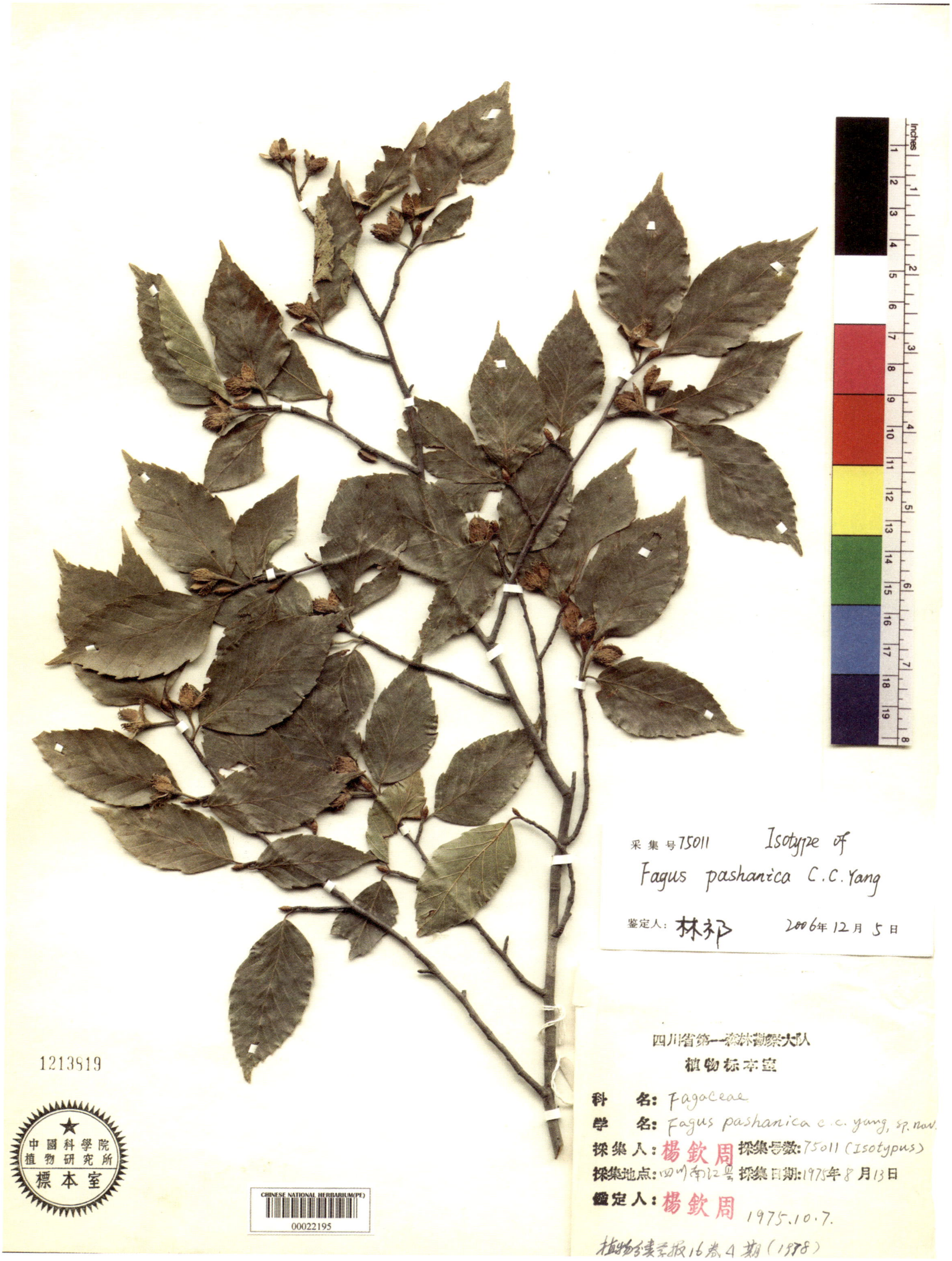

巴山水青冈 ***Fagus pashanica*** C. C. Yang in Acta Phytotax. Sin. 16(4): 100, f. 1. 1978. **Isotype:** China. Sichuan: Nanjiang, alt. 1 300 m, 1975-08-13, C. C. Yang 75011.

天台水青冈 ***Fagus tientaiensis*** Liou in Contr. Inst. Bot. Nat. Acad. Peiping 3: 451, pl. 43. 1935. **Holotype:** China. Zhejiang: Tiantai, Tiantaishan, alt. 400 m, 1934-08-08, S. Chen 3718.

陡崖杏叶柯 ***Lithocarpus amygdalifolius*** (Skan) Hayata var. ***praecipitiorum*** Chun in Acta Phytotax. Sin. 10(3): 208. 1965. **Isotype:** China. Hainan: Dongfang, 1936-08-06, S. K. Lau 27622.

短穗柯 ***Lithocarpus brachystachya*** Chun in Journ. Arn. Arb. 28(2): 230. 1947. **Paratype:** China. Hainan: Dongfang, 1933-10-23, H. Y. Liang 63723.

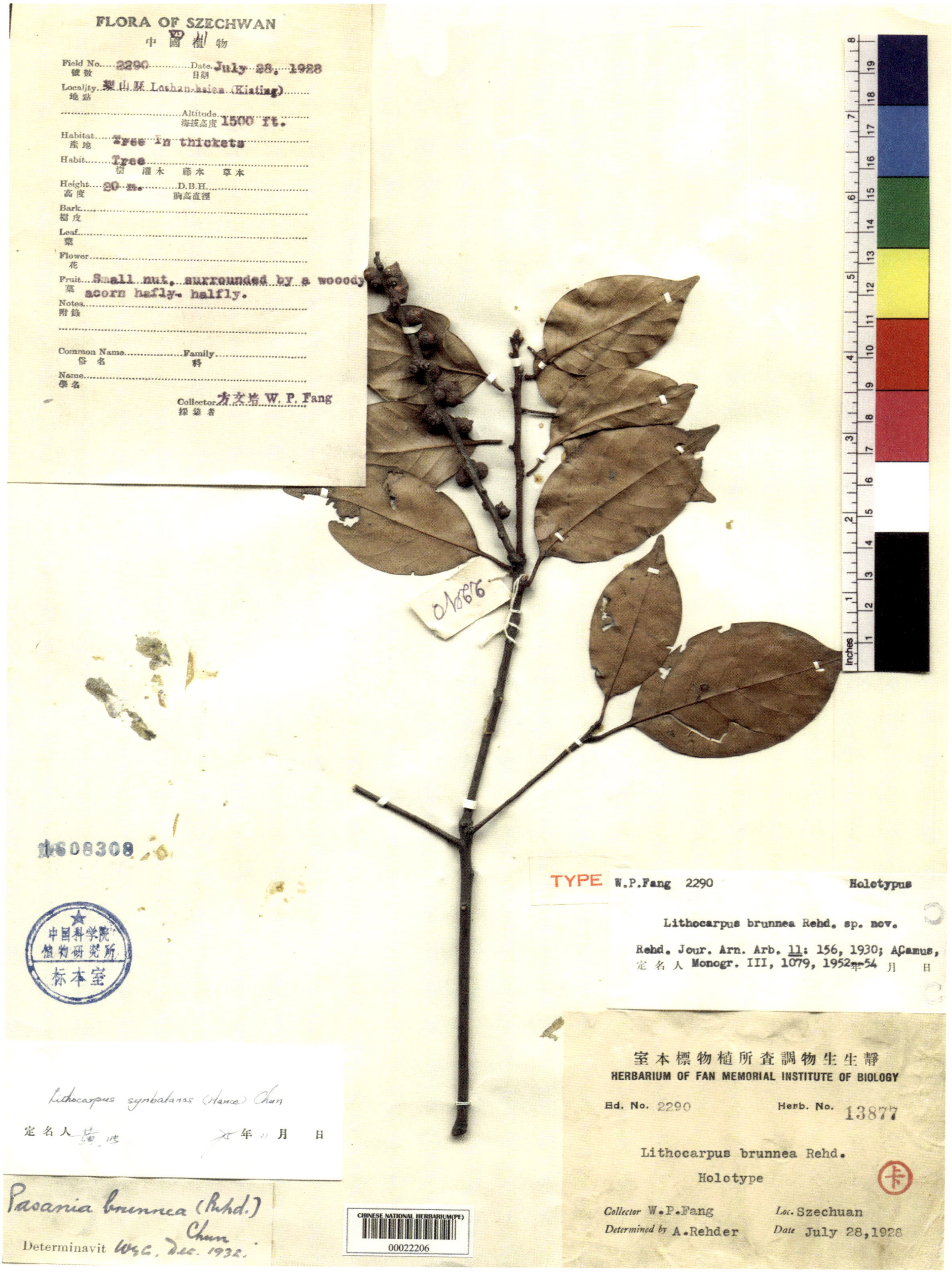

乐山柯 ***Lithocarpus brunnea*** Rehd. in Journ. Arn. Arb. 11(3): 156. 1930. **Holotype:** China. Sichuan: Leshan, alt. 500 m, 1928-07-28, W. P. Fang 2290.

剑川石栗 ***Lithocarpus chienchuanensis*** Hu in Acta Phytotax. Sin. 1(1): 106. 1951. **Holotype:** China. Yunnan: Jianchuan, 1940-06-30, R. C. Ching 23055.

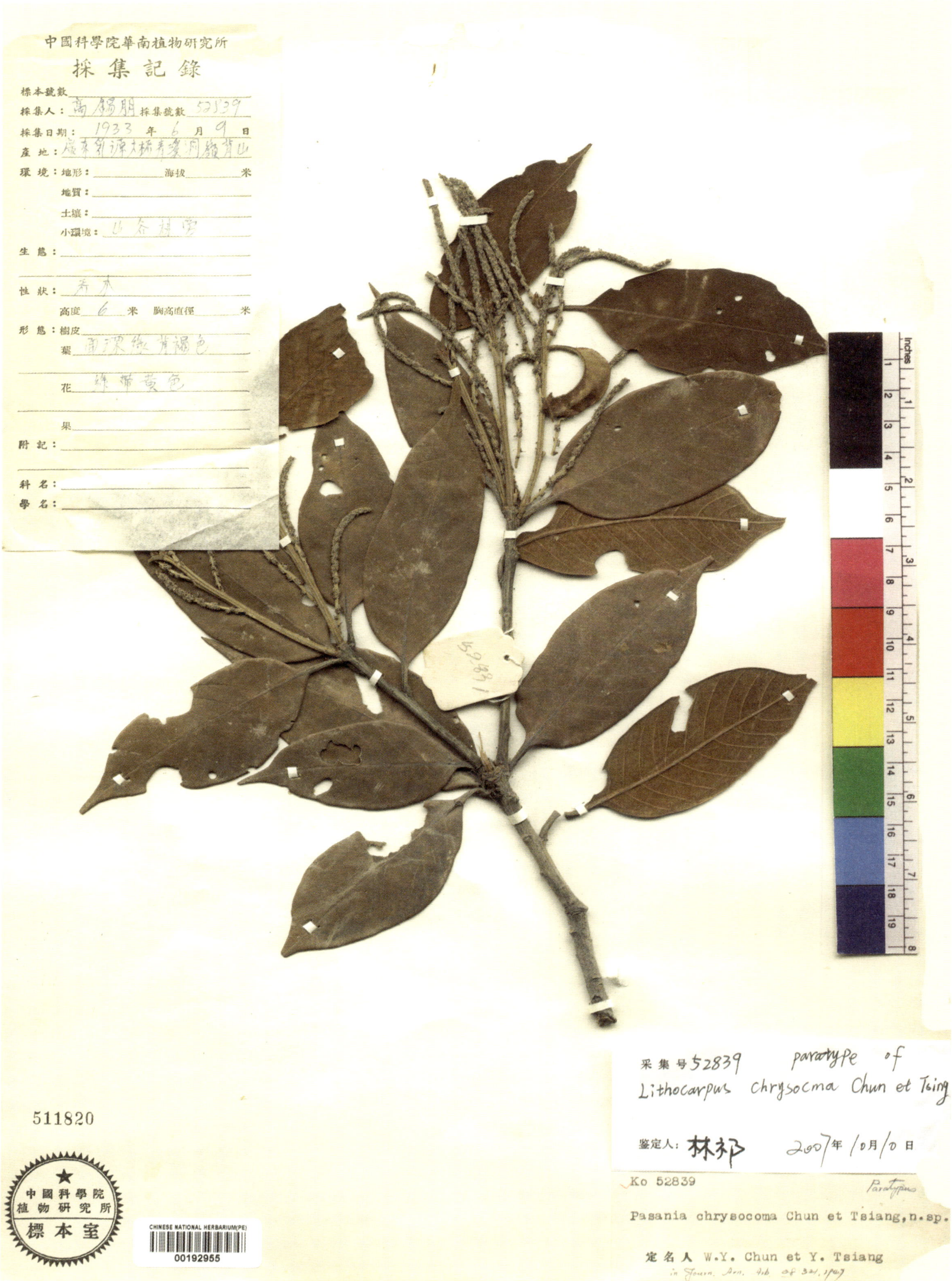

金毛柯 5. ***Lithocarpus chrysocoma*** Chun & Y. Tsiang in Journ. Arn. Arb. 28(3): 321. 1947. **Paratype:** China. Guangdong: Ruyuan, 1933-06-09, S. P. Ko 52839.

方氏全苞石栎 ***Lithocarpus cleistocarpus*** (Seem.) Rehd. & Wils. var. ***fangiana*** A. Camus in Chênes 3: 653. 1953.

Isotype: China. Sichuan: Emei, Emeishan, alt. 1 830~2 000 m, 1928-08-08, W. P. Fang 2660.

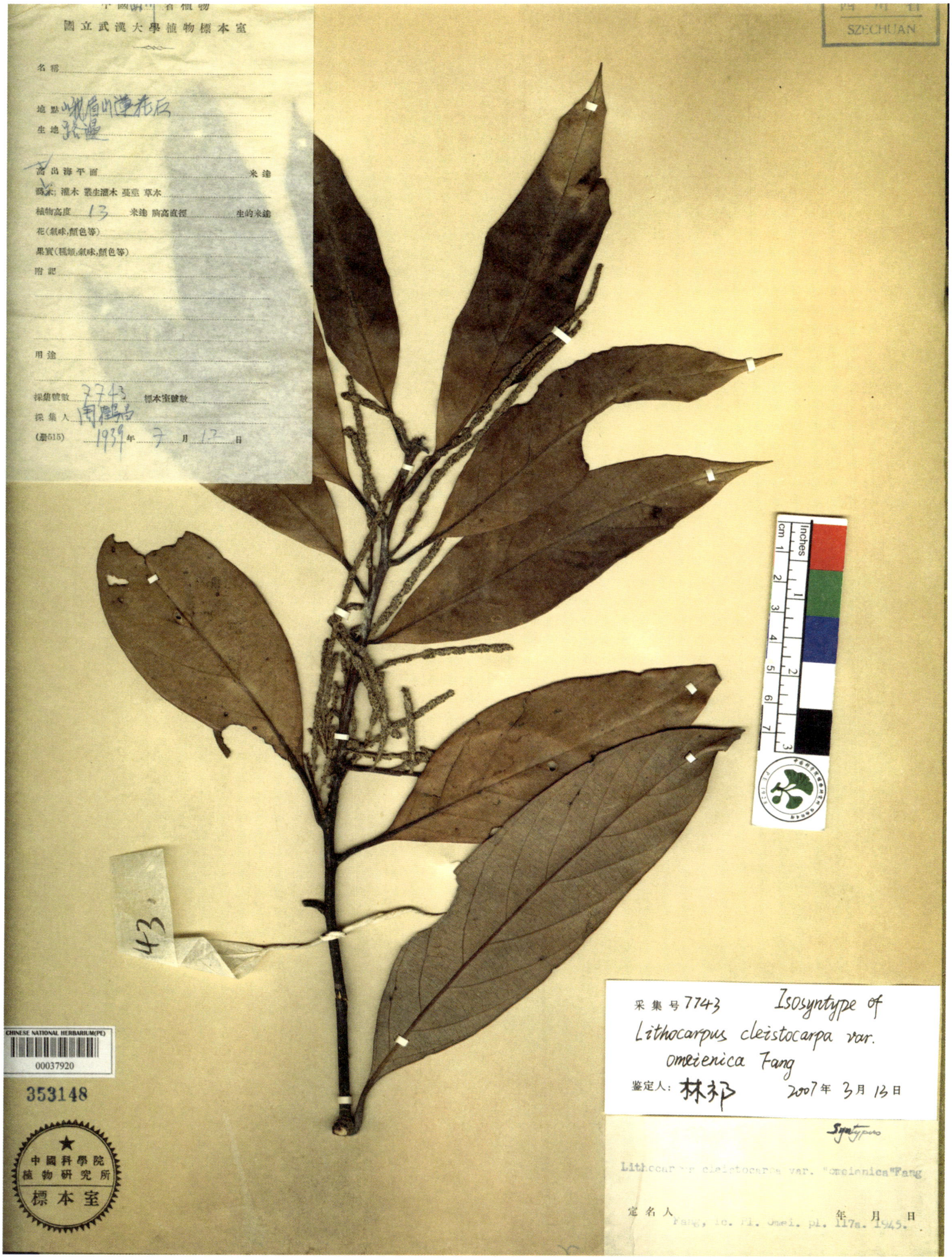

峨眉全苞石栎 ***Lithocarpus cleistocarpus*** (Seem.) Rehd. & Wils. var. ***omeiensis*** W. P. Fang, Icon. Pl. Omei. 2(1): pl. 117A. 1945. **Lectotype**(designated by Yun Lin & al. in Bull. Bot. Res., Harbin 35: 6. 2015): China. Sichuan: Emei, Emeishan, 1939-07-12, H. C. Chow 7743.

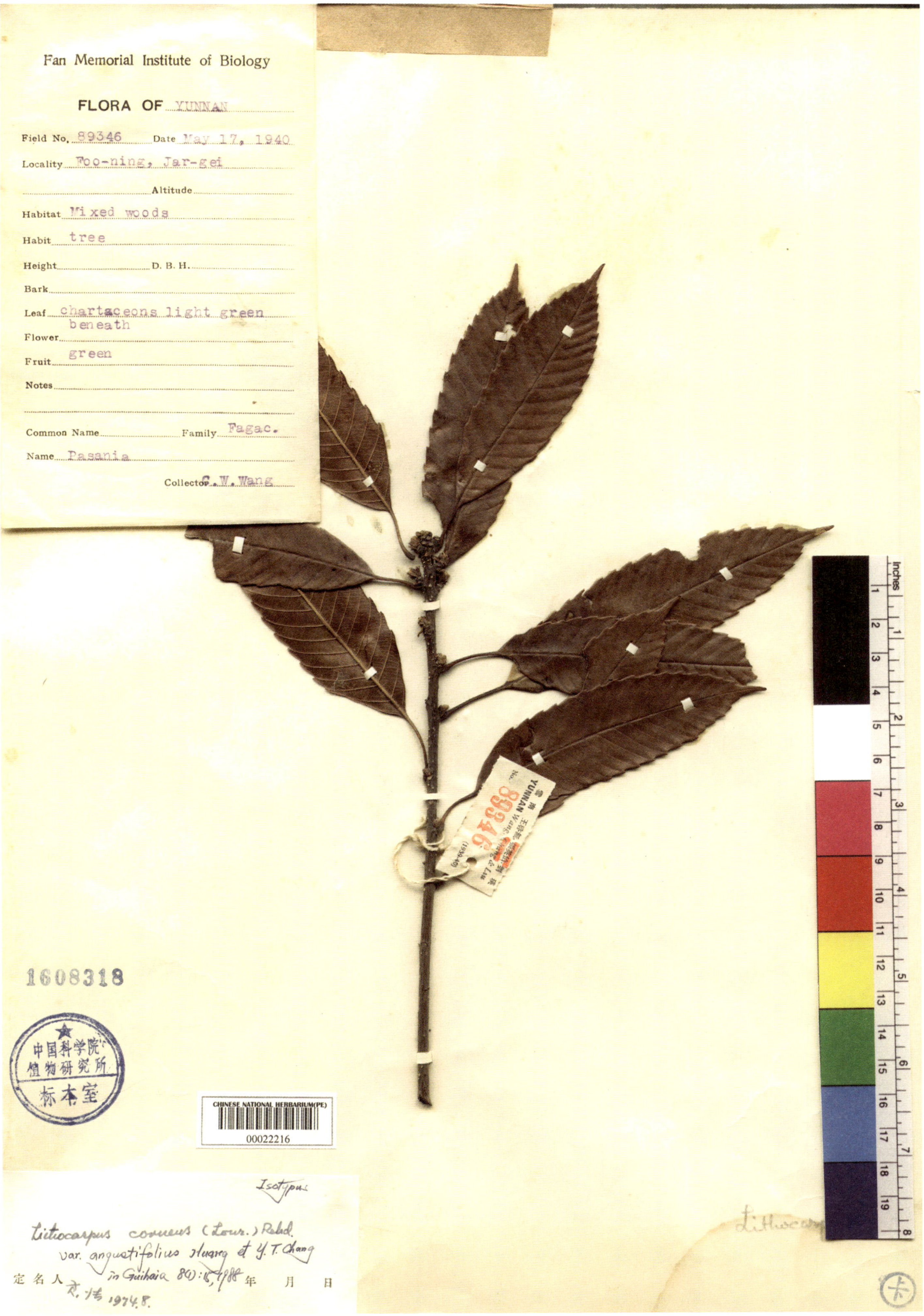

窄叶烟斗柯 ***Lithocarpus corneus*** (Lour.) Rehd. var. ***anustifolius*** C. C. Huang & Y. T. Chang in Guihaia 8(1): 15. 1988.
Isotype: China. Yunnan: Funing, 1940-05-17, C. W. Wang et Y. Liu 89346.

楔叶柯 ***Lithocarpus cuneiformis*** A. Camus in Bull. Soc. Bot. France 94(1-2): 271. 1947. **Isotype:** China. Guangxi: Yunghsien (=Yongfu), alt. 540 m, 1933-08-25, A. N. Steward et H. C. Cheo 868.

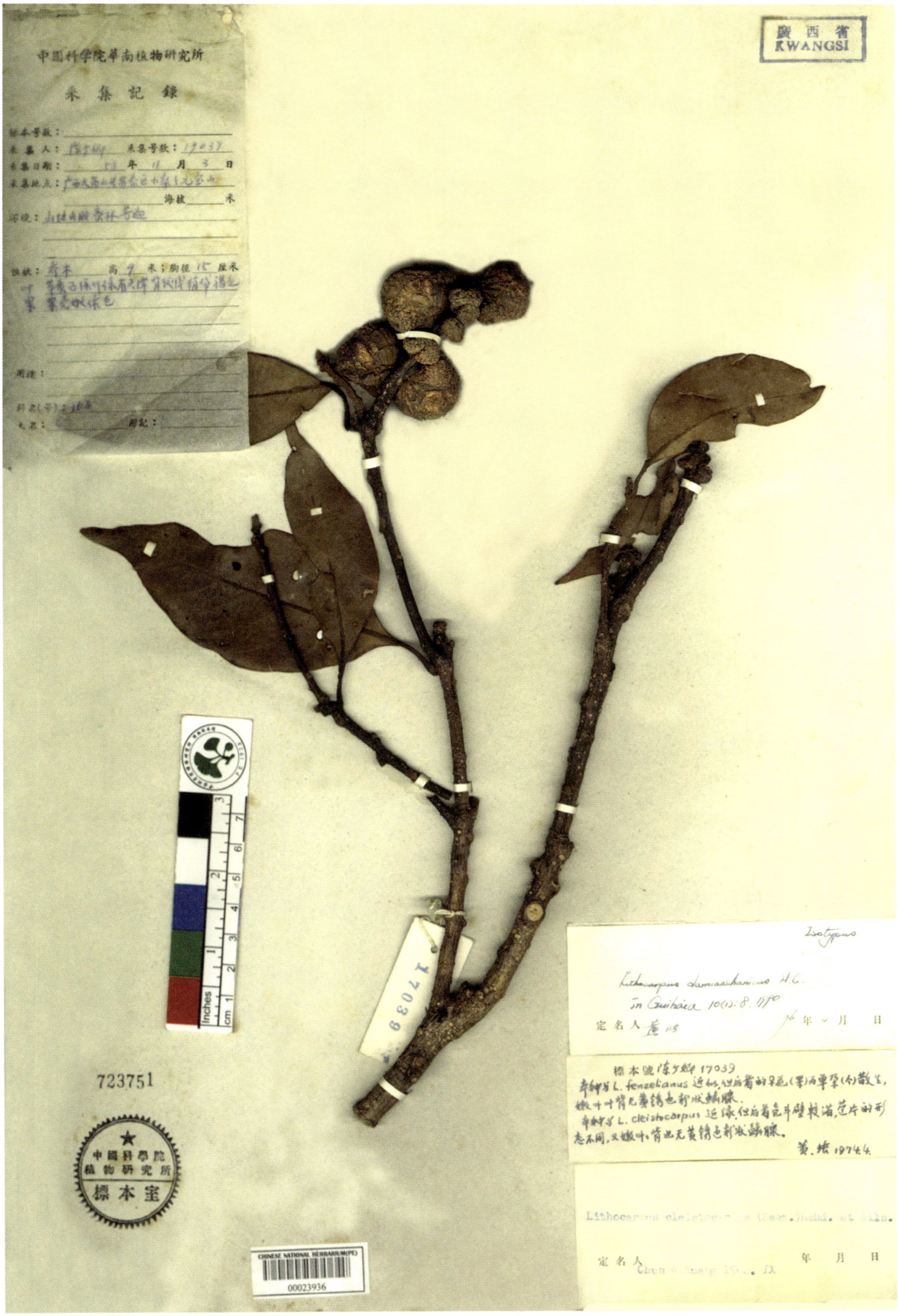

大苗山柯 ***Lithocarpus damiaoshanicus*** C. C. Huang & Y. T. Chang in Guihaia 10(1): 8. 1990. **Isotype:** China. Guangxi: Damiaoshan (=Rongshui), 1958-11-03, S. H. Chen 17039.

网脉柯 ***Lithocarpus dictyoneurus*** Chun in Journ. Arn. Arb. 28(2): 231. 1947. **Paratype:** China. Guangxi: Baise, alt. 1 000 m, 1928-09-15, R. C. Ching 7391.

邓氏柯 ***Lithocarpus dunnii*** Metc. in Lingnan Sci. Journ. 10(4): 483. 1931. **Lectotype**(designated by Yun Lin & al. in Bull. Bot. Res., Harbin 35: 7. 2015): China. Guangdong: Precise locality not known, Longtoushan, 1924-06-25, To & W. T. Tsang 12575.

枇杷叶柯 ***Lithocarpus eriobotryoides*** C. C. Huang & Y. T. Chang in Guihaia 8(1): 25. 1988. **Holotype:** China. Hubei: Lichuan, 1951-08-27, L. Y. Dai & Z. H. Qian 852.

绵鳞柯 ***Lithocarpus eriolepis*** A. Camus in Bull. Soc. Bot. France 84: 176. 1937. **Isotype:** Vietnam. Annam: Braian, 1935-02-03, Poilane 24089.

川石栎 ***Lithocarpus glaber*** (Thunb.) Nakai var. ***szechuanica*** W. P. Fang, Icon. Pl. Omei. 2(1): pl. 120. 1945. **Isotype:** China. Sichuan: Emei, Emeishan, 1940-10-??, T. C. Lee 4751.

菴耳柯 ***Lithocarpus haipinii*** Chun in Journ. Arn. Arb. 28(2): 233. 1947. **Paratype:** China. Guangdong: Xinyi, 1931-08-16, C. Wang 31171.

梨果柯 ***Lithocarpus howii*** Chun in Journ. Arn. Arb. 28(2): 235. 1947. **Paratype:** China. Hainan: Wanning, 1936-11-26, S. K. Lau 28249.

先骕柯 ***Lithocarpus hui*** A. Camus in Bull. Soc. Bot. France 85: 654. 1938. **Holotype:** China. Yunnan: Gongshan, alt. 2500 m, 1935-10-??, C. W. Wang 67411.

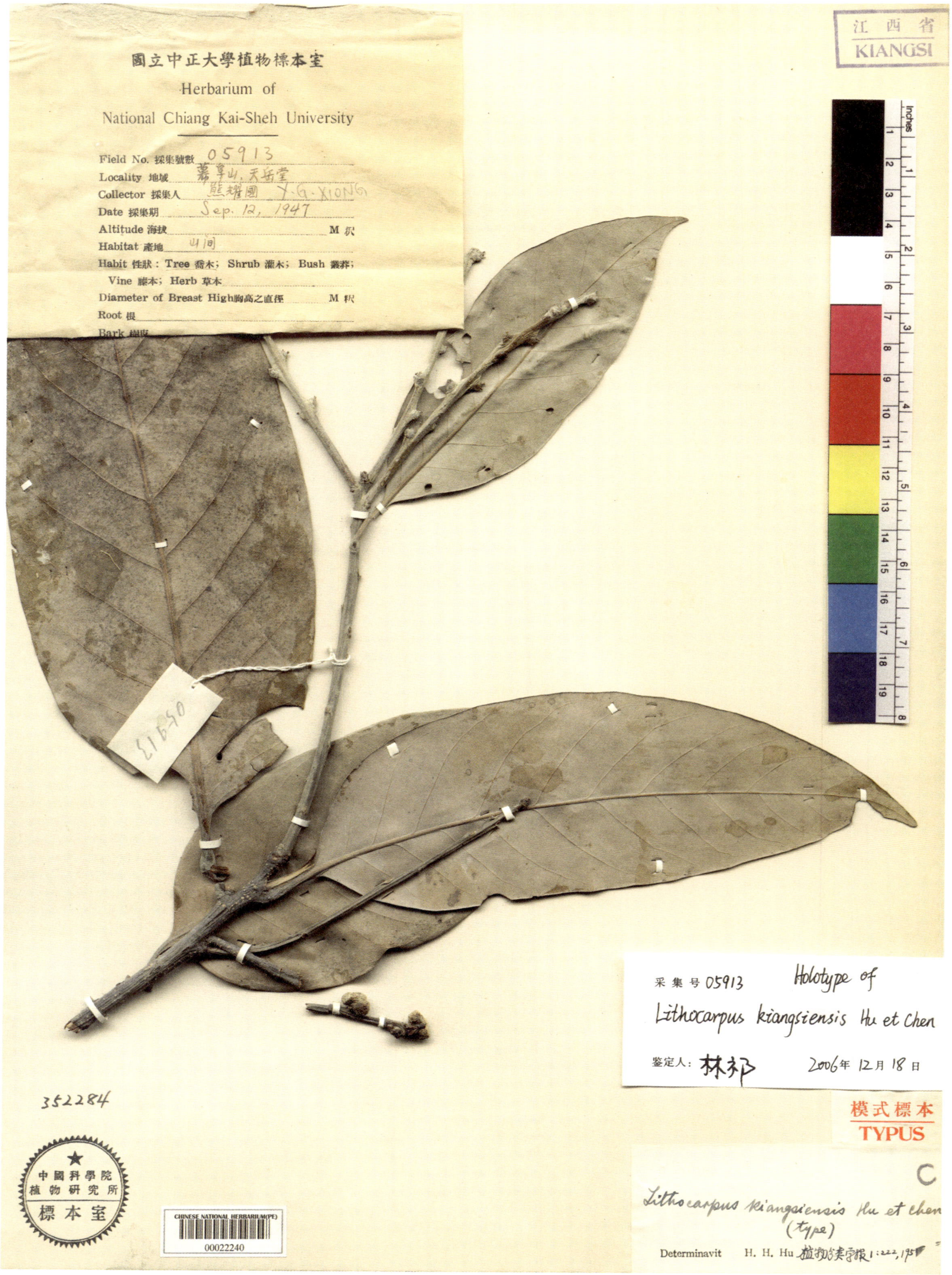

江西石栗 ***Lithocarpus kiangsiensis*** Hu & F. H. Chen in Acta Phytotax. Sin. 1(2): 223. 1951. **Holotype:** China. Jiangxi: Xiushui, 1947-09-12, Y. K. Hsiung 05913.

屏边石栎 ***Lithocarpus laetus*** Chun & C. C. Huang ex Y. C. Hsu & H. W. Jen in Acta Phytotax. Sin. 14(2): 83. 1976.
Isotype: China. Yunnan: Pingbian, alt. 1 720 m, 1954-10-19, K. M. Feng 05093.

白枝柯 ***Lithocarpus leucodermis*** Chun & C. C. Huang ex C. C. Huang & Y. T. Chang in Guihaia 8(1): 18. 1988. **Isotype:** China. Yunnan: Pingbian, alt. 1 600 m, 1954-10-13, K. M. Feng 4988.

滑壳柯 ***Lithocarpus levis*** Chun & C. C. Huang ex C. C. Huang & Y. T. Chang in Guihaia 8(1): 2. 1988. **Holotype:** China. Guizhou: Leishan, Leigongshan, 1959-08-26, S Guizhou Exped. 3656.

缅宁石栗 ***Lithocarpus mianningensis*** Hu in Acta Phytotax. Sin. 1(1): 106. 1951. **Holotype:** China. Yunnan: Mianning (=Lincang), alt. 2 500 m, 1938-09-30, T. T. Yu 17805.

倒披针叶柯 ***Lithocarpus oblanceolatus*** H. C. Huang & Y. T. Chang in Guihaia 8(1): 24. 1988. **Isotype:** China. Sichuan: Emei, Emeishan, alt. 1 700 m, 1957-09-20, K. F. Yang 57361.

卵叶柯 ***Lithocarpus obovatilimba*** Chun in Journ. Arn. Arb. 28(2): 236. 1947. **Isotype:** China. Hainan: Lingshui, alt. 2 000 m, 1935-10-09, F. C. How 73758.

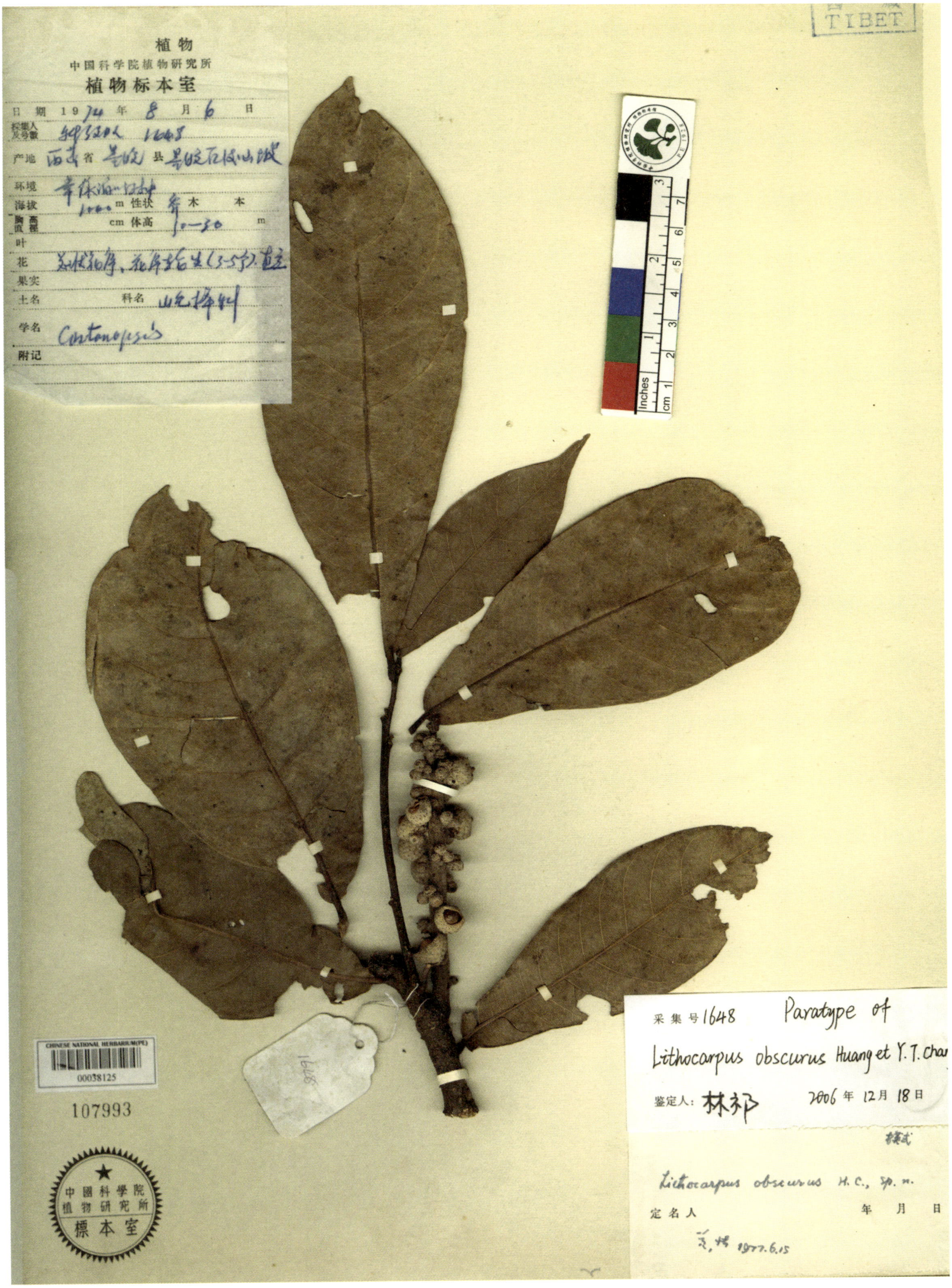

墨脱椆 ***Lithocarpus obscurus*** C. C. Huang & Y. T. Chang in Acta Phytotax. Sini. 16(4): 71. 1978. **Paratype:** China. Xizang: Mêdog, alt. 1 000 m, 1974-08-06, Sci. Exped. 1648.

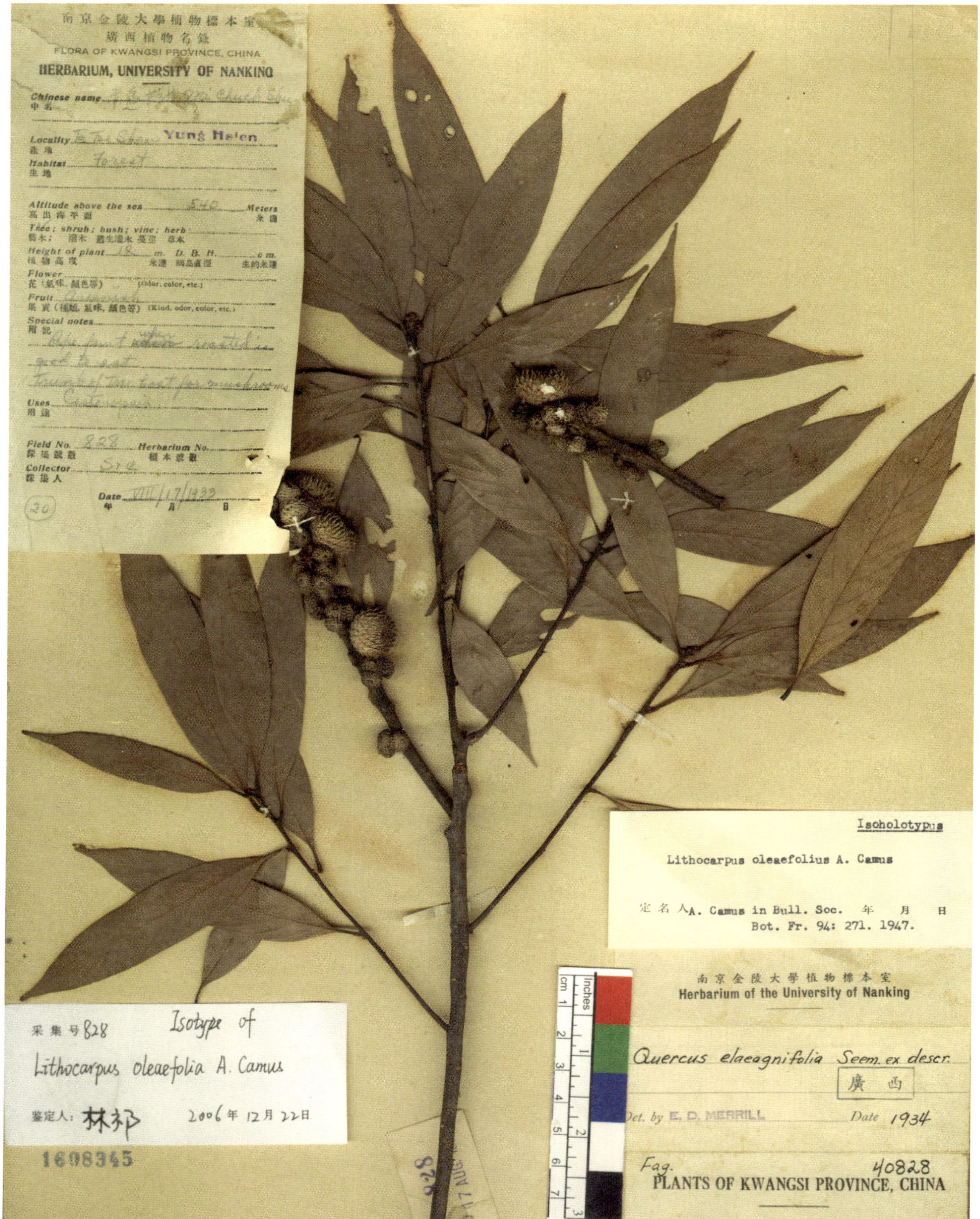

榄叶柯 ***Lithocarpus oleaefolia*** A. Camus in Bull. Soc. Bot. France 94(1-2): 271. 1947. **Isotype:** China. Guangxi: Yung Hsien (=Yungfu)，alt. 540 m, 1933-08-17, Albert N. Steward & H. C. Cheo 828.

滇南柯 ***Lithocarpus pakhaensis*** A. Camus in Chênes 3: 670. 1954. **Isotype:** Vietnam. Tonkin: Pakha, 1935-12-11, Pcilaue 25065.

柄果柯 ***Lithocarpus podocarpa*** Chun in Journ. Arn. Arb. 28(2): 237. 1947. **Paratype:** China. Hainan: Lingshui, alt. 800 m, 1932-09-24, N. K. Chun 43916.

三柄果柯 ***Lithocarpus propinquus*** C. C. Huang & Y. T. Chang in Guihaia 8(1): 19. 1988 . **Isotype:** China. Yunnan: Pingbian, Alt. 1 300 m, 1939-10-15, C. W. Wang et Y. Liu 82493.

顺宁石栎 ***Lithocarpus shunningensis*** Hu in Acta Phytotax. Sin. 1(1): 107. 1951. **Holotype:** China. Yunnan: Shunning (=Fengqing), alt. 2 300 m, 1938-07-09, T. T. Yu 16614.

平头石栎 ***Lithocarpus tabularis*** Y. C. Hsu & H. W. Jen in Acta Phytotax. Sin. 14(2): 83, pl. 6: 3. 1976. **Isotype:** China. Yunnan: Pingbian, alt. 1 500 m, 1954-10-22, K. M. Feng 5145.

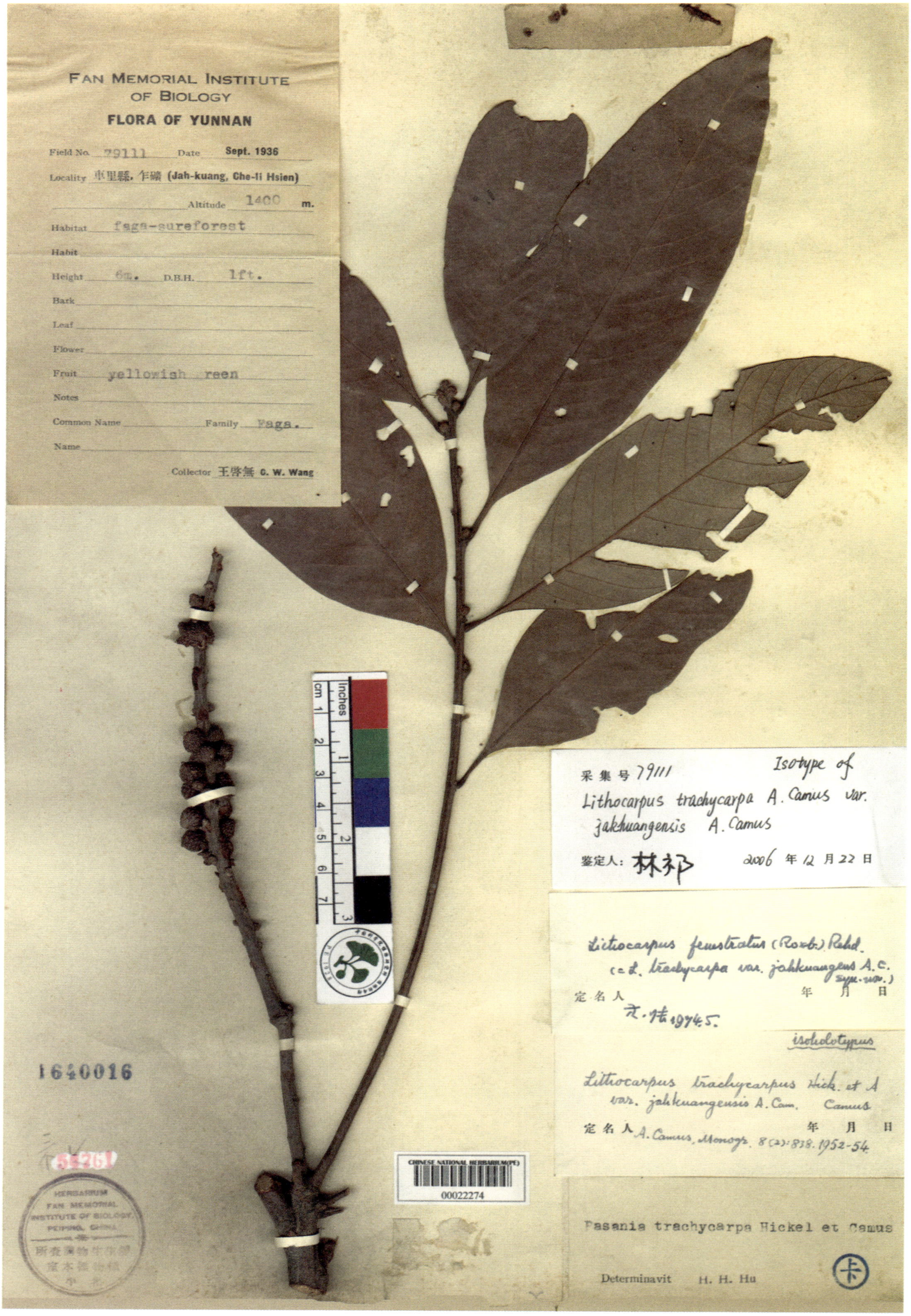

乍矿柯 ***Lithocarpus trachycarpa*** A. Camus var. ***jakhuangensis*** A. Camus in Not. Syst. 13: 265. 1948 "hakhuangensis".
Isotype: China. Yunnan: Cheli (=Jinghong), alt. 1 400 m, 1936-09-??, C. W. Wang 79111.

顺宁厚叶柯 ***Lithocarpus variolosa*** (Franch.) Chun subsp. ***shunningensis*** A. Camus in Chenes 3: 650. 1954. **Isotype:** China. Yunnan: Shunning (=Fengqing), alt. 3 200 m, 1936-02-??, C. W. Wang 72006.

西藏椆 ***Lithocarpus xizangensis*** C. C. Huang & Y. T. Chang in Acta Phytotax. Sin. 16(4): 70. 1978. **Isotype:** China. Xizang: Mêdog, alt. 2 000 m, 1974-08-13, Qinghai-Xizang Exped. 74-1854.

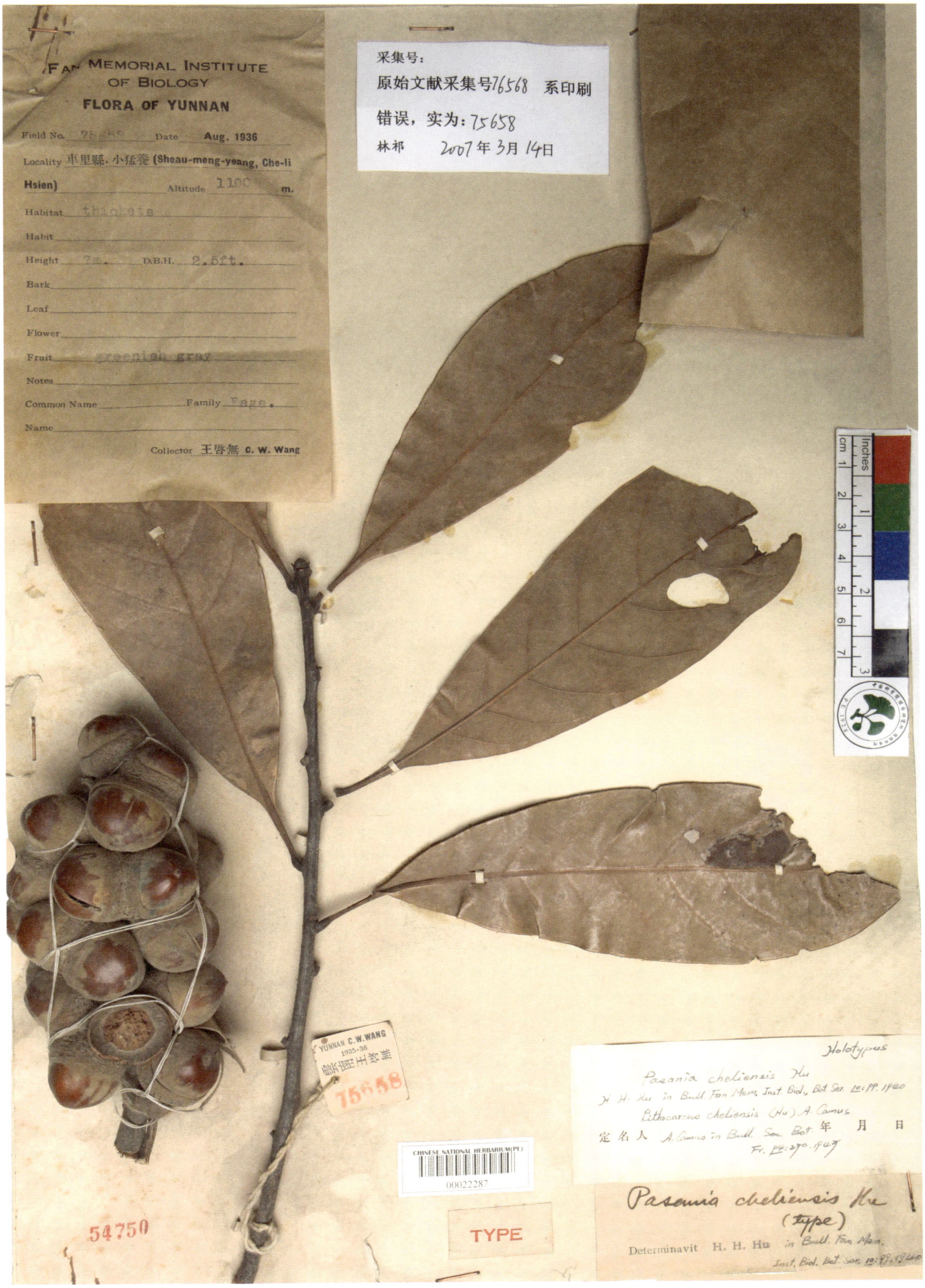

车里柯 ***Pasania cheliensis*** Hu in Bull. Fan Mem. Inst. Biol., Bot. Ser. 10：99. 1940. **Holotype:** China. Yunnan: Cehli (=Jinghong), alt. 1 100 m, 1936- 08-00, C. W. Wang 75658.

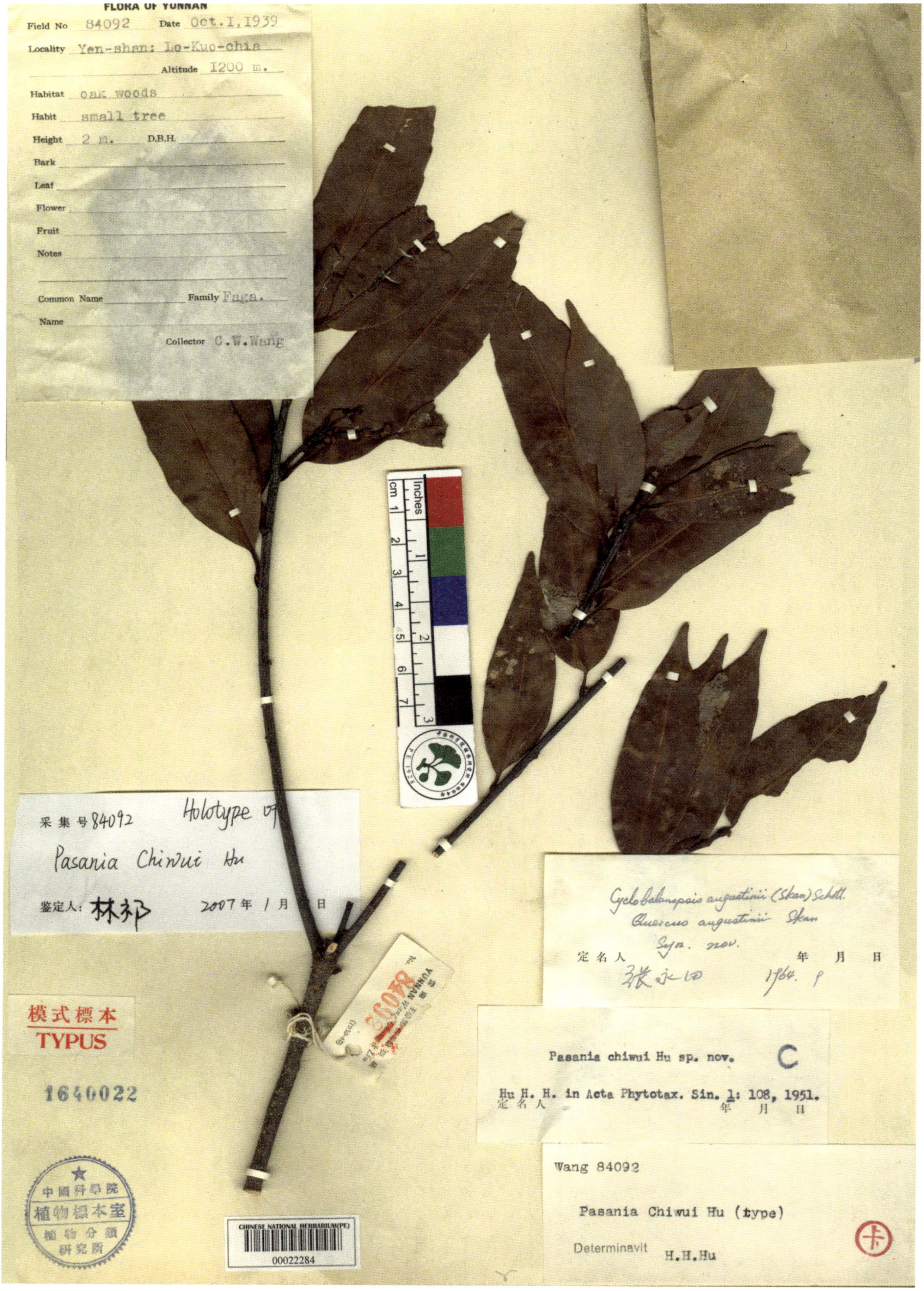

启无柯 ***Pasania chiwui*** Hu in Acta Phytotax. Sin. 1(1): 109. 1951. **Holotype:** China. Yunnan: Yanshan, alt. 1 200 m, 1939-10-01, C. W. Wang 84092.

白丝栗 ***Pasania confertifolia*** Hu in Acta Phytotax. Sin. 1(1): 110. 1951. **Holotype:** China. Yunnan: Malipo, alt. 1 600~2 000 m, 1947-12-09, K. M. Feng 13716.

刺壳柯 ***Pasania echinothola*** Hu in Bull. Fan Mem. Inst. Biol, Bot. Ser. 10: 96. 1940 . **Holotype:** China. Yunnan: Pingbian, alt. 1 200 m, 1934-07-25, H. T. Tsai 61193.

勐海柯 ***Pasania fohaiensis*** Hu in Bull. Fan Mem.Inst. Biol., Bot. Ser. 10：97. 1940. **Lectotype**(designated by Q. Lin & al. in Acta Bot. Boreal.-Occidemt. Sin. 27: 1250. 2007.): China. Yunnan: Fohai (=Menghai), alt. 1 200 m, 1936-07-??, C. W. Wang 76124.

灰背叶柯 ***Pasania hypoglauca*** Hu in Bull. Fan Mem. Inst. Biol., Bot. Ser. 10: 101. 1940. **Holotype:** China. Yunnan: Lijiang, alt. 2800 m, 1935-07-??, C. W. Wang 71266. — ***Lithocarpus wangiana*** A. Camus in Bull. Soc. Bot. France 94: 270. 1947. **Isotype:** China. Yunnan: Lijiang, alt. 2 800 m, 1935-07-??, C. W. Wang 71266.

瘦穗柯 ***Pasania ischnostachya*** Hu in Acta Phytotax. Sin. 1(1): 110. 1951. **Holotype:** China. Yunnan: Funing, alt. 800 m, 1940-05-25, C. W. Wang & Y. Liu 89614.

长果柯 ***Pasania longinux*** Hu in in Acta Phytotax. Sin. 1(1): 111. 1951. **Holotype:** China. Yunnan: Malipo, alt.1 200~1 500 m, 1947-11-09, K. M. Feng 13102.

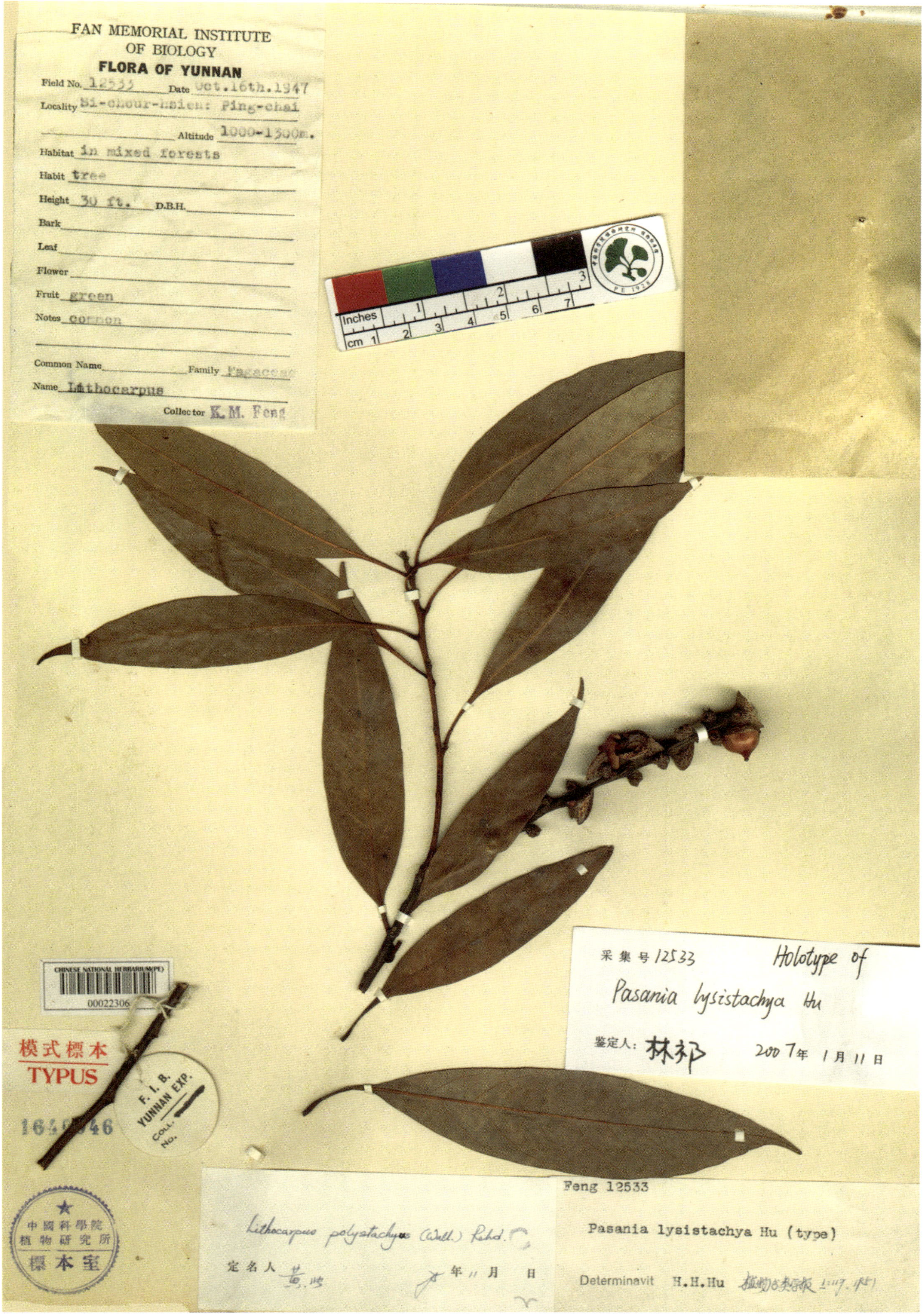

疎穗柯 ***Pasania lysistachya*** Hu in Acta Phytotax. Sin. 1(1): 117. 1951. **Holotype:** China. Yunnan: Xichou, alt. 1 000~1 300 m, 1947-10-16, K. M. Feng 12533.

亮果柯 ***Pasania nitidinux*** Hu in Acta Phytotax. Sin. 1(1): 115. 1951. **Holotype:** China. Yunnan: Xichou, alt. 1 500 m, 1947-09-29, K. M. Feng 12103.

杜鹃叶柯 ***Pasania rhododendrophylla*** Hu in Acta Phytotax. Sin. 1(1): 114. 1951. **Holotype:** China. Yunnan: Malipo, alt. 1 600~2 000 m, 1947-12-09, K. M. Feng 13720.

浆栎 ***Pasania tomentosinux*** Hu in Acta Phytotax. Sin. 1(1) 114, 1951. **Holotype:** China. Yunnan: Xichou, alt. 1 500~1 700 m, 1947-08-30, K. M. Feng 11508.

安南柯 ***Pasania touranensis*** Hickel & A. Camus in Bull. Mus. Hist. Nat. Paris 34: 364. 1928. **Syntype:** Vietnam: Annam: Ba-na pres Tourane, 1923-04-21, M. Poilane 7093.

文山柯 ***Pasania wenshanensis*** Hu in Acta Phytotax. Sin. 1(1): 113. 1951. **Holotype:** China. Yunnan: Wenshan, alt. 2 200 m, 1947-08-18, K. M. Feng 11342.

仇栗树 ***Pasania yenshanensis*** Hu in Acta Phytotax. Sin. 1(1): 116. 1951. **Holotype:** China. Yunnan: Yanshan, alt. 1 200 m, 1939-10-02, C. W. Wang & Y. Liu 84125.

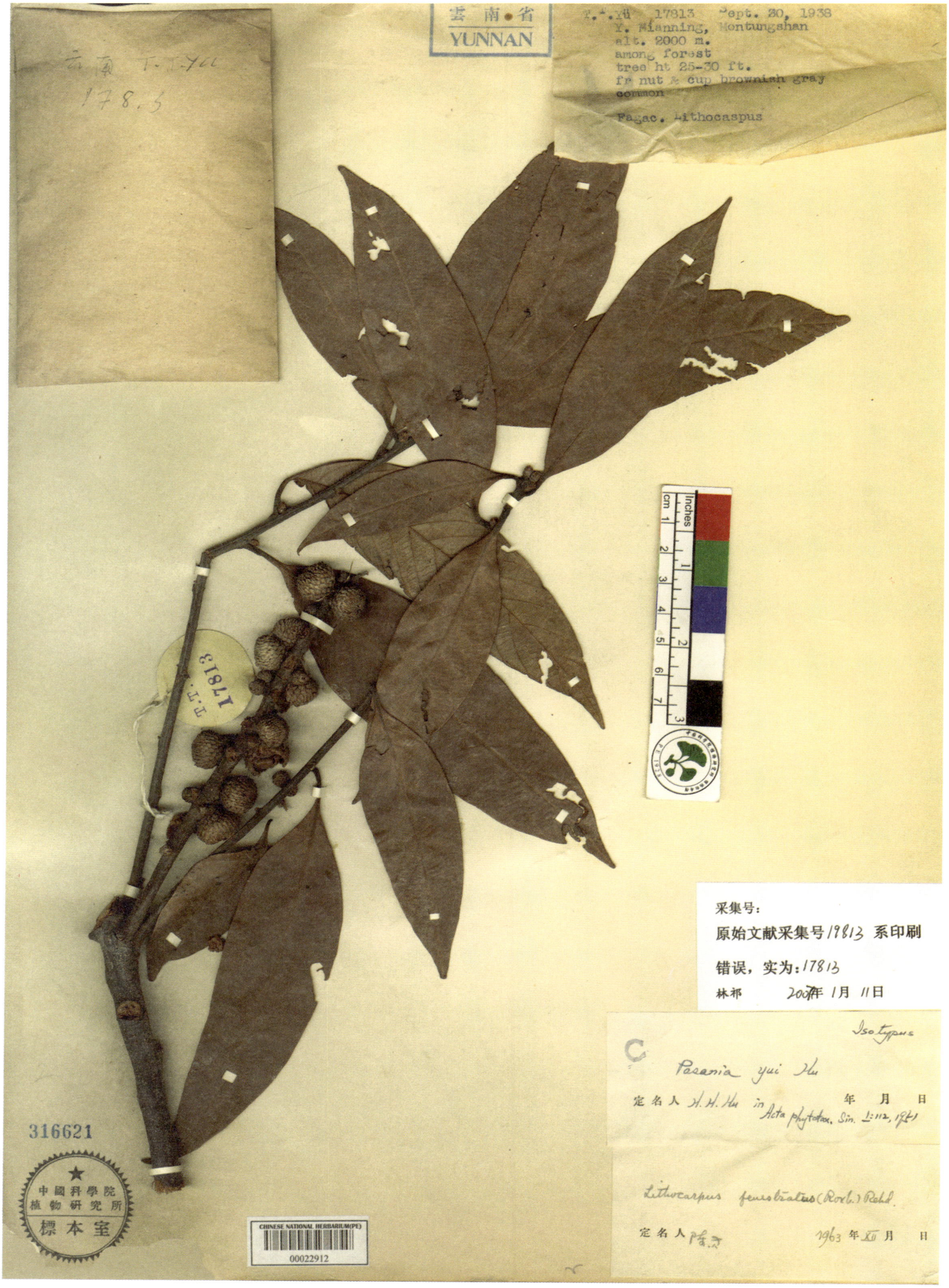

俞氏柯 ***Pasania yui*** Hu in Acta Phytotax. Sin. 1(1): 112. 1951. **Isotype:** China. Yunnan: Mianning (=Lincang), alt. 2 000 m, 1938-09-30, T. T. Yu 17813.

永仁柯 ***Pasania yunjenensis*** Hu in Bull. Fan Mem. Inst. Biol., Bot. Ser.10: 103. 1940. **Holotype:** China. Yunnan: Yongren, alt. 1 700 m, 1933-05-23, H. T. Tsai 52882.

仁昌青冈 ***Quercus chingii*** Metc. in Lingnan Sci. Journ. 10(4): 482. 1931. **Lectotype** (designated by Yun Lin & al. in Bull. Bot. Res., Harbin 35: 7. 2015): China. Zhejiang: Xianju, alt. 800 m, 1924-06-04, R. C. Ching 1786.

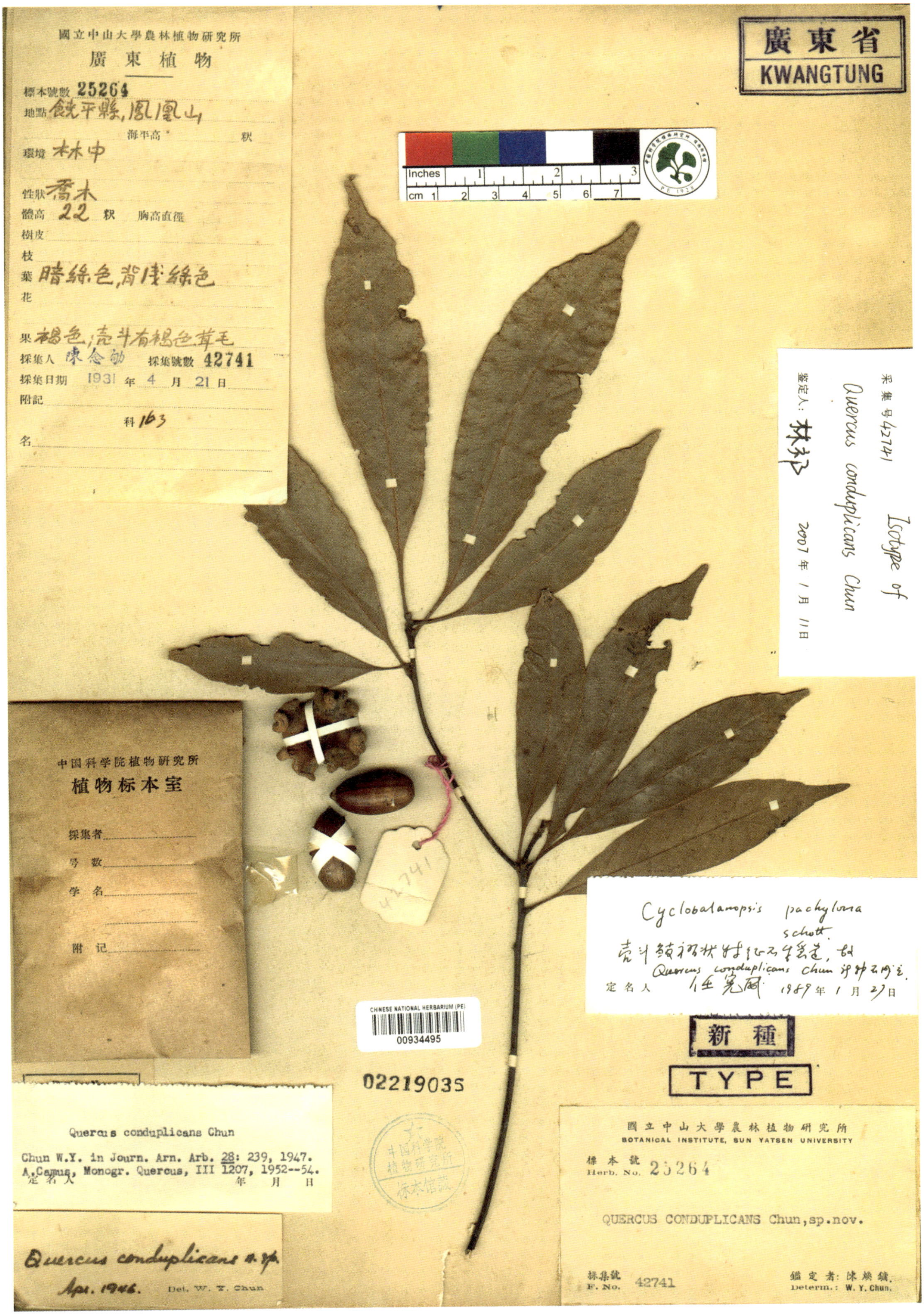

饶平栎 ***Quercus conduplicans*** Chun in Journ. Arn. Arb. 28(3): 239. 1947. **Isotype:** China. Guangdong: Raoping, 1931-04-21, N. K. Chun 42741.

拟槲树 ***Quercus dentatoides*** Liou in Contr. Inst. Bot. Nat. Acad. Peiping 4(1): 5, pl. 2. 1936. **Holotype:** China. Sichuan: Qingchuan, alt. 1 700 m, 1930-08-29, F. T. Wang 22404.

碟斗青冈 ***Quercus disciformis*** W. T. Chun & Y. Tsiang in Journ. Arn. Arb. 28: 324. 1947. **Isotype:** China. Guangdong: Xinyi, alt. 1 700 m, 1931-08-03, C. Wang 31087.

房山栎 ***Quercus fangshanensis*** Liou in Contr. Inst. Bot. Nat. Scad. Peiping 4(1): 7, pl. 3. 1936. **Lectotypt** (designated by H. L. Li & al. in Bull. Bot. Res., Harbin 28: 265. 2008.) : China. Beijing: Fangshan, 1933-07-24, K. M. Liou 1006.

长苞高山栎 ***Quercus fimbriata*** Chun & C. C. Huang ex Y. C. Hsu & H. W. Jen in Acta Phytotax. Sin. 14(2): 86.1976.
Holotype: China. Yunnan: Ninglang, alt. 2 800 m, 1960-06-20, S. Jiang 6036.

富宁栎 ***Quercus fooningensis*** Hu & W. C. Cheng in Acta Phytotax. Sin. 1(2): 143. 1951. **Holotype:** China. Yunnan: Funing, alt. 1 100 m, 1940-05-03, C. W. Wang & Y. Liu 89142.

复兴椆 ***Quercus fuhsingensis*** Y. T. Chang in Acta Phytotax. Sin. 11(3): 257, pl. 33: 1. 1966 . **Isotype:** China. Yunnan: Simao, alt. 1 300 m, 1955-09-20, P. I Mao 6078.

河北栎 ***Quercus hopeiensis*** Liou in Contr. Inst. Bot. Nat. Acad. Peiping, 4(1): 8, pl. 4. 1936. **Holotype:** China. Hebei: Fuping, alt. 1 225 m, 1934-08-19, K. M. Liou 3308.

雷公青冈 ***Quercus hui*** Chun in Journ. Arn. Arb. 9: 126. 1928. **Isotype:** China. Guangdong: North River region, 1927-12-24, W. Y. Chun 5868.

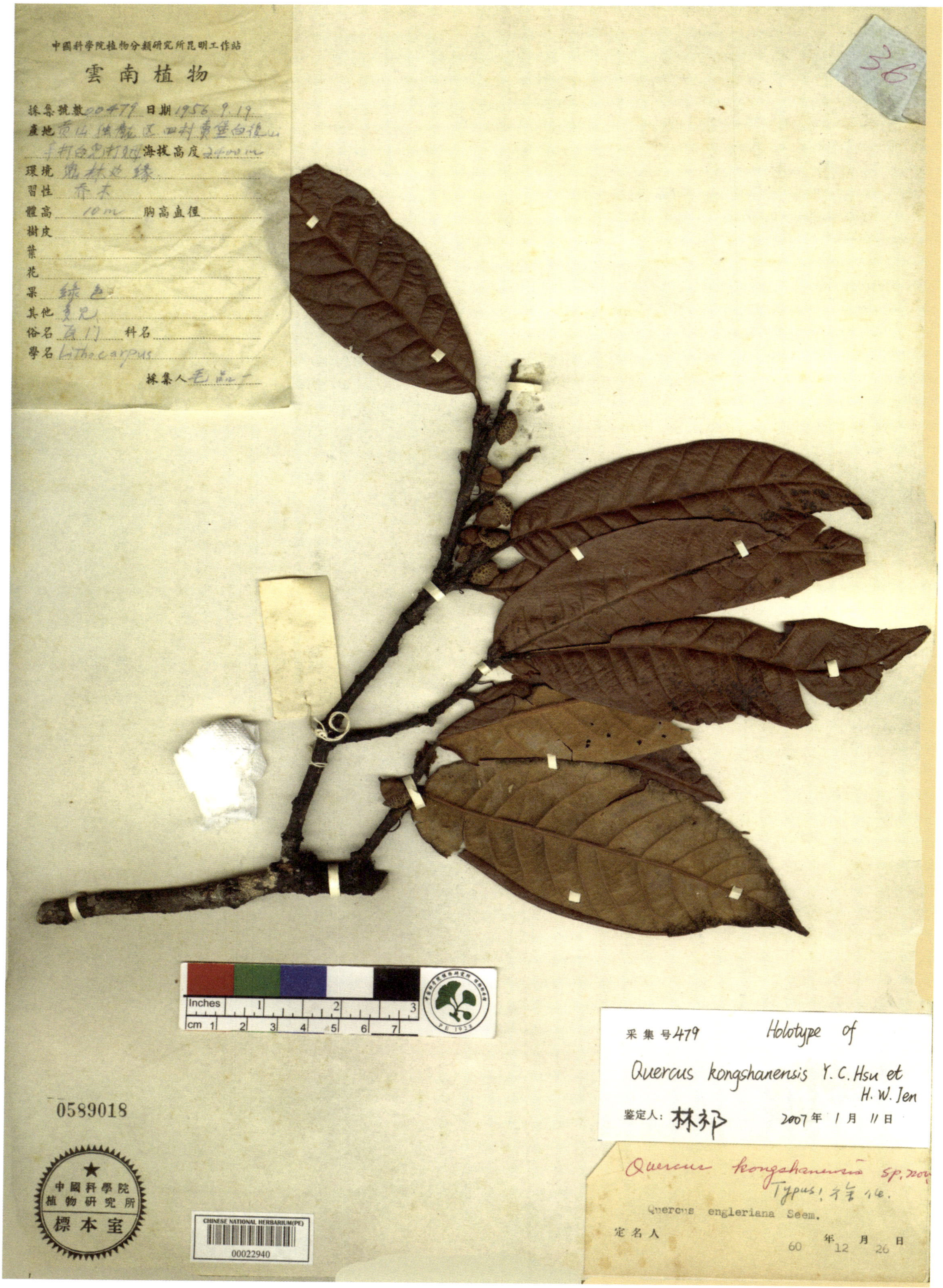

贡山栎 ***Quercus kongshanensis*** Y. C. Hsu & H. W. Jen in Acta Phytotax. Sin. 14(2): 85. 1976. **Holotype:** China. Yunnan: Gongshan, alt. 2 400 m, 1956-09-19, P. I Mao 479.

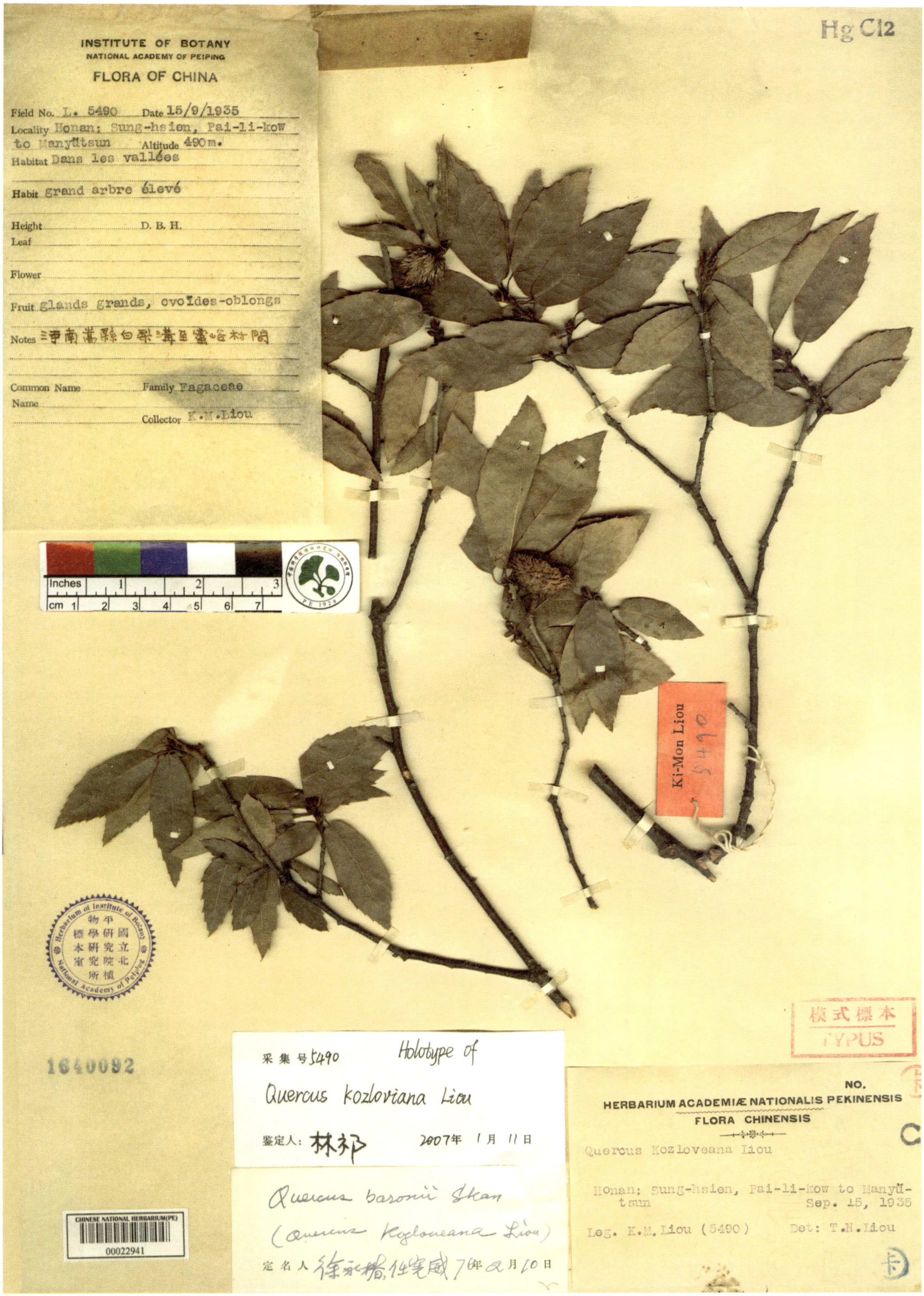

嵩县栎 ***Quercus kozloviana*** Liou in Contr. Inst. Bot. Nat. Acad. Peiping. 4(1): 15, pl. 5. 1936. **Holotype:** China. Henan: Song Xian, alt. 490 m, 1935-09-15, K. M. Liou 5490.

长柄栎 ***Quercus longipes*** Hu in Acta Phytotax. Sin. 1(2): 147. 1951. **Holotype:** China. Yunnan: Funing, alt. 700 m, 1940-05-20, C. W. Wang & Y. Liu 89409.

乐东栎 ***Quercus lotungensis*** Chun & W. C. Ko ex Chun & How in Acta Phytotax. Sin. 7(1): 38. 1958. **Isotype:**China. Hainan: Ledong, 1936-07-13, S. K. Lau 27501.

龙陵栎 ***Quercus lunglingensis*** Hu in Acta Phytotax. Sin. 1(2): 141. 1951. **Holotype:** China. Yunnan: Longling, alt. 2 400 m, 1941-08-??, C. W. Wang & Y. Liu 90064.

麻栗坡栎 ***Quercus marlipoensis*** Hu & W. C. Cheng in Acta Phytotax. Sin. 1(2): 142. 1951. **Holotype:** China. Yunnan: Malipo, alt. 1 100 m, 1940-01-22, C. W. Wang & Y. Liu 86357.

南方栎 ***Quercus meridionalis*** Liou in Contr. Inst. Bot. Nat. Acad. Peiping 4(1): 21, pl. 10. 1936. **Lectotype** (designated by H. L. Li & al. in Bull. Bot. Res., Harbin 28: 265. 2008.): China. Jiangsu: Shahshu (=Changshu), 1929-09-12, W. C. Cheng 569.

长叶枹栎 ***Quercus monnula*** Y. C. Hsu & H. W. Jen in Acta Bot. Yunnan. 1(1): 148. 1979 . **Holotype:** China. Sichuan: Shimian, alt. 1 800 m, 1959-09-29, S. F. Zhu 20499.

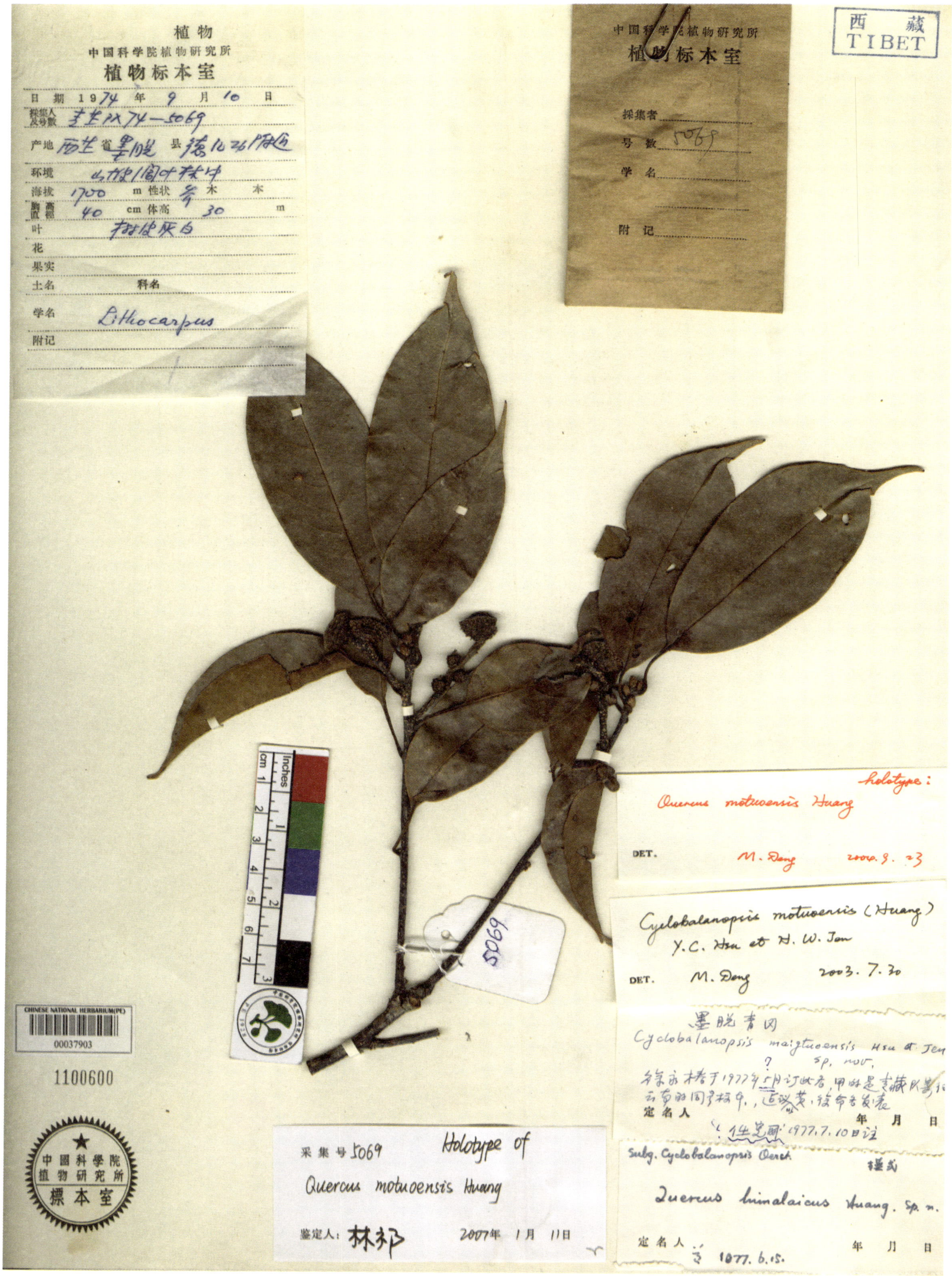

墨脱青冈 ***Quercus motuoensis*** C. C. Huang in Guihaia 12(4): 306. 1992. **Holotype:** China. Xizang: Mêdog, alt. 1 700 m, 1974-9-10, Qinghai-Xizang Exped. 74-5069.

木里栎 ***Quercus muliensis*** Hu in Acta Phytotax. Sin. 1(2): 147. 1951. **Holotype:** China. Sichuan: Muli, alt. 2 500 m, 1937-07-05, T. T. Yu 7254.

丛林栎 ***Quercus nemoralis*** Chun in Journ. Arn. Arb. 28(3): 241. 1947. **Isoparatype:** China. Hainan: Baoting, alt. 2 000 m, 1935-08-27, F. C. How 73518.

倒卵青叶冈 ***Quercus obovatifolia*** C. C. Huang in Acta Phytotax. Sin. 16(4): 75, f. 2. 1978. **Holotype:** China. Hunan: Yizhang, alt. 1 800 m, 1957-08-12, L. H. Liu 934.

五环椆 ***Quercus pentacycla*** Y. T. Cheng in Acta Phytotax. Sin. 11(3): 256, pl. 34. 1966. **Holotype:** China. Yunnan: Malipo, alt. 1 400~1 800 m, 1947-11-06, K. M. Feng 12948.

假枹栎 ***Quercus pseudo-serrata*** Liou in Contr. Inst. Bot. Nat. Acad. Peiping, 4(1): 16, pl. 6. 1936. **Holotype:** China. Henan: Lushi, alt. 600 m, 1935-07-29, K. M. Liou 4810.

黔椆 ***Quercus stewardiana*** A. Camus in Chenes 1: 273. 1936. **Isotype:** China. Guizhou: Fanjingshan, alt. 2 100 m, 1931-09-07, Albert N. Steward & alt. 404.

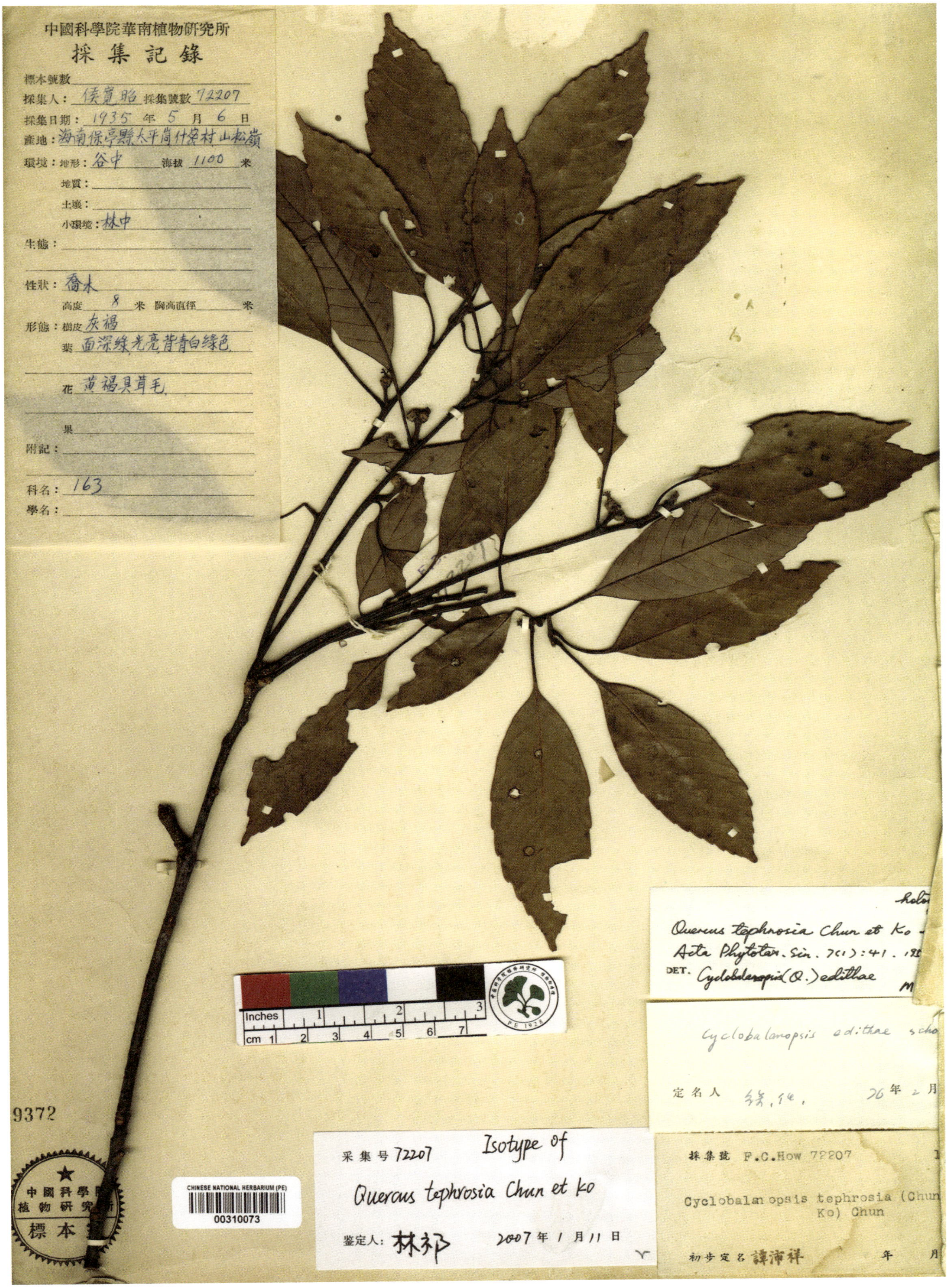

灰叶栎 ***Quercus tephrosia*** Chun & W. C. Ko ex Chun & How in Acta Phytotax. Sin. 7: 41, pl. 14: 1. 1958. **Isotype:** China. Hainan: Baoting, alt. 1 100 m, 1935-05-06, F. C. How 72207.

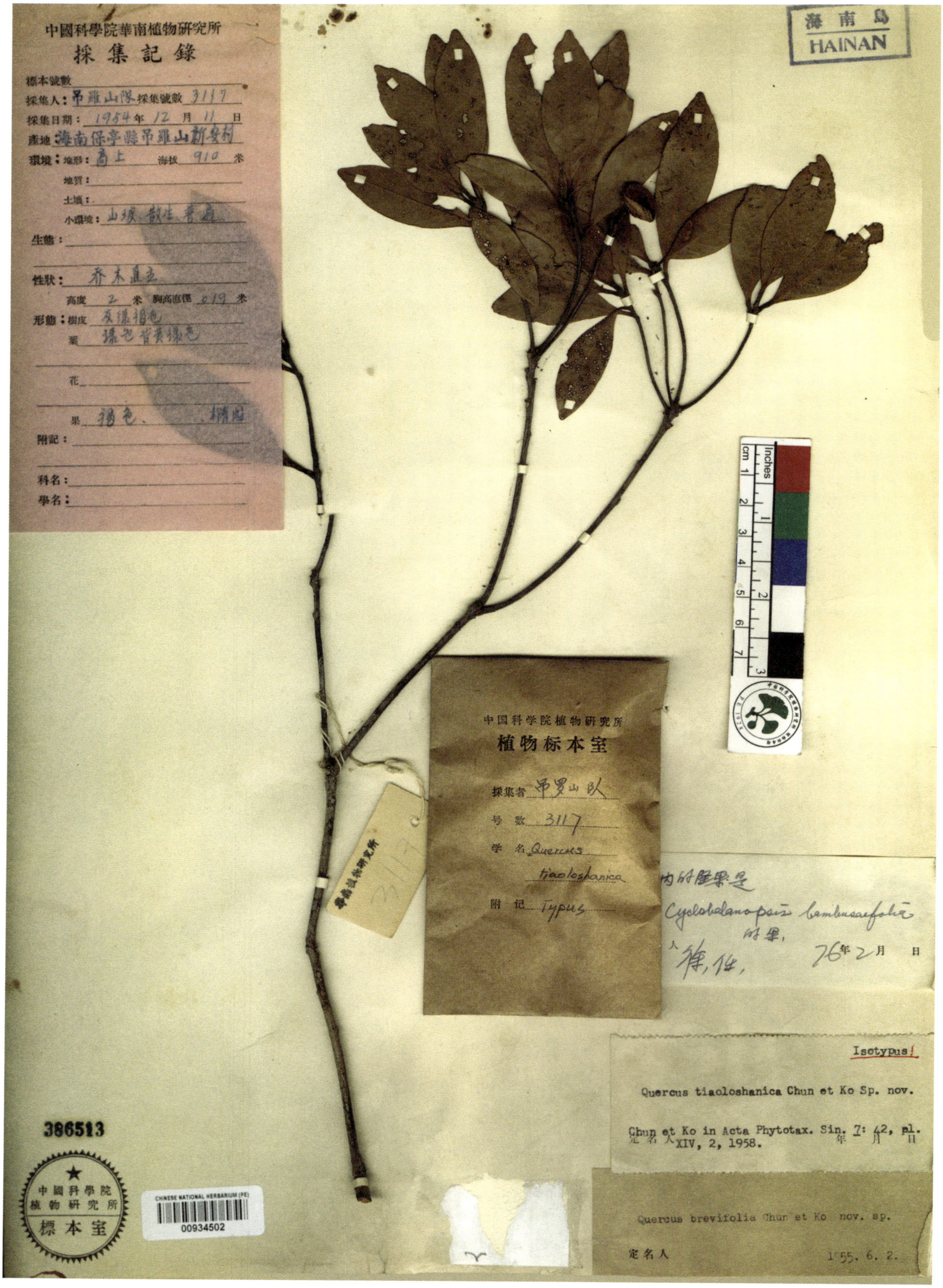

吊罗栎 ***Quercus tiaoloshanica*** Chun & W. C. Ko ex Chun & How in Acta Phytotax. Sin. 7(1): 42, pl. 14: 2. 1958.
Isotype: China. Hainan: Baoting, Diaoluoshan, alt. 910 m, 1954-12-11, Diaoluoshan Exped. 3117.

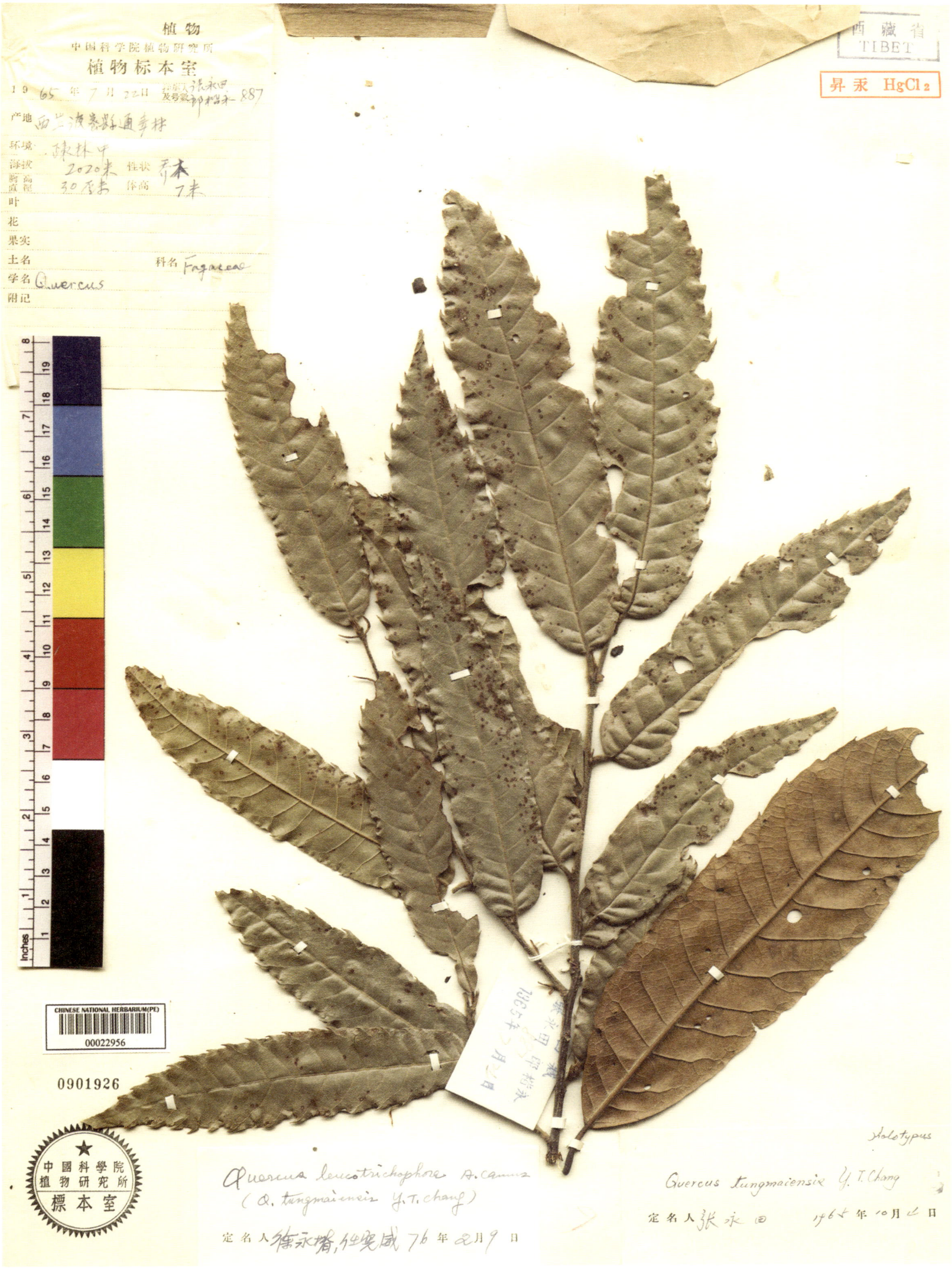

通麦栎 ***Quercus tungmaiensis*** Y. T. Chang in Acta Phytotax. Sin. 6: 254. 1966. **Holotype:** China. Xizang: Bomi, alt. 2 020 m, 1965-07-22, Y. T. Chang & K. Y. Lang 887.

炭栎 ***Quercus utilis*** Hu & W. C. Cheng in Acta Phytotax. Sin. 1(2): 145. 1951. **Lectotype**(designated by Q. Lin & al. in Acta Bot. Boreal.-Occident. Sin. 27: 1250. 2007.): China. Yunnan: Xichou, alt. 1 000 m, 1939-11-07, C. W. Wang 81298.

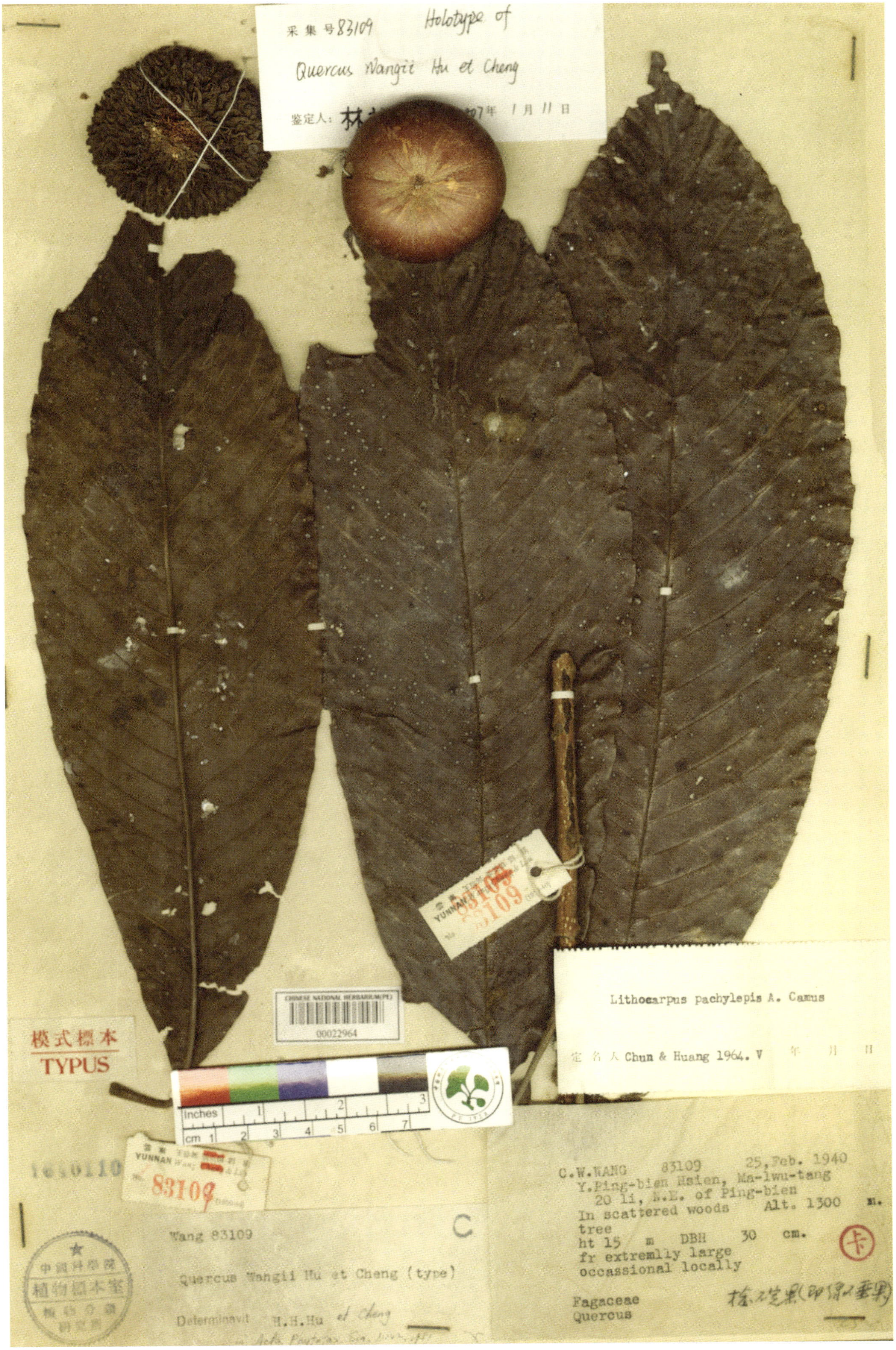

王氏栎 ***Quercus wangii*** Hu & W. C. Cheng in Acta Phytotax. Sin. 1(2): 143. 1951. **Holotype:** China.Yunnan: Pingbian, alt.1 300 m, 1940-02-25, C. W. Wang & Y. Liu 83109.

德浚栎 ***Quercus yuii*** Liou in Contr. Inst. Bot. Nat. Acad. Peiping. 4: 4. 1936. **Holotype:** China. Sichuan: Mianning, alt. 2 500 m, 1932-11-06, T. T. Yu 1780.

Ulmaceae

榆科

yuke

柔毛糙叶树 ***Aphananthe aspera*** (Thunb.) Planch. var. ***pebescens*** C. J. Chen in Acta Phytotax. Sin. 17(1): 49. 1979.
Holotype: China. Yunnan: Zhenkang, alt. 1 250 m, 1938-08-11, T. T. Yu 17366.

披针叶小叶朴 ***Celtis bungeana*** Bl. var. ***lanceolata*** E. W. Ma in Bull. Bot. Lab. N. E. For. Inst., Harbin 7: 125. 1980. **Lectotype** (designated by Q. Lin & al. in Acta Bot. Boreal.-Occident. Sin. 27: 1254. 2007.): China. Jiangsu: Jiangpu, 1933-11-03, M. Chen 1469.

天目朴树 ***Celtis chekiangensis*** W. C. Cheng in Contr. Biol. Lab. Sci. Soc. China, Bot. Ser. 9(3): 245, f. 24. 1934. **Holotype:** China. Zhejiang: W Tianmushan, alt. 700 m, 1932-06-27, W. C. Cheng 2169.

凤庆朴 ***Celtis fengqingensis*** Hu ex E. W. Ma in Bull. Bot. Lab. N. E. For. Inst., Harbin 7: 122. 1980. **Holotype:** China. Yunnan: Shunning (=Fengqing), alt. 2 000 m, 1938-05-25, T. T. Yu 15964.

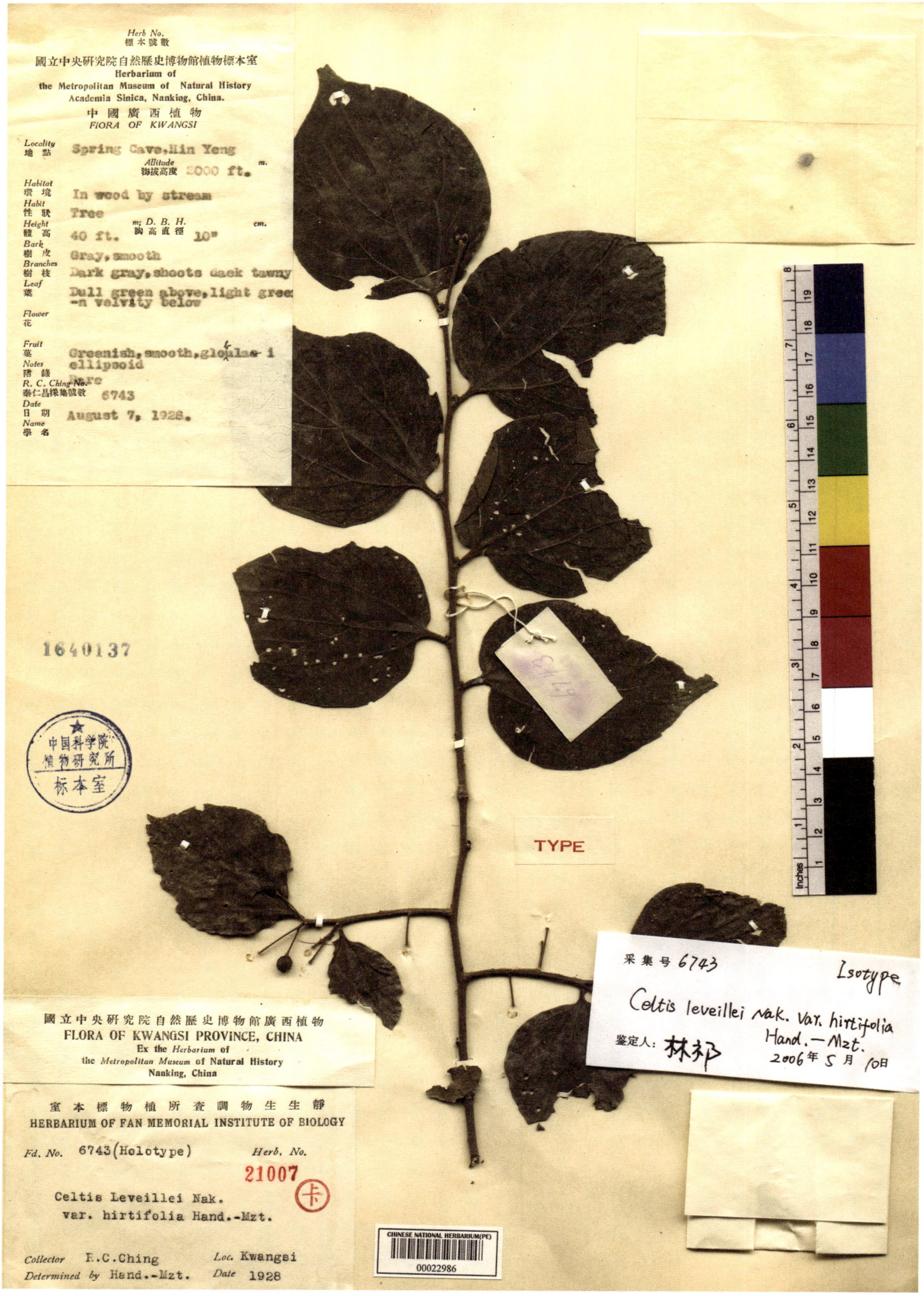

毛花丝朴树 *Celtis leveillei* Nakai var. ***hirtifolia*** Hand.-Mazz. in Sinensia 2(1): 1. 1931. **Isotype:** China. Guangxi: Hin Yeng, alt. 700 m, 1928-08-07, R. C. Ching 6743.

太原朴 ***Celtis taiyuanensis*** E. W. Ma in Bull. Bot. Lab. N. E. For. Inst., Harbin 7: 124. 1980. **Holotype:** China. Shanxi: Taiyuan, 1954-10-??, Y. Y. Qin 967.

西藏朴 ***Celtis xizangensis*** E. W. Ma in Acta Phytotax. Sin. 18(1): 14. 1980. **Holotype:** China. Xizang: Gyirong, alt. 2 200 m, 1967-11-05, S. Jiang & C. F. Zhao 0417.

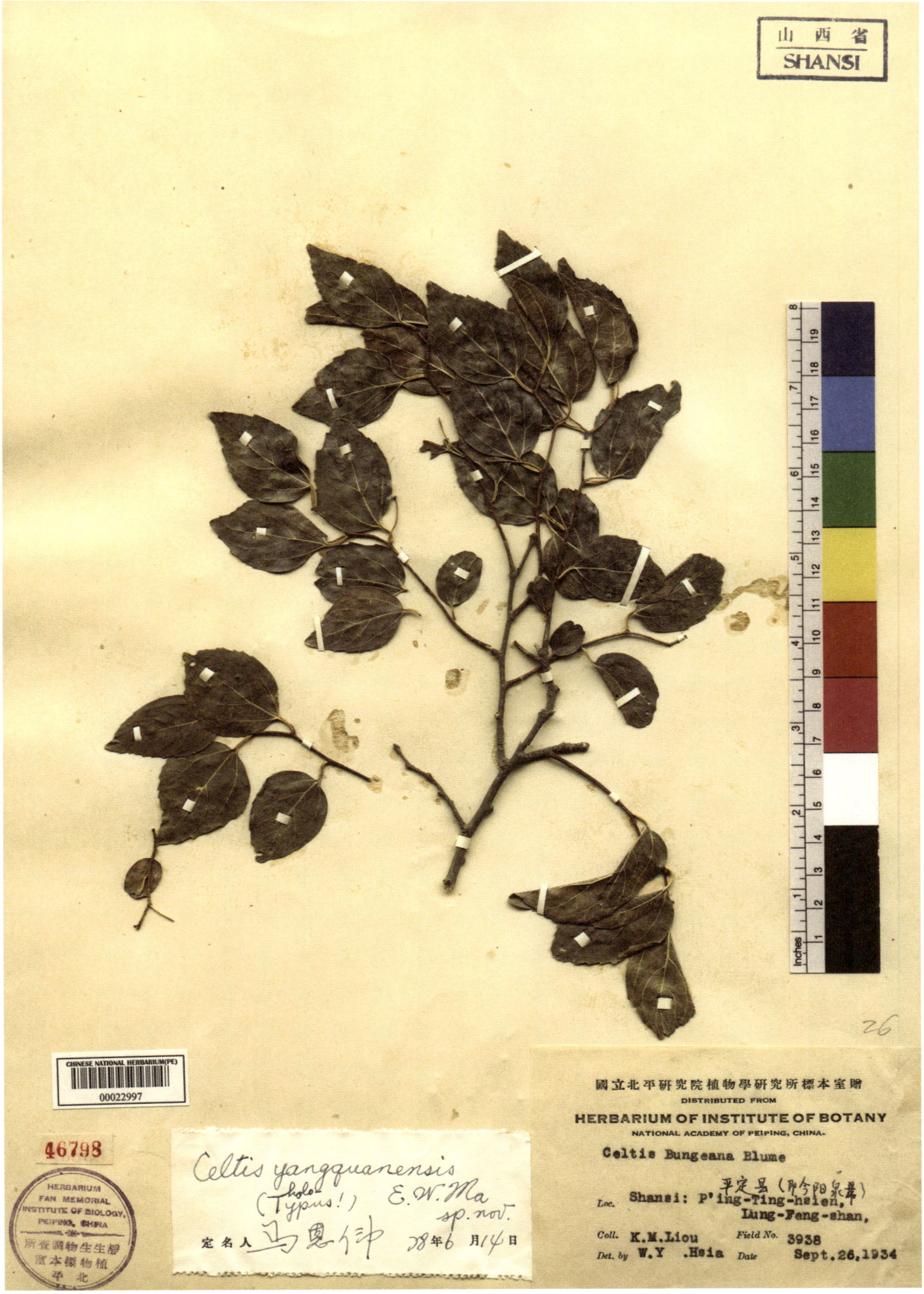

阳泉朴 ***Celtis yangquanensis*** E. W. Ma in Bull. Bot. Lab. N. E. For. Inst., Harbin 7: 123. 1980. **Holotype:** China. Shanxi: Pingting (=Yangquan), 1934-09-26, K. M. Liou 3938.

滇糙叶树 ***Gironniera yunnanensis*** Hu in Bull. Fan Mem. Inst. Blol., Bot. Ser. 10: 150. 1940. **Holotype:** China. Yunnan: Cheli (=Jinghong), alt. 1 100 m, 1936-10-??, C. W. Wang 79307.

柔毛青檀 ***Pteroceltis tatarinowii*** Maxim. var. ***pubescens*** Hand.-Mazz. in Sinensia 2(1-12): 133. 1931—1932. **Isotype:** China. Guizhou: Pingchow (=Pingtan), alt. 350 m, 1930-09-15, Y. Tsiang 7143.

银毛叶山黄麻 ***Trema nitida*** C. J. Chen in Acta Phytotax. Sin. 17(1): 49, f. 3. 1979. **Holotype:** China. Yunnan: Shuangjiang, alt. 1 810 m, 1957-09-12, C. S. Sin 864.

琅琊榆 ***Ulmus chenmoui*** W. C. Cheng in Journ. Nanjing For. Coll. 1(1): 68. 1958. **Isotype:** China. Anhui: Chu Xian, Langyashan, alt. 150~200 m, 1948-04-??, W. C. Cheng 15001.

长序榆 ***Ulmus elongata*** L. K. Fu & C. S. Ding in Acta Phytotax. Sin 17(1): 46, f. 1. 1979. **Holotype:** China. Zhejiang: Suichang, alt. 900 m, 1977-04-02, L. K. Fu 77001.

明陵榆 ***Ulmus erythrocarpa*** W. C. Cheng in Journ. Nanjing For. Coll. 1(1): 70. 1958. **Isosyntype:** China. Jiangsu: Nanjing, Ming Tomb,1949-11-11, W. C. Cheng 20258.

昆明榆 ***Ulmus kunmingensis*** W. C. Cheng in Sci. Silv. 8(1): 12. 1963. **Isosyntype:** China. Yunnan: Kunming, 1942-03-20, T. C. Chao 1516.

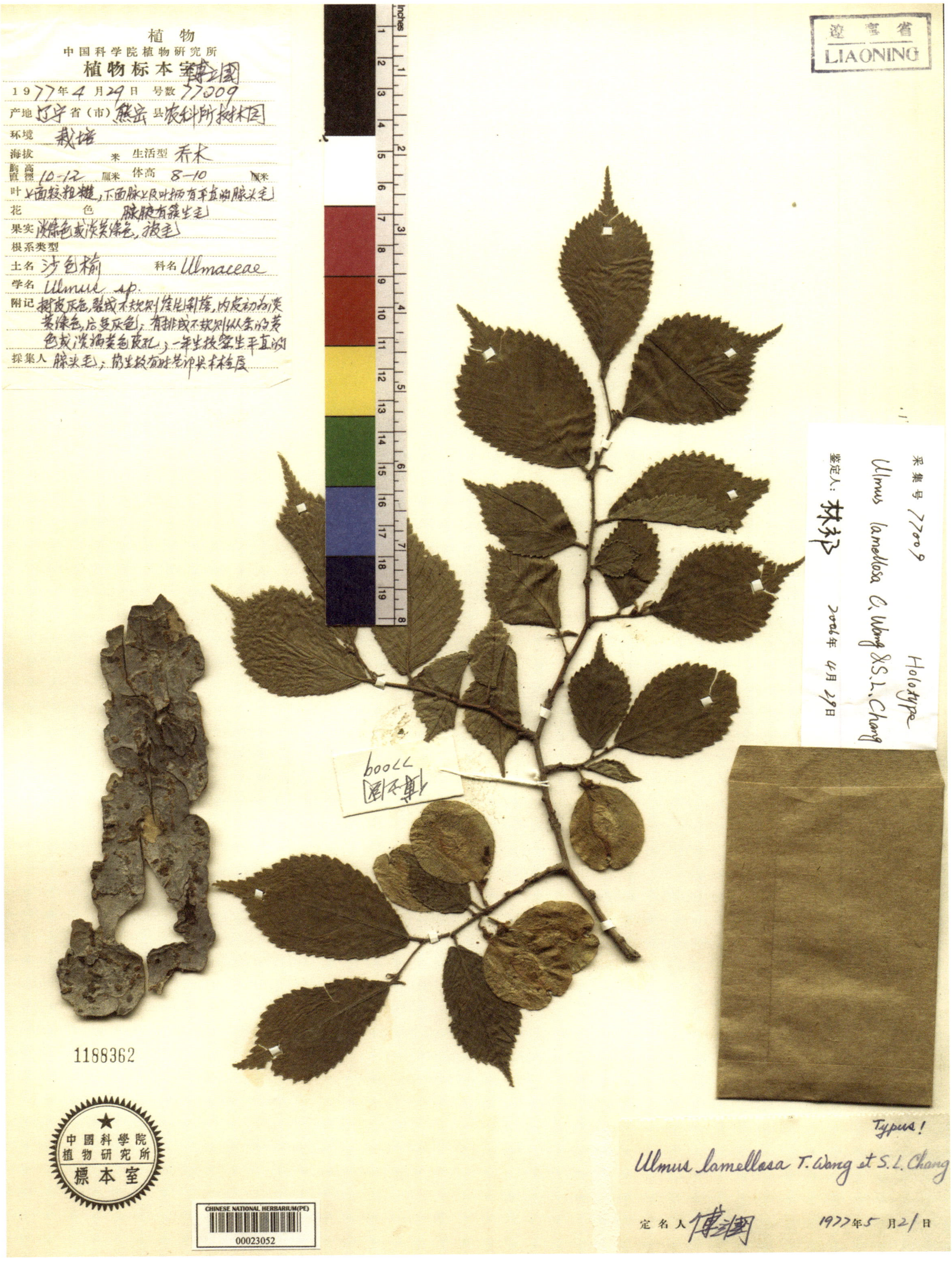

脱皮榆 ***Ulmus lamellosa*** C. Wang & S. L. Chang in Acta Phytotax. Sin. 17(1): 47, pl. 4. 1979. **Holotype:** China. Liaoning: Xiongyue, 1977-04-29, L. K. Fu 77009.

蒙古黄榆 ***Ulmus macrocarpa*** Hance var. ***mongolica*** Liou & S. X. Li, Ill. Fl. Lign. Pl. N. E. China 561, pl. 85: 135. 1955. **Isotype:** China. Heilongjiang: Shibazhan, Dongnanshan, alt. 700 m, 1951-07-02, S. Wang & al. 1106.

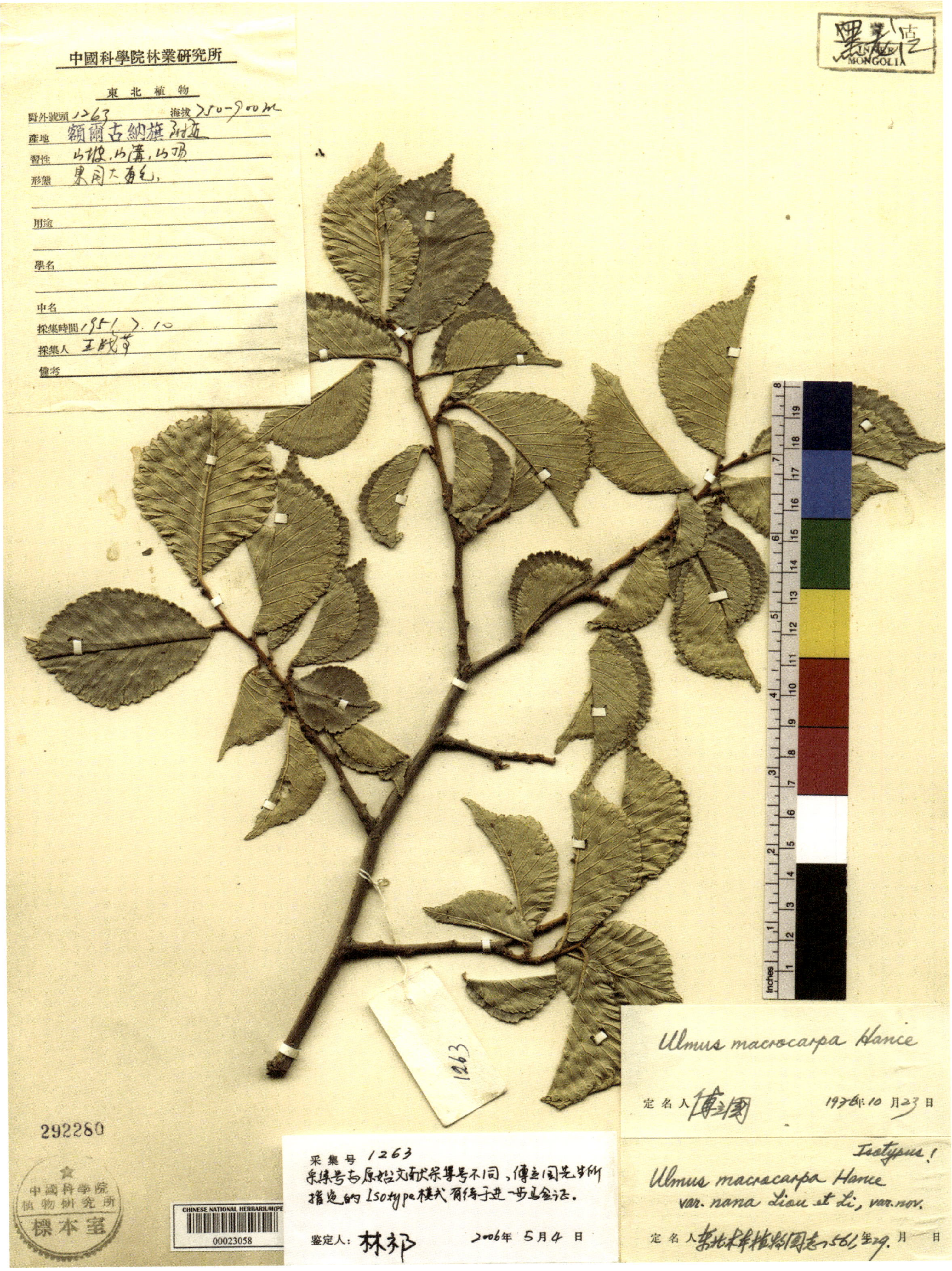

矮形黄榆 ***Ulmus macrocarpa*** Hance var. ***nana*** Liou & S. X. Li, Ill. Fl. Lign. Pl. N. E. China 561. 1955. **Isotype:** China. Nei Mongol: San-che, alt. 750~900 m, 1951-07-10, S. Wang 1263.

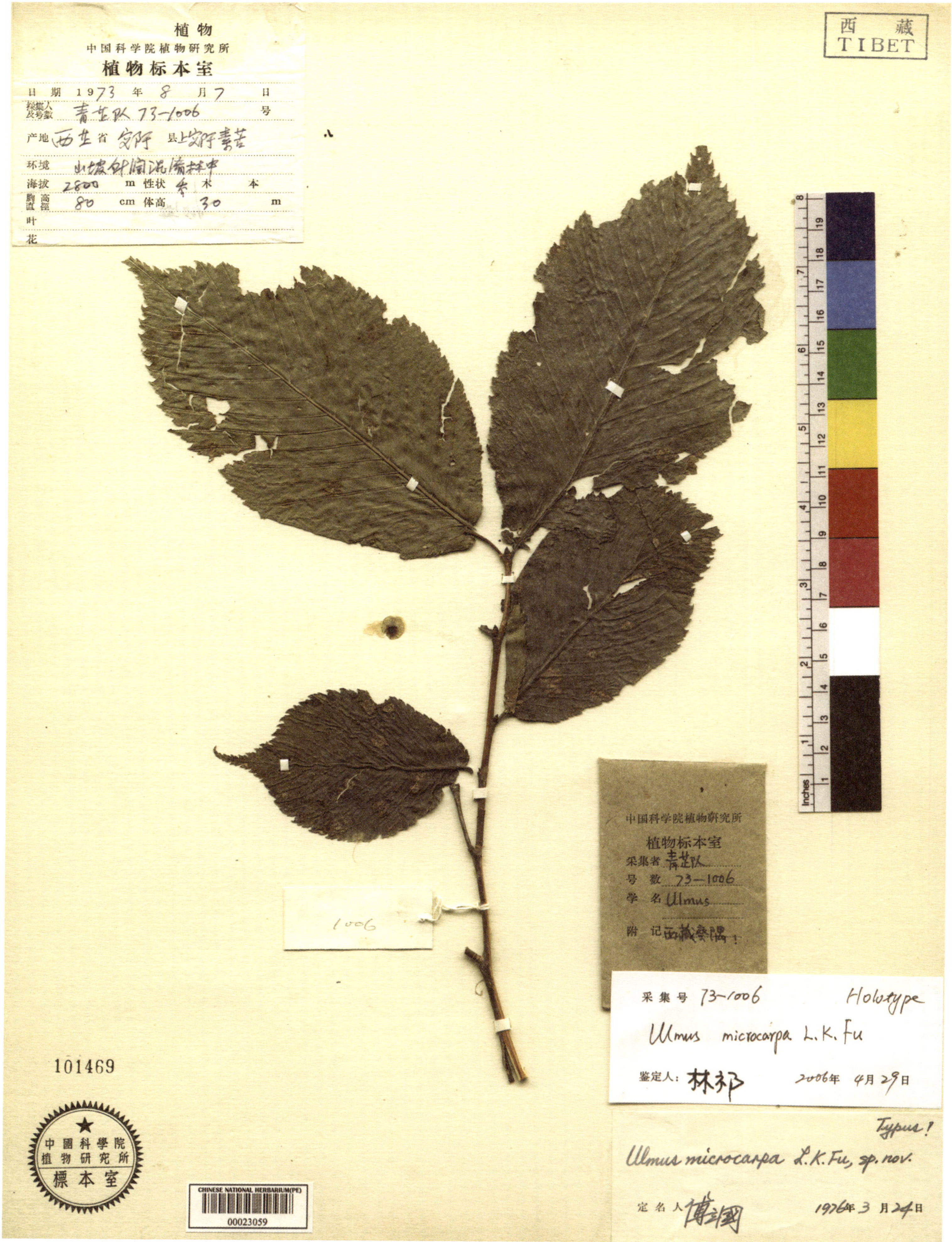

小果榆 ***Ulmus microcarpa*** L. K. Fu in Acta Phytotax. Sin. 17(1): 48, f. 2: 5-8. 1979. **Holotype:** China. Xizang: Zayü, alt. 2800 m, 1973-08-07, Qinghai-Xizang Exped. 73-1006.

多脉榆 ***Ulmus multinevis*** W. C. Cheng in Journ. Nanjing For. Coll. 1(1): 73. 1958. **Isosyntype:** China. Hubei: Lichuan, alt. 610 m, 1948-04-27, C. T. Hwa 435.

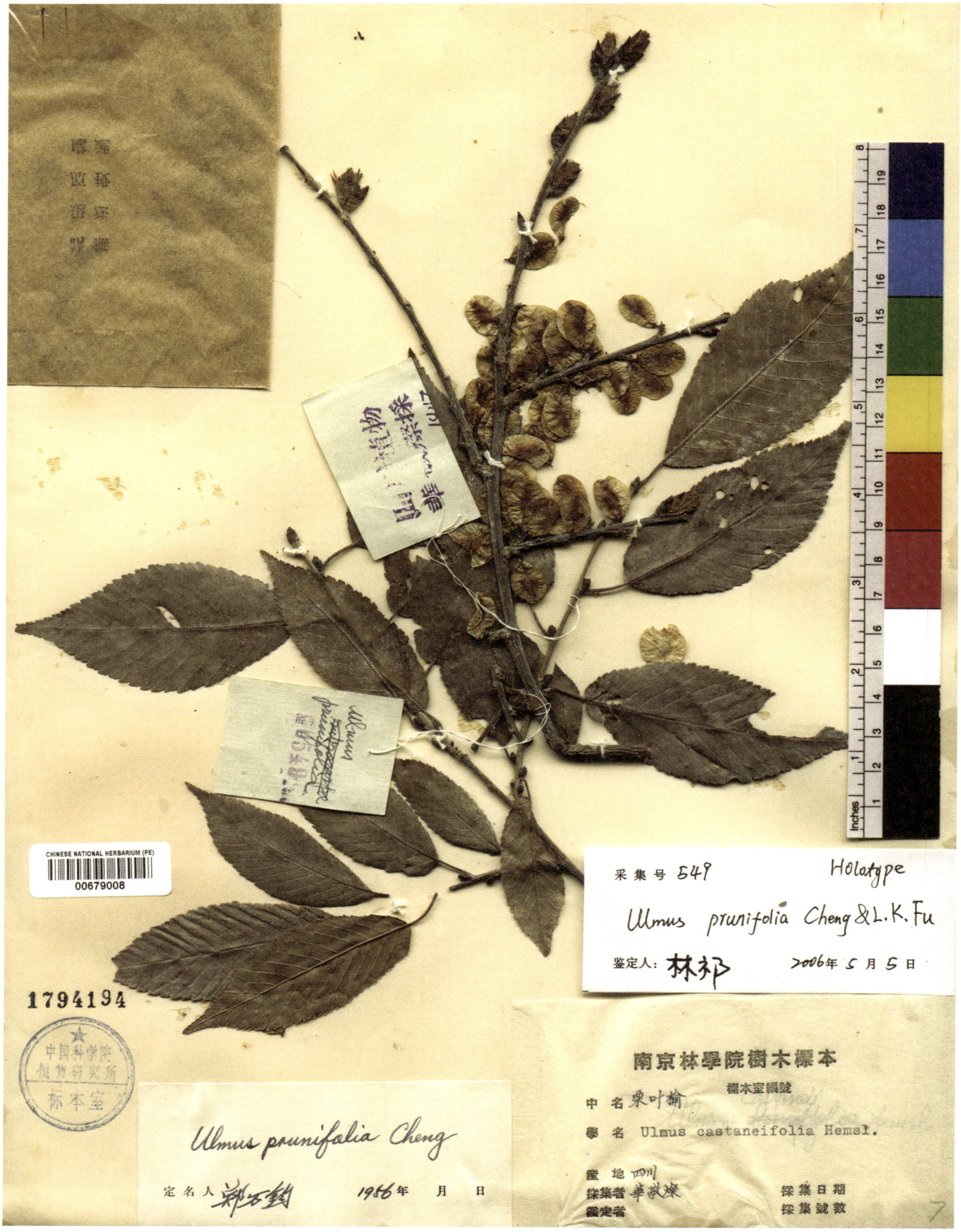

李叶榆 ***Ulmus prunifolia*** W. C. Cheng & L. K. Fu in Acta Phytotax. Sin. 17(1): 48, f. 2: 1-4. 1979. **Holotype:** China. Chongqing: Wan Xian (=Wanzhou), 1948-??-??, C. T. Hua 0549.

假春榆 ***Ulmus pseudopropinqua*** S. Wang & S. X. Li, Ill. Fl. Lign. Pl. N. E. China 561. 1955. **Isotype:** China. Heilongjiang: NE Agr. Coll., 1952-05-20, S. Wang 2285.

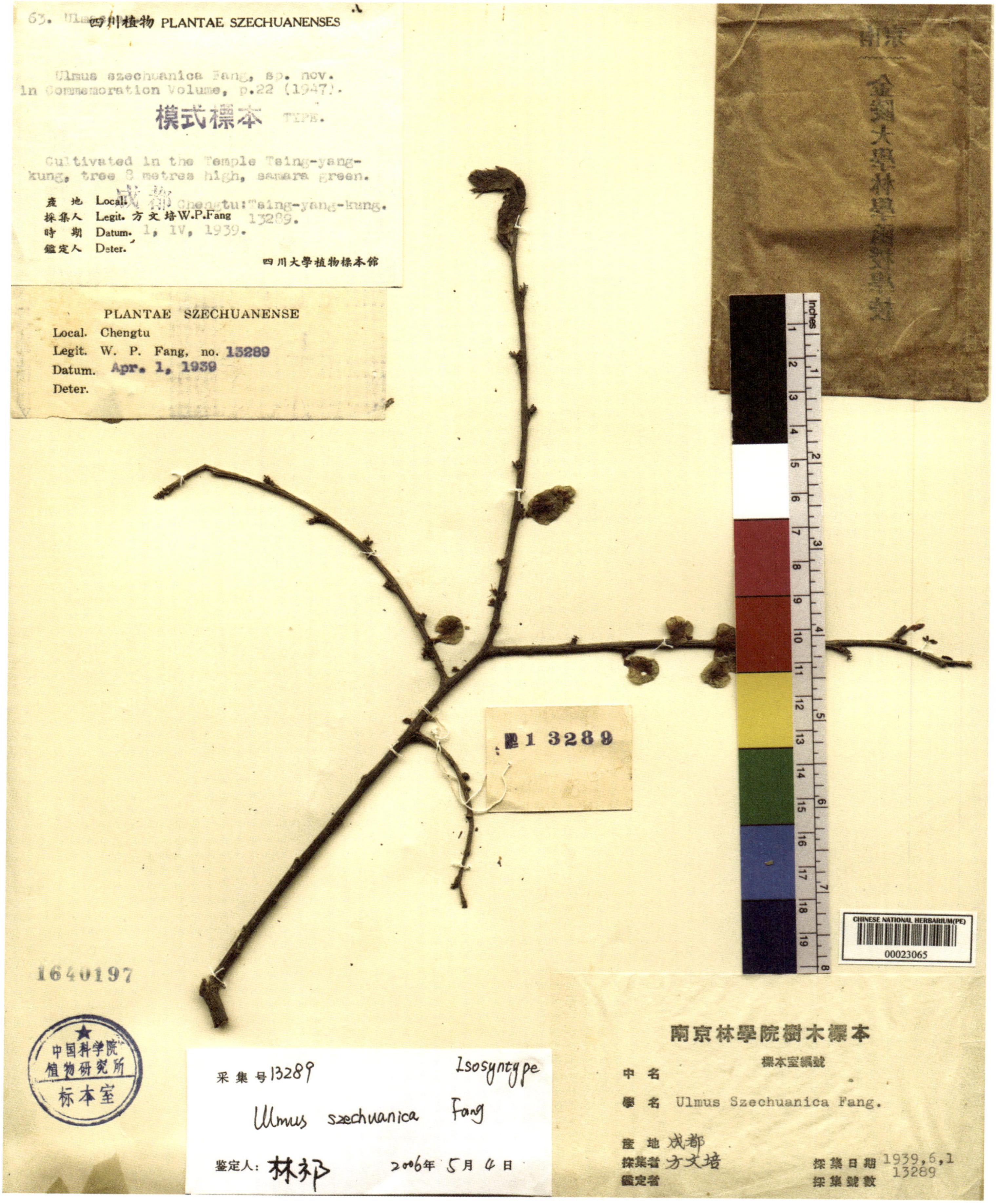

红果榆 ***Ulmus szechuanica*** W. P. Fang, Commom 22. 1947. **Isosyntype:** China. Sichuan: Chengdu, 1939-04-01, W. P. Fang 13289.

Rhoipteleaceae

马尾树科

maweishuke

马尾树 ***Rhoiptelea chiliantha*** Diels & Hand. in Rep. Spec. Nov. Regni Veg. 30: 77. 1932. **Isotype:** China. Guizhou: Dushan, alt. 600 m, 1930-08-22, Y. Tsiang 6568.

Moraceae

桑科

sangke

二色波罗蜜 ***Artocarpus bicolor*** Merr. & Chun in Sunyatsenia 1(1): 52. 1930. **Isotype:** China. Guangdong: North River Region, Wat Shui Shan, 1928-11-09, H. D. Wang 7409.

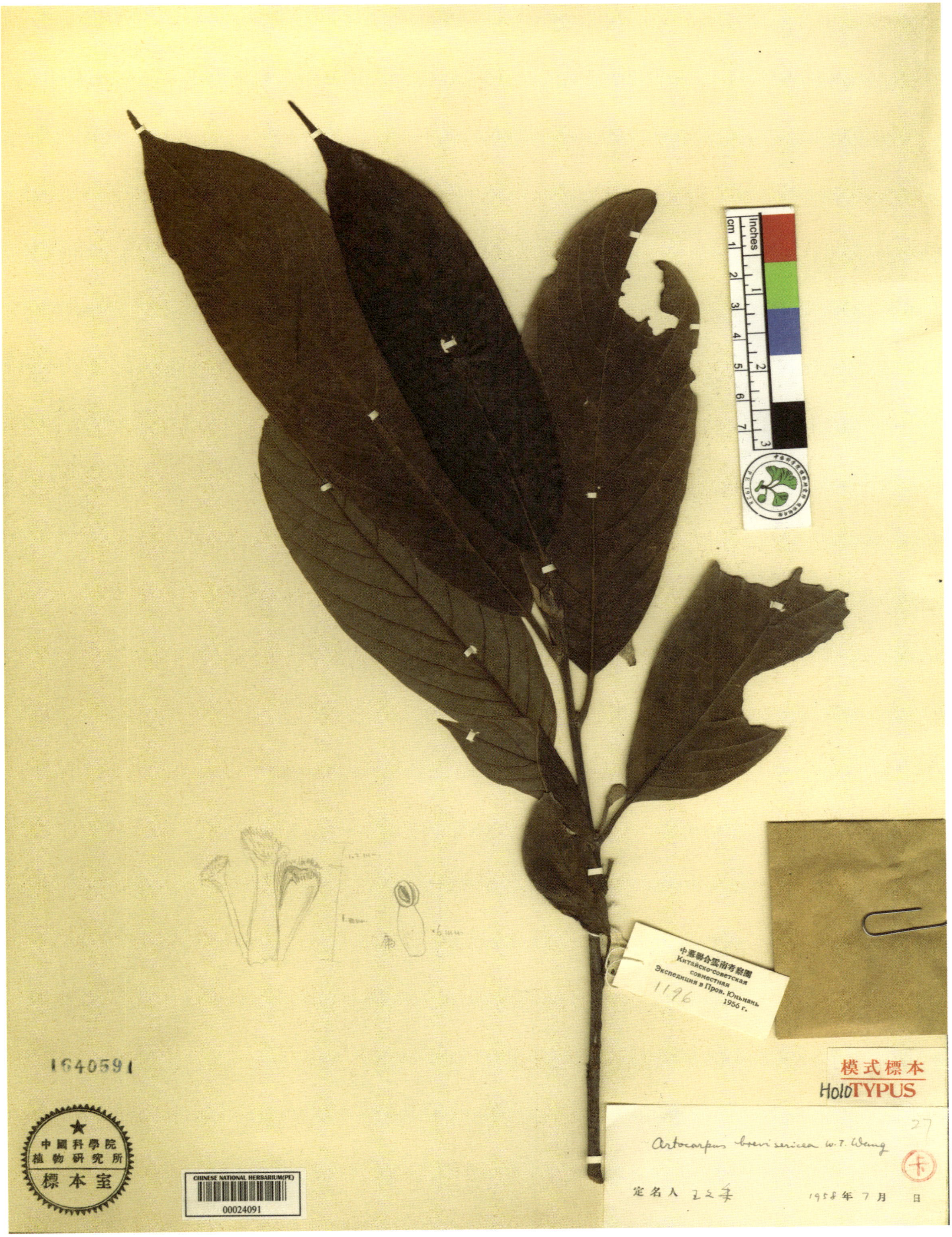

短绢毛波罗蜜 ***Artocarpus brevisericea*** C. Y. Wu & W. T. Wang in Acta Phytotax. Sin. 6(3): 273, pl. 55: 22. 1957.
Holotype: China. Yunnan: Jinping, Sino-Russia Yunnan Exped. 1196.

榕叶波罗蜜 ***Artocarpus ficifolia*** W. T. Wang in Acta Phytotax. Sin. 6(3): 274, pl. 55: 23. 1957. **Holotype:** China. Yunnan: Jinping, Sino-Russia Yunnan Exped. 676.

贡山波罗蜜 ***Artocarpus gongshanensis*** S. K. Wu in Acta Bot. Yunnan. 11(1): 29, f. 4: 2. 1989. **Isotype:** China. Yunnan: Gongshan, alt. 1350~1400 m, 1982-08-10, Qinghai-Xizang Exped. 9223.

桂木 ***Artocarpus lingnanensis*** Merr. in Lingnan Sci. Jour. 7: 302. 1929. **Isotype:** China. Guangdong: Lingnan, 1925-05-10, F. A. McClure 13471.

南川木波罗 ***Artocarpus nanchuanensis*** S. S. Chang, S. C. Tan & Z. Y. Liu in Acta Bot. Yunnan. 11(1): 29, f. 5. 1989.
Isotype: China. Chongqing: Nanchuan, alt. 540 m, 1982-08-07, Z. Y. Liu 3408.

猴子瘿袋 ***Artocarpus pithecogallus*** C. Y. Wu in Acta Bot. Yunnan. 11(1): 26, f. 3. 1989. **Isotype:** China. Yunnan: Shuangjiang, alt. 1600 m, 1957-09-19, J. S. Sin 1065.

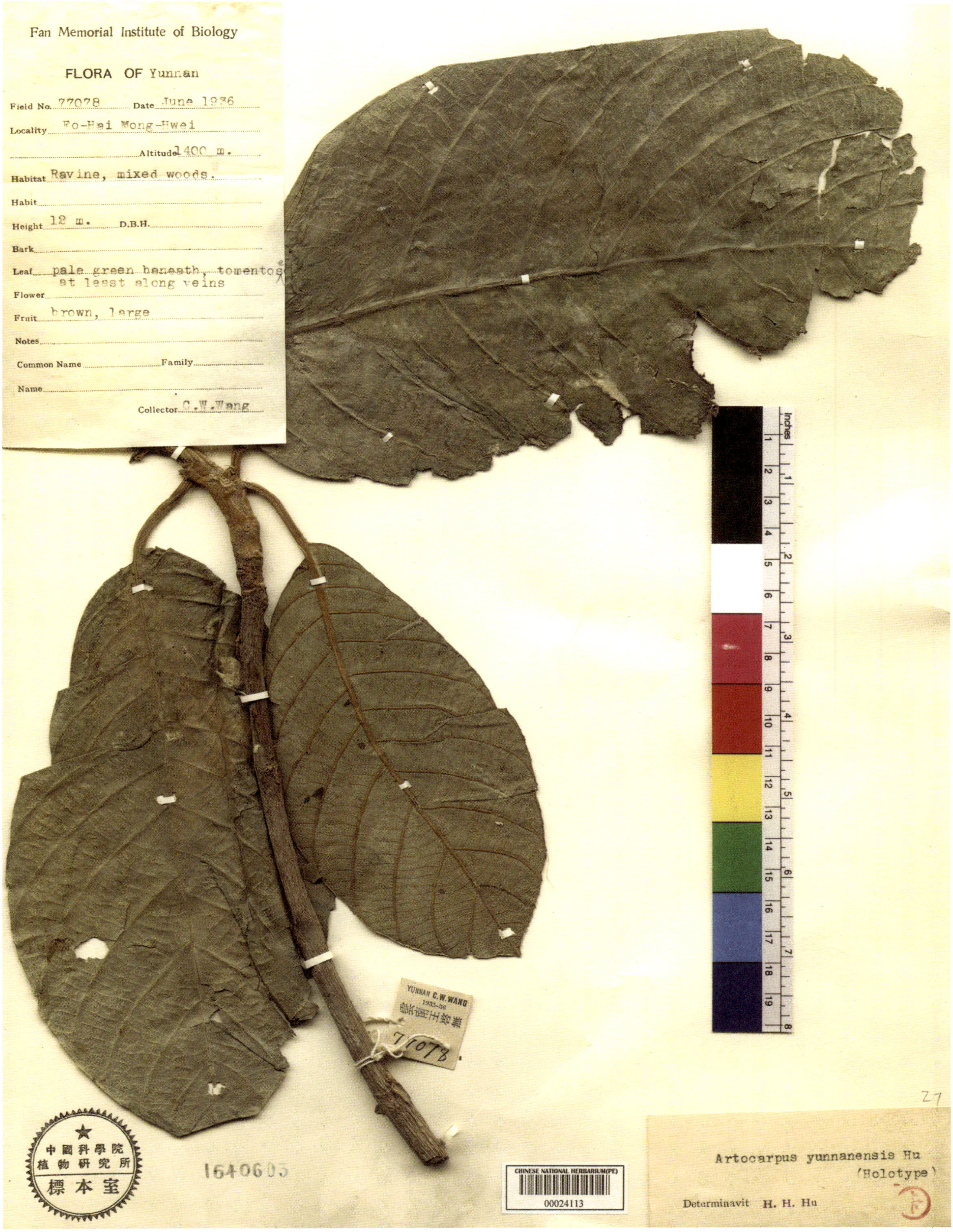

滇波罗蜜 ***Artocarpus yunnanensis*** Hu in Bull. Fan Mem. Inst. Biol. 8: 32. 1937. **Holotype:** China. Yunnan: Fo-Hai (=Menghai), alt. 1400 m, 1936-06-??, C. W. Wang 77078.

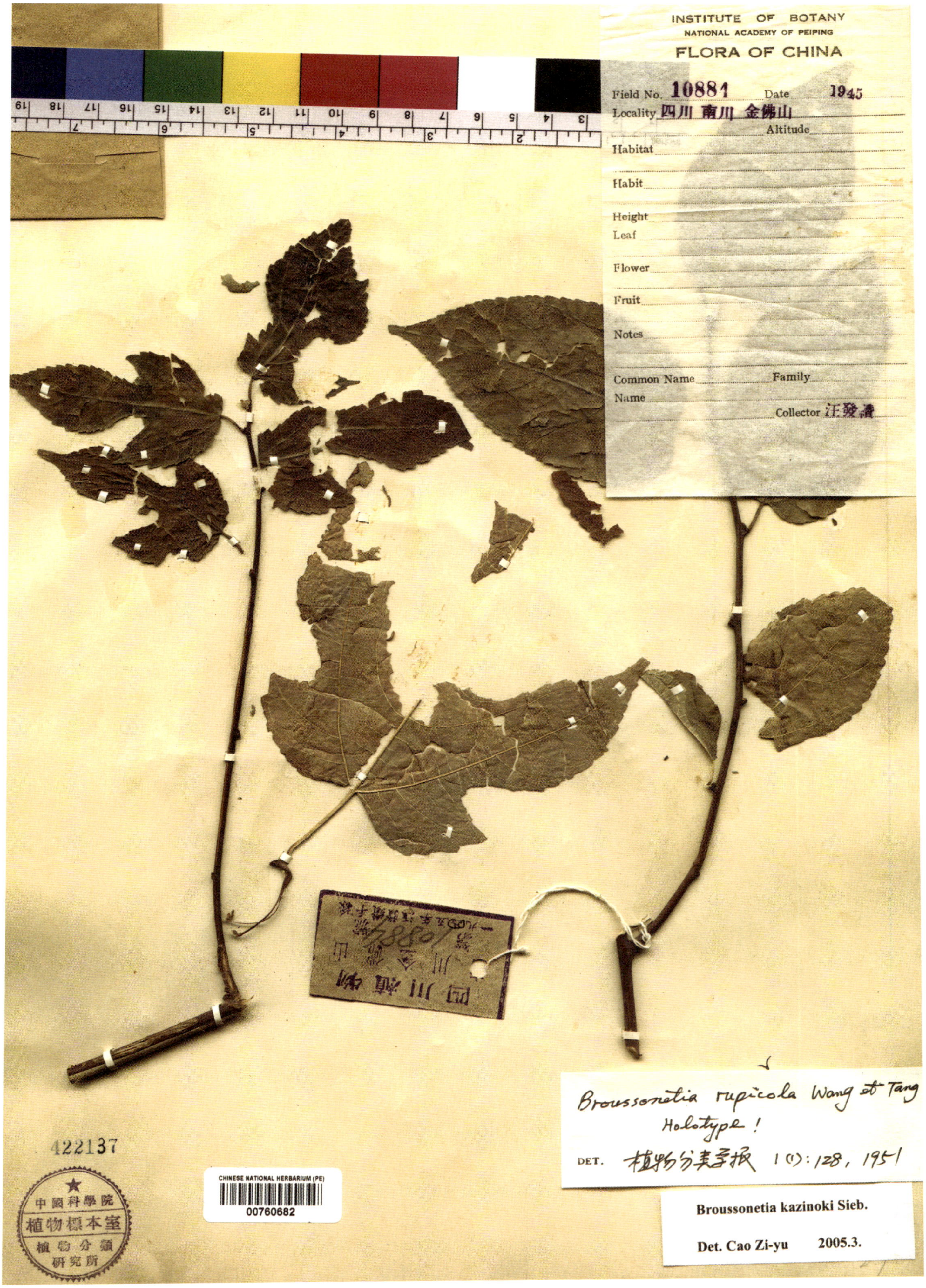

崖构 ***Broussonetia rupicola*** F. T. Wang & Tang in Acta Phytotax. Sin. 1(1): 128. 1951. **Holotype:** China. Chongqing: Nanchuan, Jinfoshan, 1945-??-??, F. T. Wang 10884.

全缘柘 ***Cudrania integra*** F. T. Wang & Tang in Acta Phytotax. Sin. 1(1): 127. 1951. **Holotype:** China. Chongqing: Nanchuan, Jinfoshan, 1945-??-??, F. T. Wang 10703.

景东柘 ***Cudrania jingdongensis*** S. S. Chang in Acta Phytotax. Sin. 22(1): 64, f. 1. 1984. **Isotype:** China. Yunnan: Jingdong, alt. 1420 m, 1939-10-16, M. K. Li 0623.

册亨榕 ***Ficus cehengensis*** S. S. Chang in Guihaia 4(2): 113, f. 8. 1984. **Isotype:** China. Guizhou: Ceheng, alt. 1100 m, 1958-09-20, Z. Y. Cao 766.

多型册亨榕 ***Ficus cehengensis*** S. S. Chang var. ***multiformis*** S. S. Chang in Guihaia 4(2): 115. 1984. **Paratype:** China. Guizhou: Ceheng, alt. 1100 m, 1958-09-20, Z. Y. Cao 0777.

缘毛榕 ***Ficus ciliata*** S. S. Chang in Acta Phytotax. Sin. 22(1): 68, f. 9. 1984. **Holotype:** China. Guangdong: Xingning, 1958-06-20, X. G. Li 201843.

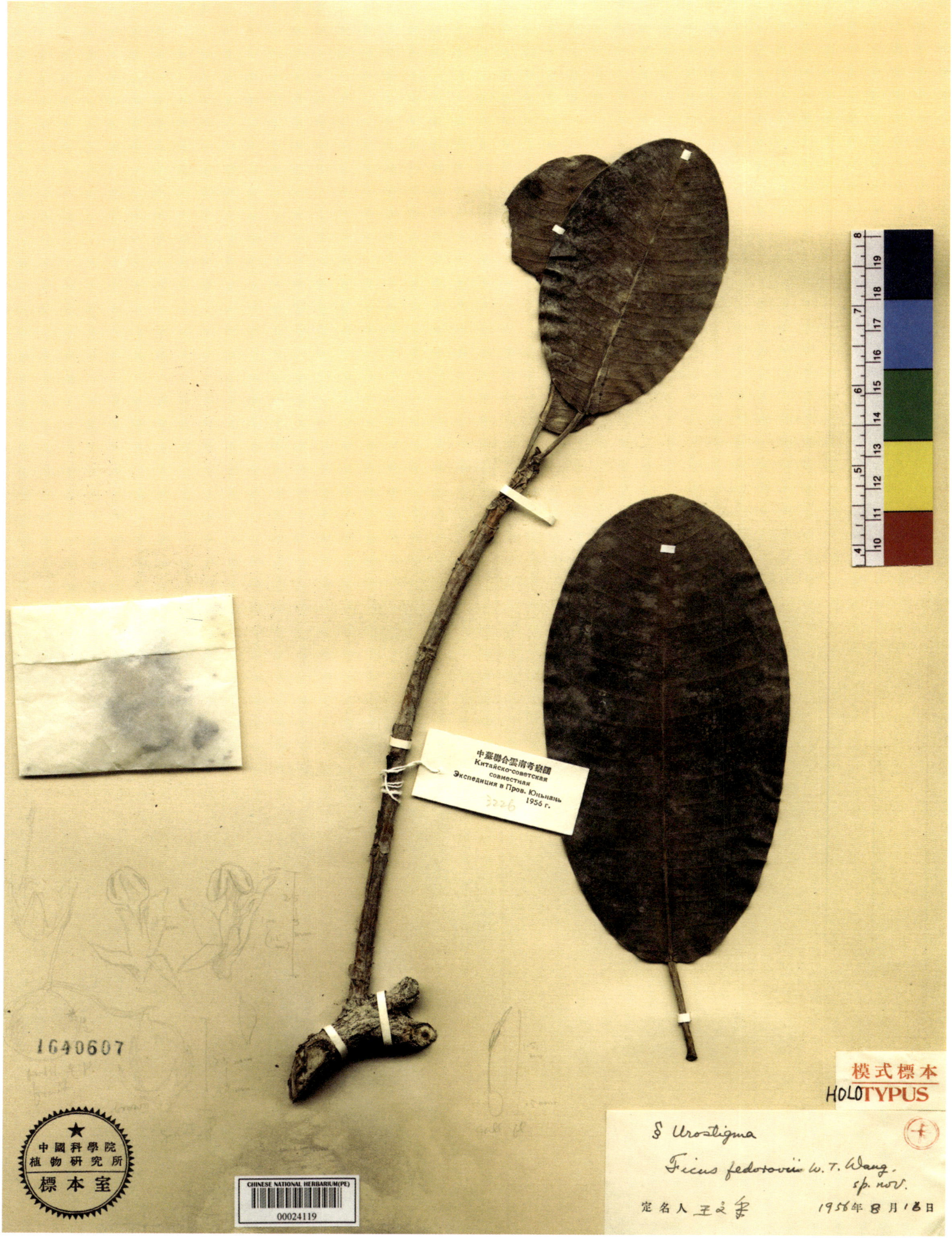

费氏榕 ***Ficus fedorovii*** W. T. Wang in Acta Phytotax. Sin. 6(3): 268, pl. 55: 21. 1957. **Holotype:** China. Yunnan: Hekou, alt. 400 m, 1956-06-05, Sino-Russia Yunnan Exped. 3226.

台湾榕 ***Ficus formosana*** Maxim. in Bull. Acad. Imp. Sci. St.-Pétersb. 27: 546. 1881. **Lectotype** (designated by Yun Lin & al. in Bull. Bot. Res., Harbin 35: 808. 2015.): China. Formosa (=Taiwan): Precise locality not known, Oldham 551.

线叶台湾榕 ***Ficus formosana*** Maxim. var. ***angustissima*** W. C. Ko in Acta Phytotax. Sin. 8(4): 352. 1963. **Isotype:** China. Hainan: Chengmai, 1933-07-22, C. I. Lei 874.

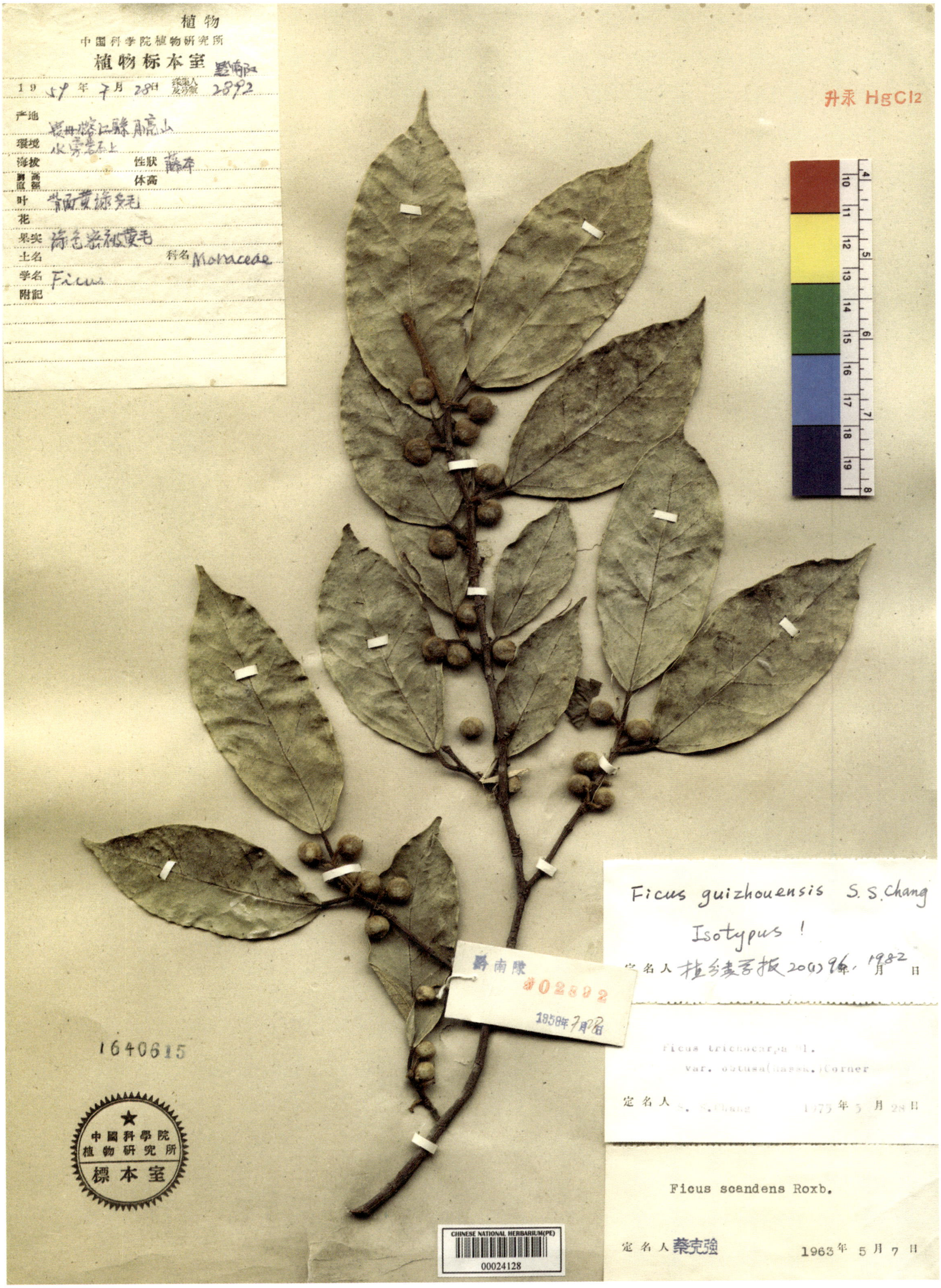

贵州榕 ***Ficus guizhouensis*** X. S. Zhang in Acta Phototax. Sin. 20(1): 96, f. 2. 1982. **Isotype:** China. Guizhou: Rongjiang, 1959-07-28, S Guizhou Exped. 02892.

马来榕 ***Ficus hirta*** Vahl. var. ***malayana*** Corner in Gard. Bull. Sing. 17: 430. 1959. **Paratype:** China. Hainan: Chengmai, 1932-10-13, C. I. Lei 118.

宽昭榕 ***Ficus howii*** Merr. & Chun in Sunyatsenia 5(1-3): 43. 1940. **Isotype:** China. Hainan: Baoting, alt. 2900 m, 1935-06-18, F. C. How 72944.

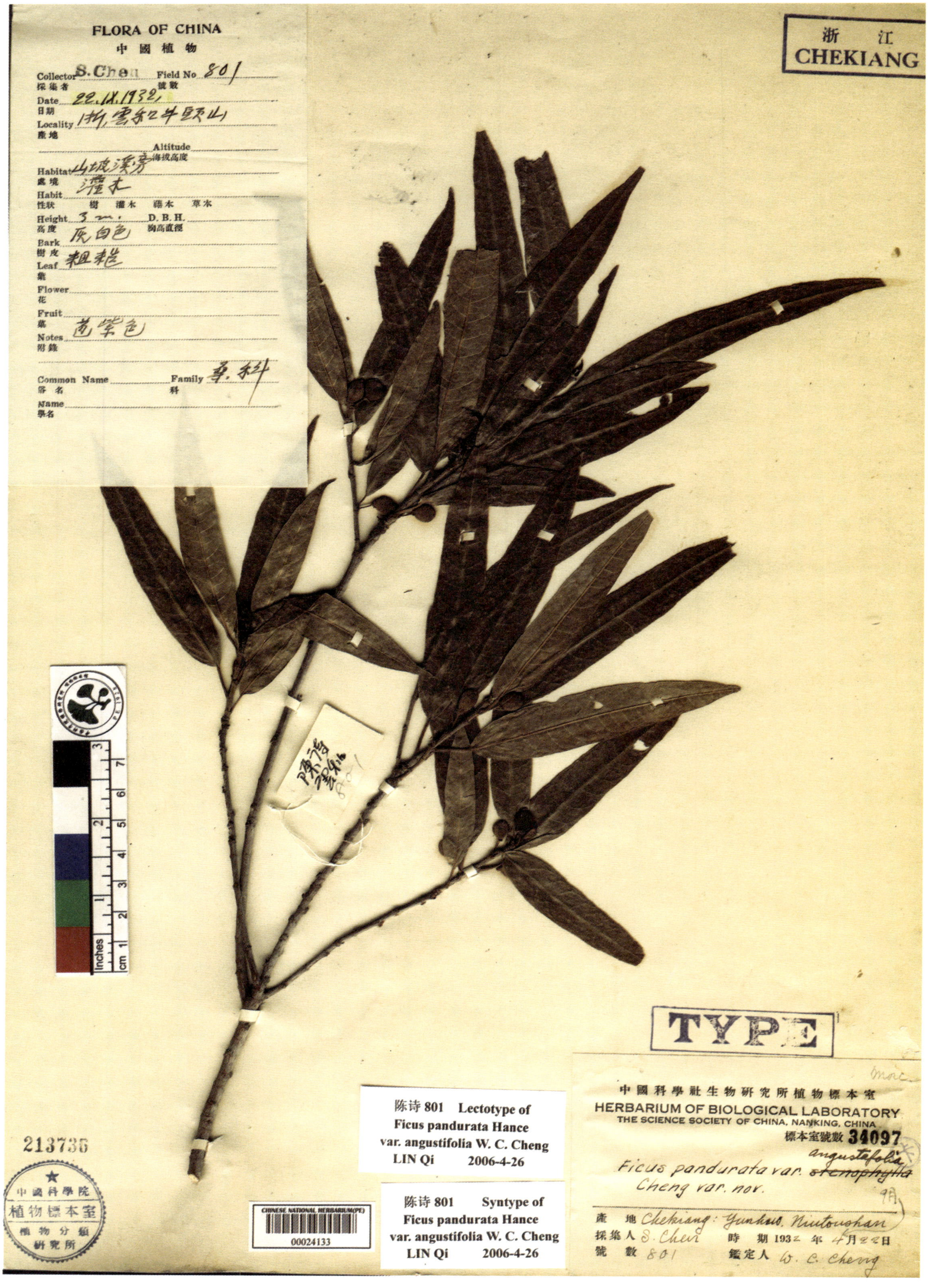

狭叶琴叶榕 ***Ficus pandurata*** Hance var. ***angustifolia*** W. C. Cheng in Contr. Biol. Lab. Sci. Soc. China, Bot. Ser. 9(3): 256. 1934.
Lectotype (designated by Q. Lin & al. in Bull. Bot. Res., Harbin 28: 535. 2008.): China. Zhejiang: Yunhe, 1932-09-22, S. Chen 801.

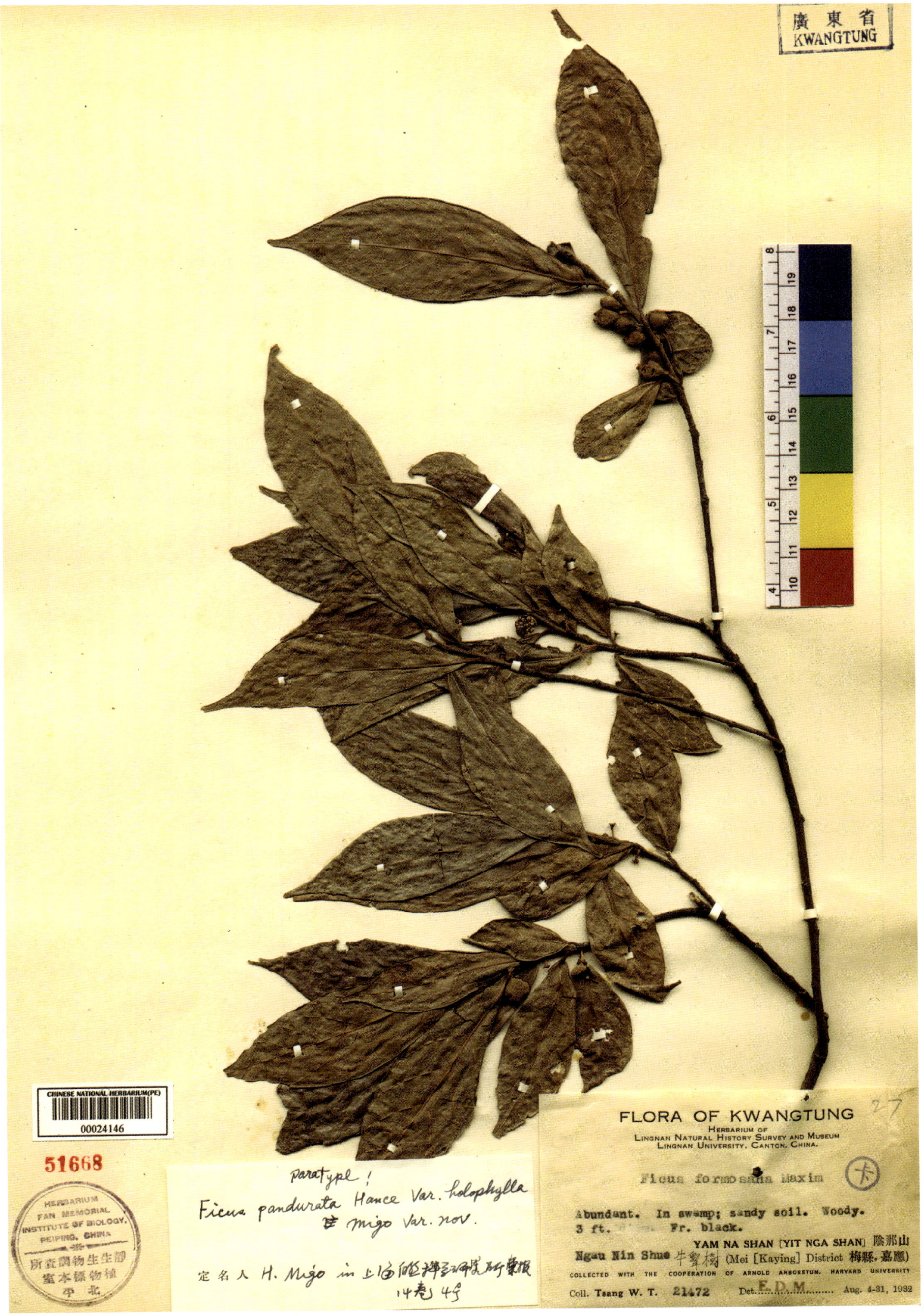

全缘琴叶榕 ***Ficus pandurata*** Hance var. ***holophylla*** Migo in Bull. Shanghai Inst. 14: 329. 1944. **Paratype:** China. Guangdong: Mei Xian, 1932-08-(04-31), W. T. Tsang 21472.

毛翅托榕 ***Ficus periptera*** D. Feng & D. H. Qin var. ***hirsutula*** D. Feng & D. H. Qin in Acta Phototax. Sin. 39(6): 550. 2001. **Isotype:** China. Guangxi: Napo, alt. 1200 m, 1981-04-22, D. Fang, D. H. Qin & Z. G. Wang 22390.

平塘榕 ***Ficus pingtangensis*** S. S. Chang in Guihaia 3(4): 303, f. 6. 1983. **Isotype:** China. Guizhou: Dushan, alt. 800 m, 1959-07-08, Libo Exped. 1025.

网果褐叶榕 ***Ficus pubigera*** (Wall. & Miq.) Miq. var. ***reticulata*** S. S. Chang in Acta Phototax. Sin. 22(1): 72, f. 16. 1984. **Isotype:** China. Yunnan: Menghai, alt. 1350 m, 1957-??-??, Sino-Rossia Yunnan Exped. 7020.

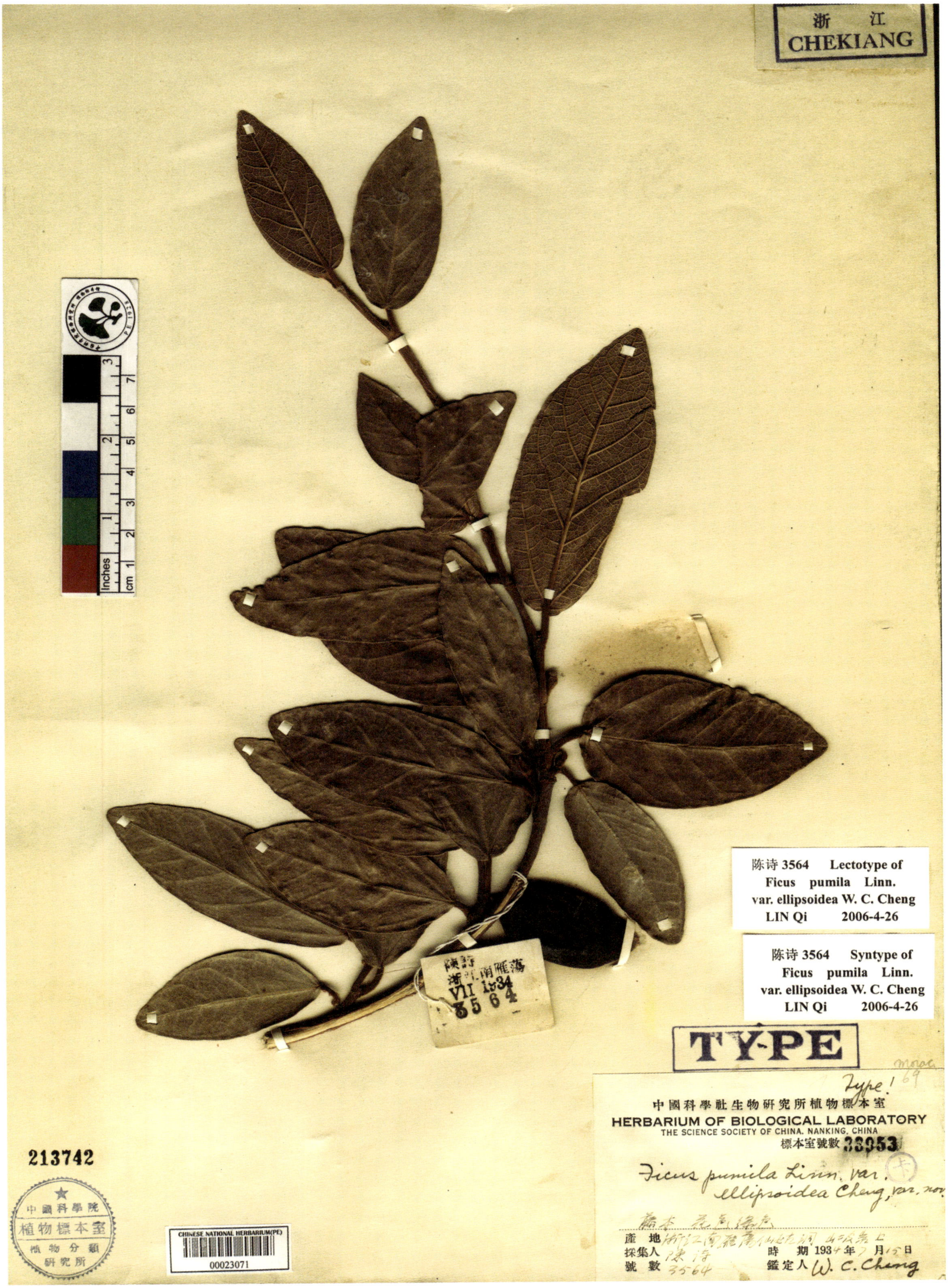

椭果薜荔 ***Ficus pumila*** Linn. var. ***ellipsoidea*** W. C. Cheng in Contr. Biol. Lab. Sci. Soc. China, Bot. Ser. 9(3): 254. 1934. **Lectotype**(designated by Q. Lin & al. in Bull. Bot. Res., Harbin 28: 535. 2008.): China. Zhejiang: Pingyang, 1934-07-15, S. Chen 3564.

毛脉梨果榕 ***Ficus pyriformis*** Hook. & Arn. var. ***hirtinervis*** S. S. Chang in Guihaia 4(2): 117, f. 10. 1984. **Isotype:** China. Guangxi: Precise locality not known, C. Wang 390111.

葵州榕 ***Ficus quichauensis*** S. S. Chang in Acta Phototax. Sin. 22(1): 70, f. 13. 1984. **Isotype:** Vietnam. Quichau: Precise locality not known, alt. 150 m, 1965-01-26, Sino-Vietnam Exped. 1782.

楔叶榕 ***Ficus trivia*** Corner in Gard. Bull. Sing. 17: 427. 1959. **Paratype:** China. Guangdong: Yangshan, 1932-(07-09)-??, T. M. Tsui 716.

光叶楔叶榕 ***Ficus trivia*** Corner var. ***laevigata*** S. S. Chang in Guihaia 4(2): 118, f. 12. 1984. **Isotype:** China. Guangxi: Pingguo, 1957-06-02, Y. K. Li P01340.

细柄楔叶榕 ***Ficus trivia*** Corner var. ***tenuipetiola*** S. S. Chang in Guihaia 4(2): 118. 1984. **Isotype:** China. Guizhou: Wengan, alt. 650 m, 1959-09-12, Libo Exped. 1840.

岩木瓜 ***Ficus tsiangii*** Merr. ex Corner. in Gard. Bull. Sing. 18(1): 25. 1960. **Isotype:** China. Guizhou: Chengfeng (=Zhenfeng), 1930-10-22, Y. Tsiang 4315.

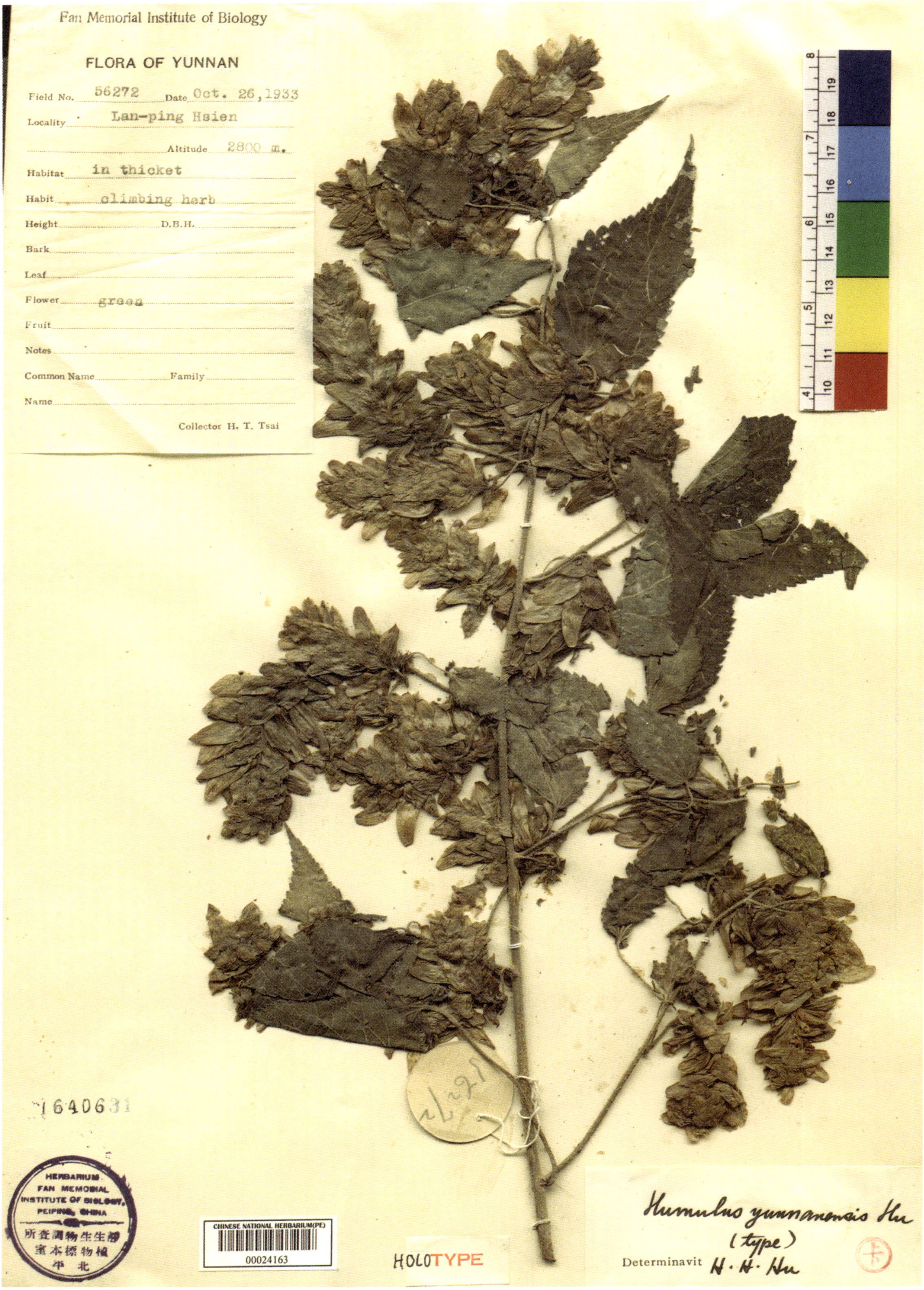

滇葎草 ***Humulus yunnanensis*** Hu in Bull. Fan Mem. Inst. Biol., Bot. Ser. 7: 211. 1936. **Holotype:** China. Yunnan: Lanping, alt. 2800 m, 1933-10-26, H. T. Tsai 56272.

裂叶桑 ***Morus alba*** Linn. var. ***emarginata*** Y. B. Wu in Acta Bot. Yunnan. 16(2): 120. 1994. **Holotype:** China. Hebei: Kuancheng，alt. 600 m, 1989-06-15, Y. B. Wu 3.

鸡爪叶桑 ***Morus australis*** Poir. var. ***linearipartita*** Z. Y. Cao in Acta Bot. Yunnan. 17(2): 158. 1995. **Holotype:** China. Chongqing: Fengjie, M. Y. Fang 24065.

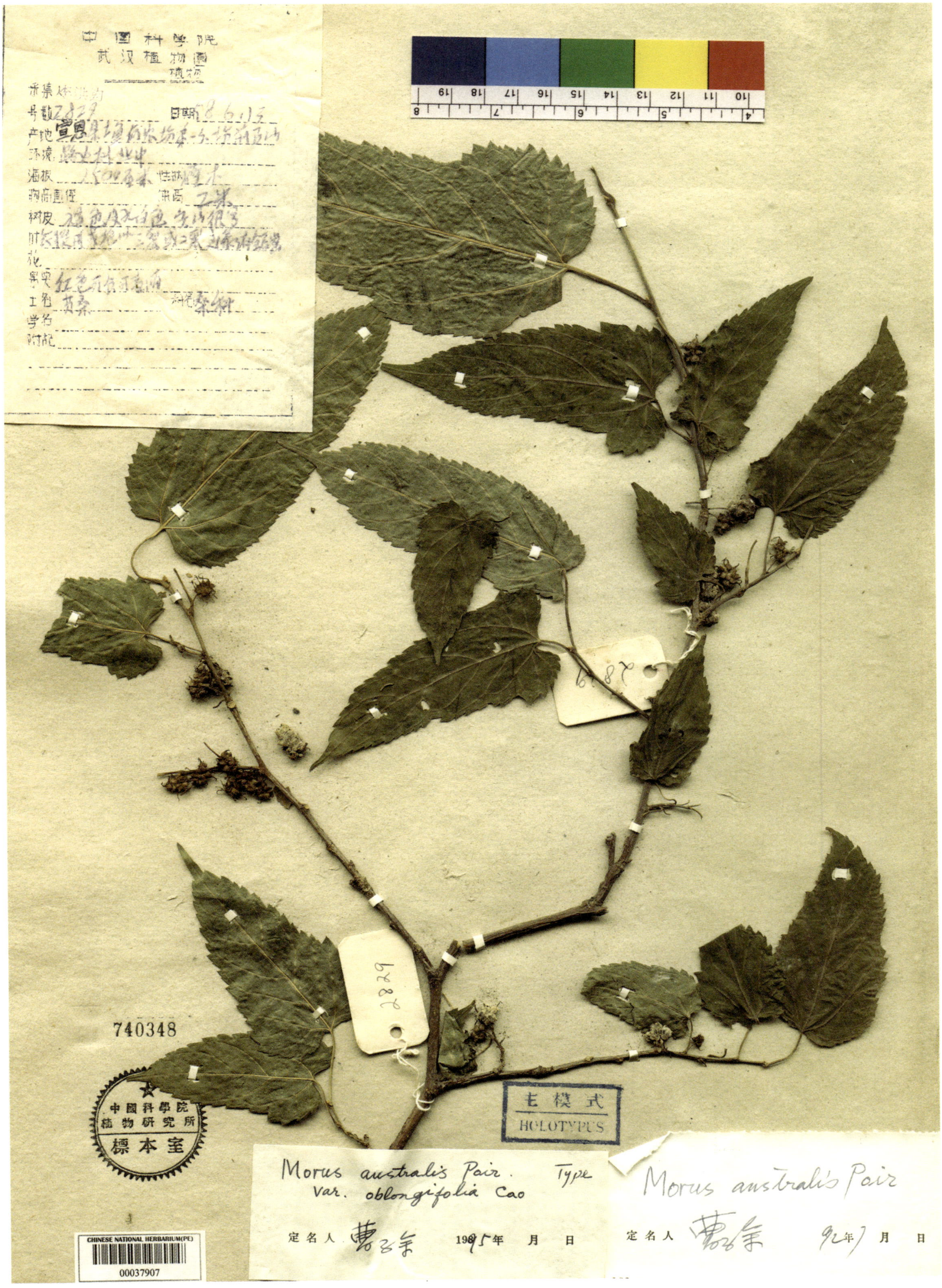

狭长鸡桑 ***Morus australis*** Poir. var. ***oblongifolia*** Z. Y. Cao in Acta Bot. Yunnan. 17(2): 154. 1995. **Holotype:** China. Hubei: Xuanen, alt. 1500 m, 1958-06-13, H. J. Li 2829.

三裂叶鸡桑 ***Morus australis*** Poir. var. ***trilobata*** S. S. Chang in Acta Phototax. Sin. 22(1): 66, f. 5. 1984. **Isotype:** China. Guizhou: Kaili, alt. 800 m, 1959-05-21, S Guizhou Exped. 01501.

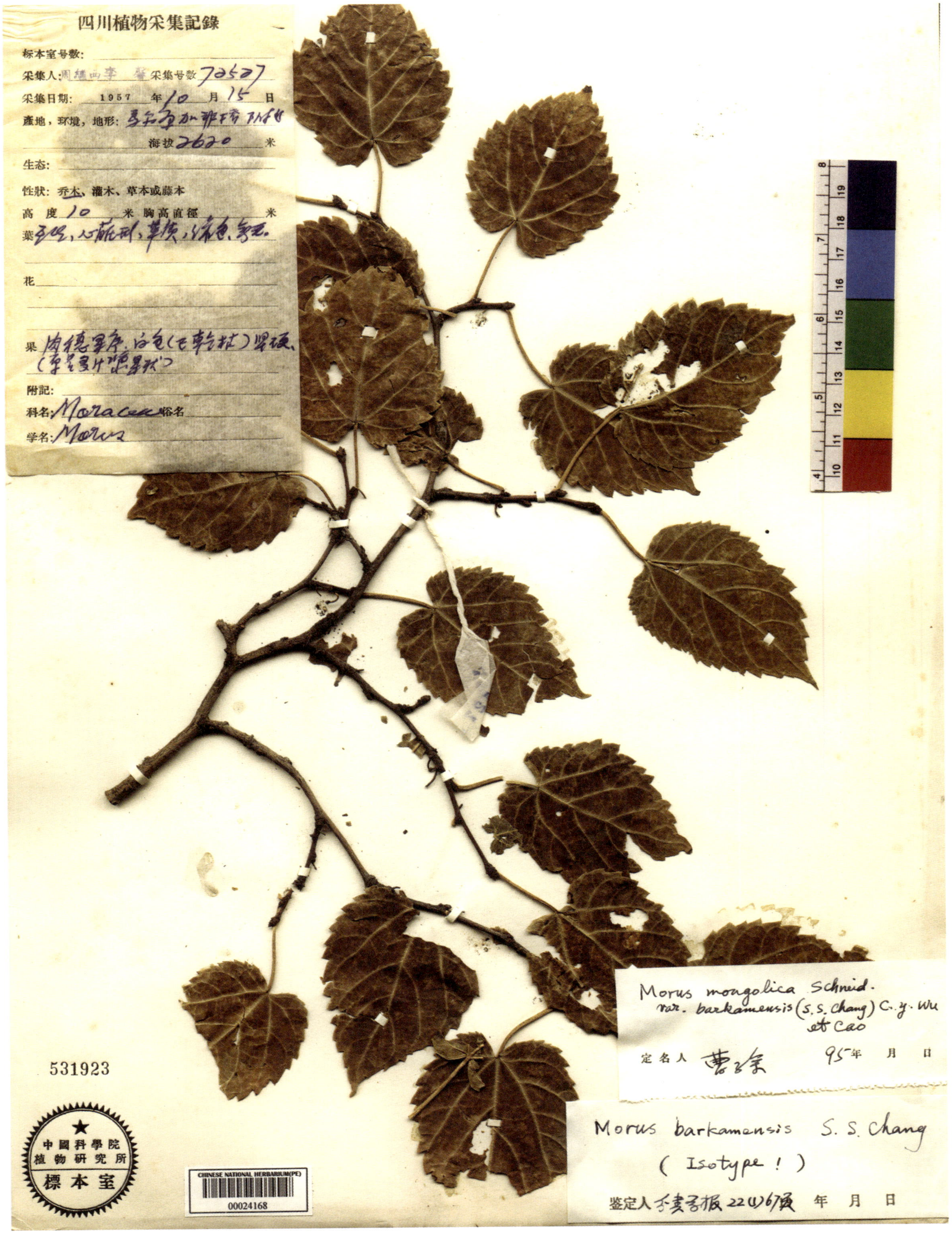

马尔康桑 ***Morus barkamensis*** S. S. Chang in Acta Phototax. Sin. 22(1): 67, f. 8. 1984. **Isotype:** China. Sichuan: Barkam, alt. 2620 m, 1957-10-15, J. X. Zhou & X. Li 72527.

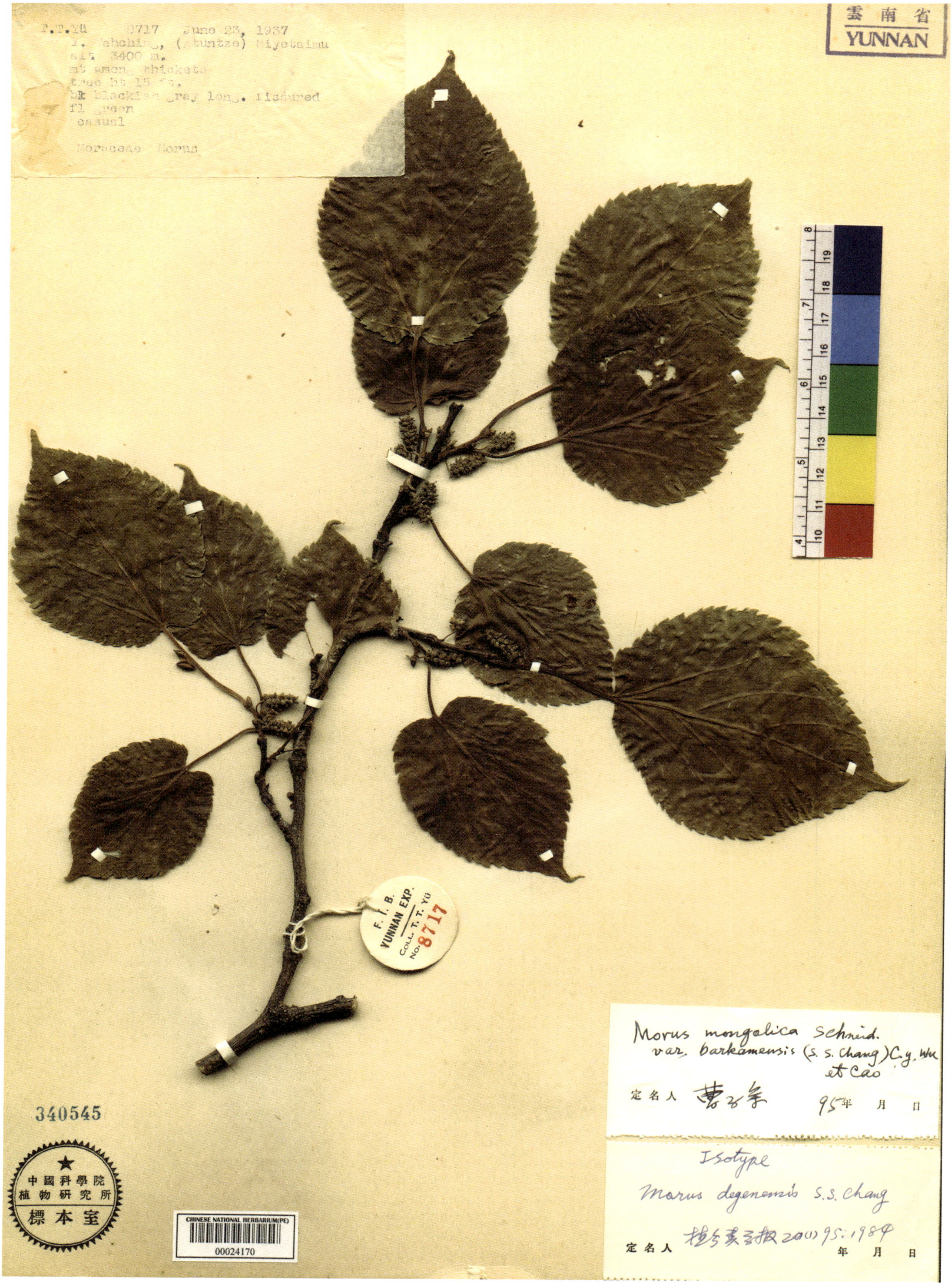

德钦桑 ***Morus deqinensis*** S. S. Chang in Acta Phototax. Sin. 22(1): 65, f. 4. 1984. **Isotype:** China. Yunnan: Dêqên, alt. 3400 m, 1937-06-23, T. T. Yu 8717.

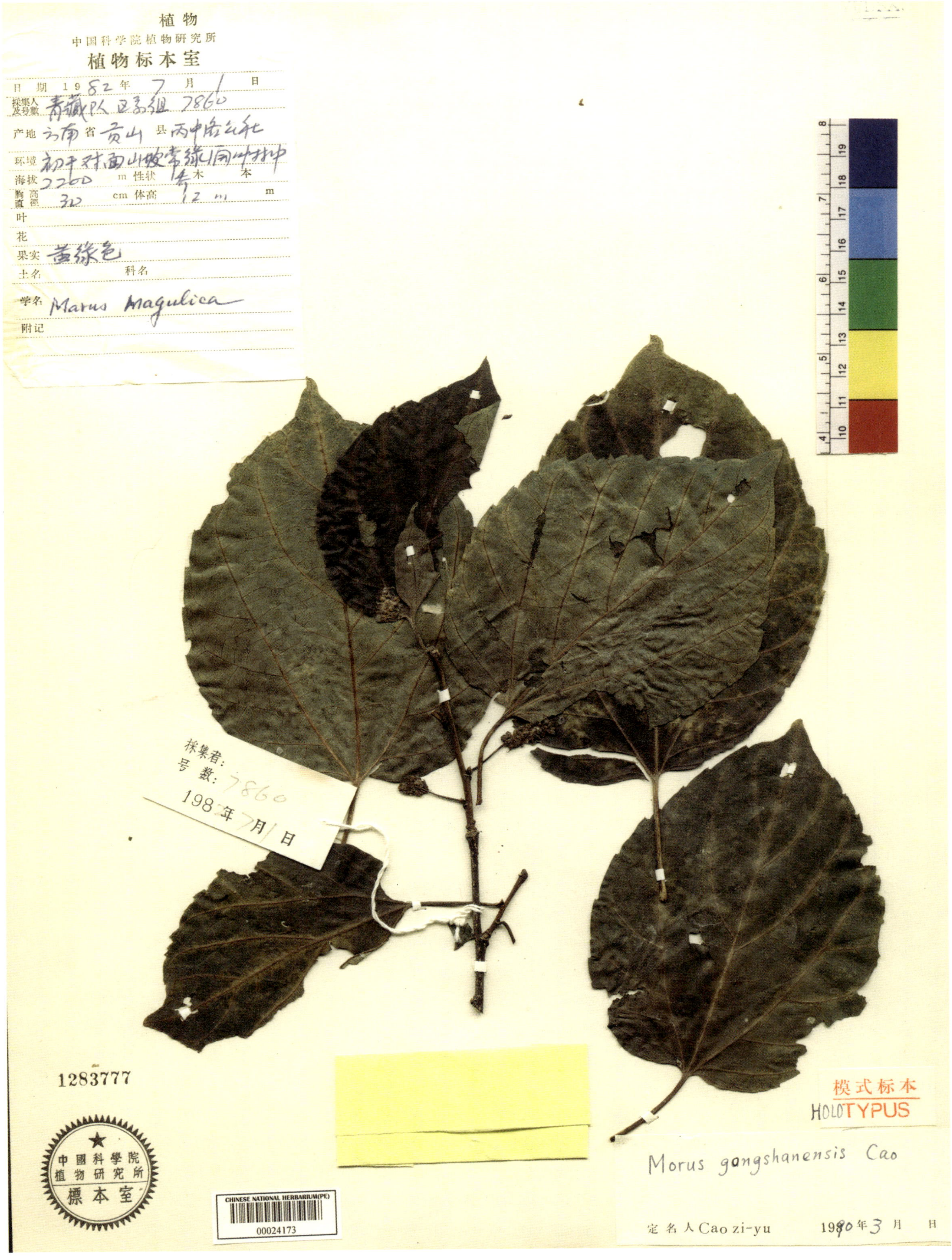

贡山桑 ***Morus gongshanensis*** Z. Y. Cao in Acta Phototax. Sin. 29(3): 264, f. 1. 1991. **Holotype:** China. Yunnan: Gongshan, alt. 2200 m, 1982-07-01, Qinghai-Xizang Exped. 7860.

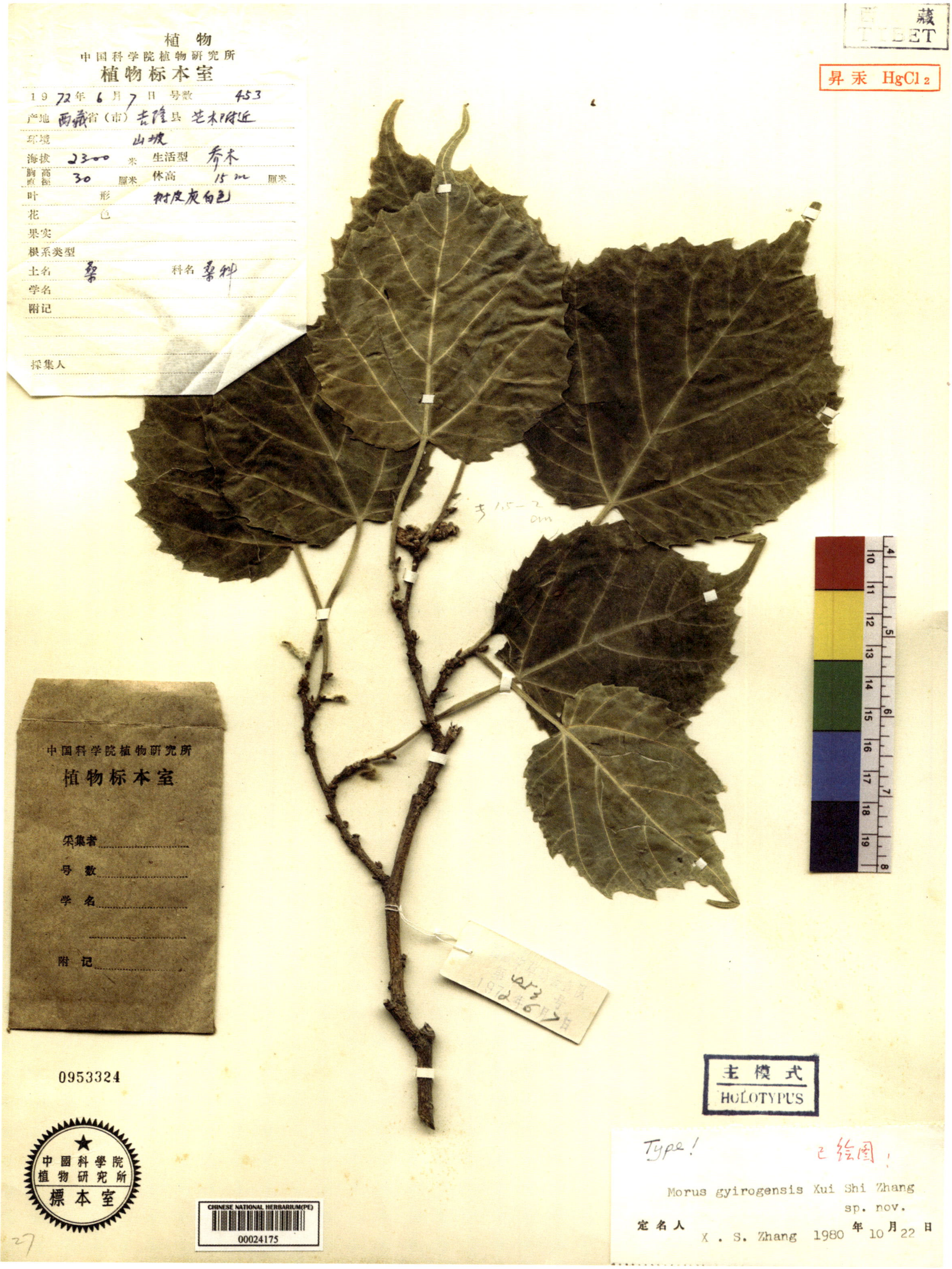

吉隆桑 ***Morus gyirongensis*** X. S. Zhang in Acta Phototax. Sin. 20(1): 95, f. 1. 1982. **Holotype:** China. Xizang: Gyirong, alt. 2300 m, 1972-06-07, Xizang Med. Pl. Exped. 453.

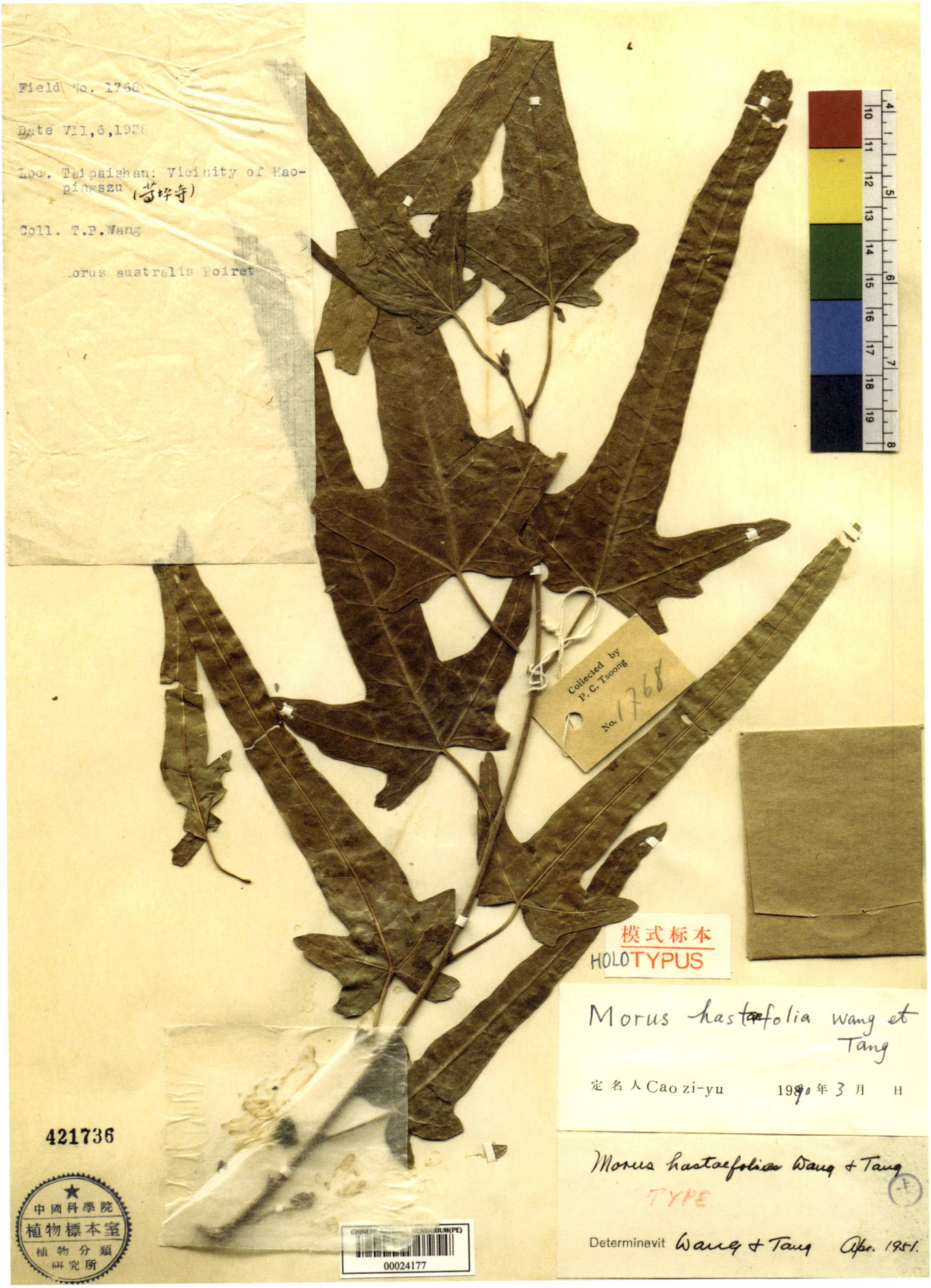

戟叶桑 ***Morus hastifolia*** F. T. Wang & Tang ex Z. Y. Cao in Acta Phototax. Sin. 29(3): 266, f. 3. 1991. **Holotype:** China. Shaanxi: Mei Xian, 1938-07-06. T. P. Wang 1768.

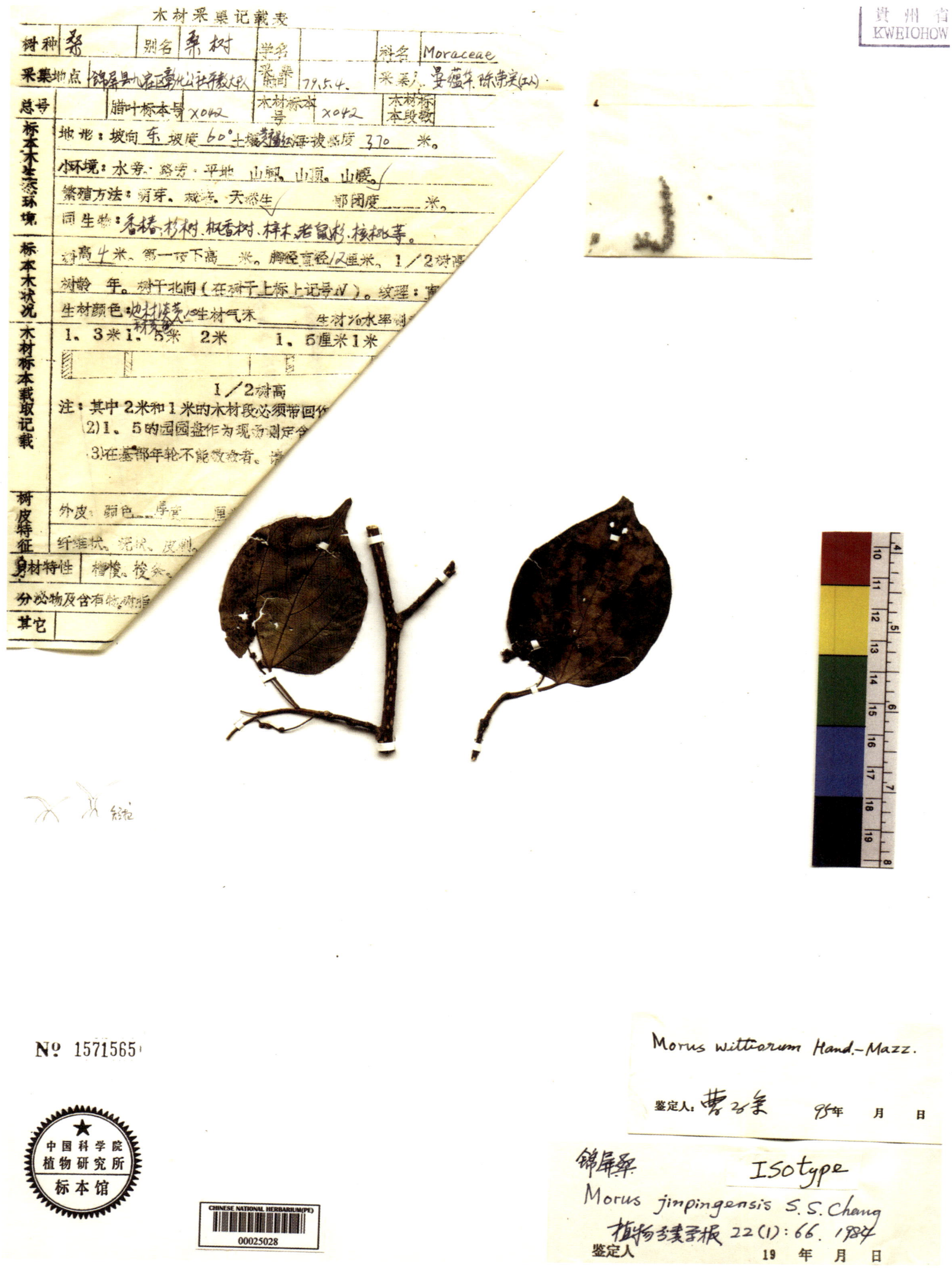

锦屏桑 ***Morus jinpingensis*** S. S. Chang in Acta Phototax. Sin. 22(1): 66, f. 7. 1984. **Isotype:** China. Guizhou: Jinping, alt. 370 m, 1979-05-04, W. H. Yan & R. F. Chen X042.

尾叶蒙桑 ***Morus mongolica*** (Burr.) Schneid. var. ***longicaudata*** Z. Y. Cao in Acta Phototax. Sin. 29(3): 265, f. 2. 1991.
Holotype: China. Guangxi: Tiane, 1957-05-22, C. Wang 43458.

圆叶蒙桑 ***Morus mongolica*** (Burr.) Schneid. var. ***rotundifolia*** Y. B. Wu in Acta Bot. Yunnan. 16(2): 120. 1994. **Holotype:** China. Hebei: Xinglong, 1989-06-10, Y. B. Wu 1.

桂木构 ***Smithiodendron artocarpioideum*** Hu in Sunyatsenia 3(2-3): 107, pl. 6. 1936. **Holotype:** China. Yunnan: Shiping, alt. 1500 m, 1933-05-29, H. T. Tsai 53462.

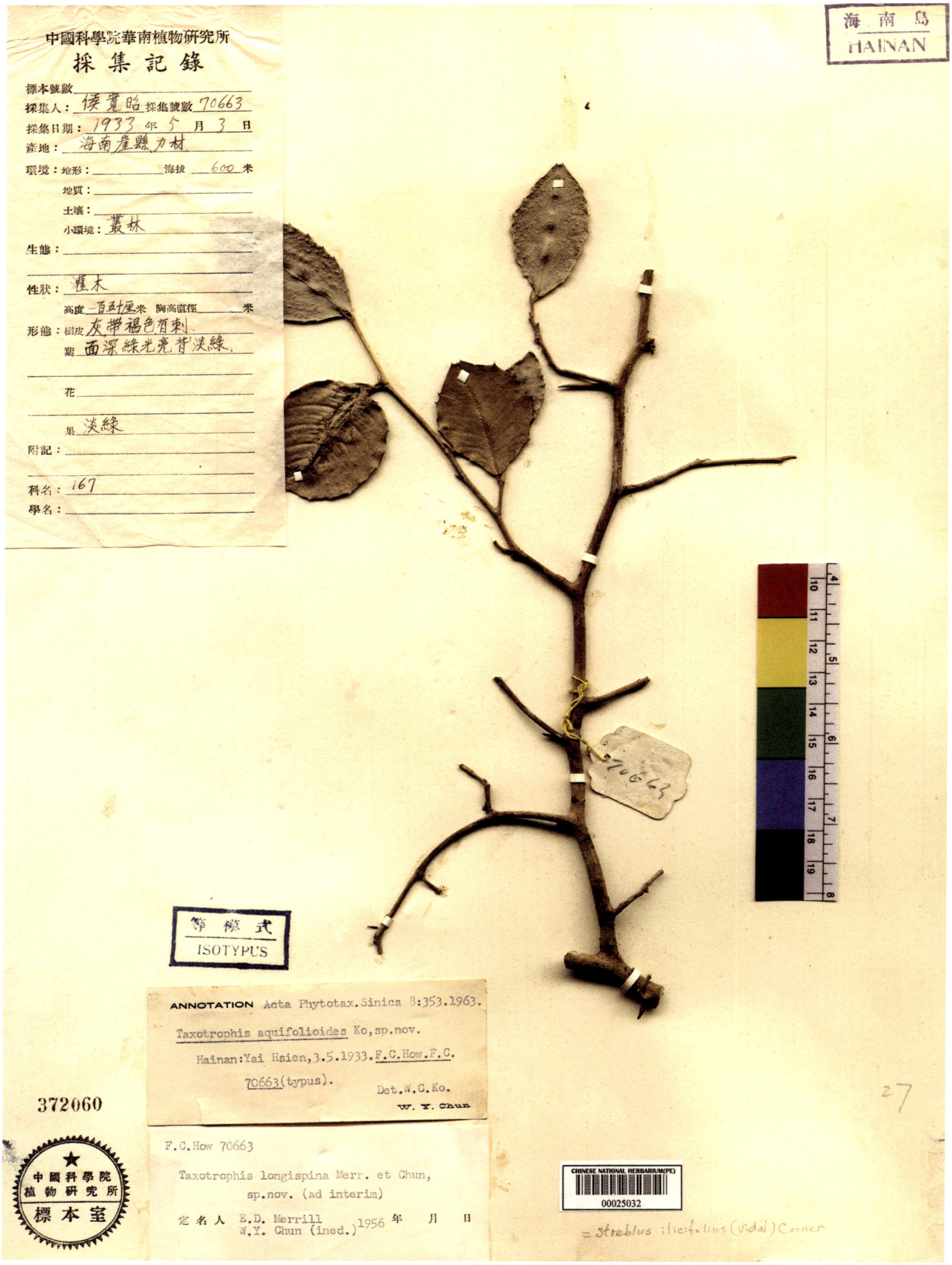

圆叶刺桑 ***Taxotrophis aquifolioides*** W. C. Ko in Acta Phototax. Sin. 8(4): 353. 1963. **Isotype:** China. Hainan: Ya Xian (=Sanya), alt. 600 m, 1933-05-03, F. C. How 70663.

Urticaceae

荨麻科

qianmake

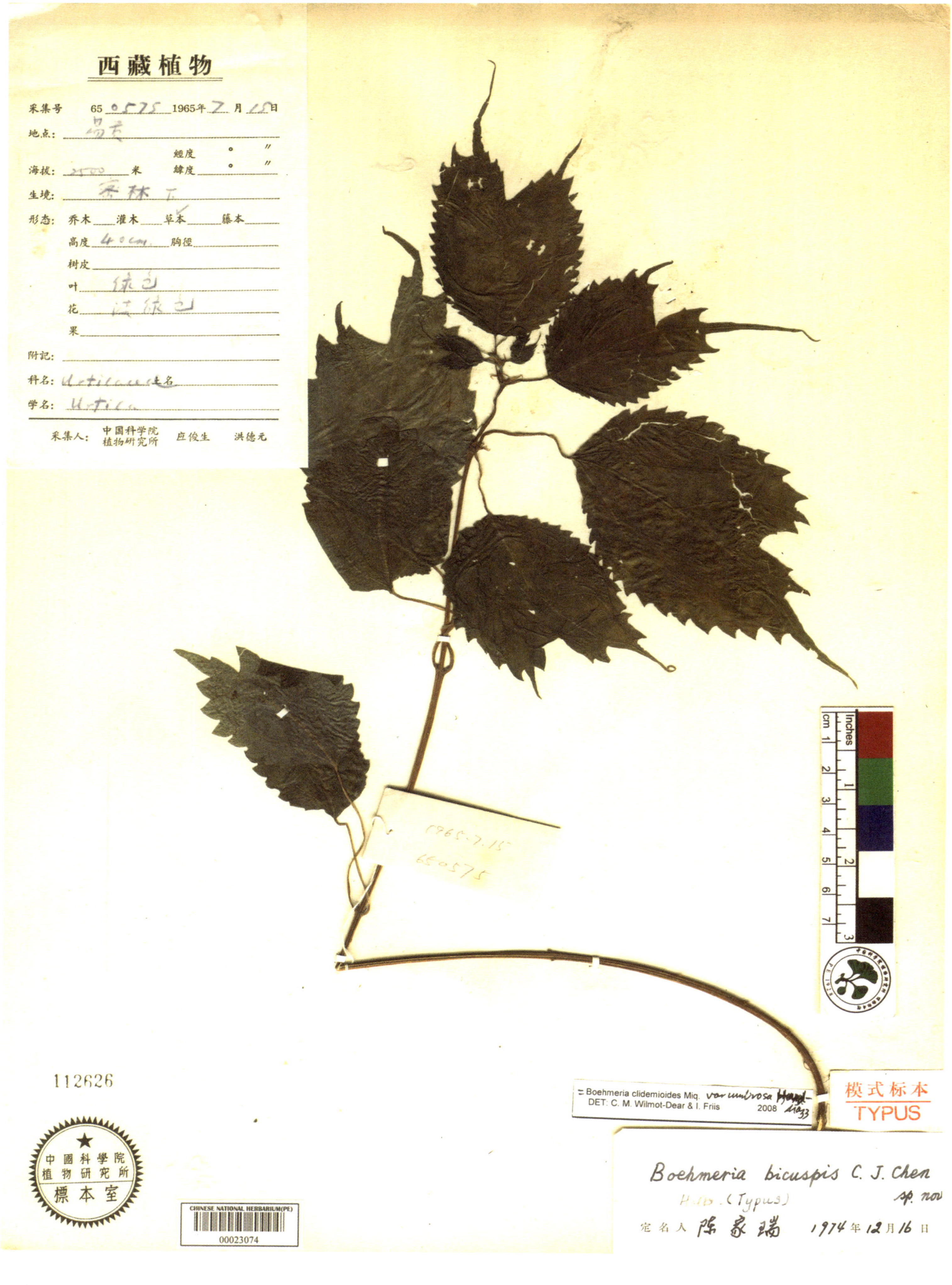

双尖苎麻 ***Boehmeria bicuspis*** C. J. Chen in Acta phytotax. sin. 17: 109, f. 3: 1-2. 1979. **Holotype:** China. Xizang: Bomi, Yigong, alt. 2 500 m, 1965-07-15, T. S. Ying & D. Y. Hong 650575.

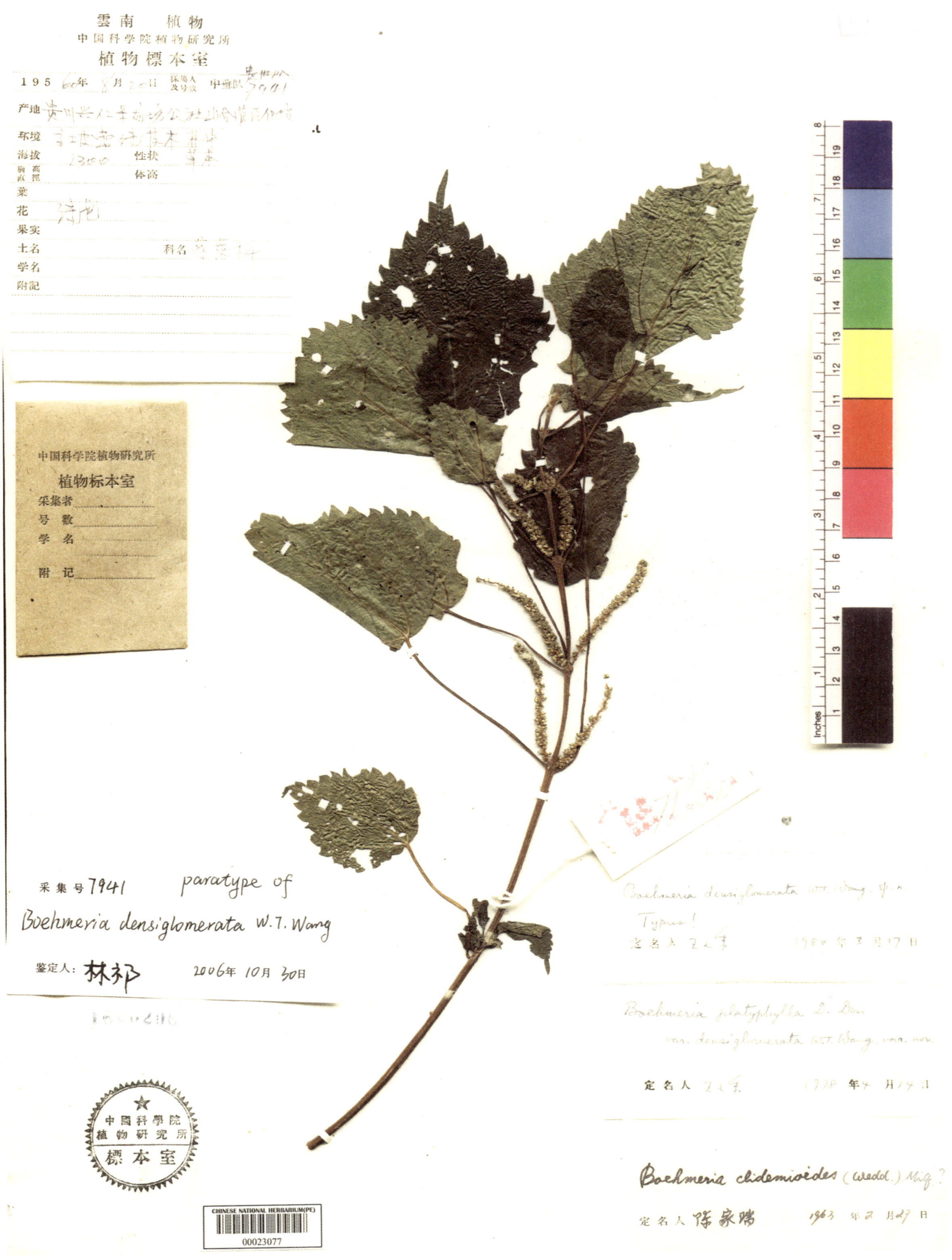

密球苎麻 ***Boehmeria densiglomerata*** W. T. Wang in Acta. Bot. Yunnan. 3: 408, pl. 1: 1-2. 1981. **Paratype:** China. Guizhou: Xingren, alt. 1300 m, 1960-08-20, Guizhou Exped.7941.

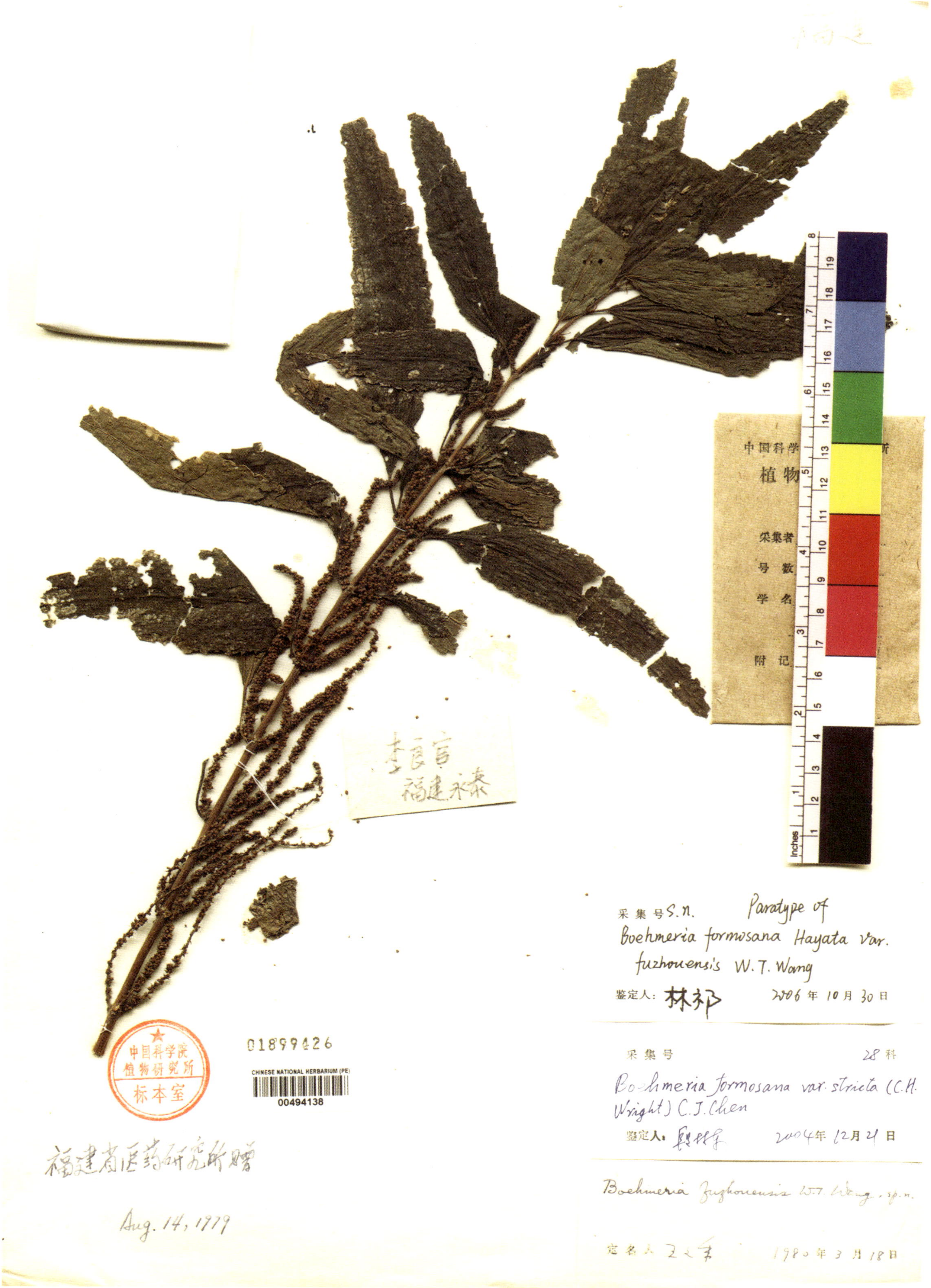

福州苎麻 ***Boehmeria formosana*** Hayata var. ***fuzhouensis*** W. T. Wang in Acta. Bot. Yunnan. 3: 403. 1981. **Paratype:** China. Fujian: Yongtai, L. G. Li s. n.

光枝苎麻 ***Boehmeria glomerulifera*** Miq. var. ***leioclada*** W. T. Wang in Acta. Bot. Yunnan. 3: 318. 1981. **Holotype:** China. Yunnan: Puwen (= Simao), alt. 1000 m, 1957-04-17, Sino-Russia Yunnan Exped. 7817.

伏毛苎麻 ***Boehmeria holosericea*** Bl. var. ***strigosa*** W. T. Wang in Acta. Bot. Yunnan. 3: 404. 1981. **Holotype:** China. Guangxi: Guilin, 1953-09-27, Guangxi Exped. 3818.

光叶苎麻 ***Boehmeria leiophylla*** W. T. Wang in Acta. Bot. Yunnan. 3: 318, pl. 1: 3-4. 1981. **Holotype:** China. Yunnan: Lvchun, alt. 600~700 m, 1974-04-30, Lvchun Exped. 275.

滇黔苎麻 ***Boehmeria pseudotricuspis*** W. T. Wang in Acta. Bot. Yunnan. 3: 324, pl. 2: 3. 1981. **Isotype:** China. Yunnan: Xichou, alt. 1300 m, 1939-12-07, C. W. Wang 85419.

西藏苎麻 ***Boehmeria tibetica*** C. J. Chen in Acta. Phytotax. Sin. 17: 109, f. 3: 3-5. 1979. **Holotype:** China. Xizang: Cona, alt. 2600 m, 1974-10-04, Qinghai-Xizang Exped. 74-9775.

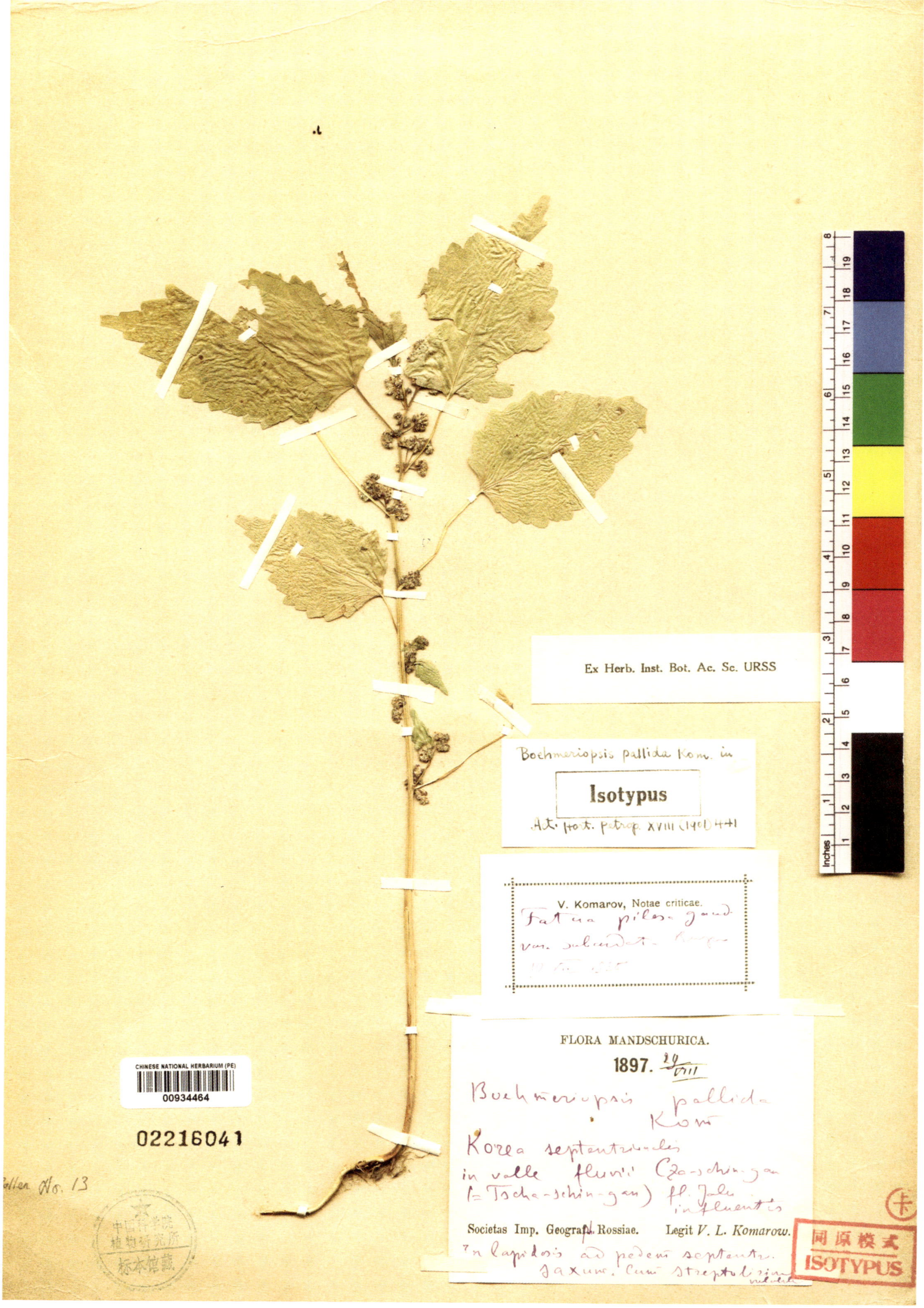

苍白拟苎麻 ***Boehmeriopsis pallid*** Kom. in Acta Horti Petropolitani 18: 441. 1901. **Isotype:** Korea. Kenge, 1897-08-29, V. L. Komarow. s. n.

多齿微柱麻 ***Chamabainia cuspidata*** Wight var. ***denticulosa*** W. T. Wang & C. J. Chen in Acta Bot. Yunnan. 3: 16, f. 3: 2. 1981. **Holotype:** China. Yunnan: Shunning (=Fengqing), alt. 2400 m, 1938-07-09, T. T. Yu 16626.

椭圆叶水麻 ***Debregeasia elliptica*** C. J. Chen in Acta. Phytotax. Sin. 21: 477. pl. 1: 5-6. 1983. **Holotype:** China. Yunnan: Pingbian, alt. 900~1000 m, 1954-10-26, K. M. Fang 5177.

卵叶水麻 ***Debregeasia libra*** Chien & C. J. Chen in Acta. Phytotax. Sin. 21: 476. 1983. **Holotype:** China. Yunnan: Jinping, alt. 450 m, 1956-05-28, Sino-Russia Yunnan Exped. 3171.

辐脉楼梯草 ***Elatostema actinodromum*** W. T. Wang in Journ. Syst. Evol. 50: 575, f. 3. 2012. **Holotype:** China. Yunnan: Jinping, alt. 2200 m, 1996-10-16, S. K. Wu & al. 4310.

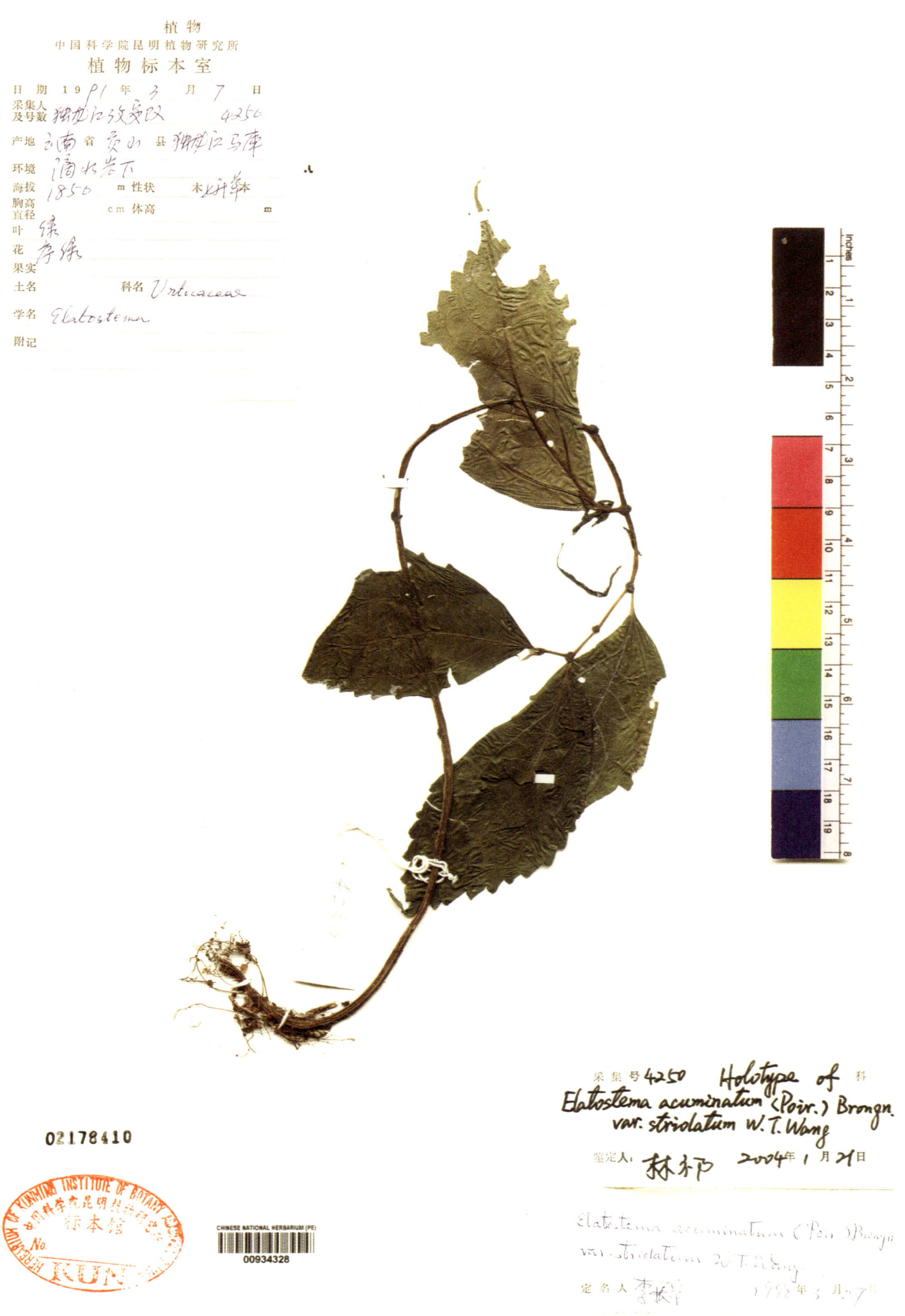

多齿渐尖楼梯草 ***Elatostema acuminatum*** (Poir.) Brongn. var. ***striolatum*** W. T. Wang in Acta Bot. Yunnan. Suppl. 5: 1. 1992. **Holotype:** China. Yunnan: Gongshan, alt. 1850 m, 1991-03-07, Dulongjiang Exped. 4250.

尖被楼梯草 ***Elatostema acutitepalum*** W. T. Wang in Bull. Bot. Res., Harbin 9 (2): 74. pl. 2: 7-8. 1989. **Holotype:** China. Yunnan: Gongshan, alt. 1 300 m, 1982-08-09, Qinghai-Xizang Exped. 9158.

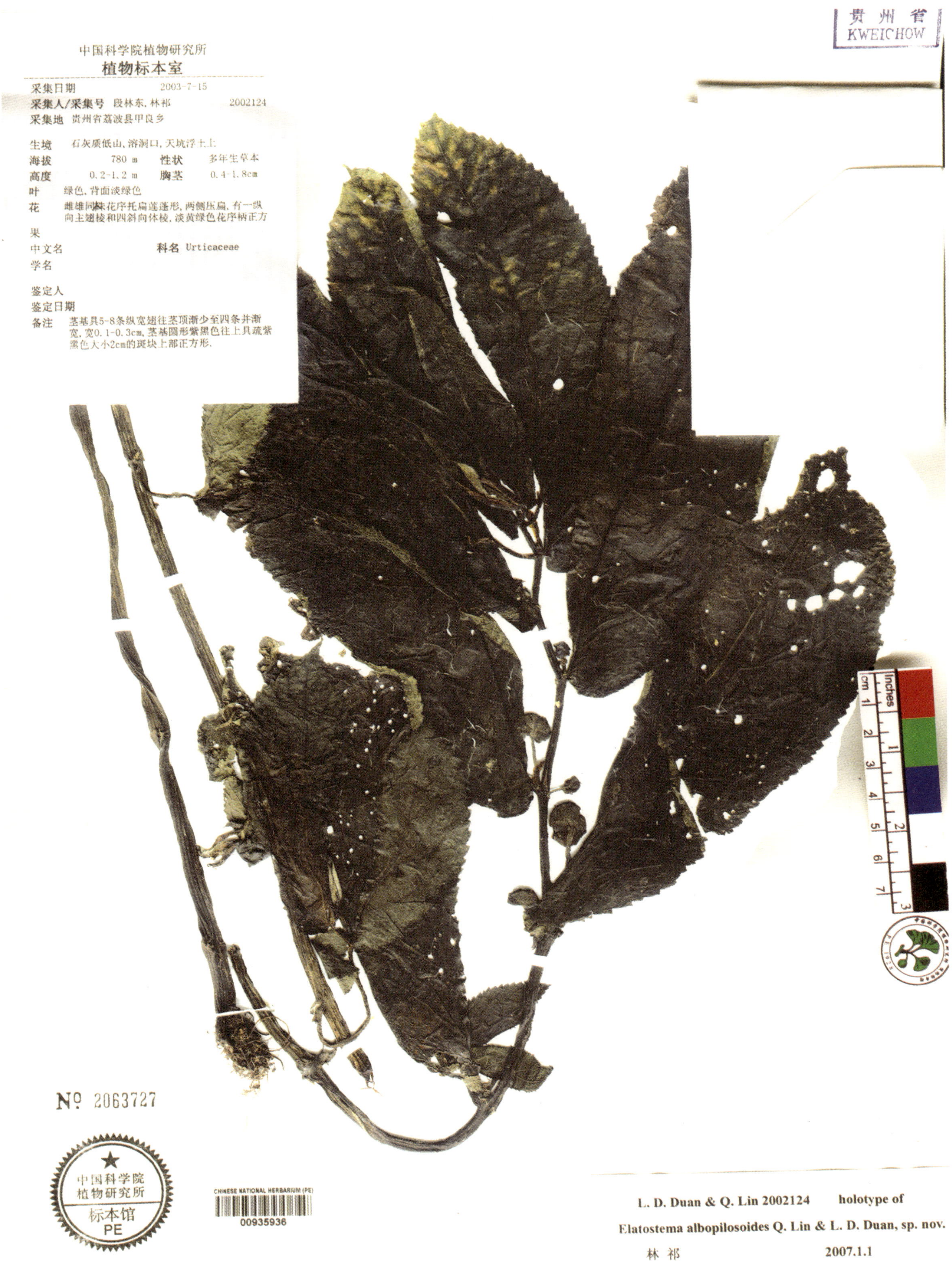

拟疏毛楼梯草 ***Elatostema albopilosoides*** Q. Lin & L. D. Duan in Bot. Journ. Linn. Soc. 158: 674, f. 1, 2. 2008. **Holotype:** China. Guizhou: Libo, alt. 780 m, 2003-07-15, L. D. Duan & Q. Lin 2002124.

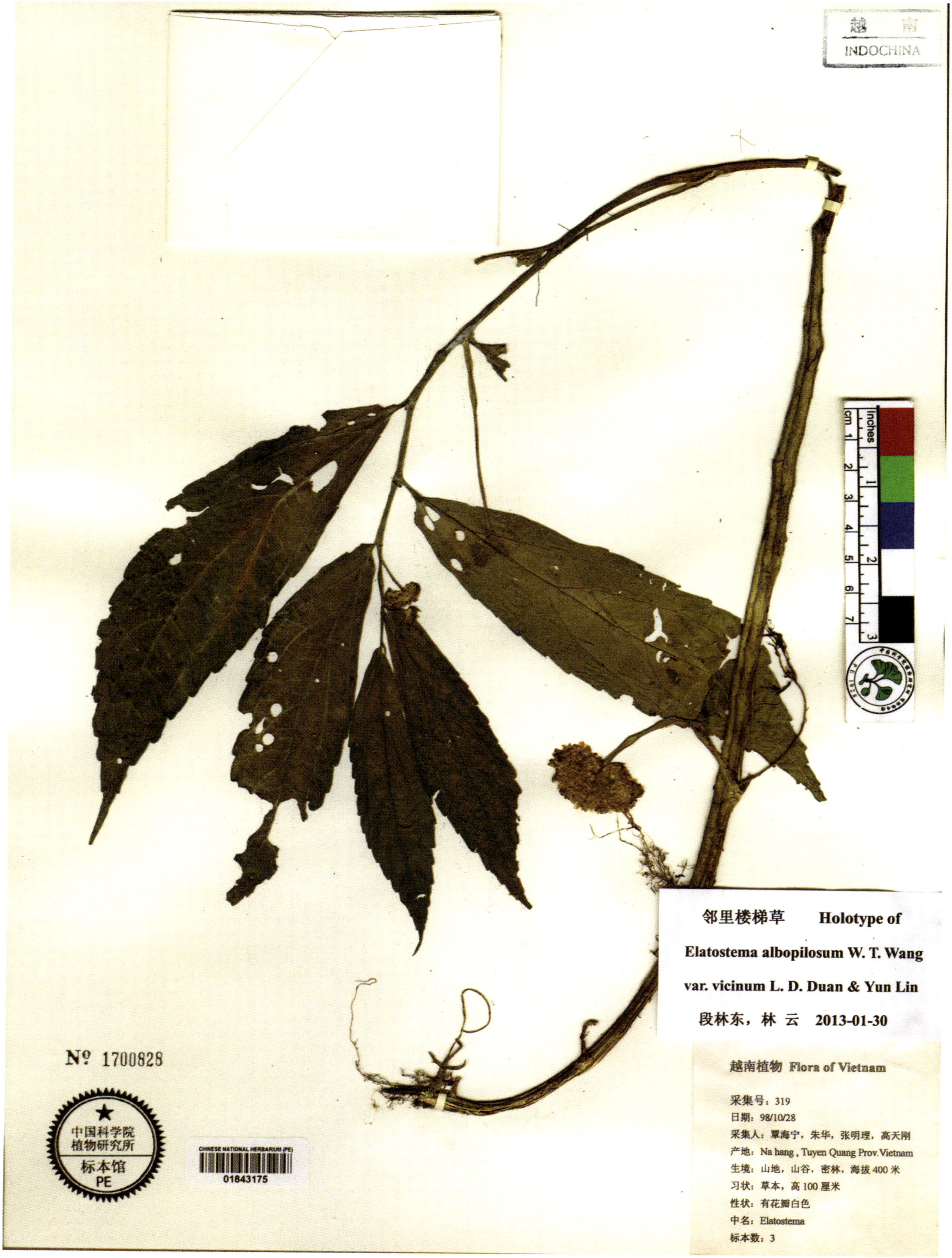

邻里楼梯草 ***Elatostema albopilosum*** W. T. Wamg var. ***vicinum*** L. D. Duan & Y. Lin in Bangladesh Journ. Pl. Taxon. 21: 27, f. 1-2. 2014. **Holotype:** Vietnam. Tuyen Quang: Na hang, alt. 400 m, 1998-10-28, H. N. Qin, H. Zhu, M. L. Zhang & T. G. Gao 319.

翅苞楼梯草 ***Elatostema aliferum*** W. T. Wang in Bull. Bot. Lab. N. E. Forest. Inst., Harbin 7: 57, pl. 2: 7. 1980.
Holotype: China. Yunnan: Shunning (=Fengqing), alt. 2 450 m, 1938-06-05, T. T. Yu 16144 .

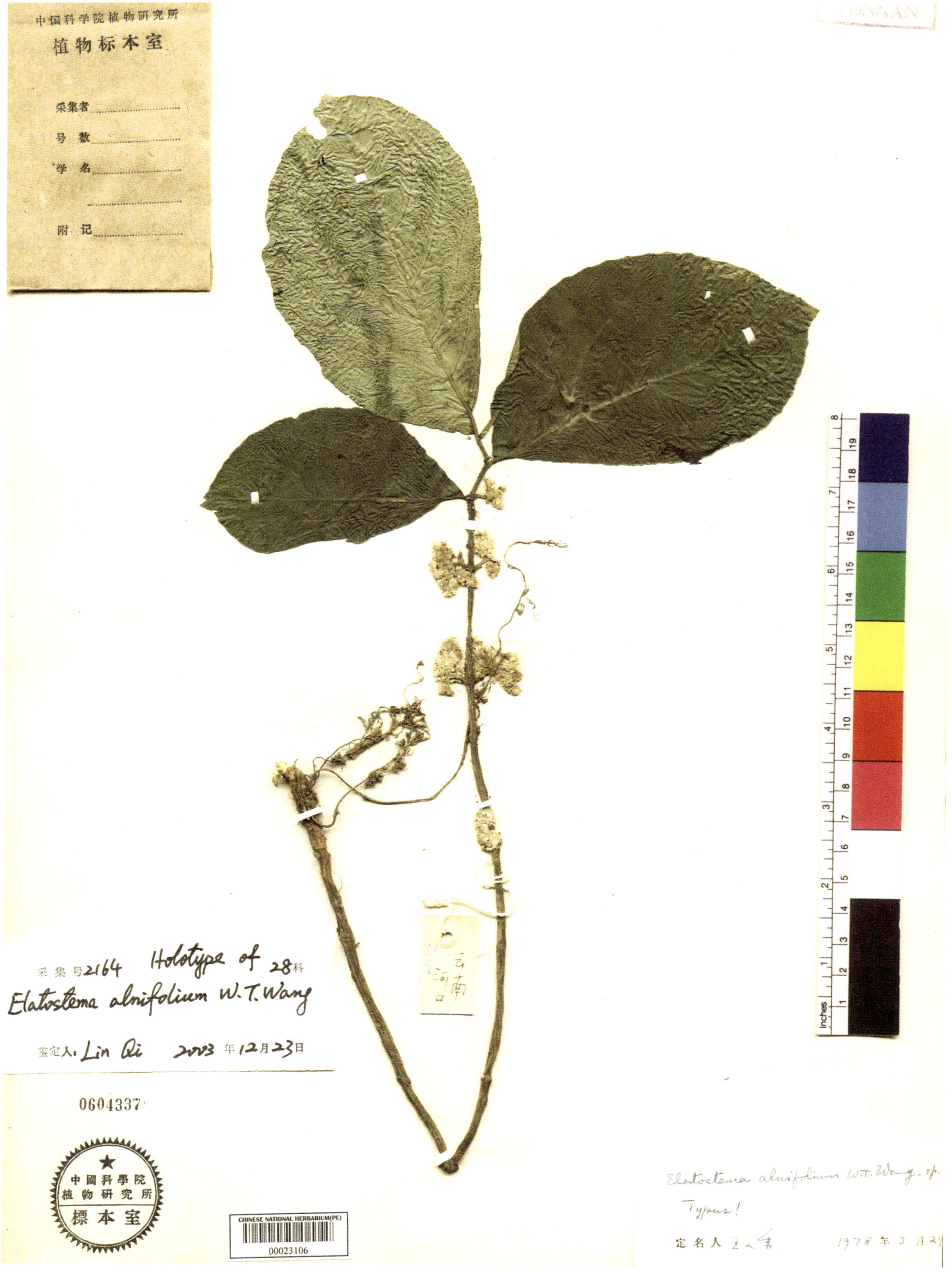

桤叶楼梯草 ***Elatostema alnifolium*** W. T. Wang in Bull Bot. Lab. N. E. Forest. Inst., Harbin 7: 86, photo. 6. 1980.
Holotype: China. Yunnan: Hekou, Anonymous 2164.

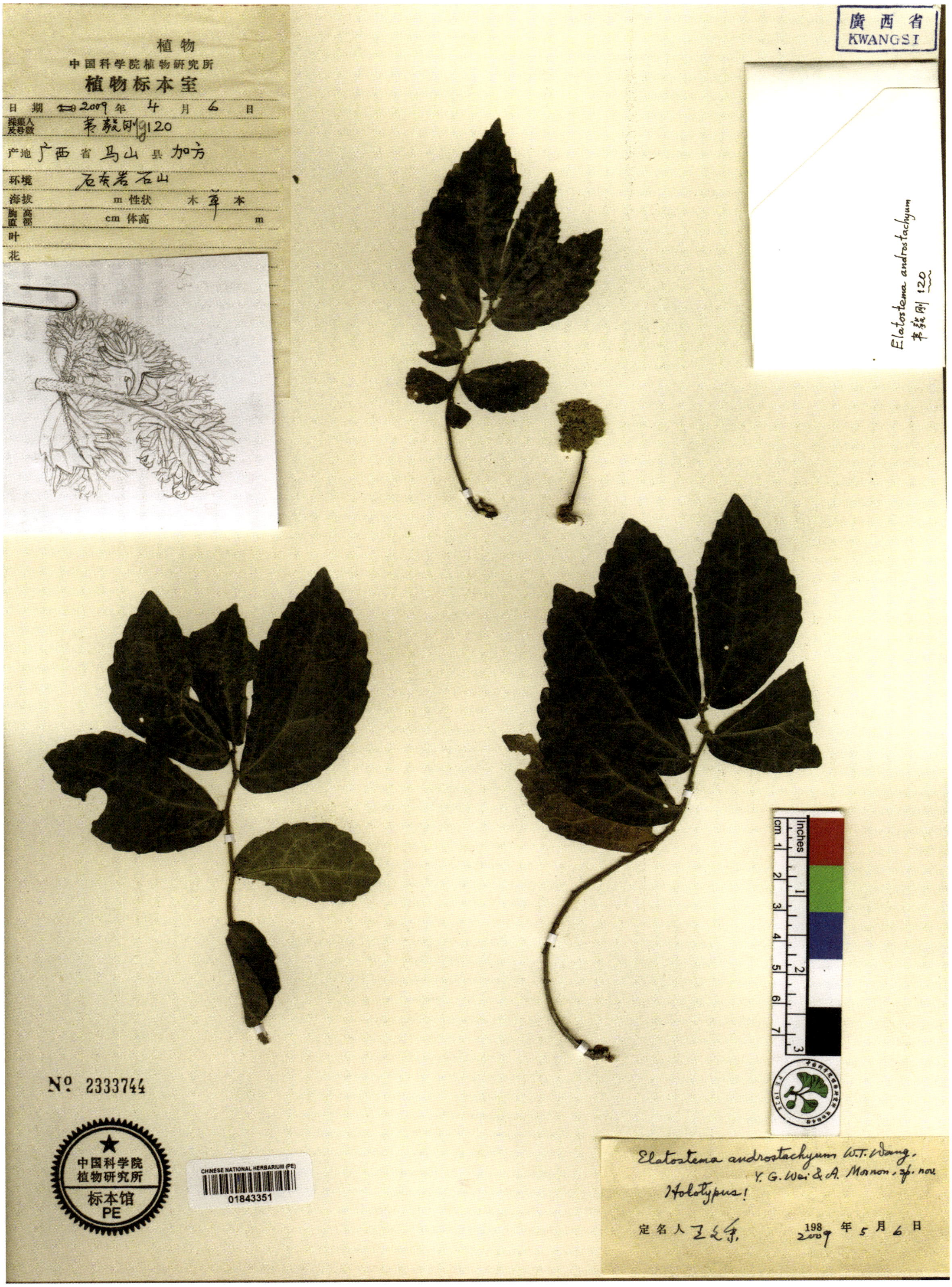

雄穗楼梯草 ***Elatostema androstachyum*** W. T. Wang et al. in Phytotaxa 147: 5, f. 3: A-I. 2013. **Holotype:** China. Guangxi: Mashan, 2009-04-06, Y. G. Wei g120.

棱茎楼梯草 ***Elatostema angulaticaule*** W. T. Wang & Y. G. Wei in Guihaia. 29: 716, f. 2: A-D. 2009. **Holotype:** China. Guangxi: Xilin, 2006-06-07, Y. G. Wei 06178.

毛棱茎楼梯草 ***Elatostema angulaticaule*** W. T. Wang & Y. G. Wei var. ***lasiocladum*** W. T. Wang & Y. G. Wei in Guihaia. 29: 717. 2009. **Holotype:** China. Guangxi: Donglan, 2008-04-21, Y. G. Wei 08023.

狭被楼梯草 ***Elatostema angustitepalum*** W. T. Wang in Acta Phytotax. Sin. 28: 315, f. 3: 6-7. 1990. **Holotype:** China. Xizang：Mêdog, alt. 1 300~1 400 m, 1983-05-06, B. S. Li & S. Z. Cheng 04521.

厚苞楼梯草 ***Elatostema apicicrassum*** W. T. Wang in Guihaia 30: 718, f. 3. 2010. **Holotype:** China. Yunnan: Gongshan, alt. 2 270 m, 2008-06-27, X. H. Jin & al. 0428.

曲梗楼梯草 ***Elatostema arcuatipes*** W. T. Wang & Y. G. Wei, Elatostema (Urticaceae) in China 157, pl. 59: G-K. 2014.
Holotype: China. Guizhou: Xingyi, 2010-03-31, Y. G. Wei & F. Wen 1021.

黑纹楼梯草 ***Elatostema atrostriatum*** W. T. Wang & Y. G. Wei in Bangladesh Journ. Pl. Taxon. 20: 1, f. 1. 2013. **Holotype:** China. Guangxi: Lingyun, 2009-04-01, Y. G. Wei 103.

疏瘤深绿楼梯草 ***Eletostema atroviride*** W. T. Wang var. ***laxituberculatum*** W. T. Wang, Elatostema (Urticaceae) in China 262, pl. 111: H-K. 2014. **Holotype:** China. Guangxi: Daxin, 2010-03-18, Y. G. Wei 28.

二裂楼梯草 ***Elatostema atroviride*** W. T. Wang var. ***lobulatum*** W. T. Wang in Bull. Bot. Res., Harbin 2(1): 20. 1982. **Holotype:** China. Guangxi: Longzhou, 1935-09-23, H. Y. Liang 66621.

薄叶楼梯草 ***Elatostema tenuifolium*** W. T. Wang in Bull. Bot. Res., Harbin 2(1): 22, pl. 3: 2-3. 1982. **Paratype:** China. Guangxi: Longzhou, 1935-09-23, H. Y. Liang 66621.

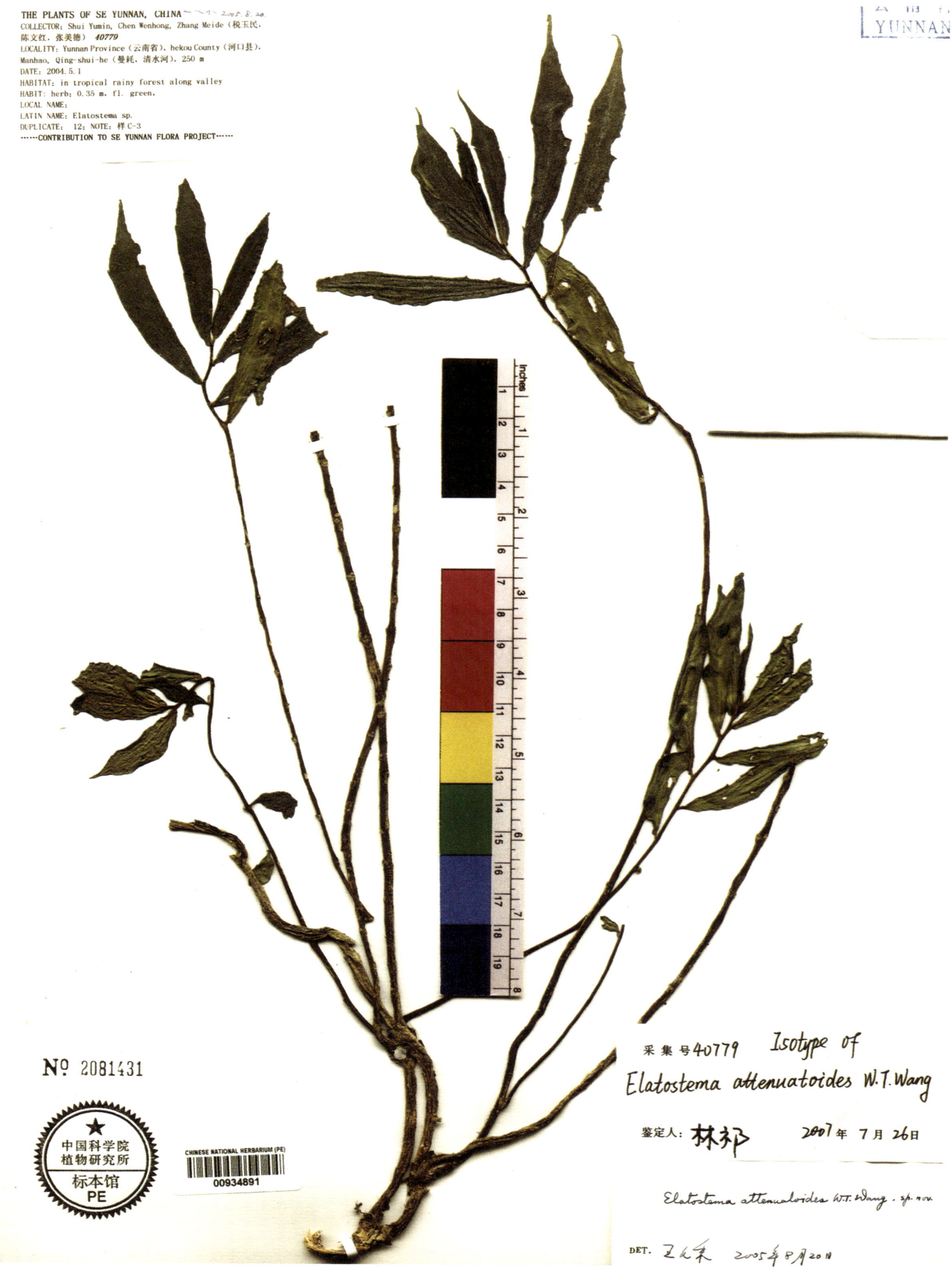

拟渐狭楼梯草 ***Elatostema attenuatoides*** W. T. Wang in Bull. Bot. Res., Harbin 26(1): 17, f. 1: 5-9. 2006. **Isotype:** China. Yunnan: Hekou, alt. 250 m, 2004-05-01, Y. M. Shui, W. H. Chen & M. D. Zhang 40779.

渐狭楼梯草 ***Elatostema attenuatum*** W. T. Wang in Bull. Bot. Lab. N. E. Forest. Inst., Harbin 7: 44, photo. 3. 1980.

Holotype: China. Yunnan: Maguan , alt. 800 m, 1956-06-11, Sino-Russia Yunnan Exped.3342.

耳状楼梯草 ***Elatostema auriculatum*** W. T. Wang in Bull. Bot. Lab. N. E. Forest. Inst. 7: 74. 1980. **Holotype:** China. Yunnan: Gongshan, alt. 2 200 m, 1960-05-13, S. K. Wu 8697.

伏毛楼梯草 ***Elatostema auriculatum*** W. T. Wang var. ***strigosum*** W. T. Wang, F1. Xizang. 1: 552. 1983. **Holotype:** China. Xizang：Mêdog, alt. 1 800 m, 1974-08-31, Qinghai-Xizang Exped. 2920.

展毛滇黔楼梯草 ***Elatostema backeri*** H. Schröeter var. ***villosulum*** W. T. Wang in Acta Phytotax. Sin. 28:312. 1990.
Holotype: China. Yunnan: Jingdong, alt. 2 700 m, 1939-11-02, M. K. Li 1076.

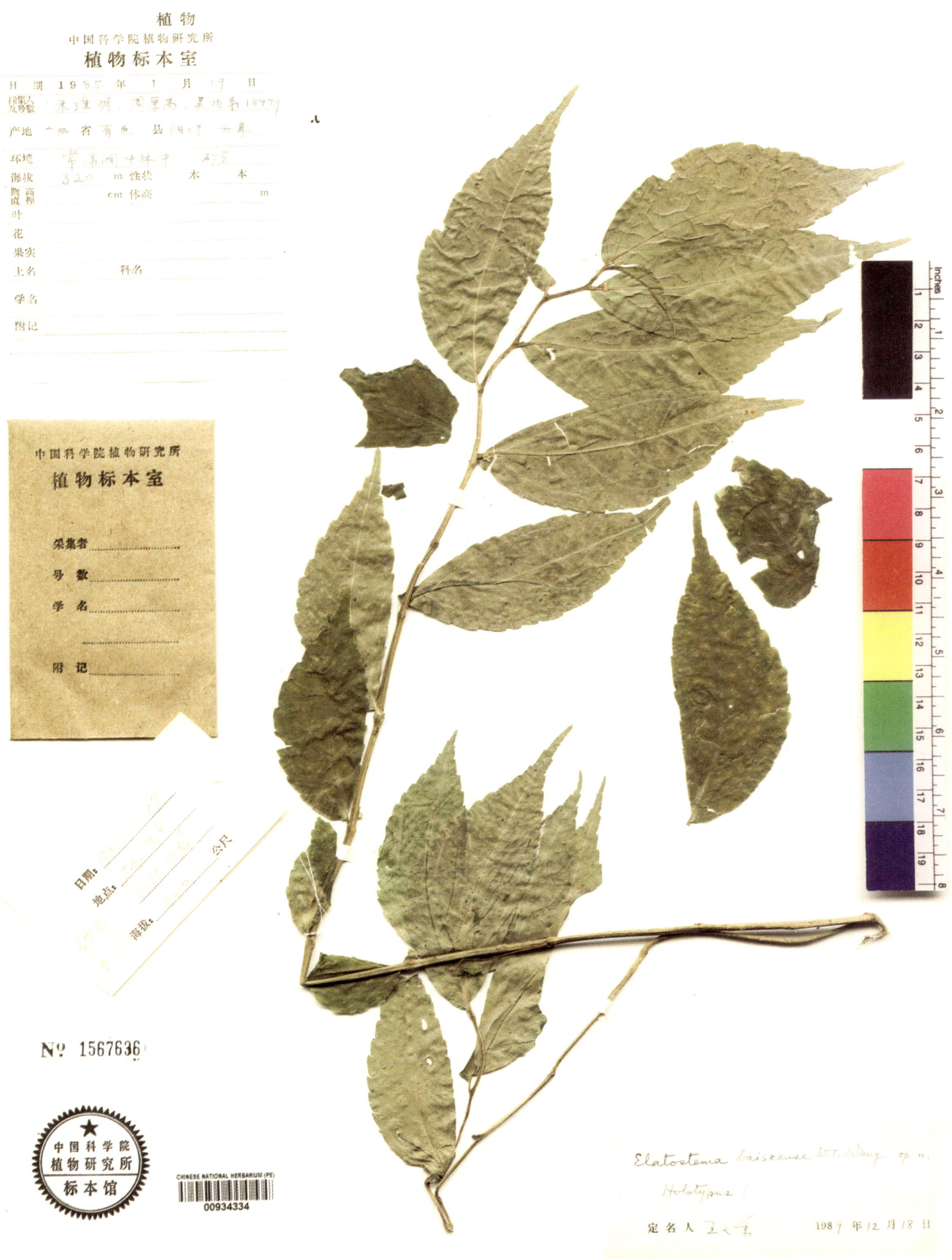

百色楼梯草 ***Elatostema baiseense*** W. T. Wang in Acta Phytotax. Sin. 31: 175. 1993. **Holotype:** China. Guangxi：Baise, alt. 320 m, 1985-01-19, W. M. Zhu, H. G. Zhou & Z. L. Wu 18979.

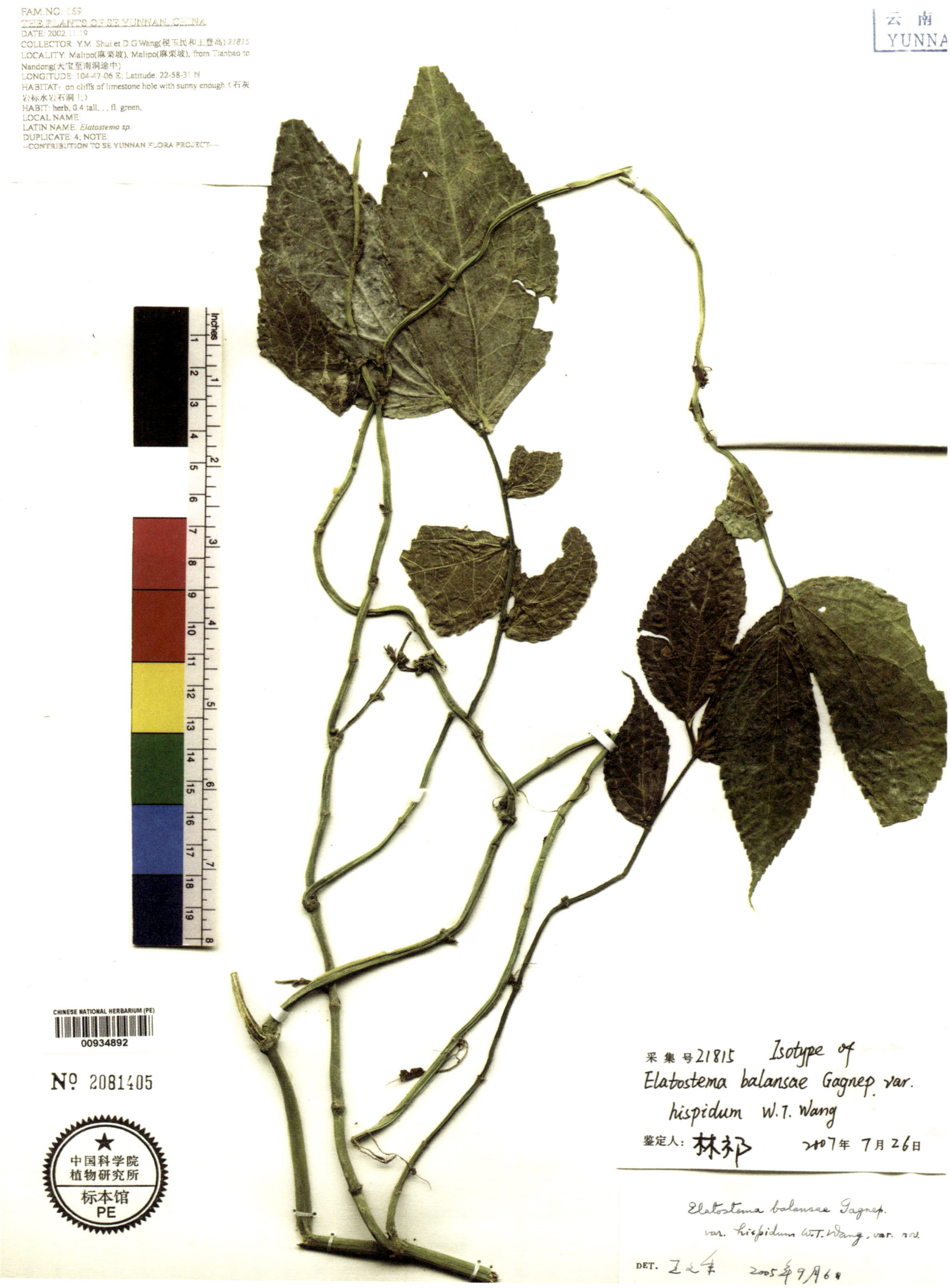

硬毛华南楼梯草 ***Elatostema balansae*** Gagnep. var. ***hispidum*** W. T. Wang in Bull. Bot. Res., Harbin 26(1): 21. 2006.
Isotype: China. Yunnan: Malipo, 2002-11-19, Y. M. Shui & D. G. Wang 21815.

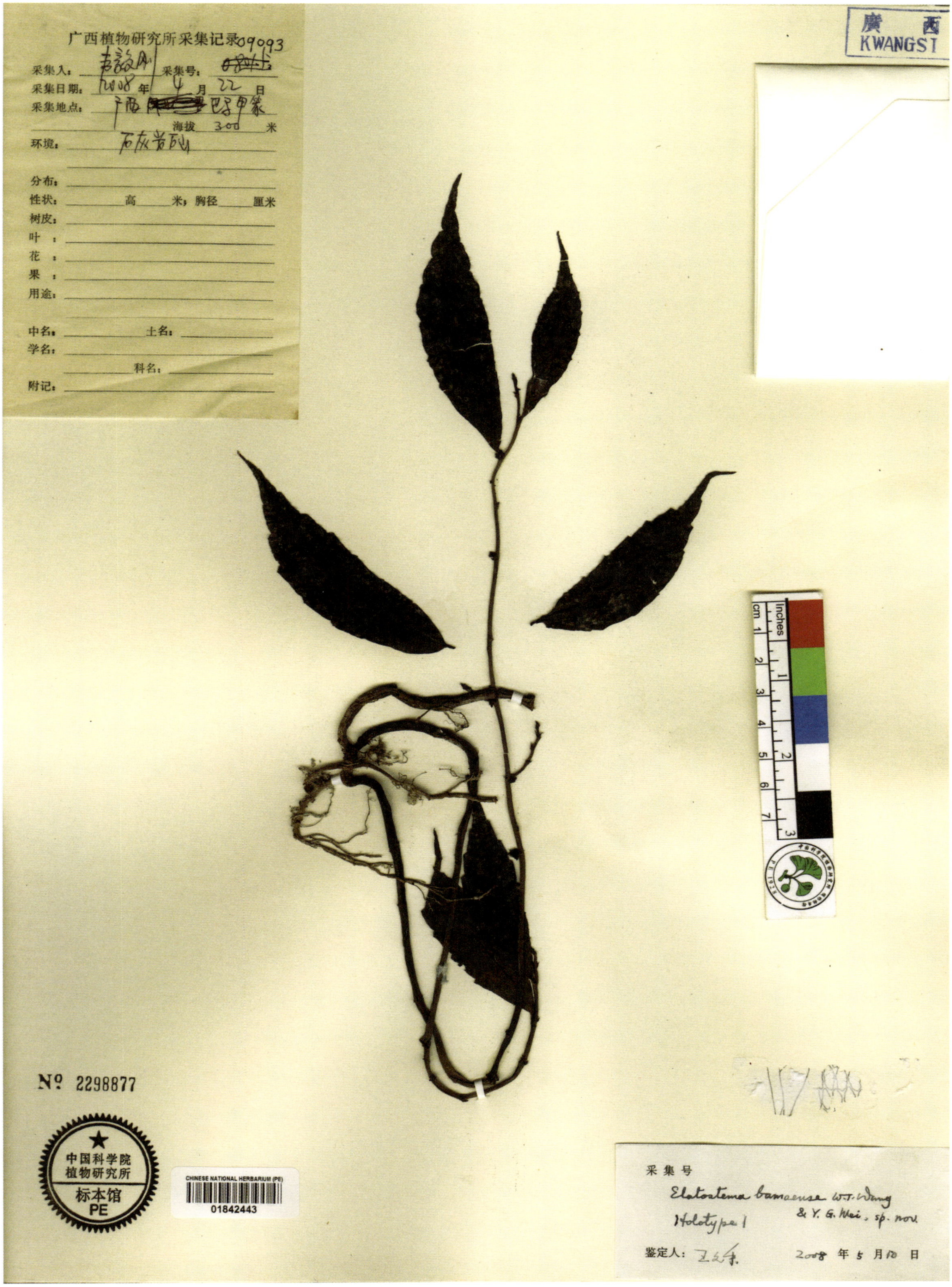

巴马楼梯草 ***Elatostema bamaense*** W. T. Wang & Y. G. Wei in Ann. Bot. Fennici. 48: 93, f. 1: A-D. 2011. **Holotype:** China. Guangxi: Bama, alt. 300 m, 2008-04-22, Y. G. Wei 09093.

背崩楼梯草 ***Elatostema beibengense*** W. T. Wang in Acta phytotax. Sin. 28(4): 308, f. 1: 3. 1990. **Holotype:** China. Xizang：Mêdog, alt. 1 700 m, 1983-05-24, B. S. Li, S. Z. Cheng & Z. C. Ni 03763.

渤生楼梯草 ***Elatostema beshengii*** W. T. Wang in Acta Phytotax. Sin. 28: 319, f. 2: 1-3. 1990. **Holotype:** China. Xizang: Mêdog, alt. 1 000 m, 1983-04-08, B. S. Li & S. Z. Cheng 03949.

二型苞楼梯草 ***Elatostema biformibracteolatum*** W. T. Wang, Elatostema (Urticaceae) in China 162, pl. 61: E-H. 2014.
Holotype: China. Guangxi: Hechi, 2012-03-22, Y. G. Wei (Jinchengjiang) 5.

叉序楼梯草 ***Elatostema biglomeratum*** W. T. Wang in Bull. Bot. Res., Harbin 9(2): 67. pl. 1: 1-2. 1989. **Isotype:** China. Yunnan: Hekou, alt. 120 m, 1960-01-15, B. Q. Yan & Y. L. Zhou 603056.

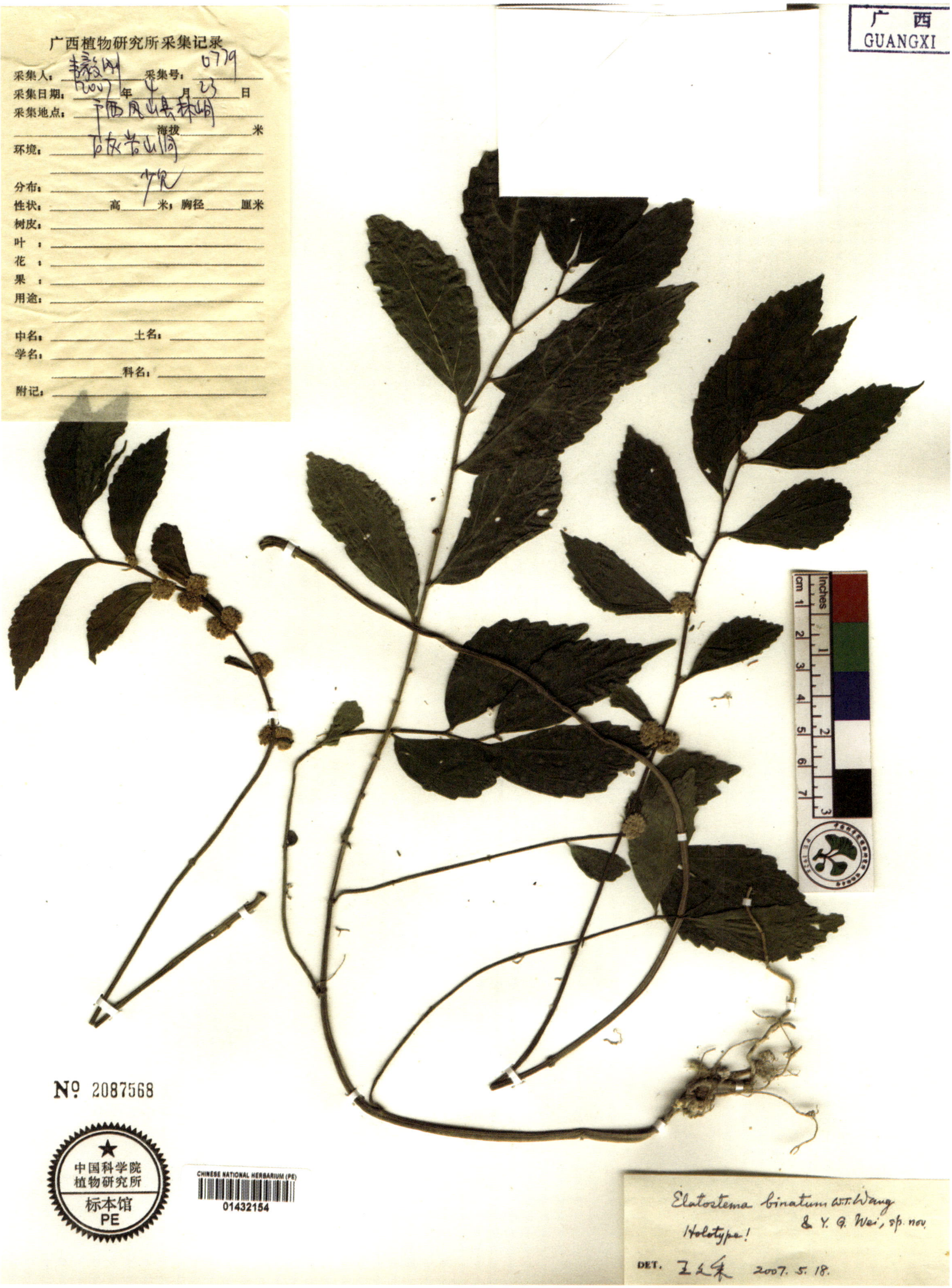

对序楼梯草 ***Elatostema binatum*** W. T. Wang & Y. G. Wei in Guihaia. 27(6): 813, f. 2: A-D. 2007. **Holotype:** China. Guangxi: Fengshan, 2007-04-23, Y. G. Wei 0779.

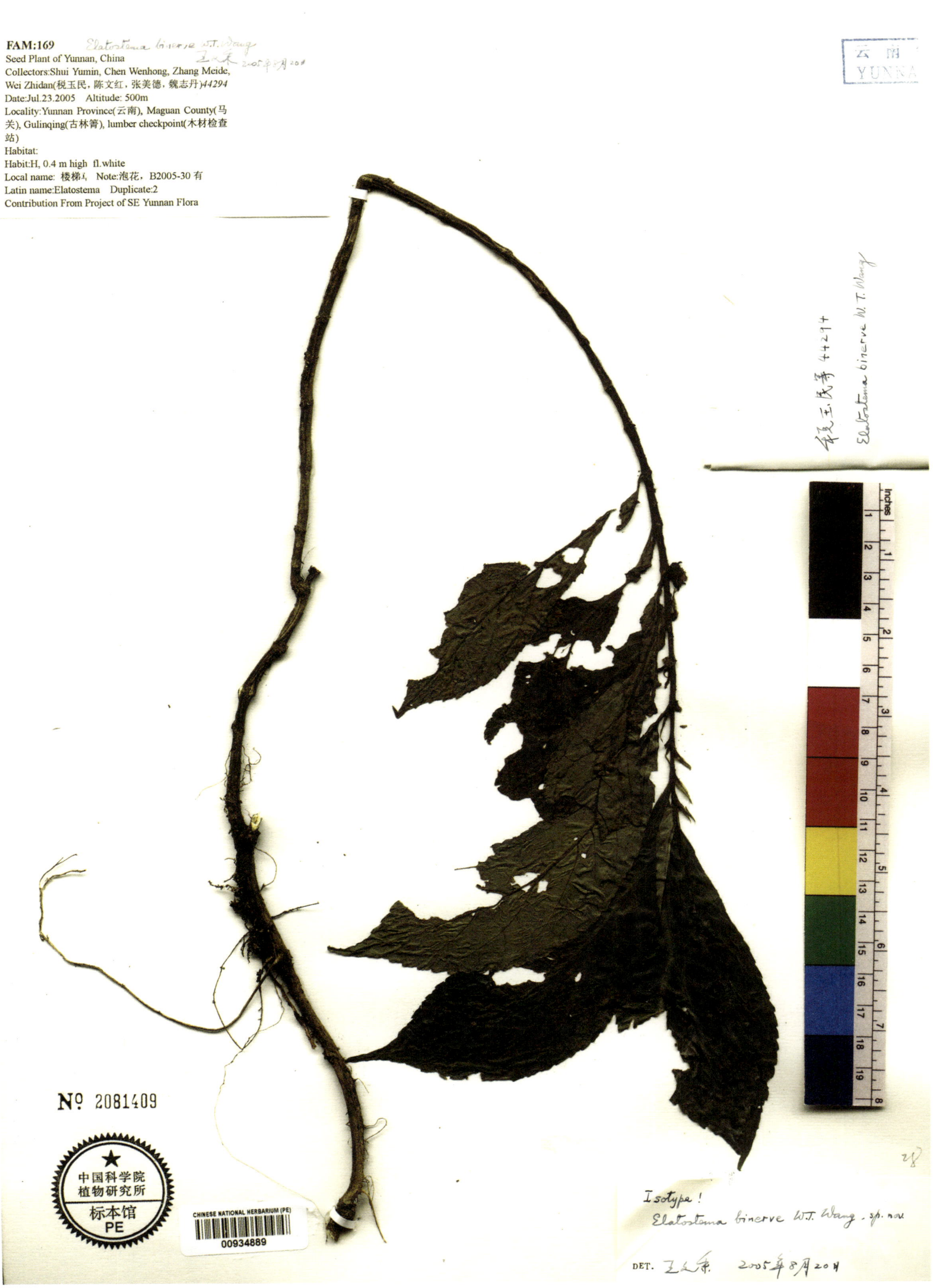

二脉楼梯草 ***Elatostema binerve*** W. T. Wang in Bull. Bot. Res., Harbin 26(1): 23, f. 4: 1-4. 2006. **Isotype:** China. Yunnan: Maguan, alt. 500 m, 2005-07-23, Y. M. Shui, W. H. Chen, M. D. Zhang & Z. D. Wei 44294.

双对生楼梯草 ***Elatostema biopposítum*** L. D. Duan & Y. Lin in Bangladesh Journ. Pl. Taxon. 20: 179, f. 1-3. 2013.
Holotype: China. Guangxi: Longzhou, alt. 410~550 m, 2011-04-01, L. D. Duan 5241.

苎麻楼梯草 ***Elatostema boehmerioides*** W. T. Wang in Acta Phytotax. Sin. 28: 311. f. 1: 4-5. 1990. **Holotype:** China. Xizang: Mêdog, alt. 800 m, 1983-05-10, B. S. Li & S. Z. Cheng 04576.

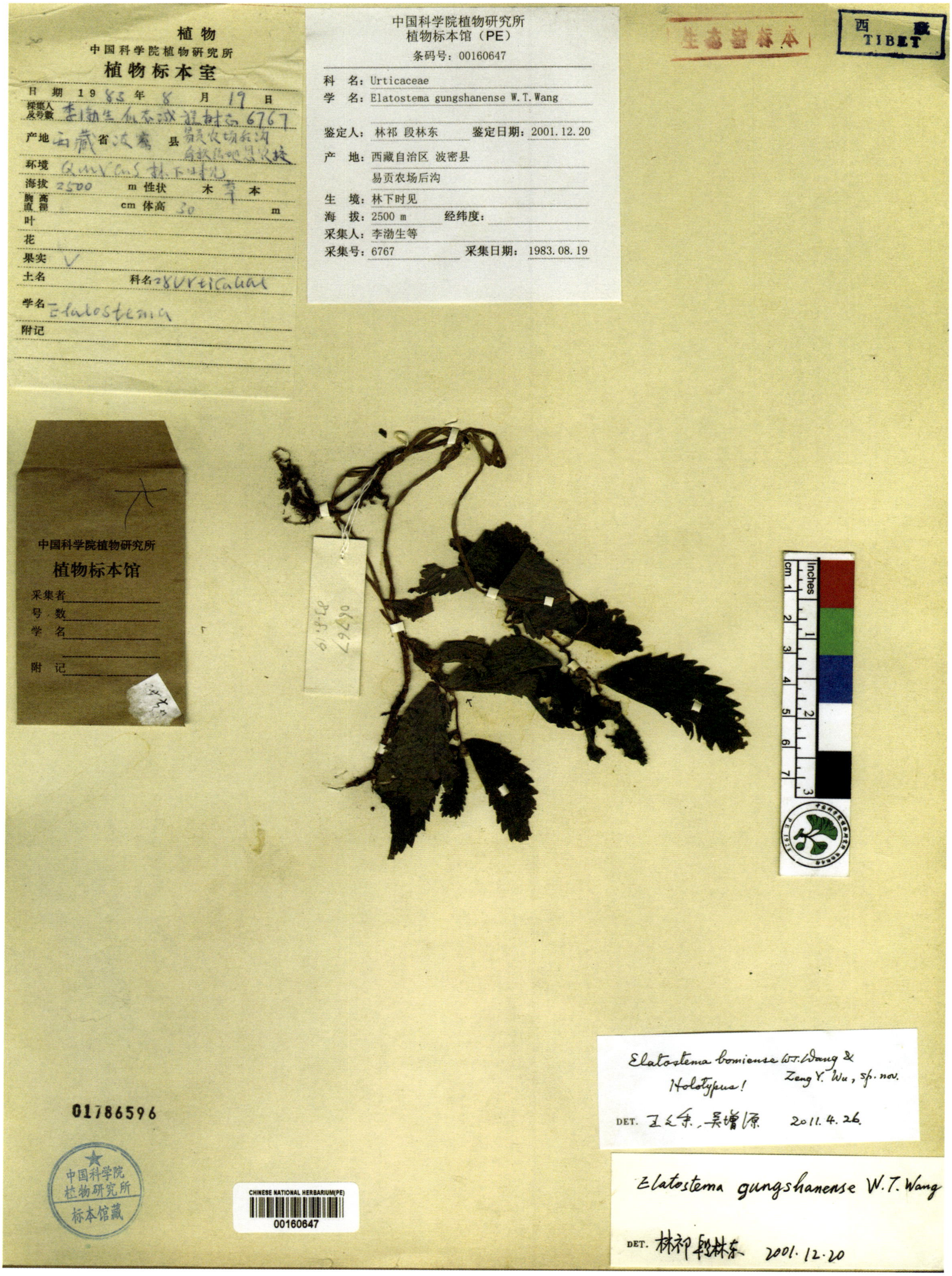

波密楼梯草 ***Elatostema bomiense*** W. T. Wang & Zeng Y. Wu in Ann. Bot. Fennici 50: 75, f. 1: F-I. 2013. **Holotype:** China. Xizang: Bomi, alt. 2 500 m, 1983-08-19, B. S. Li, C. C. Ni & S. Z. Cheng 6767.

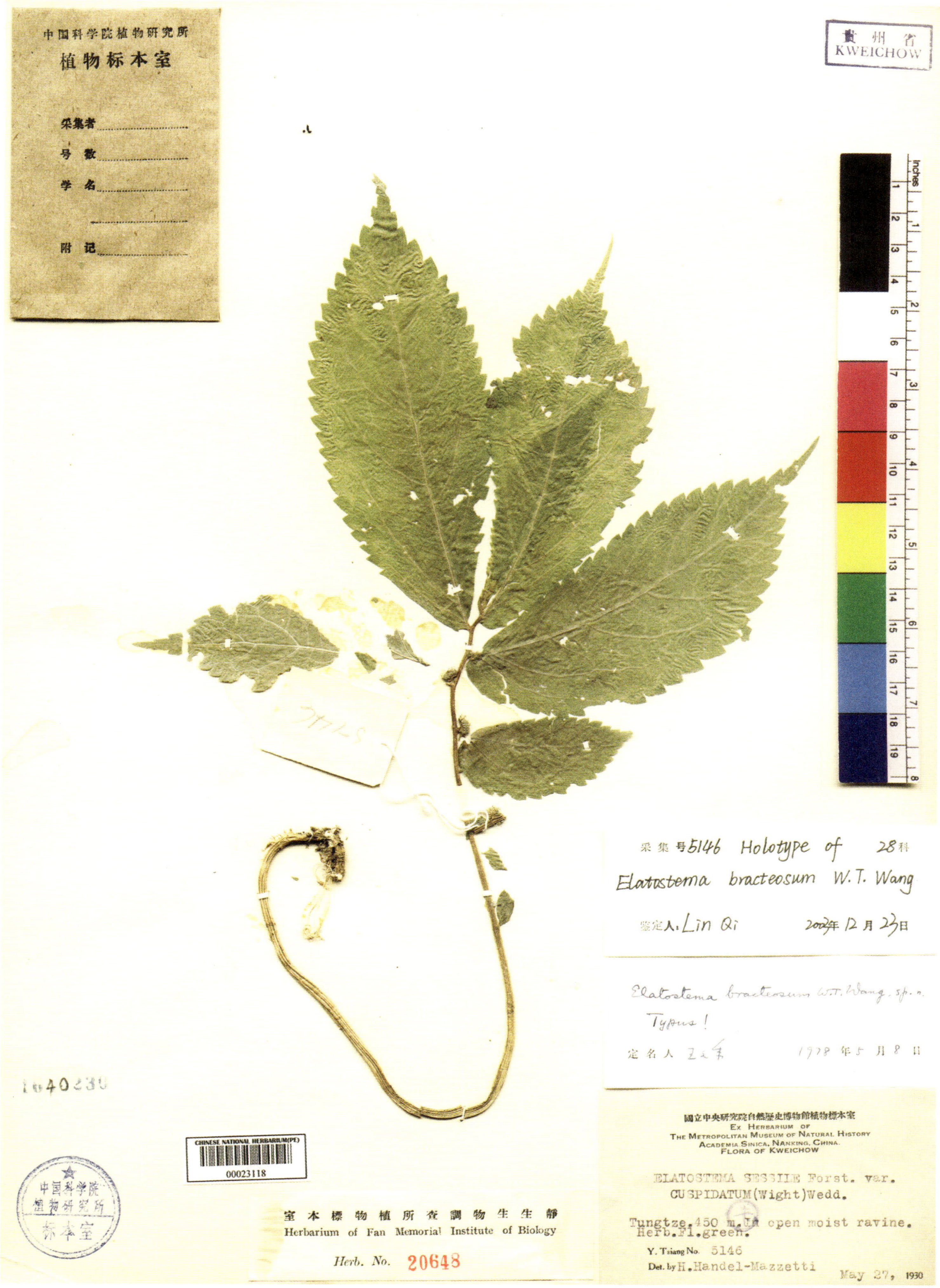

显苞楼梯草 ***Elatostema bracteosum*** W. T. Wang in Bull. Bot. Lab. N. E. Forest. Inst., Harbin 7: 59. 1980. **Holotype:** China. Guizhou: Tongzi, alt. 450 m, 1930-05-27, Y. Tsiang 5146.

短尖楼梯草 ***Elatostema breviacuminatum*** W. T. Wang in Bull Bot. Lab. N. E. Forest. Inst., Harbin 7: 71. 1980.
Holotype: China. Yunnan: Jinping, alt. 750 m, 1974- 05-21, Luchun Exped. 1012.

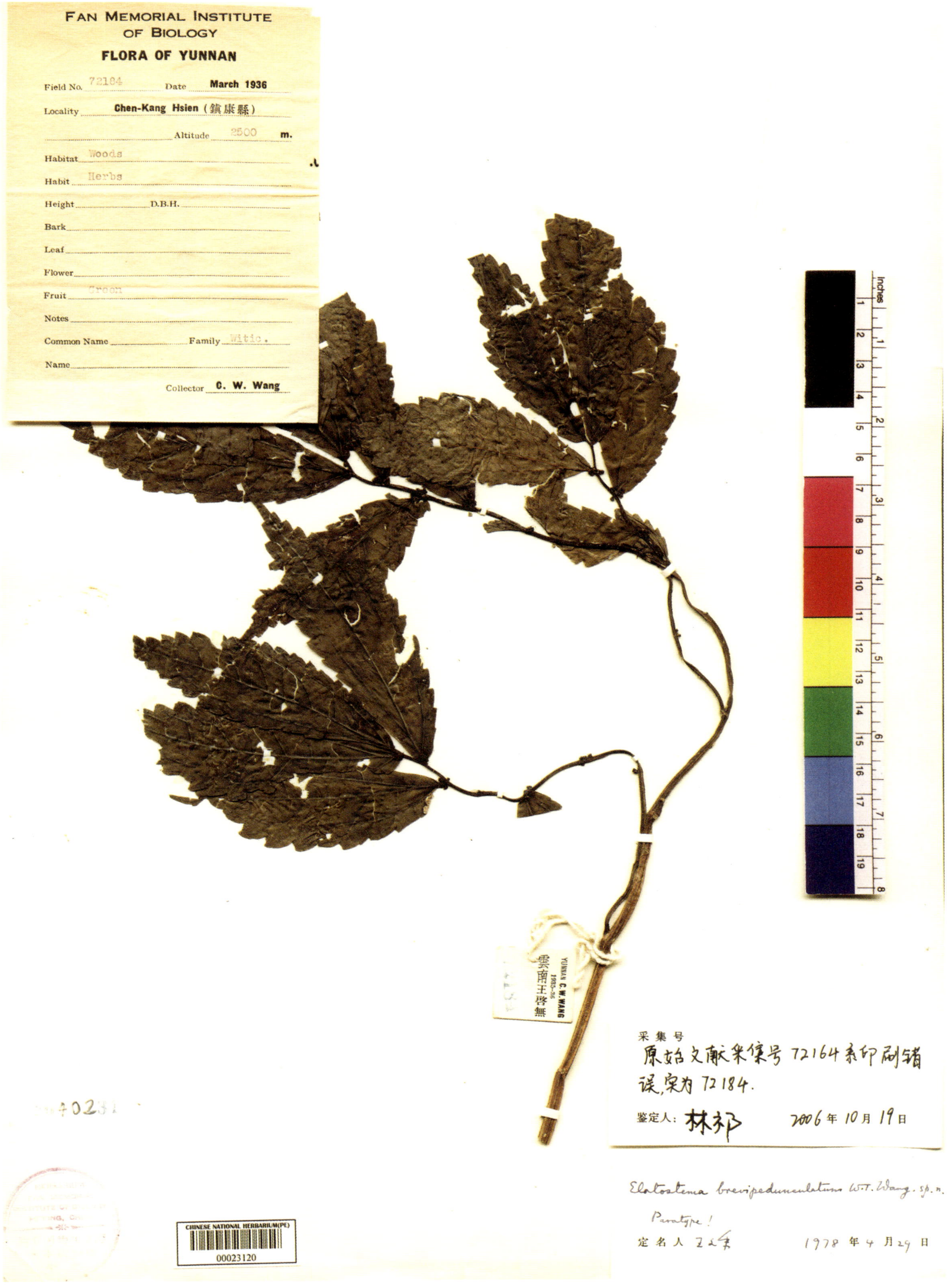

短梗楼梯草 ***Elatostema brevipedunculatum*** W. T. Wang in Bull Bot. Lab. N. E. Forest. Inst., Harbin 7: 22. 1980.
Paratype: China. Yunnan: Zhenkang, alt. 2 500 m, 1936-03-??, C. W. Wang 72184.

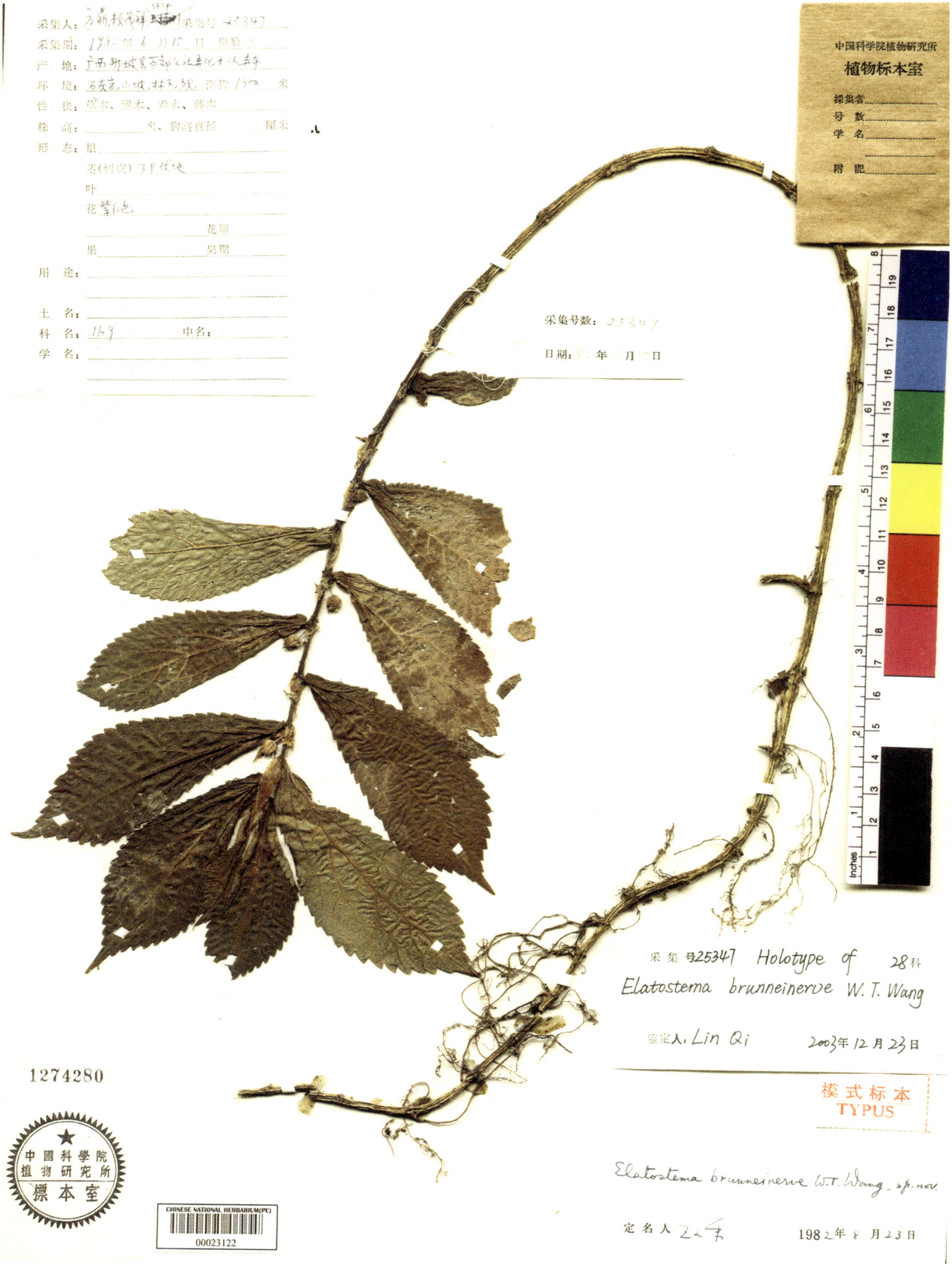

褐脉楼梯草 ***Elatostema brunneinerve*** W. T. Wang in Bull. Bot. Res., Harbin 3(3): 64, f. 1: 5-6. 1983. **Holotype:** China. Guangxi: Napo, alt. 1 300 m, 1982-06-15, D. Fang, M. X. Lai & S. P. Xiu 25347.

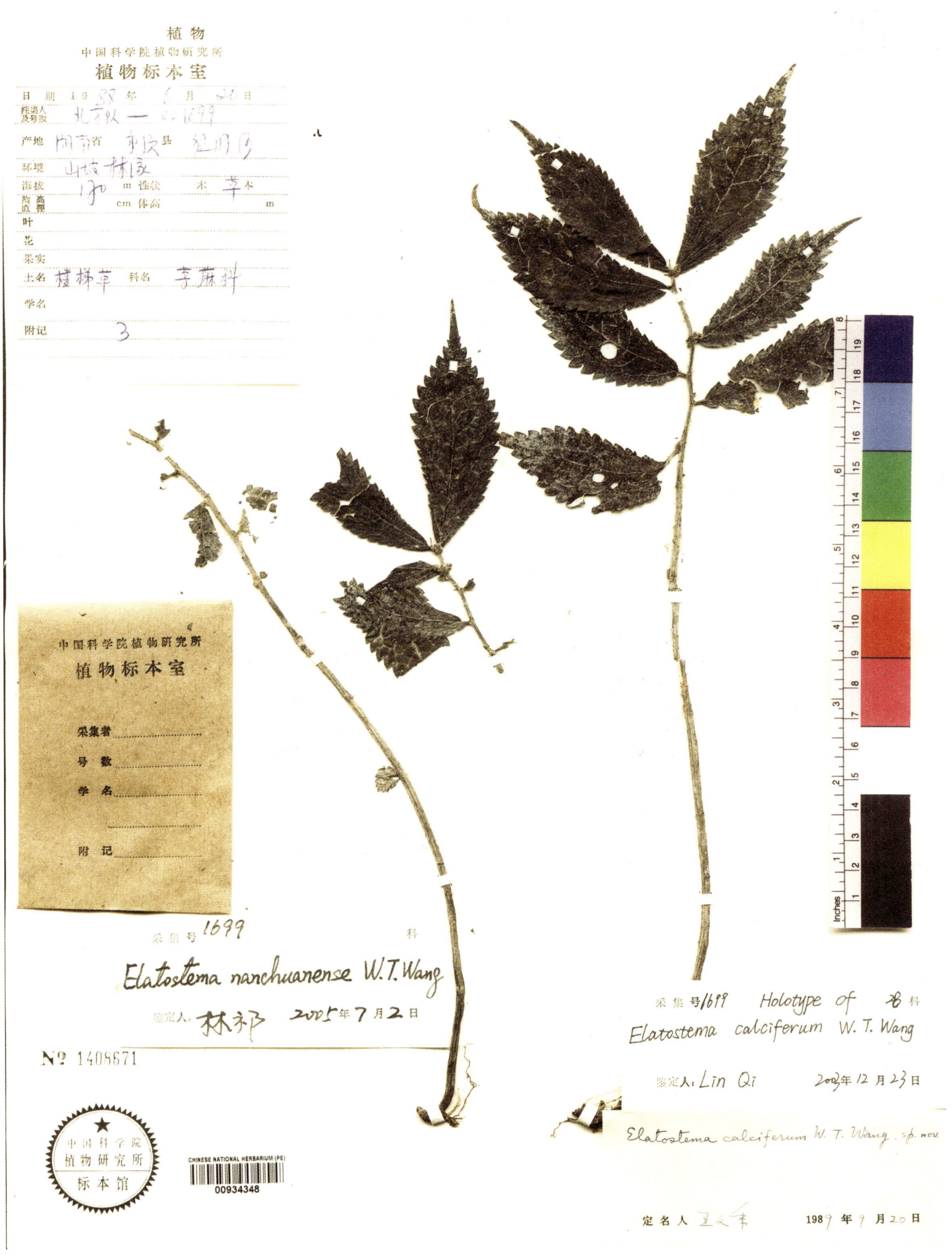

具钙楼梯草 ***Elatostema calciferum*** W. T. Wang, Keys Vasc. Pl. Wuling Mts. 577. 1995. **Holotype:** China. Hunan: Yongshun, alt. 170 m, 1988-06-20, Beijing Exped. 001699.

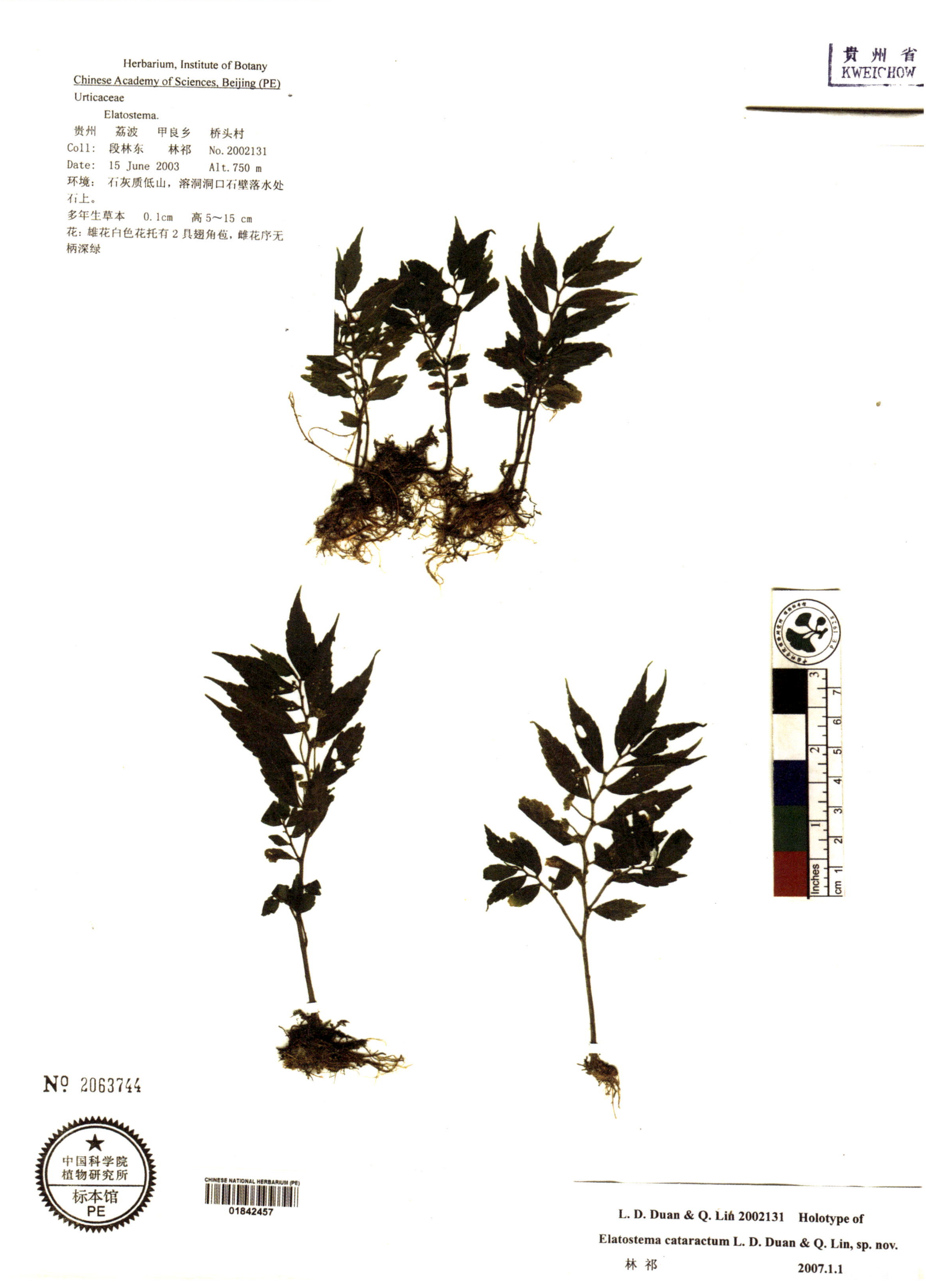

瀑布楼梯草 ***Elatostema cataractum*** L. D. Duan & Q. Lin in Ann. Bot. Fennici 47: 229, f. 1. 2010. **Holotype:** China. Guizhou: Libo, alt. 750 m, 2003-06-15, L. D. Duan & Q. Lin 2002131.

毛翅楼梯草 ***Elatostema celingense*** W. T. Wang et al. in Phytotaxa 29: 4, f. 2, 3. 2011. **Isotype:** China. Guangxi: Hechi, alt. 550 m, 2010-05-07, Y. G. Wei AM 6621.

革叶楼梯草 ***Elatostema coriaceifolium*** W. T. Wang in Acta Phytotax.Sin. 31(2): 170, f. 1: 1-2. 1993. **Paratype:** China. Guangxi: Leye, alt. 900 m, 1989-05-07, Hongshuihe Exped. 1039.

粗肋楼梯草 ***Elatostema crassicostatum*** W. T. Wang, Elatostema (Urticaceae) in China 339, pl. 150: G-J. 2014. **Holotype:** China. Yunnan: Yanshan, 2010-05-15, Y. G. Wei & A. K. Monro 6739.

粗尖楼梯草 ***Elatostema crassimucronatum*** W. T. Wang, Elatostema (Urticaceae) in China 85, pl. 25: A-E. 2014.
Holotype: China. Guizhou: Jianhe, 2010-03-19, Y. G. Wei & F. Wen 1055.

厚叶楼梯草 ***Elatostema crassiusculum*** W. T. Wang in Bull. Bot. Lab. N. E. Forest. Inst., Harbin 7: 43. 1980. **Holotype:** China. Yunnan: Jinping , alt. 700 m, 1956-04-29, Sino-Russia Yunnan. Exped. 951.

浅齿楼梯草 ***Elatostema crenatum*** W. T. Wang in Bull. Bot. Lab. N. E. Forest. Inst., Harbin 7: 58. 1980. **Holotype:** China. Yunnan: Hekou, alt. 200 m, 1956-06-08, Sino-Russia Yunnan Exped. 2313.

曲毛楼梯草 ***Elatostema crispulum*** W. T. Wang in Acta Bot. Yunnan. 7: 295, f. 2: 3-4. 1985. **Isotype:** China. Yunnan: Yingjiang, alt. 350 m, 1980-08-04, W Yunnan Exped. 10484.

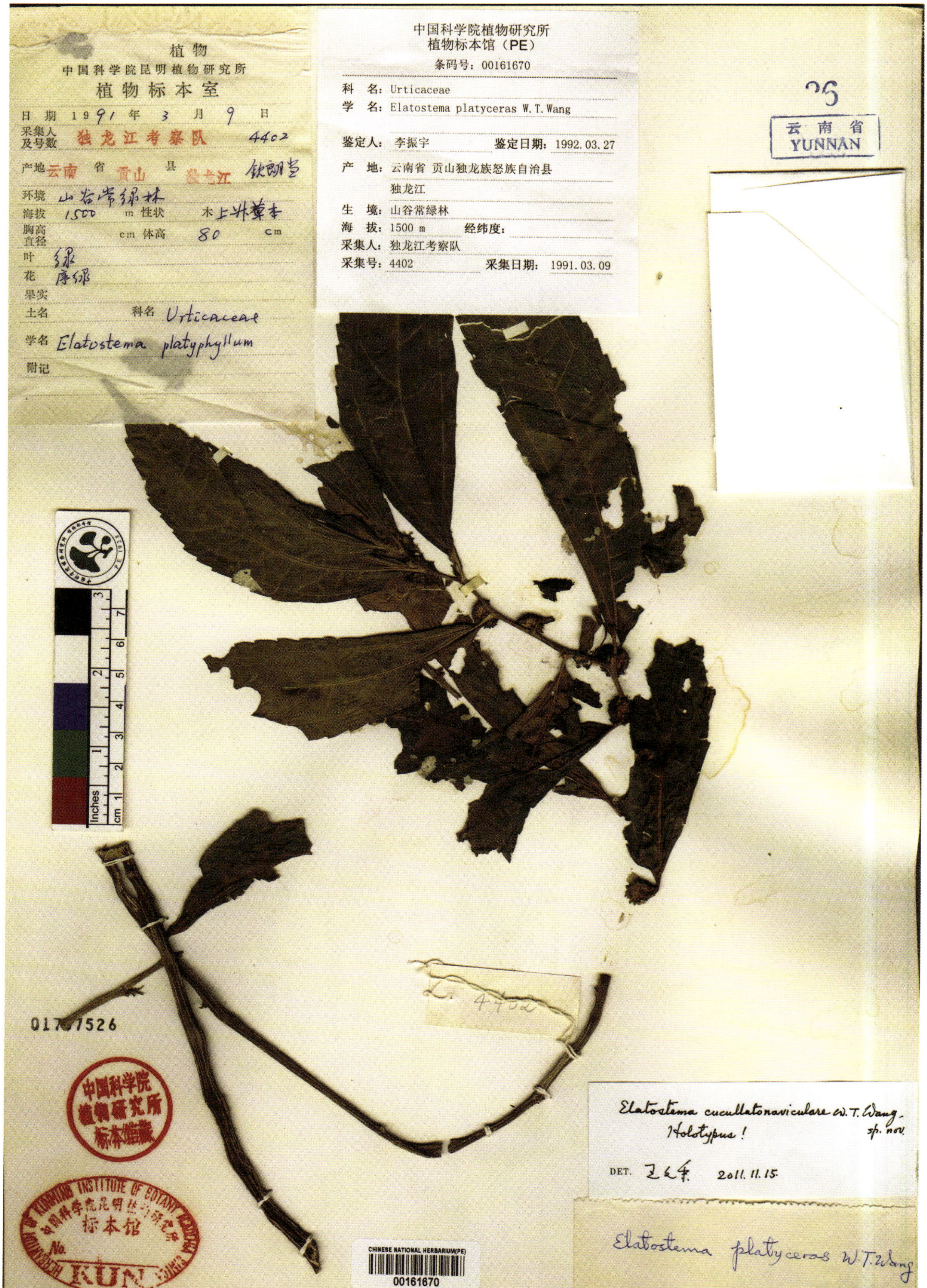

兜船楼梯草 ***Elatostema cucullatonaviculare*** W. T. Wang in Pl. Divers. Resour. 34: 138, f. 2. F-K. 2012. **Holotype:** China. Yunnan: Gongshan, alt. 1 500 m, 1991-03-09, Dulongjiang Exped. 4402.

楔苞楼梯草 ***Elatostema cuneiforme*** W. T. Wang in Acta Phytotax. Sin. 17: 107. f. 2: 1-4. 1979. **Holotype:** China. Xizang: Mêdog, alt. 2 000 m, 1974-08-05, Qinghai-Xizang Exped. 74-4089.

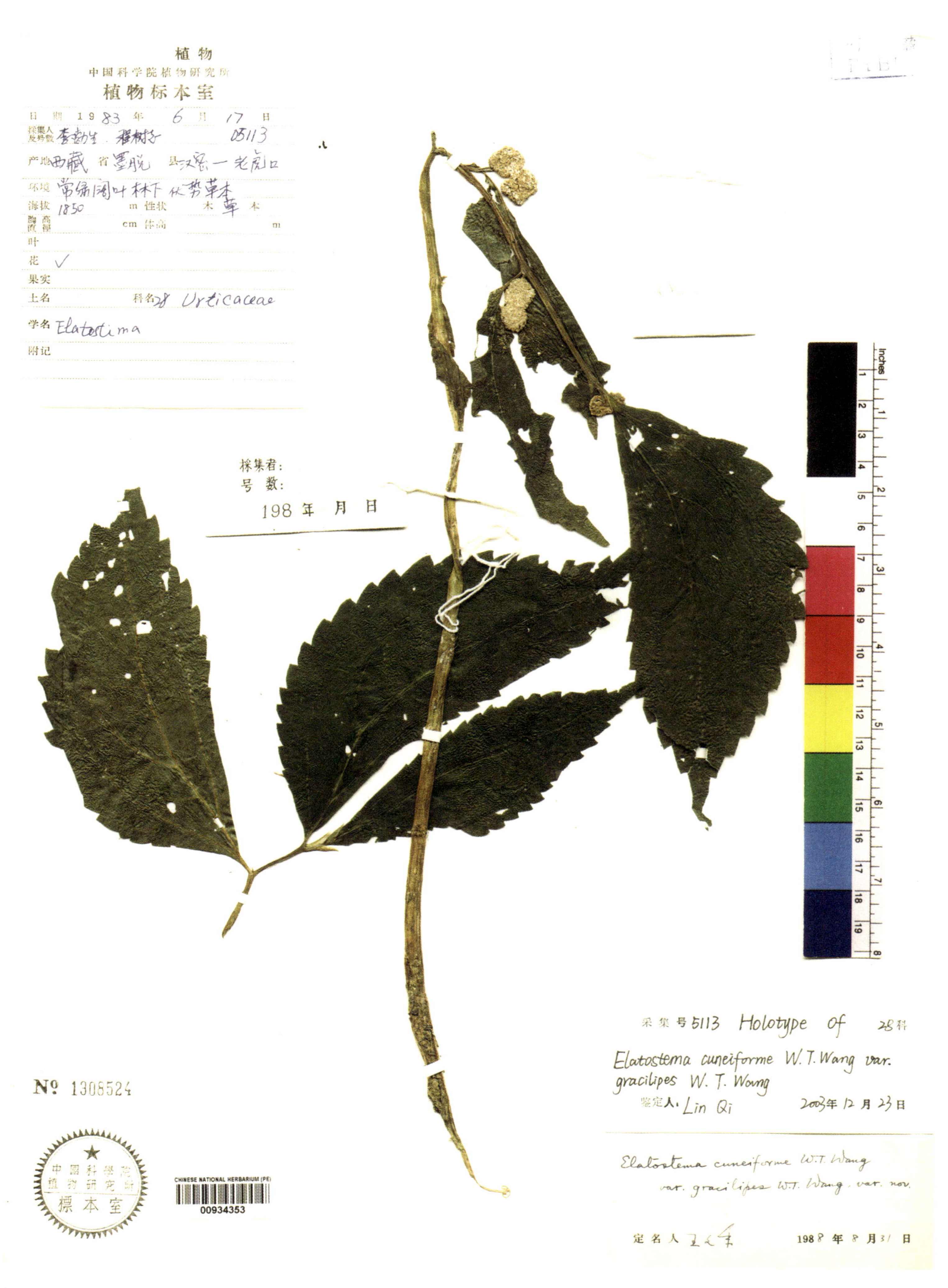

细梗楔苞楼梯草 ***Elatostema cuneiforme*** W. T. Wang var. ***gracilipes*** W. T. Wang in Acta Phytotax. Sin. 28: 319. 1990.
Holotype: China. Xizang: Mêdog, alt. 1 850 m, 1983-06-17, B. S. Li & S. Z. Cheng 05113.

长角骤尖楼梯草 ***Elatostema cuspidatum*** Wight var. ***dolichoceras*** W. T. Wang in Acta Bot. Yunnan. 10: 346. 1988.
Holotype: China. Yunnan: Lanping, alt. 2 300 m, 1981-06-21, Hengduanshan Exped. 701.

大围山楼梯草 ***Elatostema cyrtandrifolium*** (Zoll. & Mor.) Miq. var. ***daweishanicum*** W. T. Wang in Bull. Bot. Res., Harbin 23(3): 258, f. 1: 3-8. 2003. **Isotype:** China. Yunnan: Hekou, alt. 1 300 m, 1999-10-07, Y. M. Shui & al. 11834.

指序楼梯草 ***Elatostema dactylocephalum*** W. T. Wang in Pl. Divers. Resour. 33: 148, f. 3. 2011. **Holotype:** China. Yunnan: Longling, alt. 2 016 m, 2005-05-25, Gaoligongshan Biodiversity Survey 23678.

大新楼梯草 ***Elatostema daxinense*** W. T. Wang & Zeng Y. Wu in Ann. Bot. Fennici 50: 77, f. 1: A-C. 2013. **Holotype:** China. Guangxi: Daxin, 1993-11-29, J. R. Chen & Y. Z. Wang 93121.

密晶楼梯草 ***Elatostema densistriolatum*** W. T. Wang & Z. Y. Wu in Nord. Journ. Bot. 29: 227, f. 1: A-J, f. 2. 2011.
Isotype: China. Yunnan: Malipo, alt. 162 m, 2010-08-04, Z. Y. Wu 10129.

双头楼梯草 ***Elatostema didymocephalum*** W. T. Wang in Acta Phytotax. Sin. 28: 316, f. 3: 5. 1990. **Holotype:** China. Xizang: Mêdog, alt. 950 m, 1983-06-02, B. S. Li & S. Z. Cheng 04953.

拟盘托楼梯草 ***Elatostema dissectoides*** W. T. Wang in Acta Bot. Yunnan. Suppl. 5: 1. 1992. **Holotype:** China. Yunnan: Gongshan, alt. 1 240 m, 1991-03-10, Dulongjiang Exped. 4472.

独龙楼梯草 ***Elatostema dulongense*** W. T. Wang in Bull. Bot. Res., Harbin 9(2): 72, pl. 2: 3-5. 1989. **Holotype:** China. Yunnan: Gongshan, alt. 1 350 m, 1982-08-09, Qinghai-Xizang Exped. 9130.

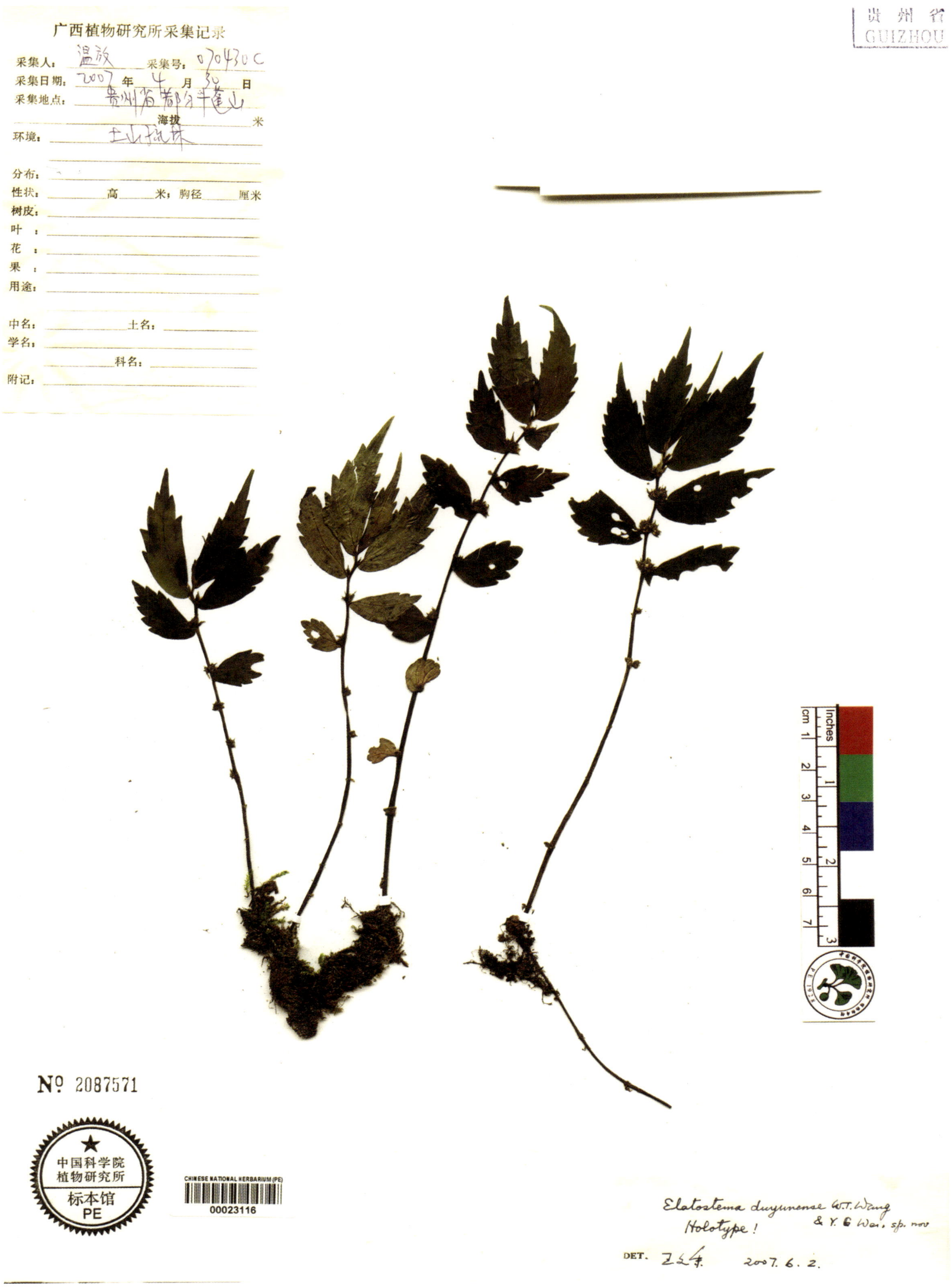

都匀楼梯草 ***Elatostema duyunense*** W. T. Wang in Guihaia. 28: 1, f. 1. 2008. **Holotype:** China. Guizhou: Duyun, 2007-04-30, F. Wen 070430 C.

无苞楼梯草 ***Elatostema ebracteatum*** W. T. Wang in Acta Phytotax. Sin. 28: 316, f. 3: 3-4. 1990. **Holotype**: China. Xizang: Mêdog, alt. 1 300~1 500 m, 1983-05-06, B. S. Li & S. Z. Cheng 04522.

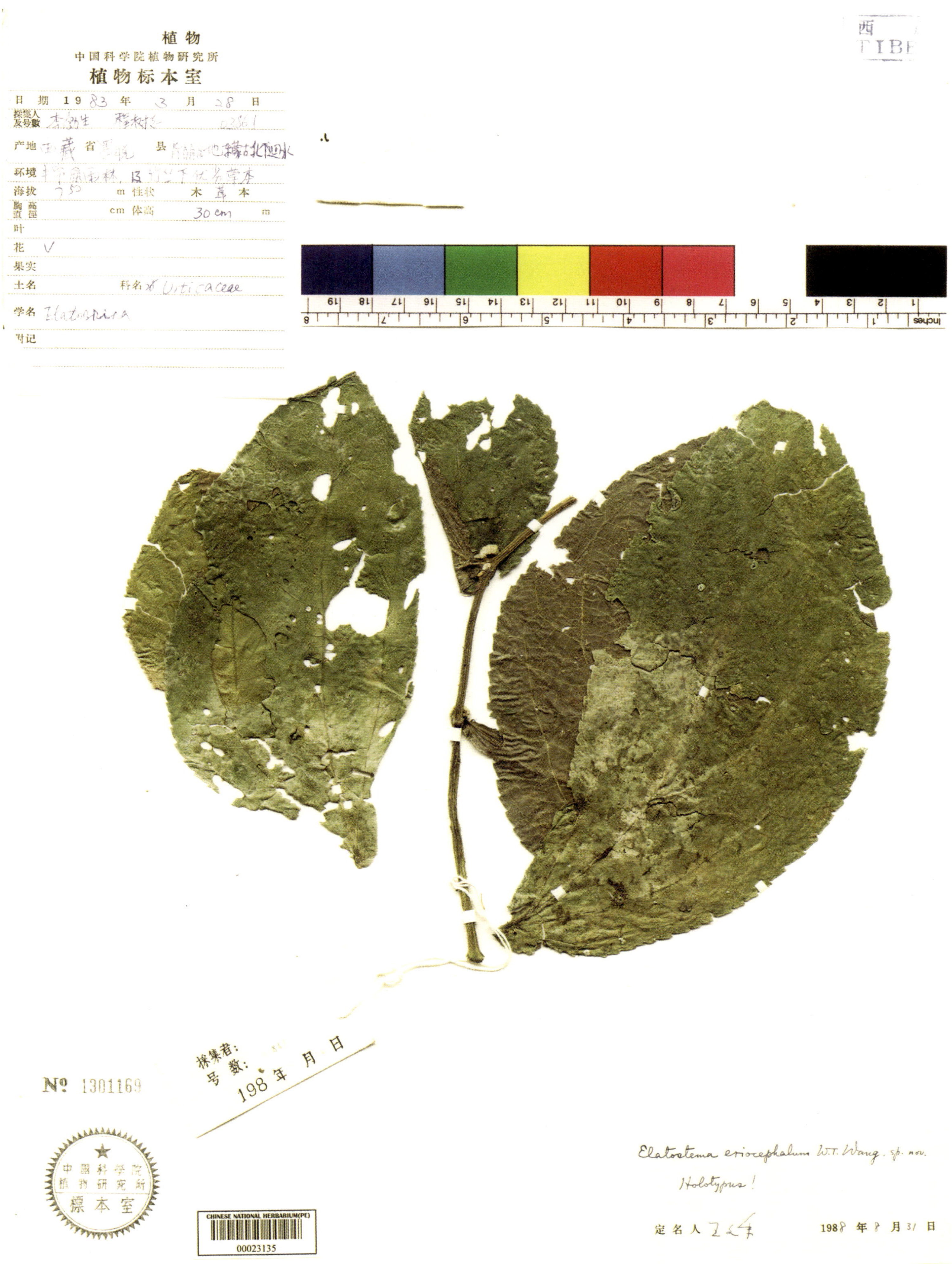

绒序楼梯草 ***Elatostema eriocephalum*** W. T. Wang in Acta Phytotax. Sin. 28: 317, f. 3: 1-2. 1990. **Holotype:** China. Xizang: Mêdog, alt. 750 m, 1983-03-28, B. S. Li & S. Z. Cheng 03861.

凤山楼梯草 ***Elatostema fengshanense*** W. T. Wang in Guihaia. 29: 714, f. 2: E-G. 2009. **Holotype:** China. Guangxi: Fengshan, 2008-04-22, Y. G. Wei 08018.

锈茎楼梯草 ***Elatostema ferrugineum*** W. T. Wang in Bull. Bot. Res., Harbin 9(2): 73, pl. 2: 1-2. 1989. **Holotype:** China. Yunnan: Gongshan, alt. 1 300~1 400 m, 1982-08-13, Qinghai-Xizang Exped. 9313.

短齿楼梯草 ***Elatostema ficoides*** (Wall.) Wedd. var. ***brachyodontum*** Hand.-Mazz. in Symb. Sin. 7: 147. 1929. **Lectotype** (designated by Yun Lin & al. in Bull. Bot. Res., Harbin 35: 808. 2015.): China. Hubei: Shin-Shan (= Xinshan), 1922-08-09, S. S. Chien 5343.

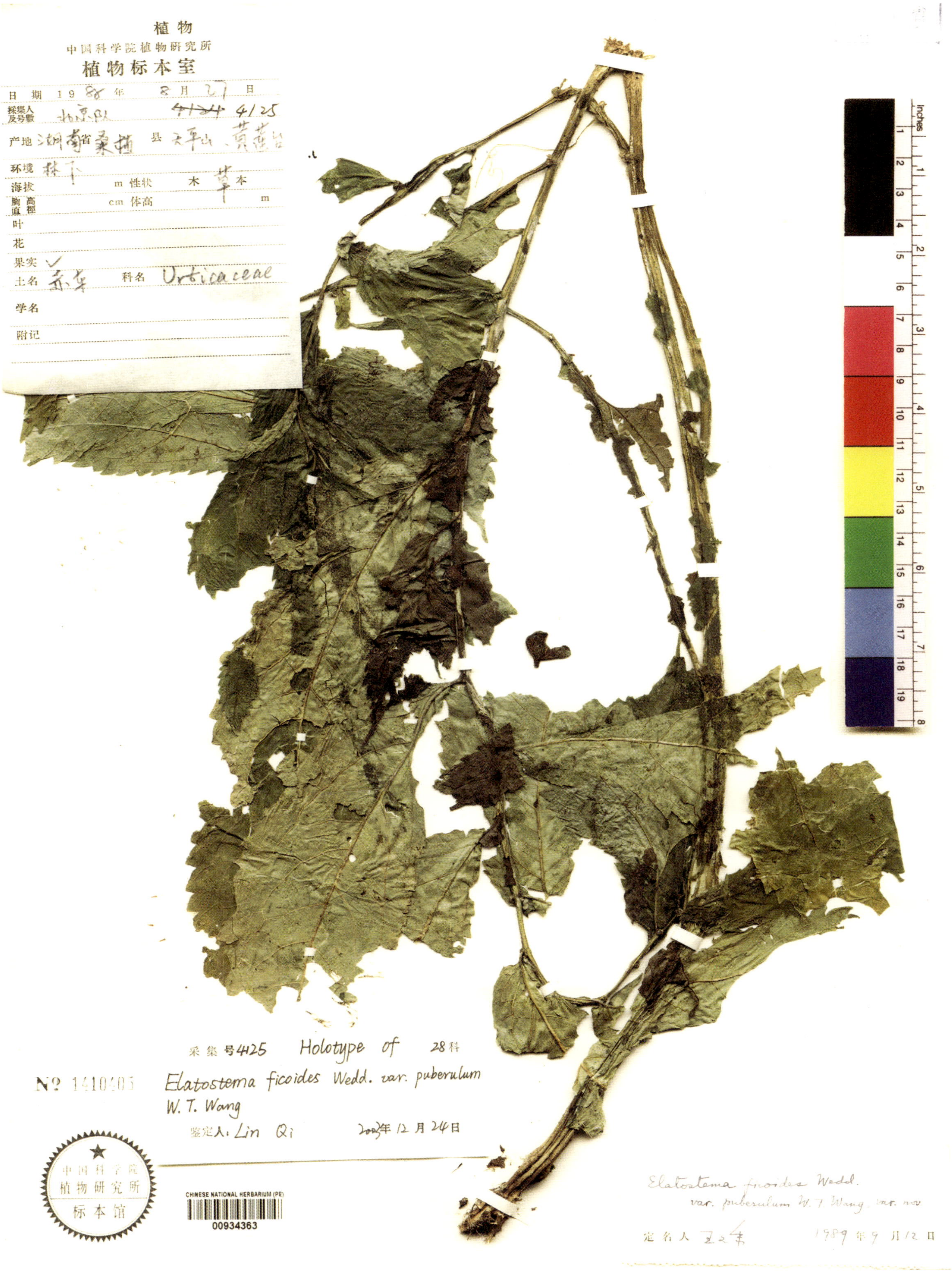

毛茎梨序楼梯草 ***Elatostema ficoides*** Wedd. var. ***puberulum*** W. T. Wang, Keys. Vasc. Pl. Wuling Mts. 578. 1995.
Holotype: China. Hunan: Sangzhi, alt. 800 m, 1988-08-27, Beijing Exped. 4125.

细梗楼梯草 ***Elatostema filipes*** W. T. Wang in Bull. Bot. Lab. N. E. Forest. Inst., Harbin 7: 49, pl. 1: 9. 1980. **Holotype:** China. Guangxi: Longsheng, alt. 860 m, 1955-06-11, Guangfu Forest. Exped. 00528.

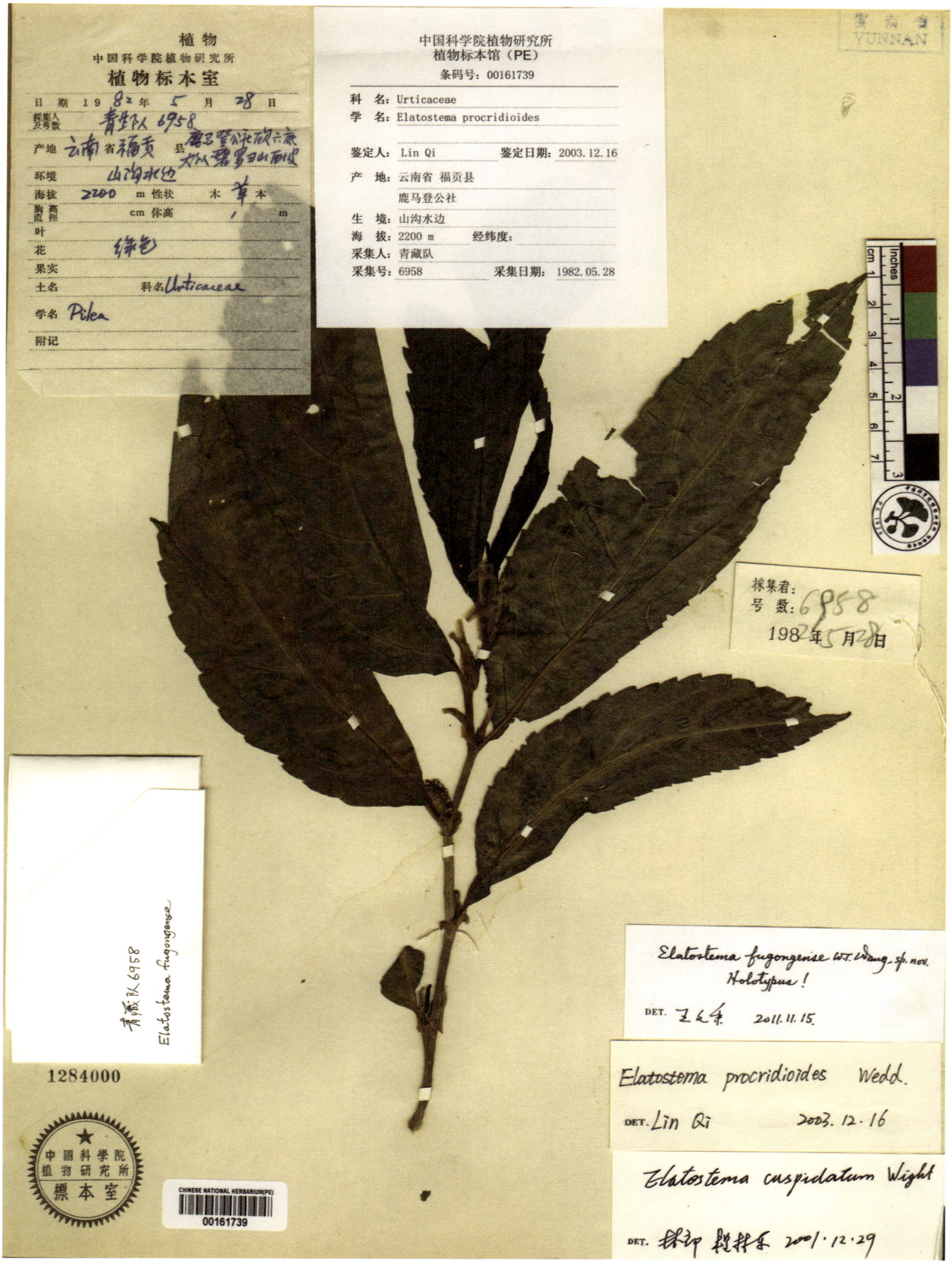

福贡楼梯草 ***Elatostema fugongense*** W. T. Wang in Pl. Divers. Resour. 34: 144, f. 2: A-E. 2012. **Holotype:** China. Yunnan: Fugong, alt. 2 200 m, 1982-05-28, Qinghai-Xizang Exped. 6958.

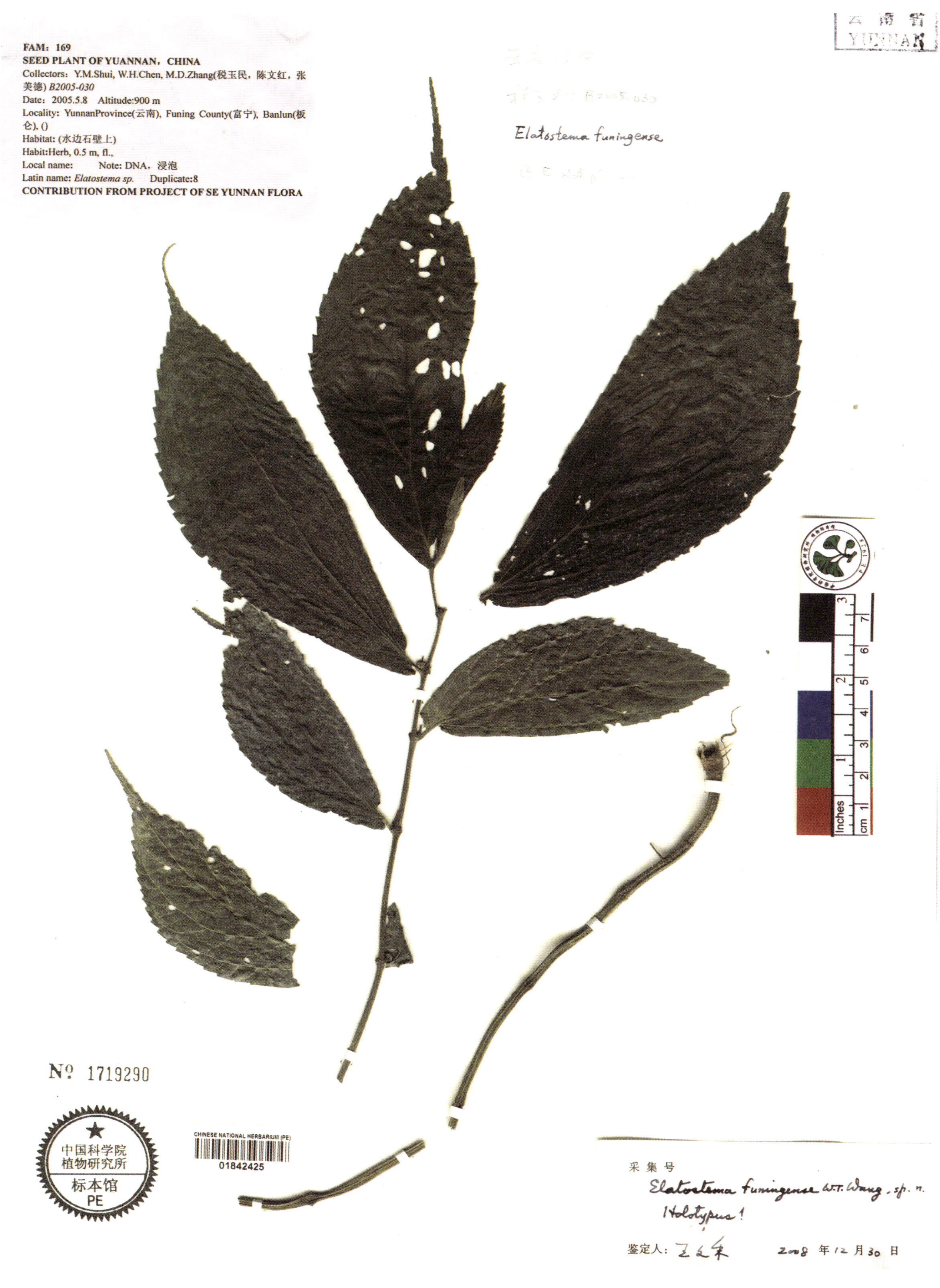

富宁楼梯草 ***Elatostema funingense*** W. T. Wang in Guihaia. 30: 8, f. 4: A-C. 2010. **Holotype:** China. Yunnan: Funing, alt. 900 m, 2005-05-08, Y. M. Shui, W. H. Chen & M. D. Zhang B2005-030.

粗齿楼梯草 ***Elatostema grandidentatum*** W. T. Wang in Acta Phytotax. Sin. 17: 107, f. 2: 11-12. 1979. **Holotype:** China. Xizang: Nyingchi, alt. 3 100 m, 1952-07-04, P. C. Tsoong 6728.

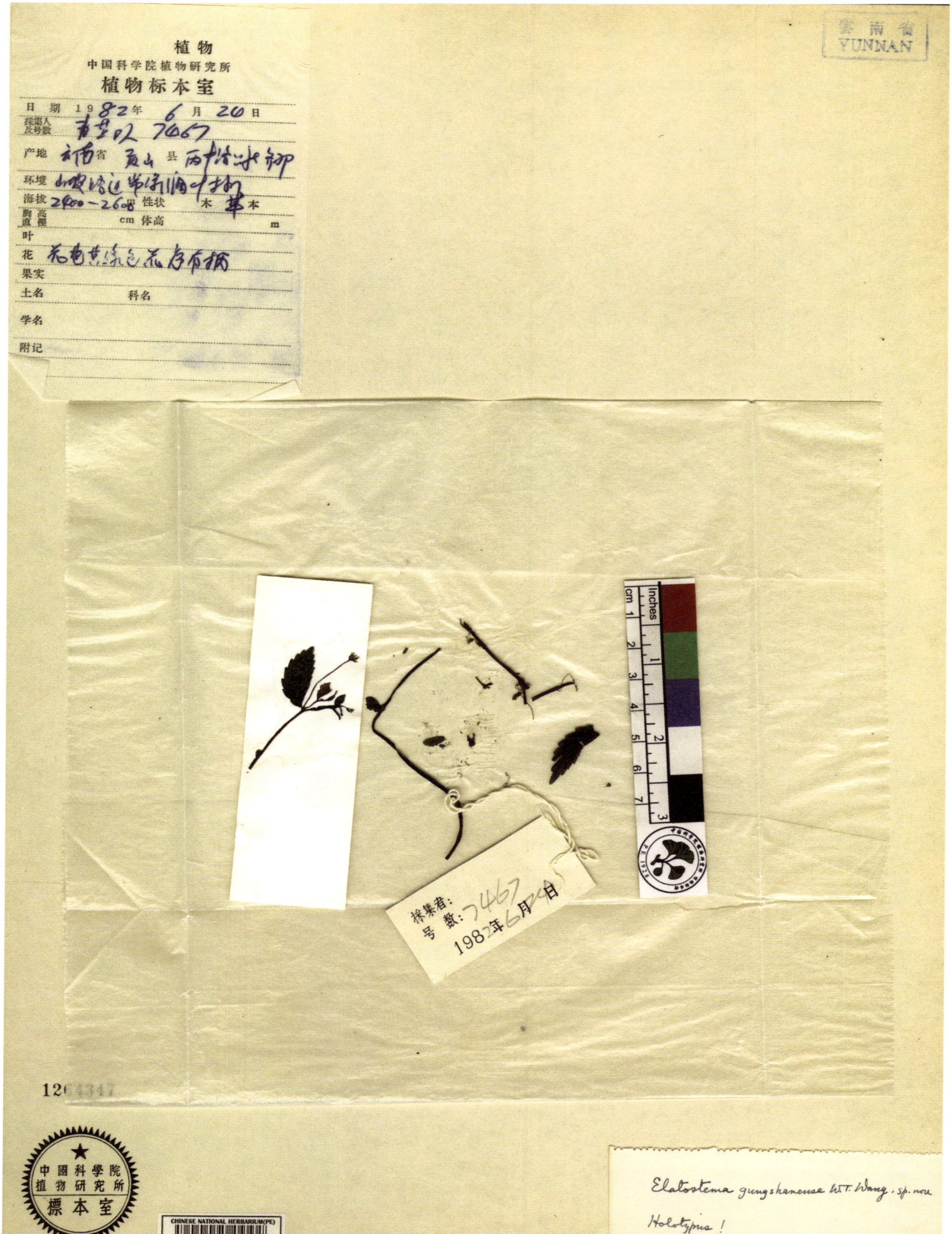

贡山楼梯草 ***Elatostema gungshanense*** W. T. Wang in Acta Bot. Yunnan. 10: 344, f. 1: 4-6. 1988. **Holotype:** China. Yunnan: Gongshan, alt. 2 400~2 600 m, 1982-06-24, Qinghai-Xizang Exped. 7467.

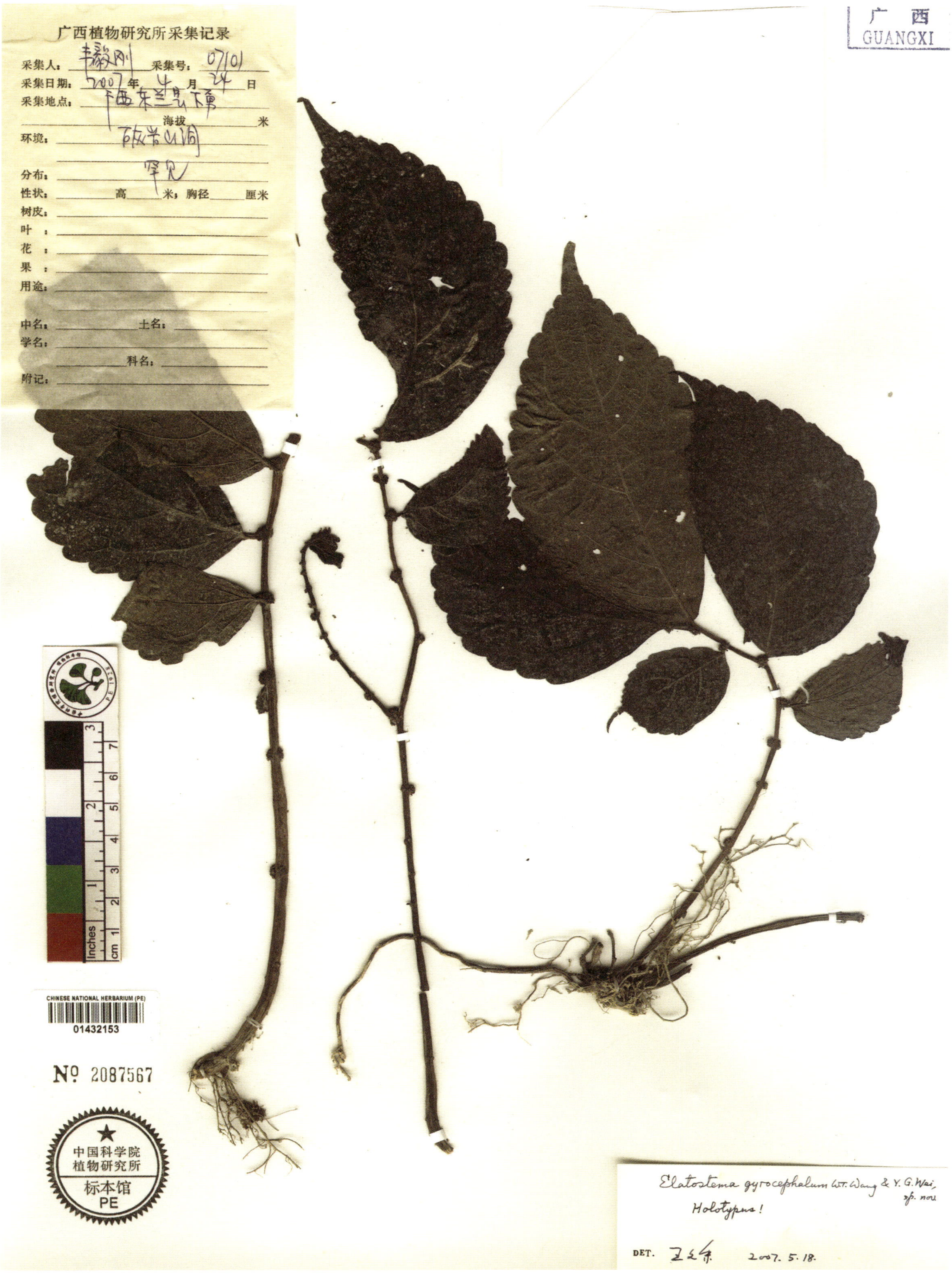

圆序楼梯草 ***Elatostema gyrocephalum*** W. T. Wang in Guihaia. 27: 812, f. 1: A-D. 2007. **Holotype:** China. Guangxi: Donglan, 2007-04-24, Y. G. Wei 07101.

毛茎圆序楼梯草 ***Elatostema gyrocephalum*** W. T. Wang & Y. G. Wei var. ***pubicaule*** W. T. Wang & Y. G. Wei in Guihaia 29: 144. 2009. **Holotype:** China. Guangxi: Hechi, 2008-04-25, Y. G. Wei 0650.

河池楼梯草 ***Elatostema hechiense*** W. T. Wang in Guihaia. 27: 815, f. 2: E-H. 2007. **Holotype:** China. Guangxi: Hechi, 2007-04-25, Y. G. Wei 07109.

河口楼梯草 ***Elatostema hekouense*** W. T. Wang in Acta Bot. Yunnan. 7: 296, f. 2: 1-2. 1985. **Isotype:** China. Yunnan: Hekou, 1956-06-12, Sino-Russia Yunnan Exped. 2382.

短尾楼梯草 ***Elatostema herbaceifolium*** Hayata var. ***brevicaudatum*** W. T. Wang in Acta Bot. Yunnan. 2: 13. 1982.
Isotype: China. Guangxi: Rongshui, 1958-08-22, S. C. Chun 15265.

异茎楼梯草 ***Elatostema heterocladum*** W. T. Wang et al. in Phytotaxa 147: 7, f. 5, 6. 2013. **Holotype:** China. Guangxi: Longlin, 2009-03-27, Y. G. Wei g086.

异晶楼梯草 ***Elatostema heterogrammicum*** W. T. Wang in Pl. Divers. Resour. 34: 142, f. 4. 2012. **Holotype:** China. Yunnan: Yangbi, alt. 2 000 m, 2009-07-14, X. H. Jin et al. YN-ET 1258.

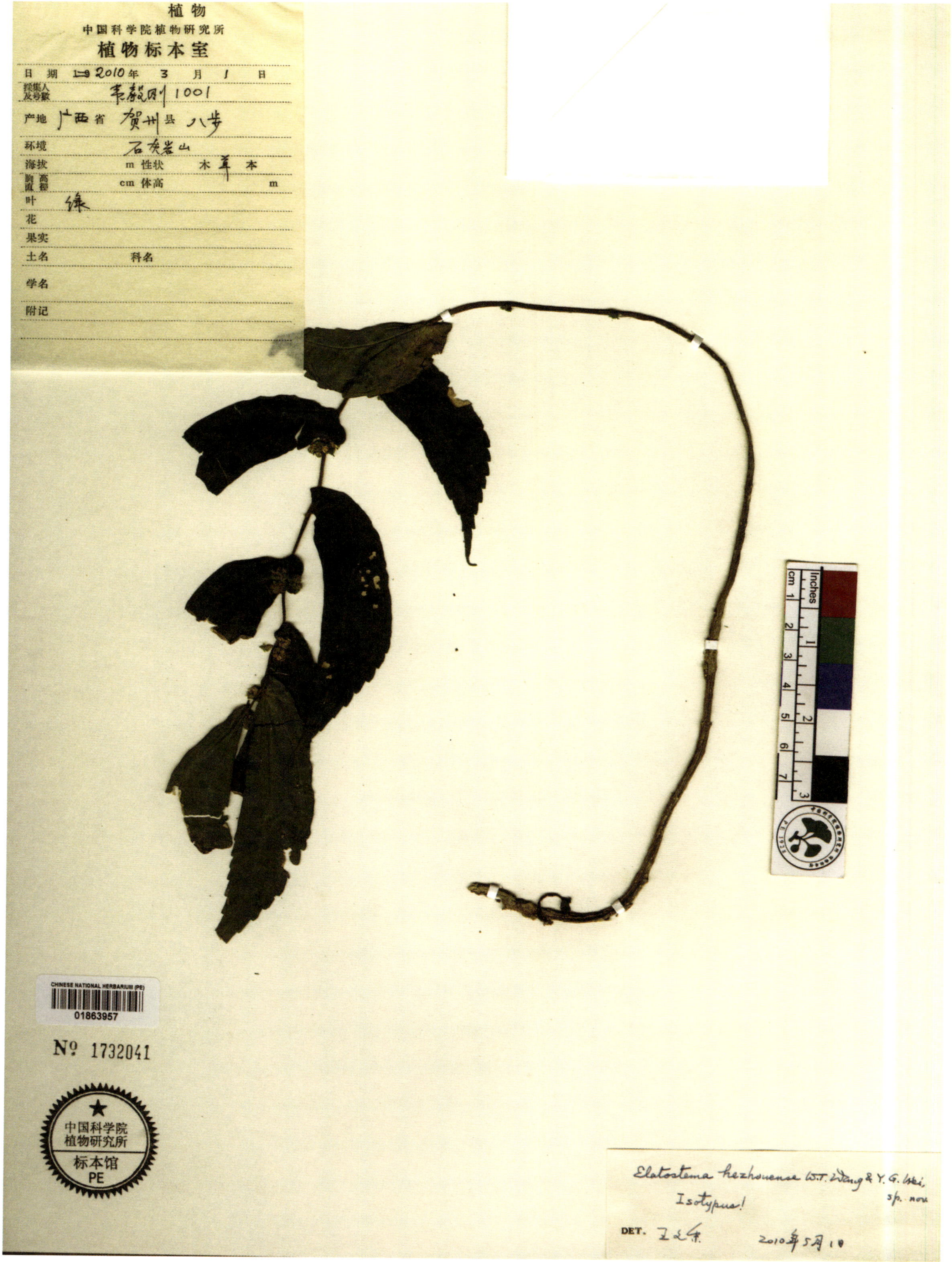

贺州楼梯草 ***Elatostema hezhouense*** W. T. Wang et al. in Phytotaxa 29: 7, f. 4 & 5. 2011. **Isotype:** China. Guangxi: Hezhou, alt. 150 m, 2010-03-01, Y. G. Wei 1001.

靖西楼梯草 ***Elatostema jingxiense*** W. T. Wang & Y. G. Wei in Bangladesh Journ. Pl. Taxon. 20: 3, f. 2. 2013. **Holotype:** China. Guangxi: Jingxi, 2009-03-22, Y. G. Wei g067.

金平楼梯草 ***Elatostema jinpingense*** W. T. Wang in Bull. Bot. Lab. N. E. Forest. Inst., Harbin 7: 80. 1980. **Holotype:** China. Yunnan: Jinping, alt. 1 800 m, 1956-05-21, Sino-Russia Yunnan Exped. 3031.

光茎楼梯草 ***Elatostema laevicaule*** W. T. Wang & al. in Phytotaxa 147: 2, f. 1, 2. 2013. **Holotype:** China. Guangxi: Napo, 2009-03-20, Y. G. Wei g043.

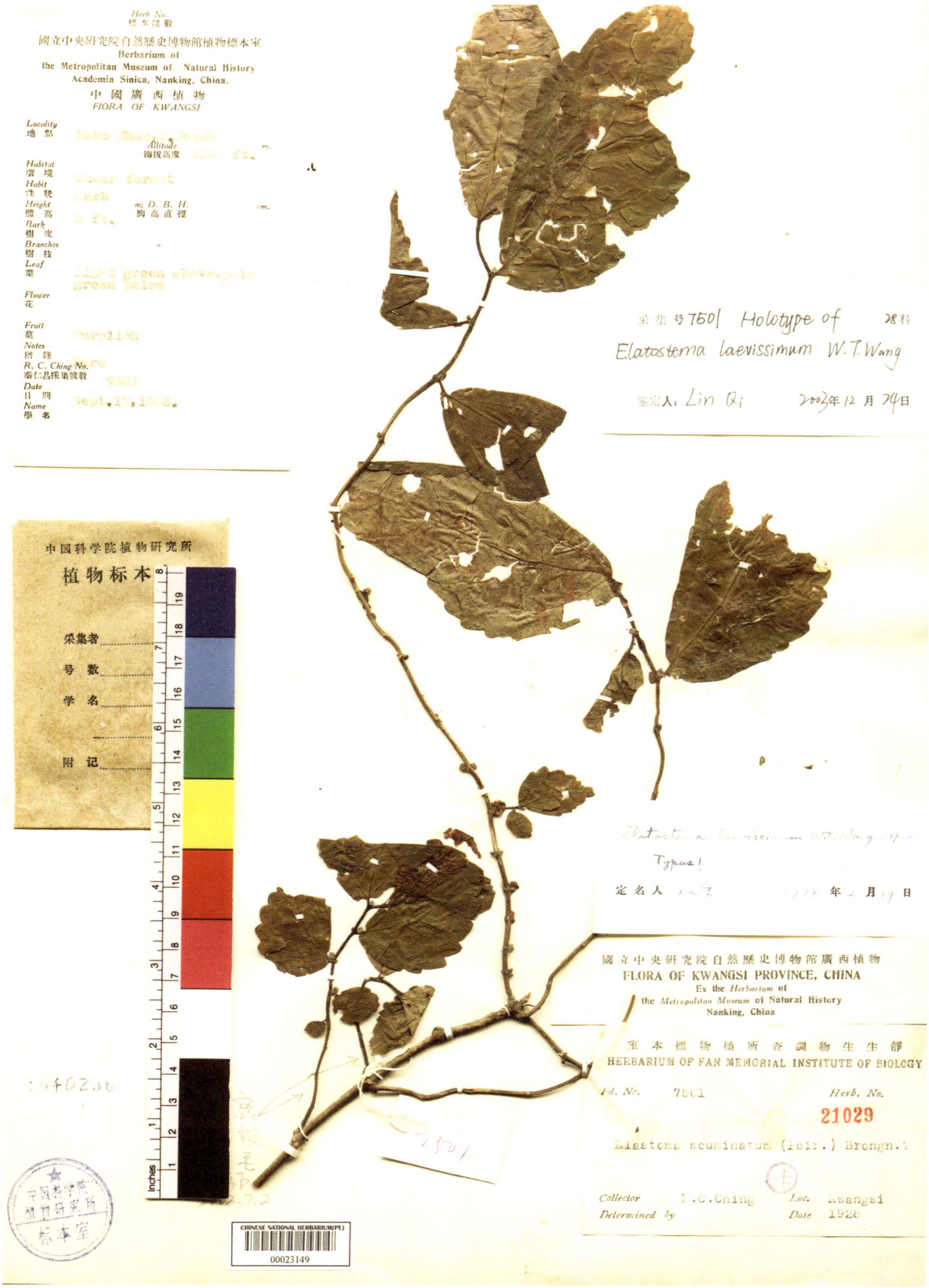

光叶楼梯草 ***Elatostema laevissimum*** W. T. Wang in Bull. Bot. Lab. N. E. Forest. Inst., Harbin 7: 29. 1980. **Holotype:** China. Guangxi: Poseh (=Baise), alt. 1 300 m, 1928-09-17, R. C. Ching 7501.

毛枝光叶楼梯草 ***Elatostema laevissimum*** W. T. Wang var. ***puberulum*** W. T. Wang in Bull. Bot. Lab. N.E. Forest. Inst., Harbin 7: 31. 1980. **Isotype:** China. Yunnan: Pingbian, alt. 1 280 m, 1954-03-11, P. I Mao 03344.

宽托叶楼梯草 ***Elatostema latistipulum*** W. T. Wang & Zeng Y. Wu in Nordic Journ. Bot. 29: 230, f. 4, 5. 2011. **Holotype:** China. Xizang: Cona, alt. 2 700 m, 2008-09-23, S. D. Zhang 081308.

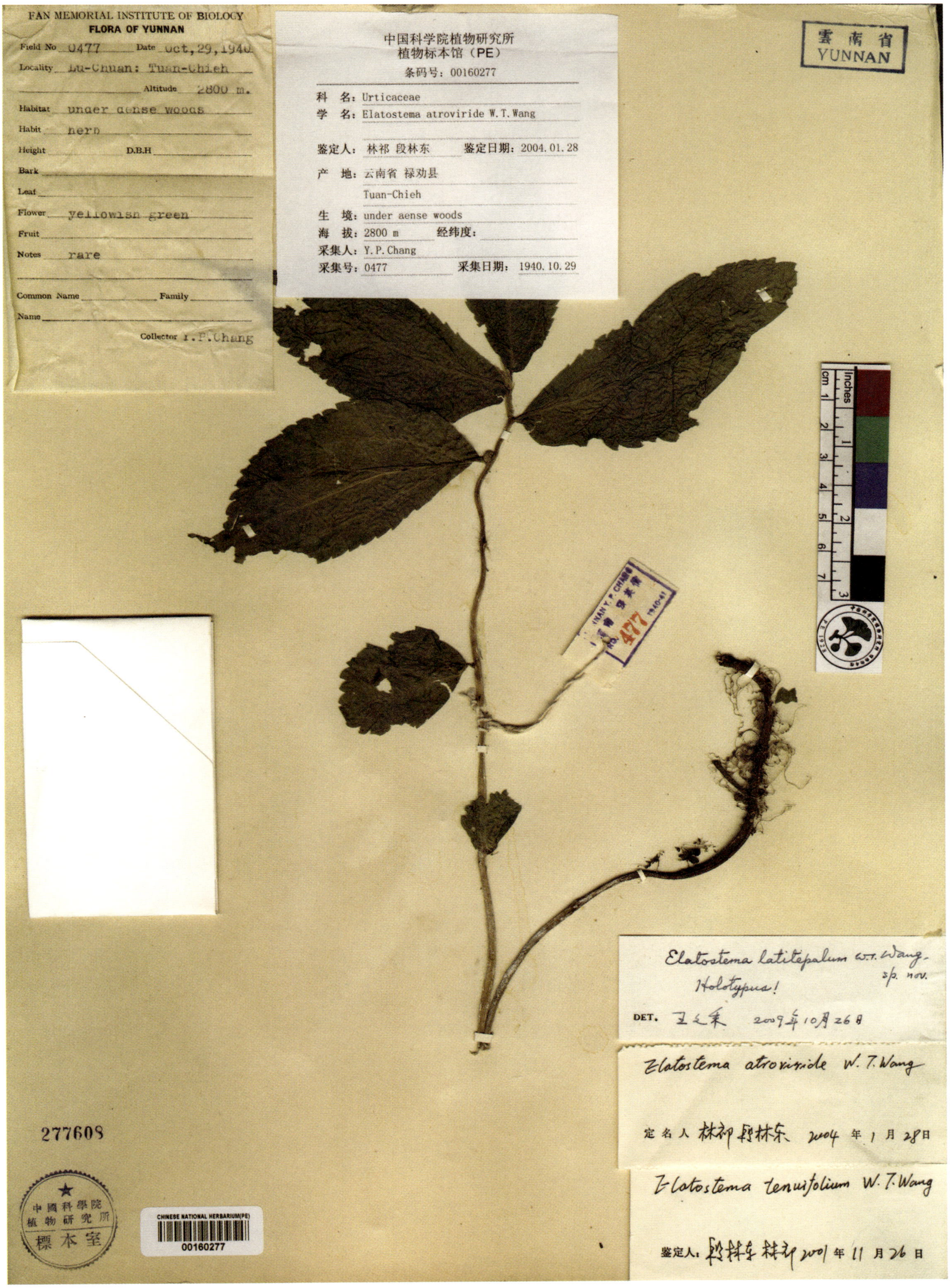

宽被楼梯草 ***Elatostema latitepalum*** W. T. Wang in Guihaia 30: 721, f. 5. 2010. **Holotype:** China. Yunnan: Luquan, alt. 2 800 m, 1940-10-29, Y. P. Chang 0477.

疏伞楼梯草 ***Elatostema laxicymosum*** W. Y. Wang in Acta Phytotax. Sin. 17: 106, f. 2: 5-10. 1979. **Holotype:** China. Xizang: Mêdog, 1974-09-08, Qinghai-Xizang Exped. 3159.

绢毛楼梯草 ***Elatostema laxisericeum*** W. T. Wang in Bull. Bot. Lab. N. E. Forest. Inst., Harbin 7: 76. 1980. **Isotype:** China. Yunnan: Luchun, alt. 630 m, 1973-10-02, D. D. Tao 418.

光序楼梯草 ***Elatostema leiocephalum*** W. T. Wang in Bull. Bot. Res., Harbin 2(1): 14, pl. 2: 2-4. 1982. **Isotype:** China. Guizhou: Xingyi, alt. 1 300 m, 1960-07-11, Z. S. Zhang & Y. T. Chang 6907.

李恒楼梯草 ***Elatostema lihengianum*** W. T. Wang in Acta Bot. Yunnan. Suppl. 5: 2. 1992. **Holotype:**China. Yunnan: Gongshan, alt. 1 400 m, 1991-01-16, Dulongjiang Exped. 3178.

木姜楼梯草 ***Elatostema litseifolium*** W. T. Wang in Acta Phytotax. Sin. 28: 313, f. 2: 6-7. 1990. **Holotype:** China. Xizang: Mêdog, alt. 1 600 m, 1983-04-26, B. S. Li & S. Z. Cheng 04326.

长苞楼梯草 ***Elatostema longibracteatum*** W. T. Wang in Bull. Bot. Res., Harbin 2(1): 6, pl. 1: 4-5. 1982. **Isotype:** China. Yunnan: Malipo, alt. 1000 m, 1940-02-18, C. W. Wang 86995.

长缘毛楼梯草 ***Elatostema longiciliatum*** W. T. Wang, Elatostema (Urticaceae) in China 312, pl. 136: E-H. 2014. **Holotype:** China. Guangxi: Tianyang, 2010-03-??, Y. G. Wei 20.

长尖楼梯草 ***Elatostema longicuspe*** W. T. Wang & Y. G. Wei in Nordic Journ. Bot. 30: 2, f. 2. 2013. **Isotype:** China. Guizhou: Zhenfeng, 2010-03-19, Y. G. Wei & F. Wen 1049.

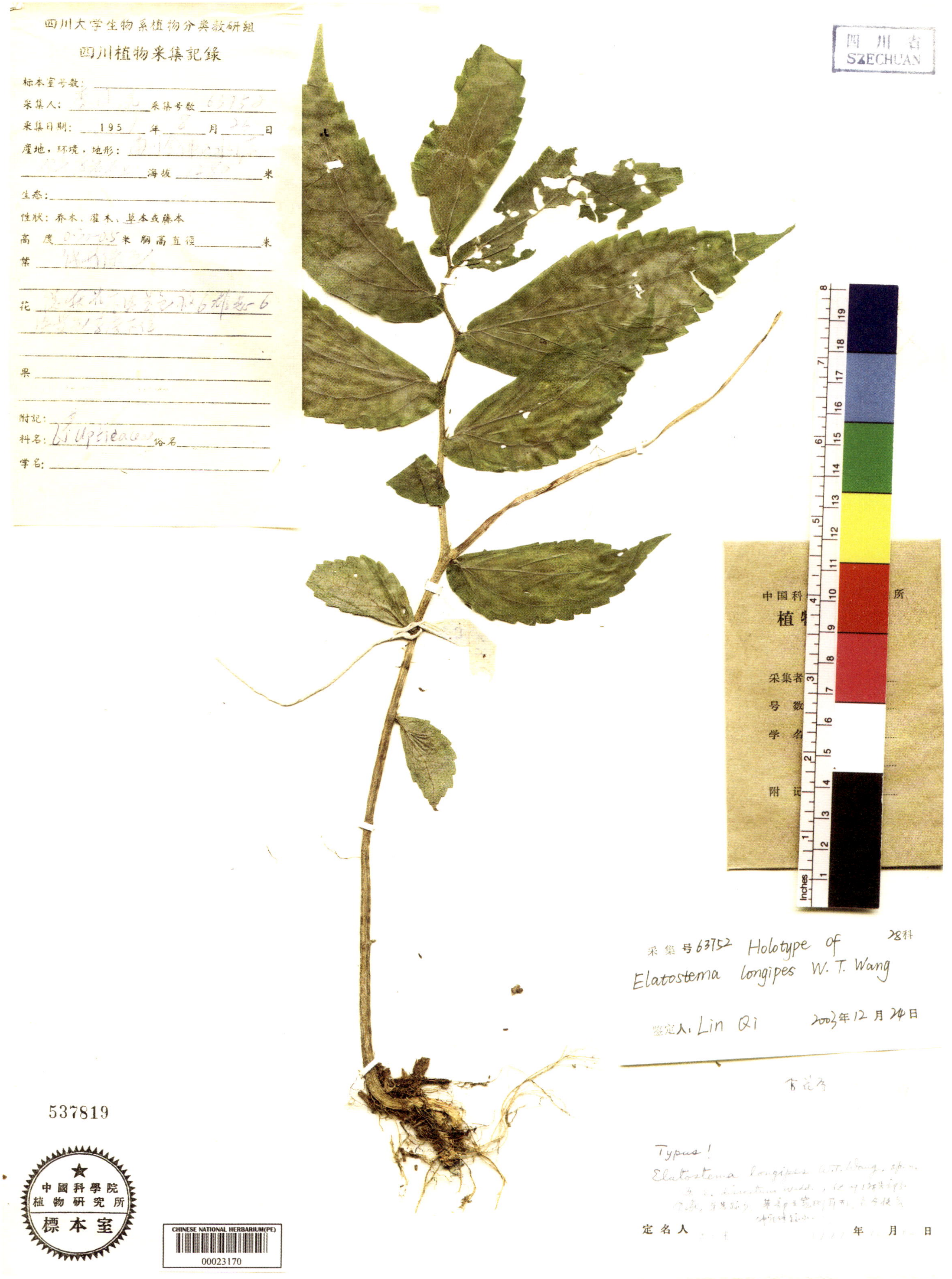

长梗楼梯草 ***Elatostema longipes*** W. T. Wang in Bull. Bot. Lab. N. E. Forest. Inst., Harbin 7: 80, photo. 5. 1980. **Holotype:** China. Chongqing: Nanchuan, alt. 1 280 m, 1957-08-26, K. F. Li 63752.

黑翅楼梯草 ***Elatostema lui*** W. T. Wang et al. in Phytotaxa 29: 10, f. 6, 7. 2011. **Isotype:** China. Guangxi: Longzhou, alt. 350 m, 2010-05-20, Y. G. Wei AM 6781.

罗氏楼梯草 ***Elatostema luoi*** W. T. Wang in Pl. Divers. Resour. 34: 140, f. 3. 2012. **Holotype:** China. Hunan: Xinning, alt. 600 m, 2001-10-12, Z. C. Luo 2623.

潞西楼梯草 ***Elatostema luxiense*** W. T. Wang in Bull. Bot. Res., Harbin 2(1): 18, pl. 2: 7-9. 1982. **Isotype:** China. Yunnan: Luxi, alt. 1 750 m, 1934-02-08, H. T. Tsai 56861.

马边楼梯草 ***Elatostema mabienense*** W. T. Wang in Bull. Bot. Lab. N. E. Forest. Inst., Harbin 7: 63, pl. 2: 11. 1980.
Holotype: China. Sichuan: Mabian, alt. 1 600 m, 1934-11-08, T. T. Yu 4272.

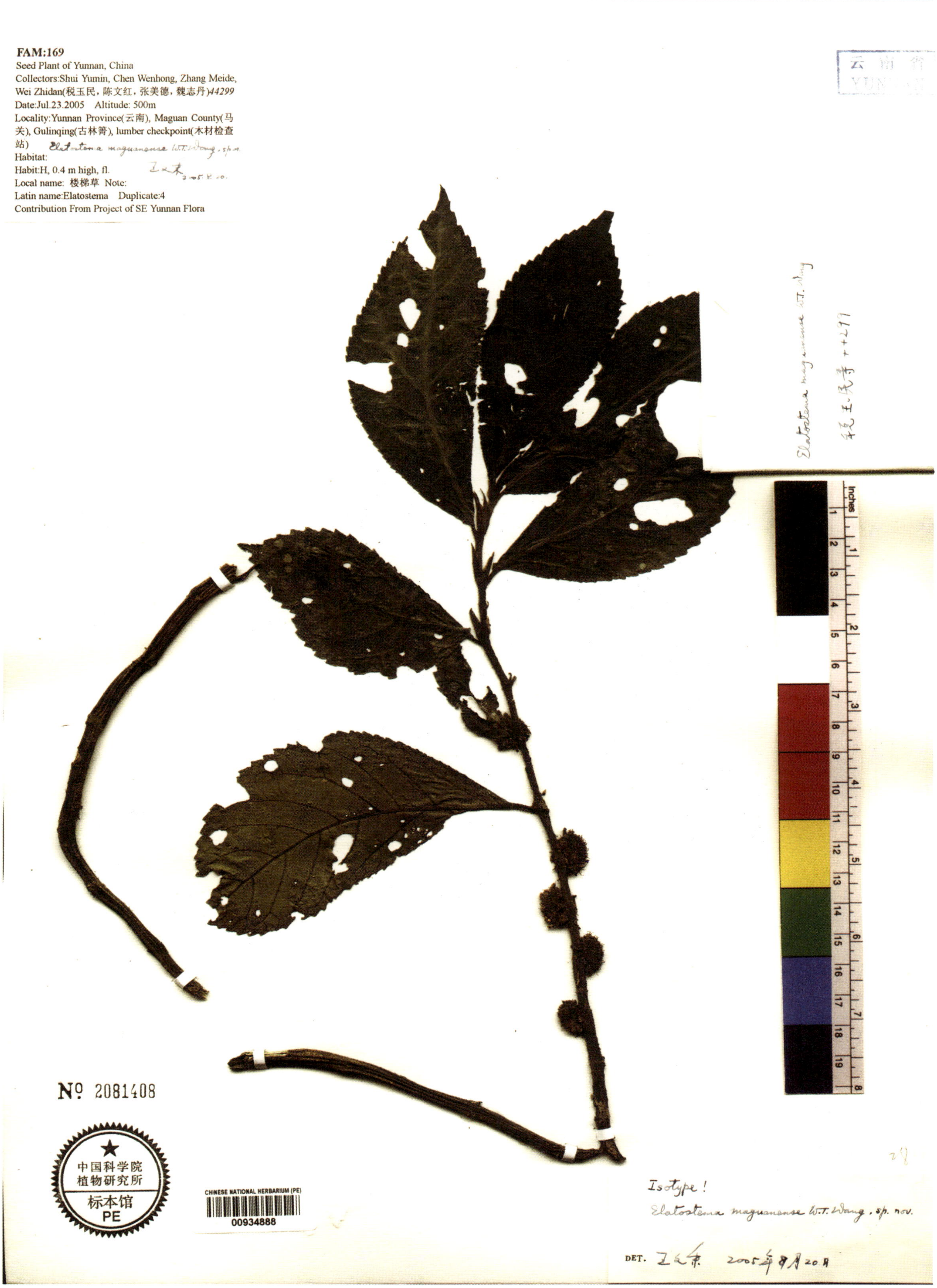

马关楼梯草 ***Elatostema maguanense*** W. T. Wang in Bull. Bot. Res., Harbin 26(1): 21, f. 4: 5-10. 2006. **Isotype:** China. Yunnan: Maguan, alt. 500 m, 2005-07-23, Y. M. Shui, W. H. Chen, M. D. Zhang & Z. D. Wei 44299.

软毛楼梯草 ***Elatostema malacotrichum*** W. T. Wang & Y. G. Wei in Guihaia. 29: 712, f. 1: F-I. 2009. **Holotype:** China. Guangxi: Longzhou, 2006-03-31, Y. G. Wei 06031.

麻栗坡楼梯草 ***Elatostema malipoense*** W. T. Wang & Zeng Y. Wu in PhytoKeys 7: 60. f. 1: A-E, 2: D-G. 2011. **Holotype:** China. Yunnan, Malipo, alt. 1 613 m, 2010-08-05, Z. Y. Wu 10347.

马山楼梯草 ***Elatostema mashanense*** W. T. Wang & Y. G. Wei in Guihaia. 29: 144, f. 2: E-G. 2009. **Holotype:** China. Guangxi: Mashan, 2006-05-05, Y. G. Wei 0648.

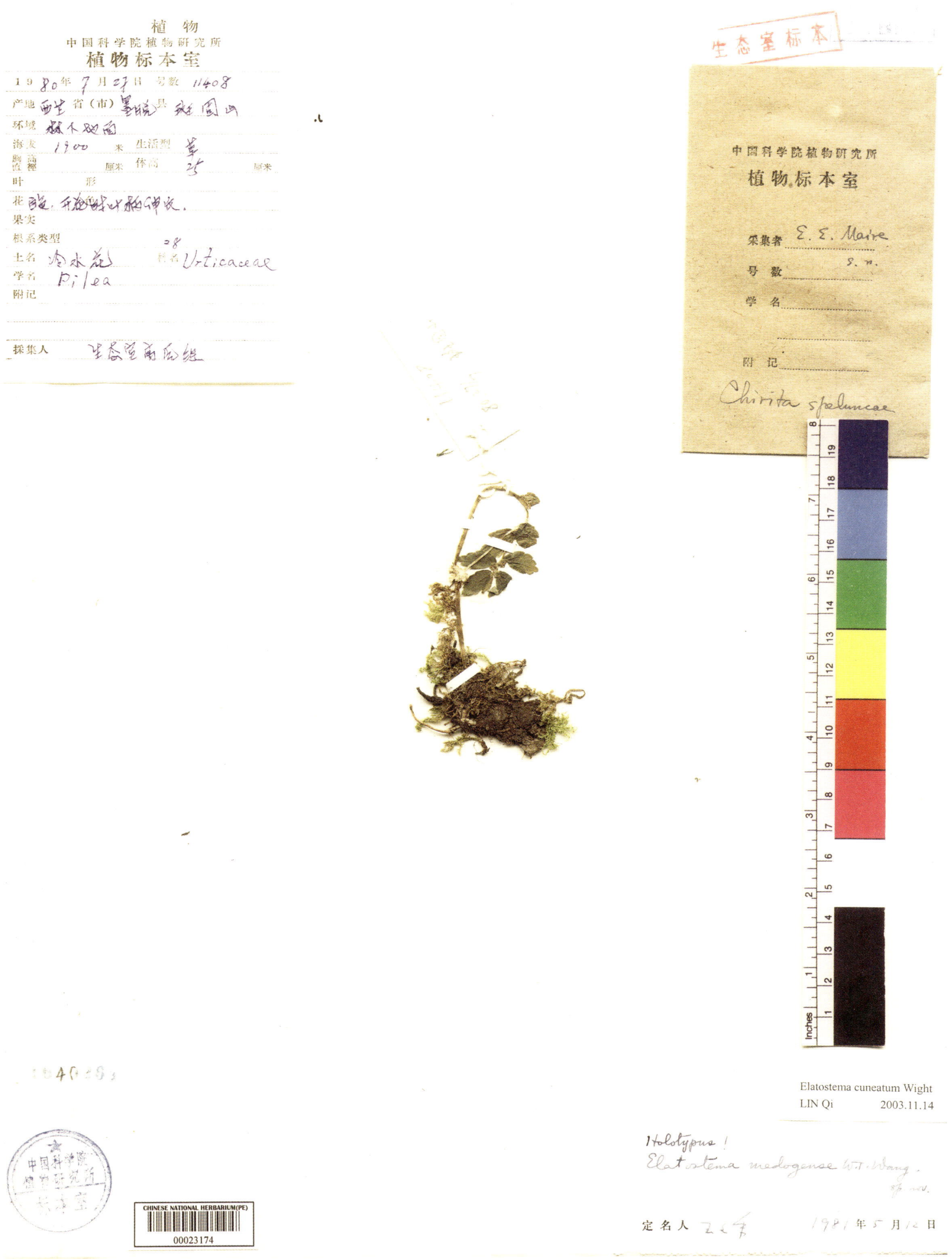

墨脱楼梯草 ***Elatostema medogense*** W. T. Wang in Bull. Bot. Res., Harbin 2(1): 10. 1982. **Holotype:** China. Xizang: Mêdog, alt. 1 900 m, 1980-07-27, J. T. Wang, W. L. Chen & B. S. Li 11408.

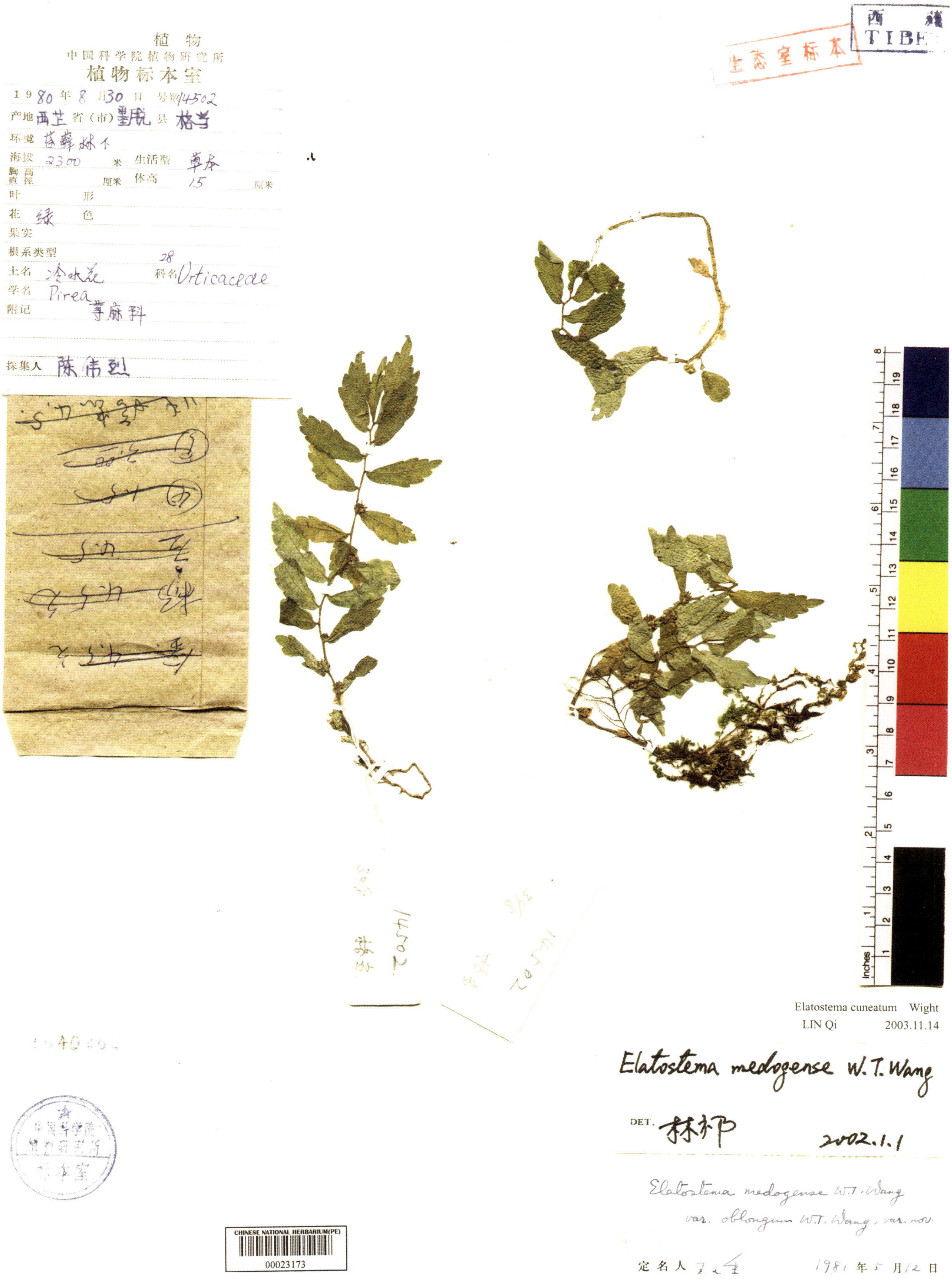

长叶墨脱楼梯草 ***Elatostema medogense*** W. T. Wang var. ***oblongum*** W. T. Wang in Bull. Bot. Res., Harbin 2(1): 11. 1982. **Holotype:** China. Xizang: Mêdog, alt. 2 300 m, 1980-08-30, W. L. Chen 14502.

巨序楼梯草 ***Elatostema megacephalum*** W. T. Wang in Bull. Bot. Lab. N. E. Forest. Inst., Harbin 7: 73. 1980. **Paratype:** China. Yunnan: Luchun, alt. 1 700 m, 1974-05-13, Luchun Exped. 785.

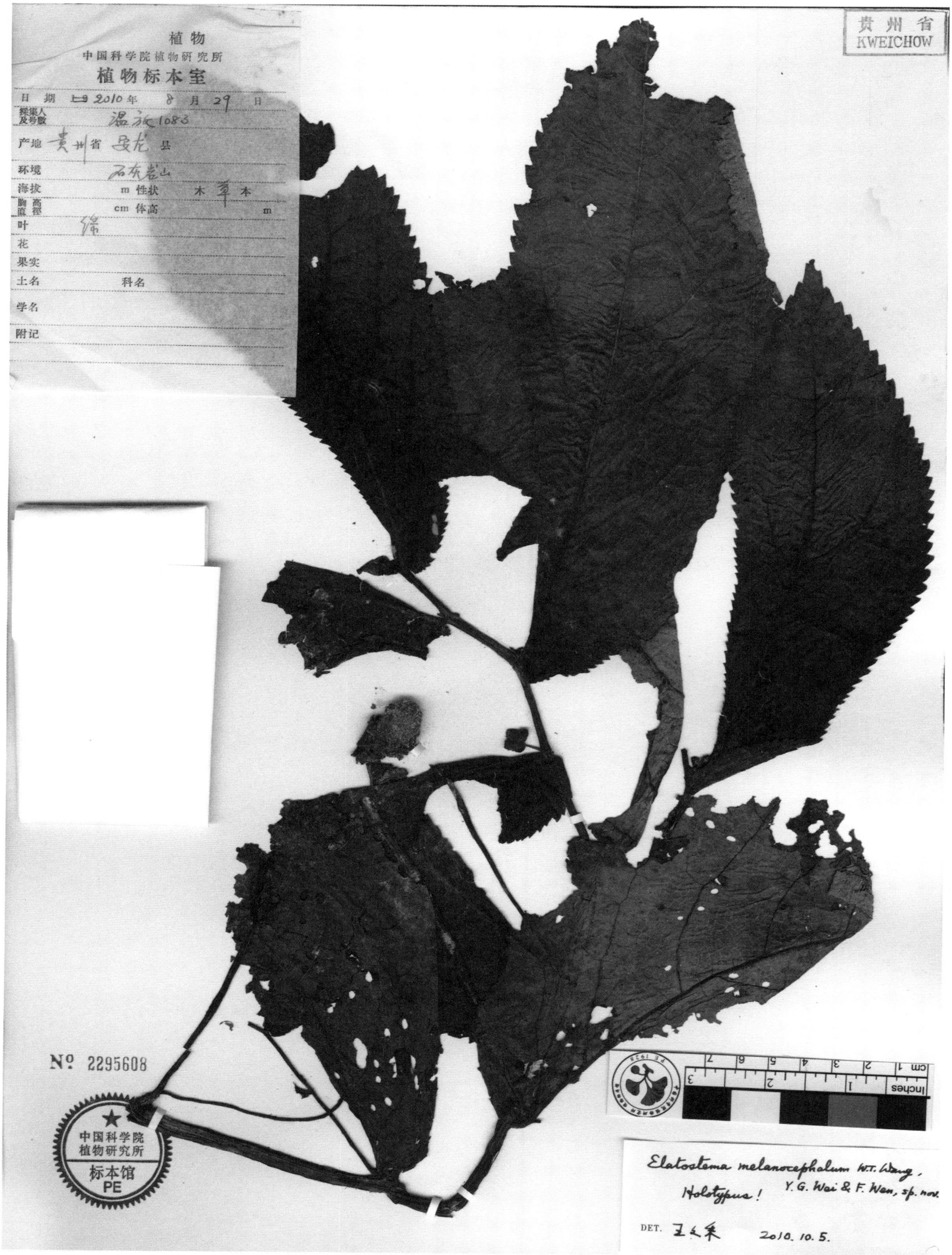

黑序楼梯草 ***Elatostema melanocephalum*** W. T. Wang, Elatostema (Urticaceae) in China 339, pl. 151. 2014. **Holotype:** China. Guizhou: Anlong, 2010-08-29, F. Wen 1083.

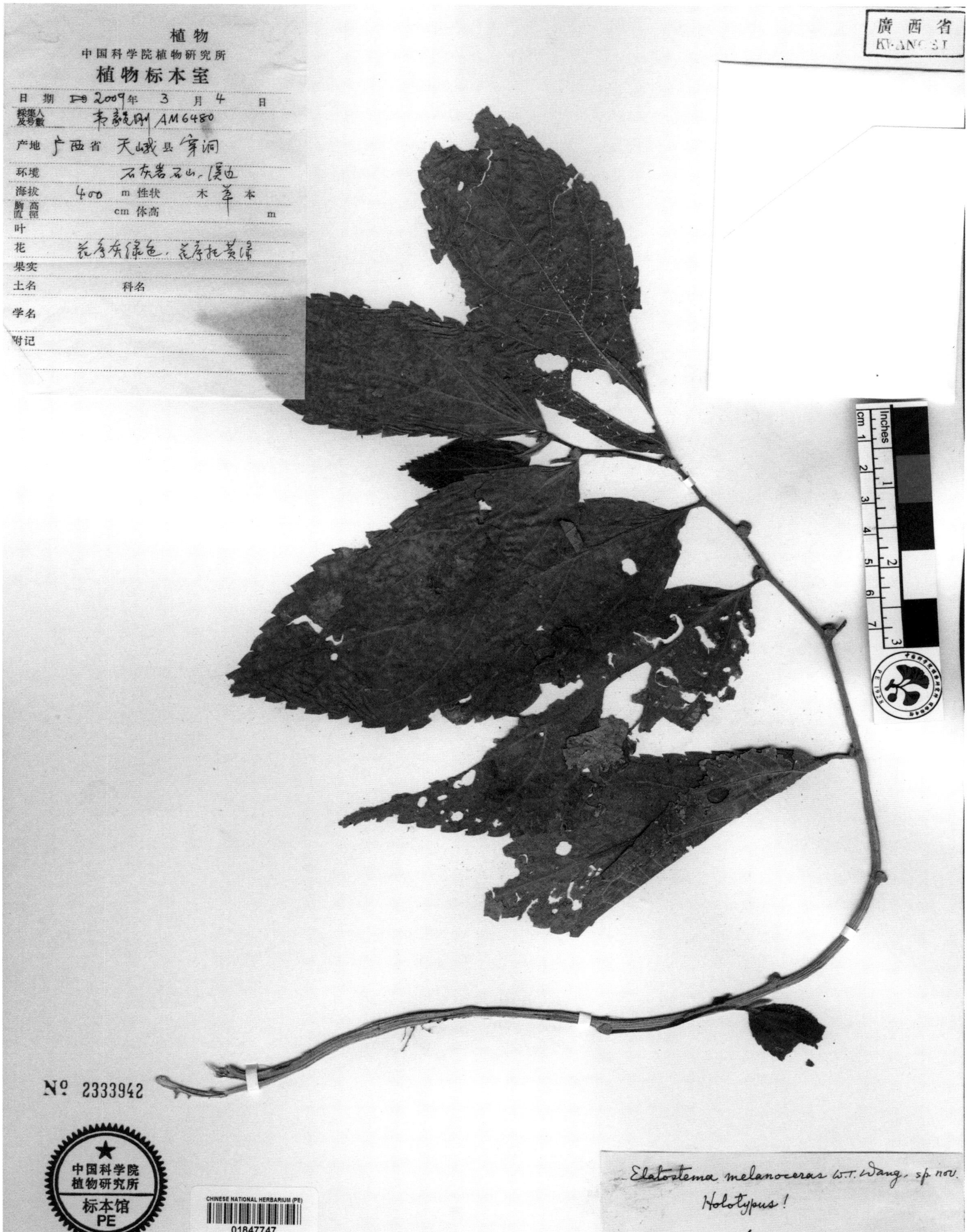

黑角楼梯草 ***Elatostema melanoceras*** W. T. Wang, Elatostema (Urticaceae) in China 318, pl. 139: F-H. 2014. **Holotype:** China. Guangxi: Tiane, alt. 400 m, 2009-03-04, Y. G. Wei & A. K. Monro 6480.

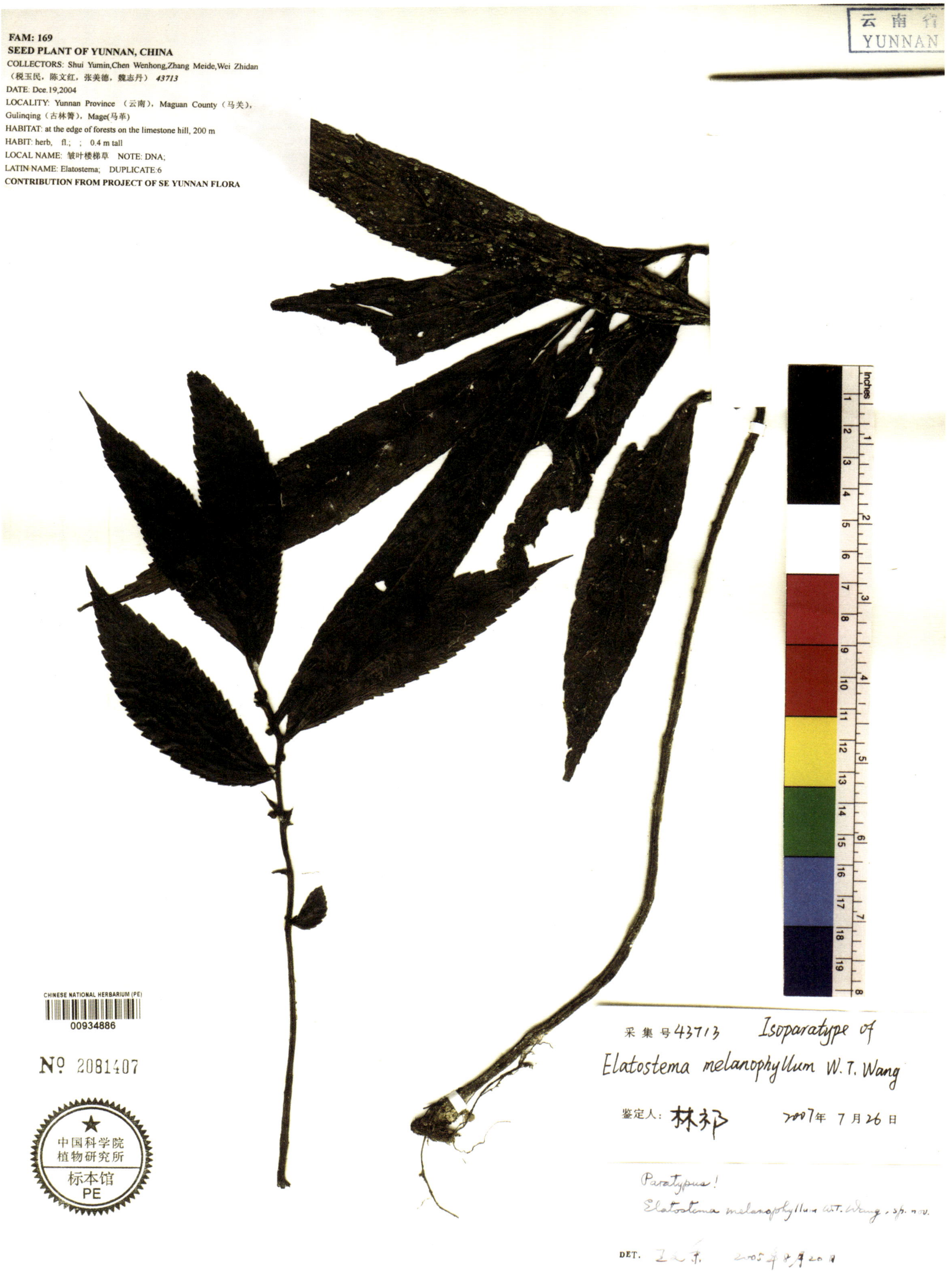

黑叶楼梯草 ***Elatostema melanophyllum*** W. T. Wang in Bull. Bot. Res., Harbin 26(1): 23, f. 2: 6-9. 2006. **Isoparatype:** China. Yunnan: Maguan, alt. 200 m, 2004-12-19, Y. M. Shui, W. H. Chen, M. D. Zhang & Z. D. Wei 43713.

勐仑楼梯草 ***Elatostema menglunense*** W. T. Wang & G. D. Tao in Bull. Bot. Res., Harbin 16(1): 1, f. 1996. **Holotype:** China. Yunnan: Mengla, alt. 700 m, 1995-06-01, G. D. Tao 80888.

小果楼梯草 ***Elatostema microcarpum*** W. T. Wang & Y. G. Wei in Guihaia 27: 811, f. 1: E-H. 2007. **Holotype:** China. Guangxi: Huanjiang, 2007-04-25, Y. G. Wei 07106.

毛叶楼梯草 ***Elatostema mollifolium*** W. T. Wang in Bull. Bot. Res., Harbin 2(1): 15. 1982. **Isotype:** China. Yunnan: Shuangbai, alt. 1 950 m, 1957-04-16, W. Q. Yin 763.

多茎楼梯草 ***Elatostema multicaule*** W. T. Wang et al. in Phytotaxa 29: 14, f. 8, 9. 2011. **Isotype:** China. Yunnan, Funing, 2010-05-16, Y. G. Wei & A. K. Monro 6748.

苔地楼梯草 ***Elatostema muscicola*** W. T. Wang in Bull. Bot. Lab. N. E. Forest. Inst. 7: 38. 1980. **Holotype:** China. Yunnan: Baoshan toTengchong, alt. 800 m, 1955-05-19, C. Y. Wu & C. P. Tsien 865b.

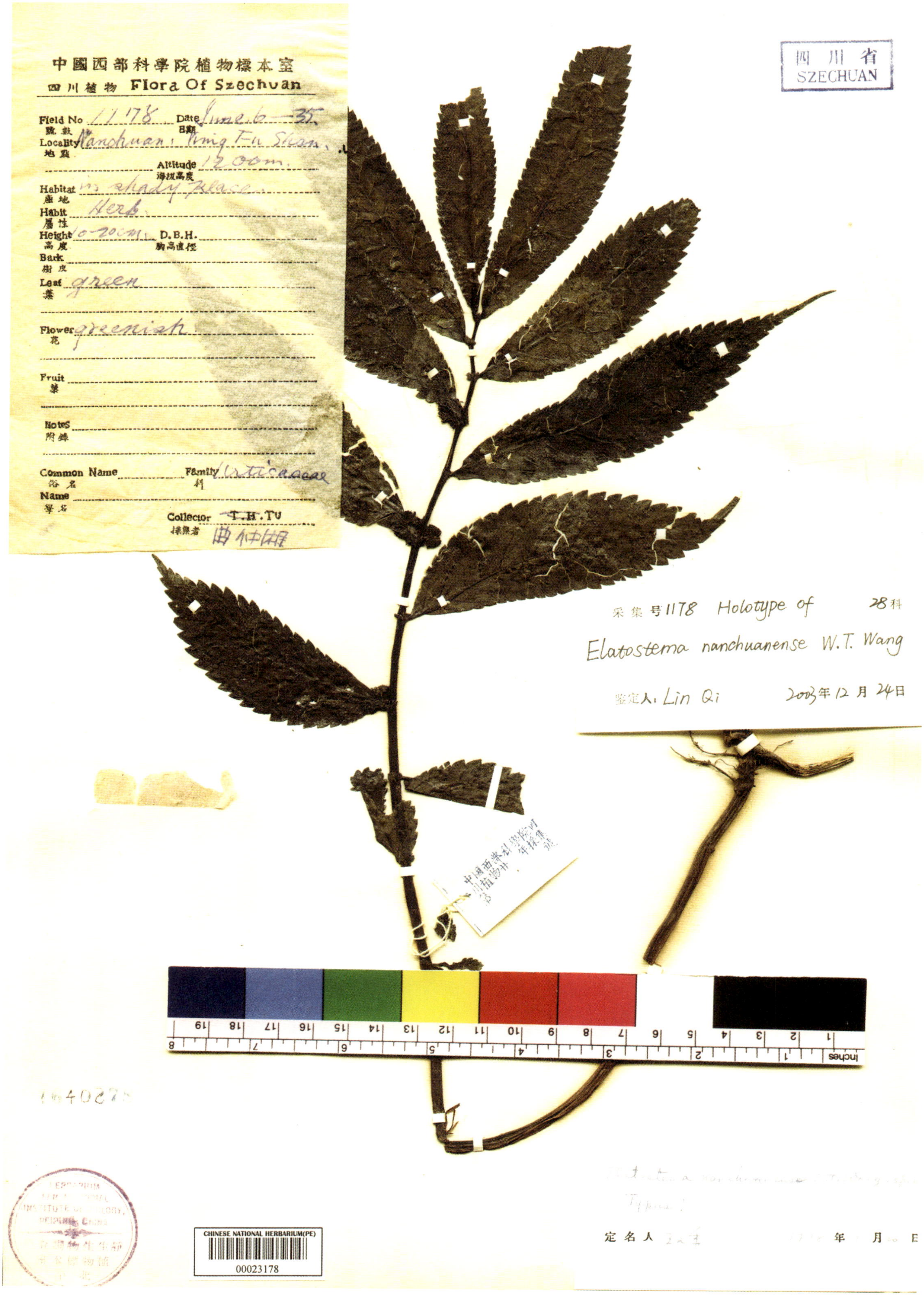

南川楼梯草 ***Elatostema nanchuanense*** W. T. Wang in Bull. Bot. Lab. N. E. Forest. Inst. 7: 34, pl. 3: 7. 1980. **Holotype:** China. Chongqing: Nanchuan, alt. 1 200 m, 1935-06-06, K. L. Chu 1178.

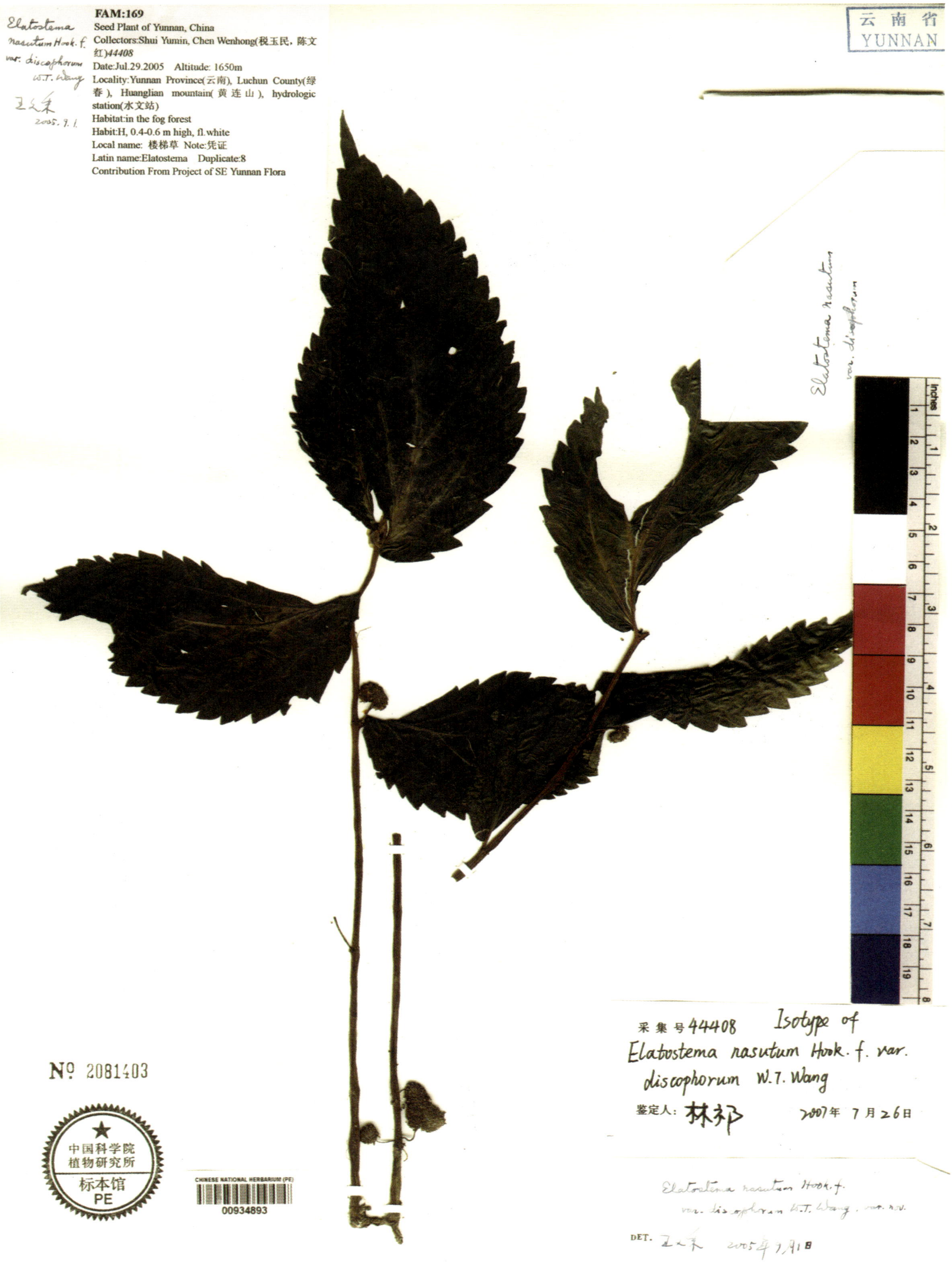

托盘托叶楼梯草 ***Elatostema nasutum*** J. D. Hook. var. ***discophorum*** W. T. Wang in Bull. Bot. Res., Harbin 26(1): 19, f. 3. 2006. **Isotype:** China. Yunnan: Luchun, alt. 1 650 m, 2005-07-29, Y. M. Shui & W. H. Chen 44408.

柳叶楼梯草 ***Elatostema neriifolium*** W. T. Wang & Zeng. Y. Wu in Pl. Divers. Resour. 34: 152, f. 1, 2. 2012. **Holotype:** China. Yunnan, Malipo, 2002-11-19, Y. M. Shui & D. G. Wang 21817.

毛脉楼梯草 ***Elatostema nianbense*** W. T. Wang & al. in Phytotaxa 29: 17, f. 10, 11. 2011. **Isotype:** China. Guangxi: Jingxi, 2009-03-01, Y. G. Wei & A. K. Monro 6432.

黑苞楼梯草 ***Elatostema nigribracteatum*** W. T. Wang & Y. G. Wei in Guihaia 29: 144, f. 2: A-D. 2009. **Holotype:** China. Guangxi: Tianlin, 2007-04-20, Y. G. Wei 07123.

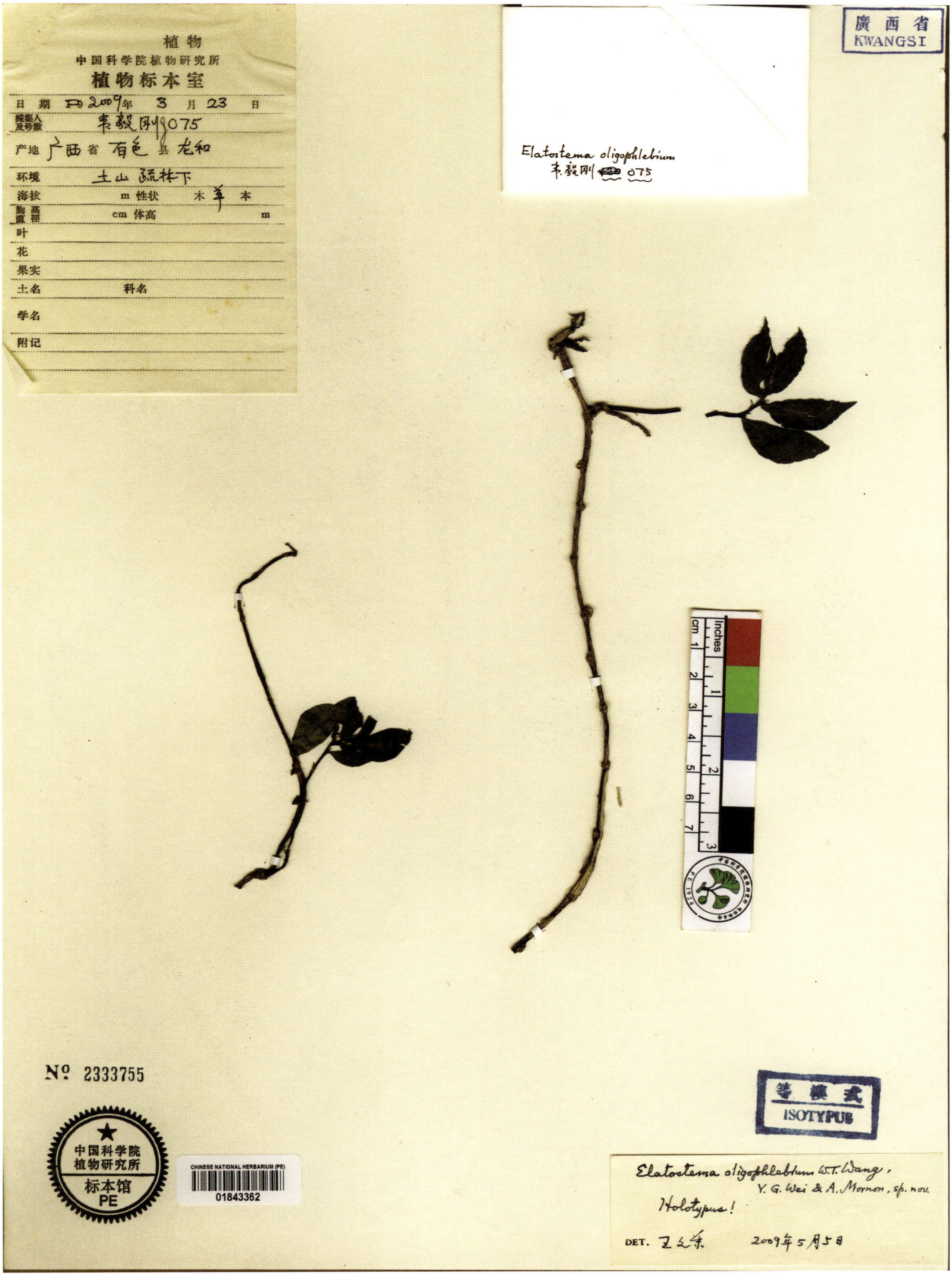

少脉楼梯草 ***Elatostema oligophlebium*** W. T. Wang & al. in Ann. Bot. Fennici 49: 399, f. 2. 2012. **Isotype:** China. Guangxi: Baise, 2009-03-23, Y. G. Wei g075.

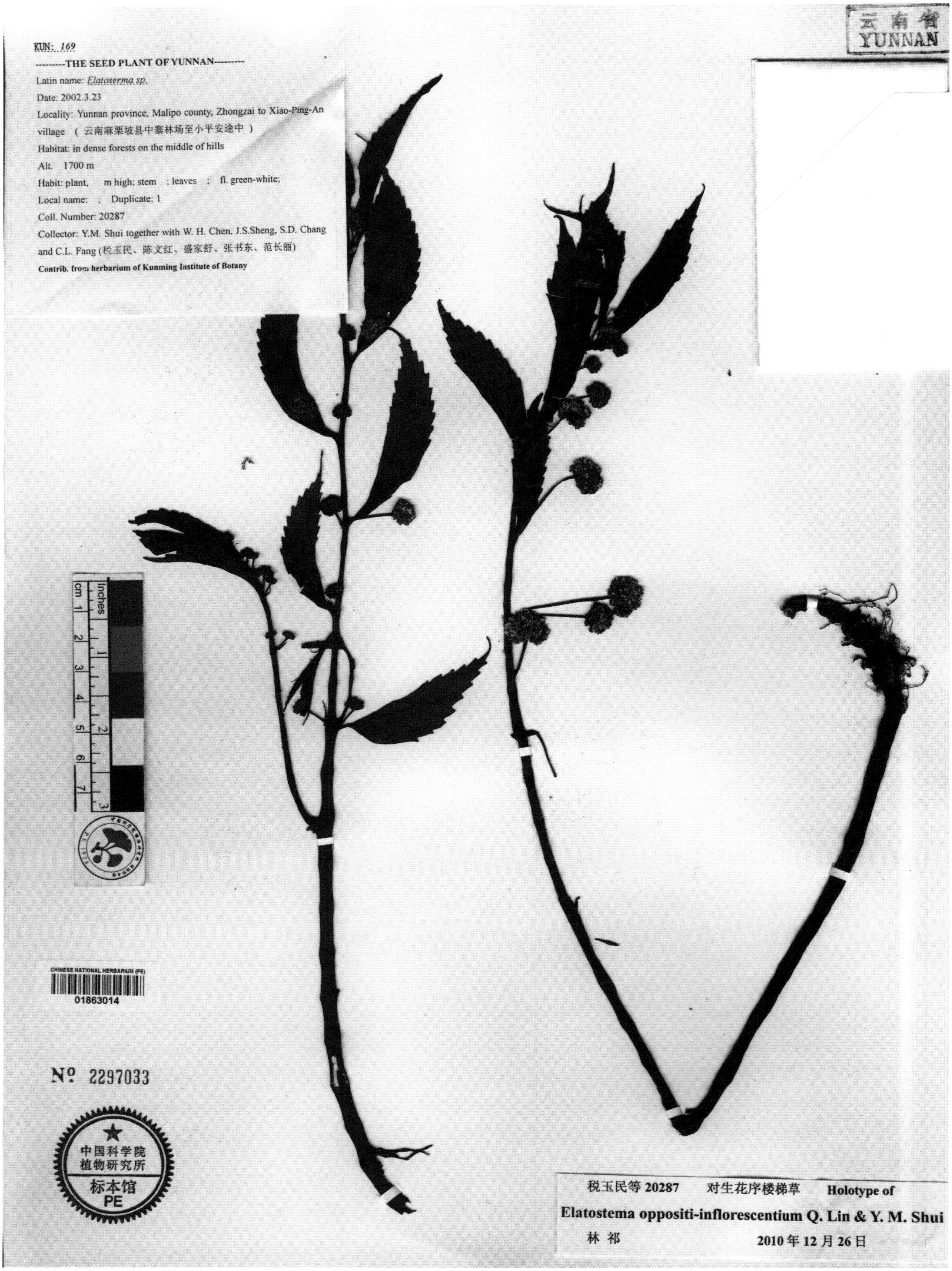

对生楼梯草 ***Elatostema oppositum*** Q. Lin & Y. M. Shui in Novon 21: 212, f. 1. 2011. **Holotype:** China. Yunnan: Malipo, alt.1 700 m, 2002-03-23, Y. M. Shui, W. H. Chen, J. S. Sheng, S. D. Chang & C. L. Fang 20287.

紫麻楼梯草 ***Elatostema oreocnidioides*** W. T. Wang in Bull. Bot. Res., Harbin 2(1): 5, pl. 1: 3. 1982. **Isotype:** China. Yunnan: Luxi, alt. 1 550 m, 1934-02-21, H. T. Tsai 56332.

鸟喙楼梯草 ***Elatostema ornithorrhynchum*** W. T. Wang, Elatostema (Urticaceae) in China 114, pl. 38: G-K. 2014. **Holotype:** China. Guangxi: Huanjiang, 2008-04-25, Y. G. Wei 08047.

尖牙楼梯草 ***Elatostema oxyodontum*** W. T. Wang in Guihaia 30: 724, f. 6: D-H. 2010. **Holotype:** China. Yunnan: Gongshan, alt. 1 500 m, 1991-01-28, Dulongjiang Exped. 3558.

粗角楼梯草 ***Elatostema pachyceras*** W. T. Wang in Bull. Bot. Lab. N. E. Forest. Inst. 7: 70. 1980. **Holotype:** China. Yunnan: Luchun, alt. 1 620 m, 1974-04-28, Luchun Exped. 088.

拟渐尖楼梯草 ***Elatostema paracuminatum*** W. T. Wang in Acta Bot. Yunnan. Suppl. 5: 3. 1992. **Holotype:** China. Yunnan: Gongshan, alt. 1 450 m, 1991-03-14, Dulongjiang Exped. 5035.

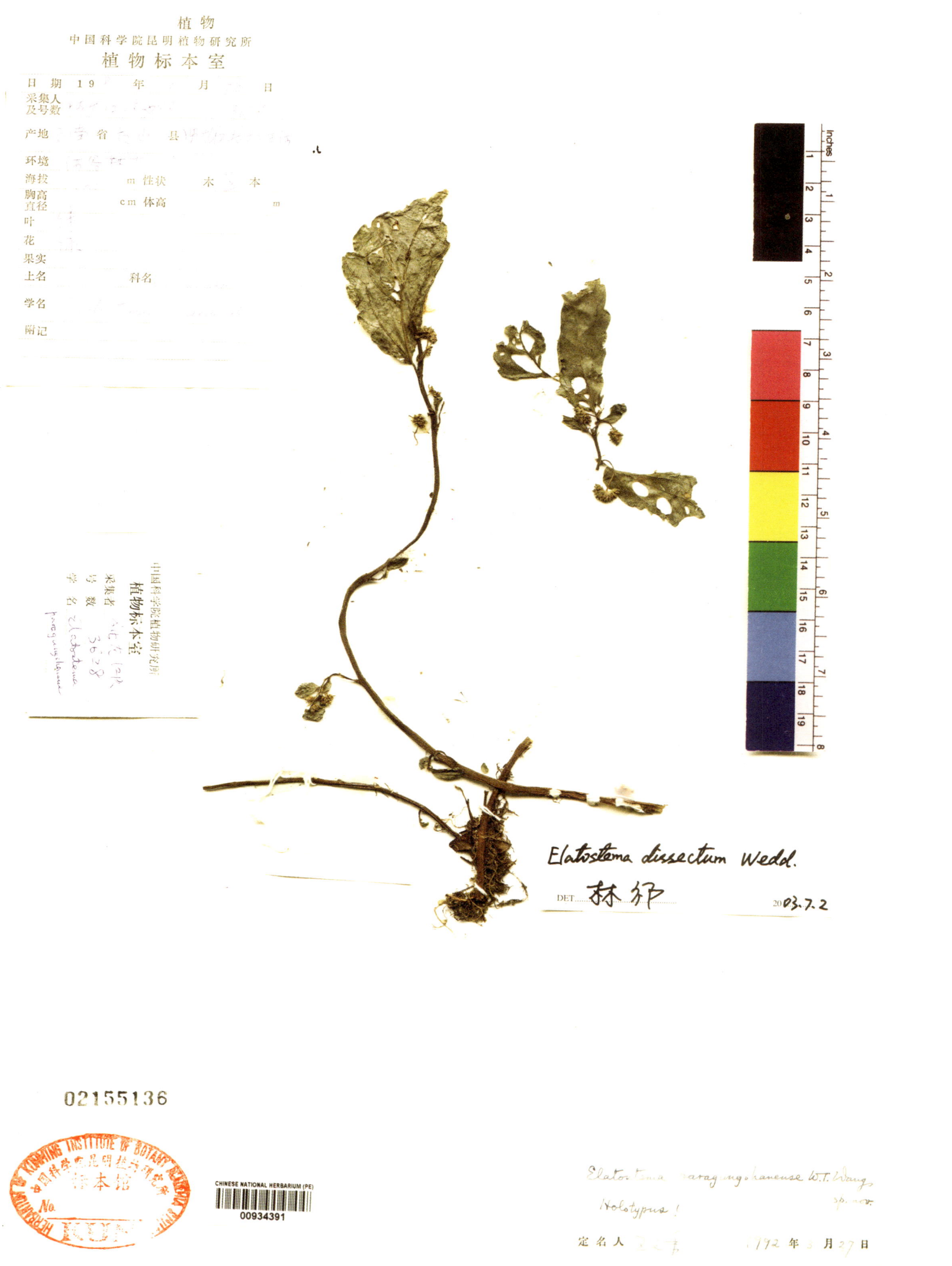

拟贡山楼梯草 ***Elatostema paragungshanense*** W. T. Wang in Acta Bot. Yunnan. Suppl. 5: 4. 1992. **Holotype:** China. Yunnan: Gongshan, alt. 1 560 m, 1991-01-28, Dulongjiang Exped. 3628.

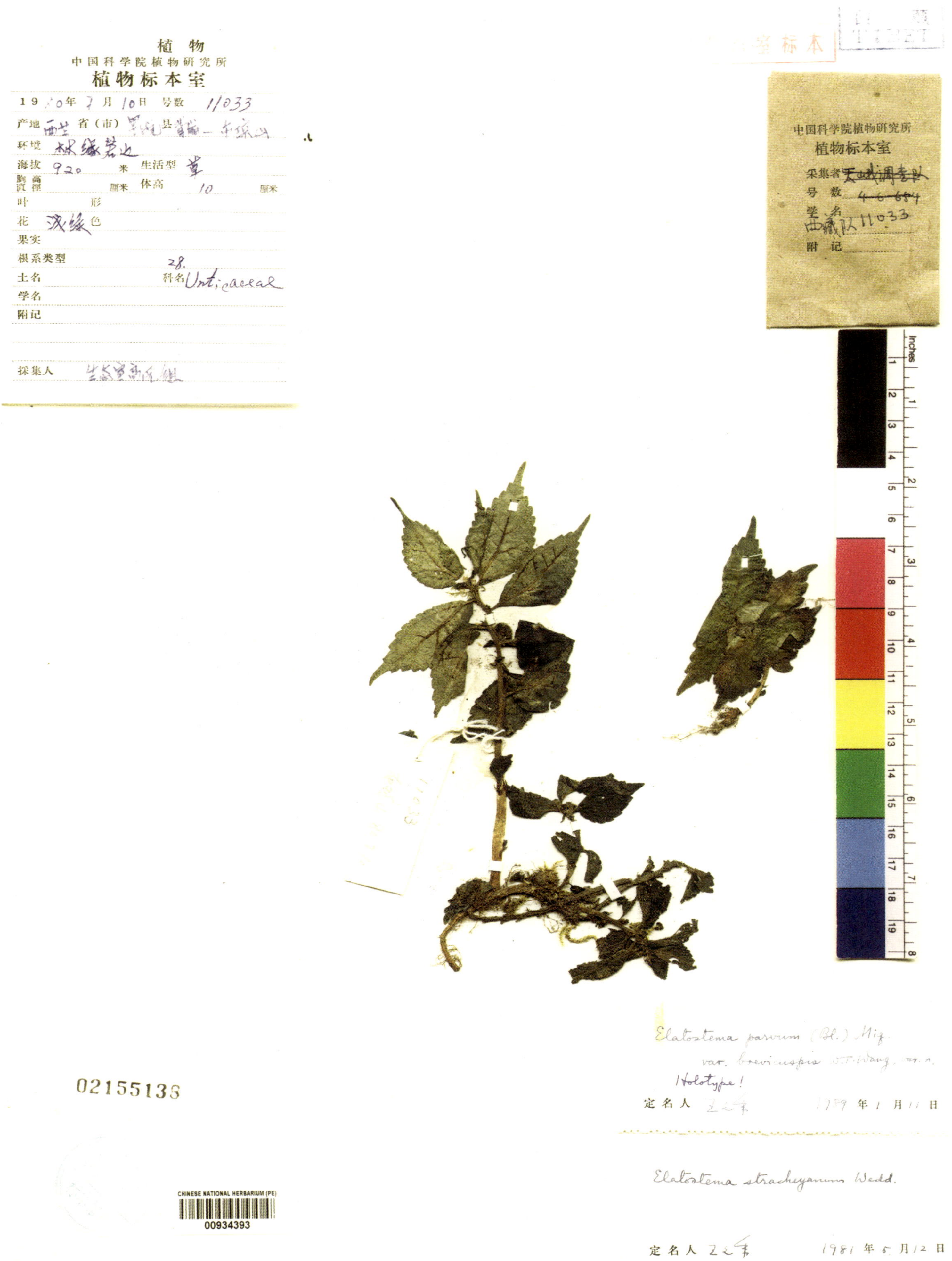

骤尖小叶楼梯草 ***Elatostema parvum*** (Bl.) Miq. var. ***brevicuspis*** W. T. Wang in Acta Phytotax. Sin. 28: 312. 1990. **Holotype:** China. Xizang: Mêdog, alt. 920 m, 1980-07-10, Xizang Exped. 11033.

显柄楼梯草 ***Elatostema petiolare*** W. T. Wang, Elatostema (Urticaceae) in China 307, pl. 134: A-D. 2014. **Holotype:** China. Guangxi: Leye, 2009-04-01, Y. G. Wei 101.

隆脉楼梯草 ***Elatostema phanerophlebium*** W. T. Wang & Y. G. Wei in Guihaia 29: 712, f. 1: A-E. 2009. **Holotype:** China. Guangxi: Hechi, 2008-04-25, Y. G. Wei 08052.

片马楼梯草 ***Elatostema pianmaense*** W. T. Wang in Pl. Divers. Resour. 33: 150, f. 4. 2011. **Holotype:** China. Yunnan: Lushui, alt. 2 057 m, 2005-05-13, Gaoligong Shan Biodiversity Survey 24077.

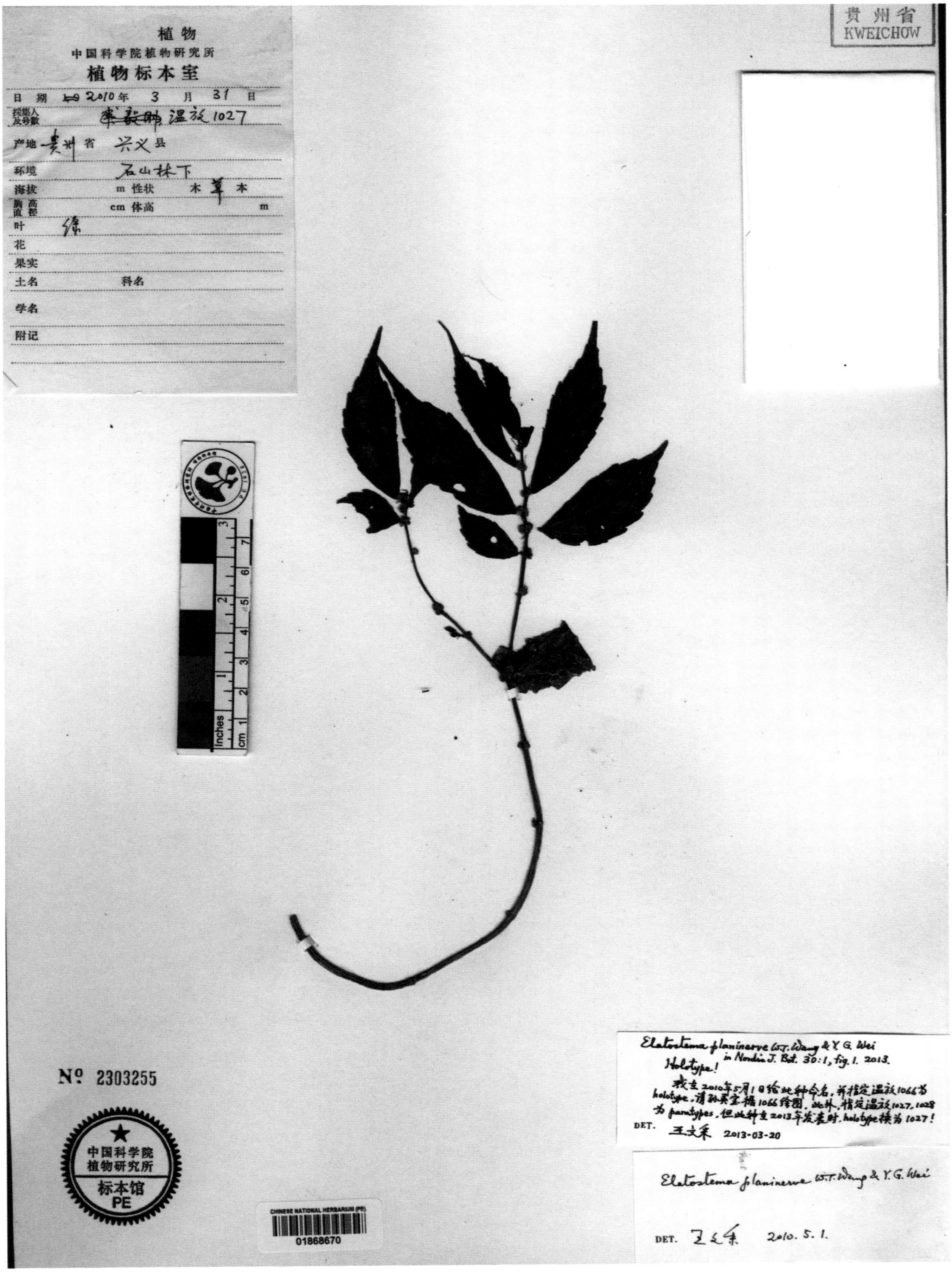

平脉楼梯草 ***Elatostema planinerve*** W. T. Wang & Y. G. Wei in Nordic Journ. Bot. 30: 1, f. 1. 2013. **Holotype:** China. Guizhou: Xingyi, 2010-03-31, F. Wen 1027.

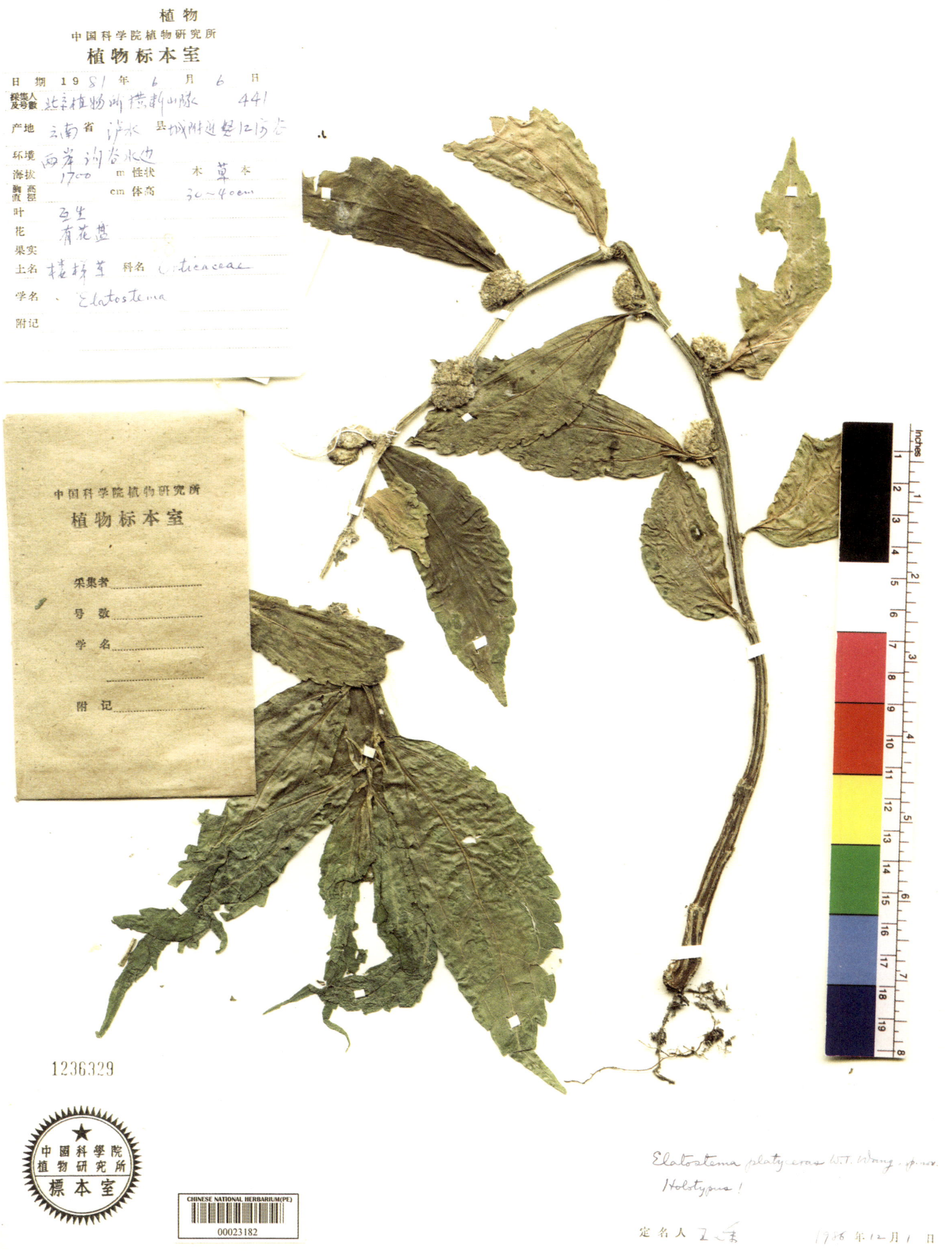

宽角楼梯草 ***Elatostema platyceras*** W. T. Wang in Acta Bot. Yunnan. 10: 346, f. 1: 1-3. 1988. **Holotype:** China. Yunnan: Lushui, alt. 1 700 m, 1981-06-06, Hengduanshan. Exped. 441.

丰脉楼梯草 ***Elatostema pleiophlebium*** W. T. Wang & Zeng. Y. Wu in PhytoKeys 7: 58, f. 1: F-I, 2: A-C. 2011. **Holotype:** China. Yunnan: Hekou, alt. 388 m, 2010-08-01, Z. Y. Wu 10181.

多歧楼梯草 ***Elatostema polystachyoides*** W. T. Wang in Bull. Bot. Lab. N. E. Forest. Inst. 7: 23, photo. 1. 1980. **Holotype:** China. Yunnan: Malipo, alt. 1 000 m, 1940-02-14, C. W. Wang 86813.

樱叶楼梯草 ***Elatostema prunifolium*** W. T. Wang in Bull. Bot. Lab. N. E. Forest. Inst. 7: 27. 1980. **Holotype:** China. Chongqing: Nanchuan, alt. 750 m, 1957-04-03, J. H. Xiong & Z. L. Zhou 90110.

拟骤尖楼梯草 ***Elatostema pseudocuspidatum*** W. T. Wang in Acta Bot. Yunnan. 10: 345, f. 2: 1-2. 1988. **Holotype:** China. Yunnan: Lanping, alt. 2 300 m, 1981-06-21, Hengduanshan Exped. 698.

滇桂楼梯草 ***Elatostema pseudodissectum*** W. T. Wang in Bull. Bot. Lab. N. E. Forest. Inst. 7: 55. 1980. **Holotype:** China. Guangxi: Poseh (=Baise), alt. 1 070 m, 1928-09-15, R. C. Ching 7427.

多脉楼梯草 ***Elatostema pseudoficoides*** W. T. Wang in Bull. Bot. Lab. N. E. Forest. Inst. 7: 85, pl. 3: 6. 1980. **Holotype:** China. Sichuan: Emei, Emeishan, alt. 1 700 m, 1957-08-18, K. H. Yang 56703.

毛茎多脉楼梯草 ***Elatostema pseudoficoides*** W. T. Wang var. ***pubicaule*** W. T. Wang in Acta Bot. Yunnan. 10: 348. 1988. **Holotype:** China. Yunnan: Gongshan, alt. 2 600 m, 1982-06-24, Qinghai-Xizang Exped. 7455.

拟长梗楼梯草 ***Elatostema pseudolongipes*** W. T. Wang & Y. G. Wei, Elatostema (Urticaceae) in China 279, pl. 119: D-J. 2014. **Holotype:** China. Guangxi: Longzhou, 2010-05-20, Y. G. Wei & A. K. Monro 6813.

拟南川楼梯草 ***Elatostema pseudonanchuanense*** W. T. Wang, Elatostema (Urticaceae) in China 91, pl. 28: A-E. 2014.
Holotype: China. Guangxi: Napo, 2009-03-20, Y. G. Wei 038.

拟托叶楼梯草 ***Elatostema pseudonasutum*** W. T. Wang in Guihaia 30: 723, f. 6: A-C. 2010. **Holotype:** China. Yunnan: Gongshan, alt. 1 380 m, 1991-01-30, Dulongjiang Exped. 3823.

拟长圆楼梯草 ***Elatostema pseudooblongifolium*** W. T. Wang in Journ. Syst. Evol. 50: 575, f. 4. 2012. **Holotype:** China. Guangxi: Ningming, alt. 180 m, 2003-09-14, Y. M. Shui & W. H. Chen B2003-031.

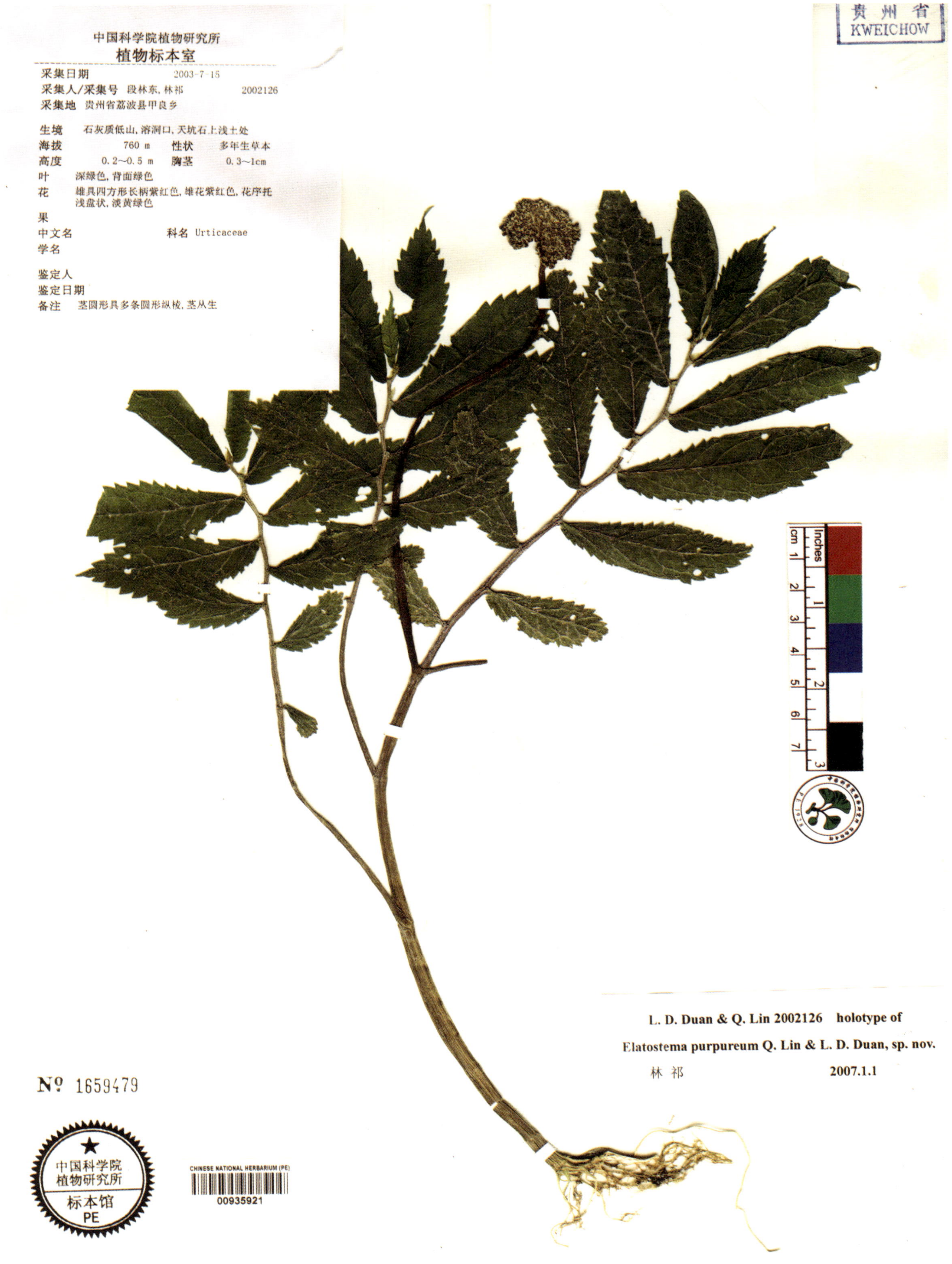

紫花楼梯草 ***Elatostema purpureum*** Q. Lin & L. D. Duan in Bot. Journ. Linn. Soc. 158: 676, f. 4, 5. 2008. **Holotype:** China. Guizhou: Libo, alt. 760 m, 2003-07-15, L. D. Duan & Q. Lin 2002126.

密齿楼梯草 ***Elatostema pycnodontum*** W. T. Wang in Bull. Bot. Lab. N. E. Forest. Inst. 7: 36, pl. 1: 7. 1980. **Holotype:** China. Hubei: Xianfeng, alt. 1 100 m, 1958-09-30, H. J. Li 9415.

四苞楼梯草 ***Elatostema quadribracteatum*** W. T. Wang, Elatostema (Urticaceae) in China 168, pl. 65: A-E. 2014. **Holotype:** China. Guangxi: Hechi, 2010-05-07, Y. G. Wei & A. K. Monro 6636.

多枝楼梯草 ***Elatostema ramosum*** W. T. Wang in Bull. Bot. Lab. N. E. Forest. Inst. 7: 33, photo. 2. 1980. **Holotype:** China. Guizhou: Ceheng, alt. 1 500 m, 1958-09-03, Z. Y. Cao 507.

直尾楼梯草 ***Elatostema recticaudatum*** W. T. Wang in Acta Phytotax. Sin. 28: 309, f. 1: 1-2. 1990. **Holotype:** China. Xizang: Mêdog, alt. 650 m,1983-03-28, B. S. Li & S. Z. Cheng 03880.

曲枝楼梯草 ***Elatostema recurviramum*** W. T. Wang & Y. G. Wei in Novon 21: 282, f. 1. 2011. **Holotype:** China. Guangxi: Bama, 2008-04-22, Y. G. Wei 09135.

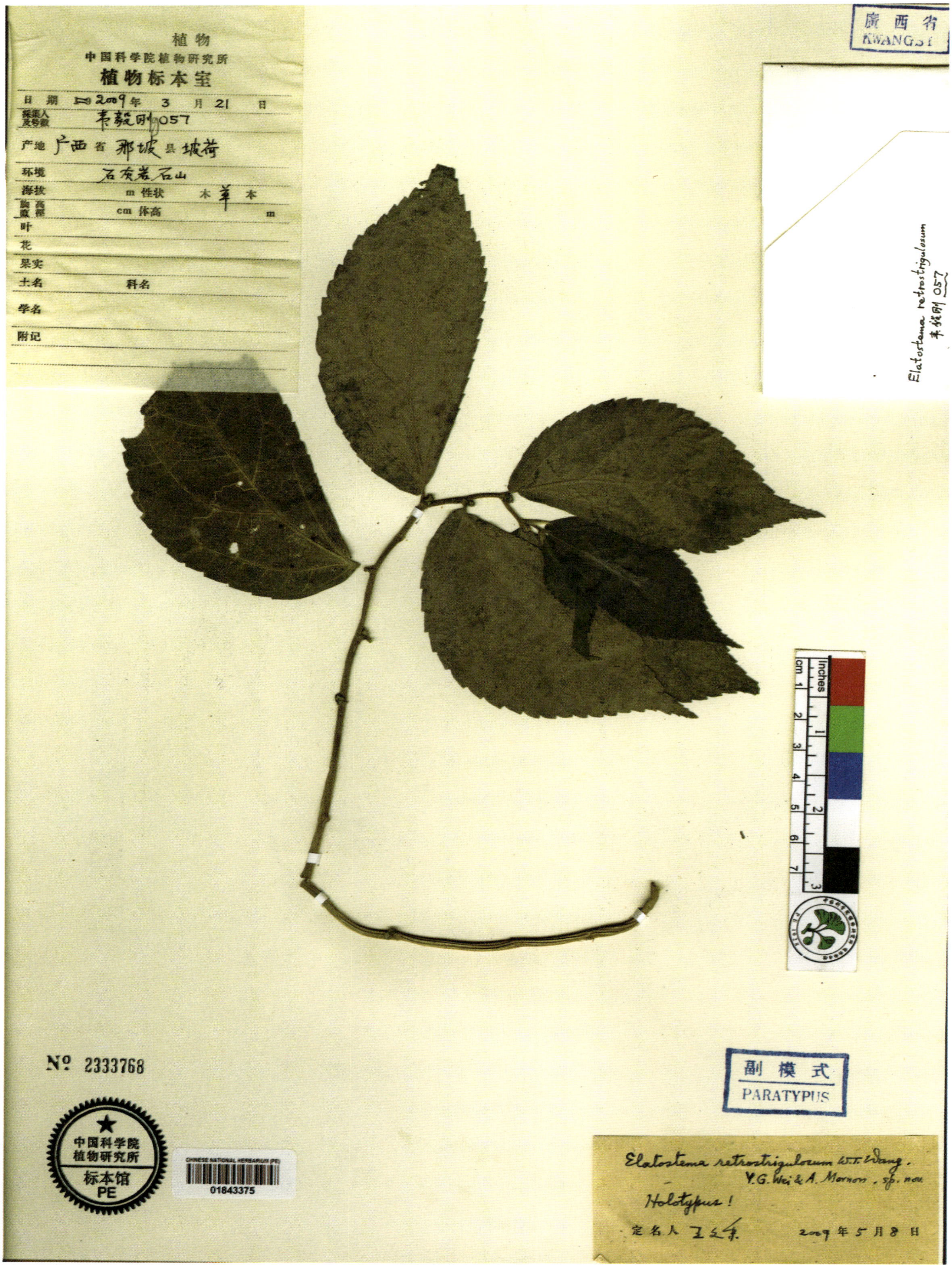

拟反糙毛楼梯草 ***Elatostema retrorstrigulosum*** W. T. Wang & al. in Phytotaxa 29: 20, f. 12, 13. 2011. **Paraype:** China. Guangxi: Napo, 2009-03-21, Y. G. Wei g057.

菱叶楼梯草 ***Elatostema rhombiforme*** W. T. Wang in Bull. Bot. Lab. N. E. Forest. Inst. 7: 50. 1980. **Isotype:** China. Yunnan: Malipo, alt. 1 300 ～ 1 500 m, 1947-12-20, K. M. Feng 13997.

粗梗楼梯草 ***Elatostema robustipes*** W. T. Wang, F. Wen & Y. G. Wei in Ann. Bot. Fennici 49: 188, f. 1. 2012. **Holotype:** China. Guangxi: Huanjiang, 2009-04-08, Y. G. Wei 124.

融安楼梯草 ***Elatostema ronganense*** W. T. Wang & Y. G. Wei, Elatostema (Urticaceae) in China 129, pl. 45. 2014. **Holotype:** China. Guangxi: Rongan, 2009-04-21, Y. G. Wei 143.

迭叶楼梯草 ***Elatostema salvinioides*** W. T. Wang in Bull. Bot. Lab. N. E. Forest. Inst. 7: 45, photo. 4. 1980. **Paratype:** China. Yunnan: Cangyuan, alt. 800 ～ 850 m, 1974-06-13, Y. H. Li 011940.

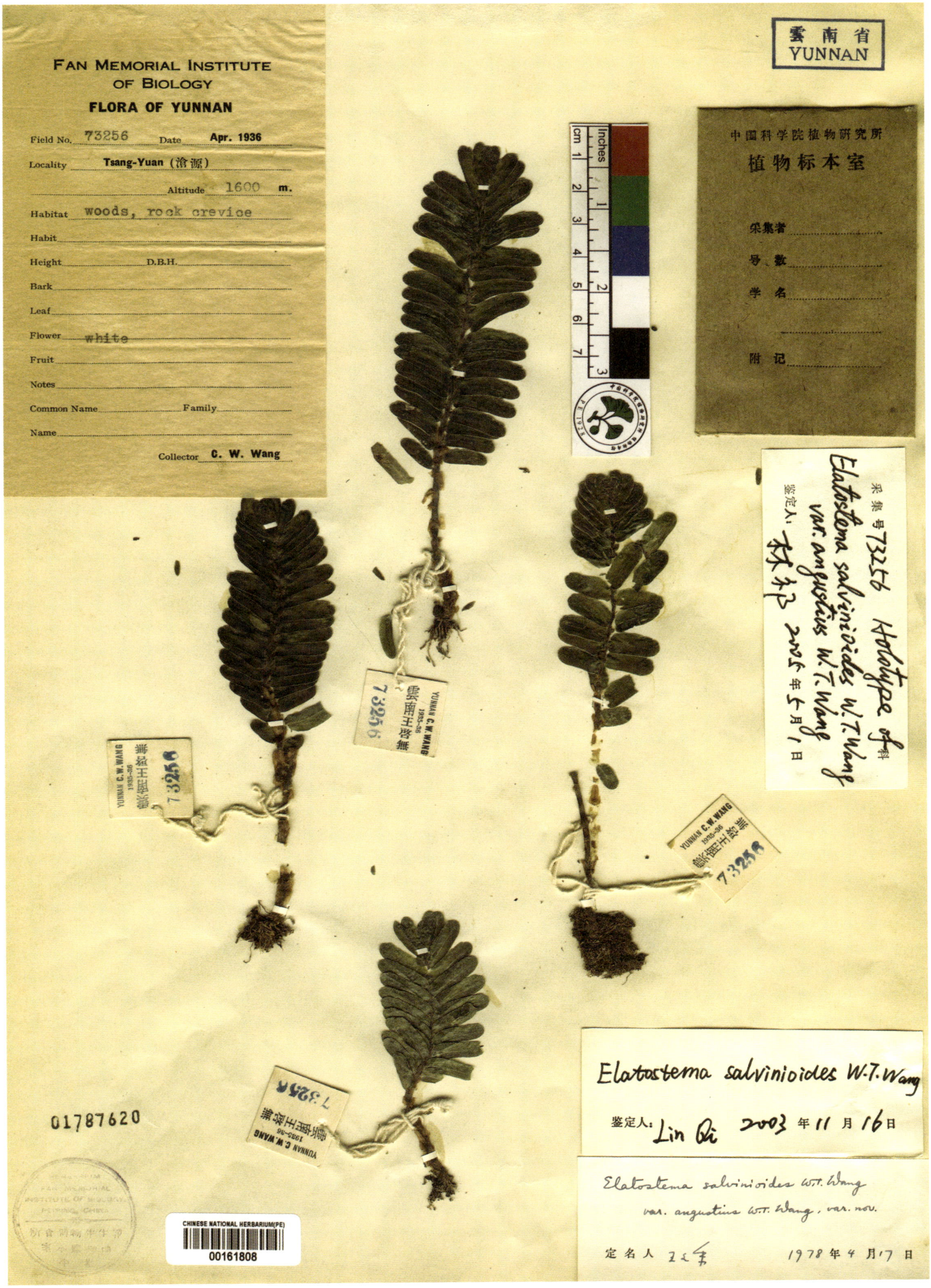

狭迭叶楼梯草 ***Elatostema salvinioides*** W. T. Wang var. ***angustius*** W. T. Wang in Bull. Bot. Lab. N. E. Forest. Inst. 7: 46. 1980.
Holotype: China. Yunnan: Cangyuan, alt. 1 600 m, 1936-04-??, C. W. Wang 73256.

花葶楼梯草 ***Elatostema scaposum*** Q. Lin & L. D. Duan in Nordic Journ. Bot. 29: 420, f. 1, 2. 2011. **Holotype:** China. Guizhou: Libo, alt. 800 m, 2003-10-26, Q. Lin & L. D. Duan 1023.

裂序楼梯草 ***Elatostema schizocephalum*** W. T. Wang in Bull. Bot. Lab. N. E. Forest. Inst. 7: 82. 1980. **Holotype:** China. Hunan: Yizhang, alt. 130 m, 1942-01-22, S. H. Chun 73.

裂托楼梯草 ***Elatostema schizodiscum*** W. T. Wang & Y. G. Wei in Bangladesh Journ. Pl. Taxon. 20: 5, f. 3. 2013. **Holotype:** China. Guizhou: Wangmo, 2010-03-29, Y. G. Wei & F. Wen 1036.

七花楼梯草 ***Elatostema septemflorum*** W. T. Wang in Bull. Bot. Res., Harbin 26(1): 16, f. 1: 1-4. 2006. **Isotype:** China. Yunnan: Funing, alt. 1 450 m, 2004-02-04, Y. M. Shui & W. H. Chen B2004-054.

六肋楼梯草 ***Elatostema sexcostatum*** W. T. Wang & al. in Ann. Bot. Fennici 49: 397, f. 1. 2012. **Isotype:** China. Guangxi: Jingxi, 2009-03-21, Y. G. Wei g061.

树志楼梯草 ***Elatostema shuzhii*** W. T. Wang in Acta Phytotax. Sin. 28: 313, f. 2: 4-5. 1990. **Holotype:** China. Xizang: Mêdog, alt. 1 600 ~ 1 800 m, 1983-04-25, B. S. Li & S. Z. Chen 04312.

显柱楼梯草 ***Elatostema stigmatosum*** W. T. Wang in Acta Bot. Yunnan. 7: 297, f. 3: 1-4. 1985. **Isotype:** China. Yunnan: Jingdong, alt. 2 470 m, 1981-08-02, Yunnan Univ. Exped. 13660.

短毛楼梯草 ***Elatostema stipulosum*** W. T. Wang var. ***puberulum*** W. T. Wang in Bull. Bot. Lab. N. E. Forest. Inst. 7: 48. 1980. **Holotype:** China. Jiangxi: Jinggangshan, alt. 650 m, 1970-07-23, L. K. Dai & al. 1404.

赤水楼梯草 ***Elatostema strigulosum*** W. T. Wang var. ***semitriplinerve*** W. T. Wang in Bull. Bot. Lab. N. E. Forest. Inst. 7: 53. 1980. **Holotype:** China. Guizhou: Chishui, alt. 750 m, 1959-09-13, Bijie Exped. 1217.

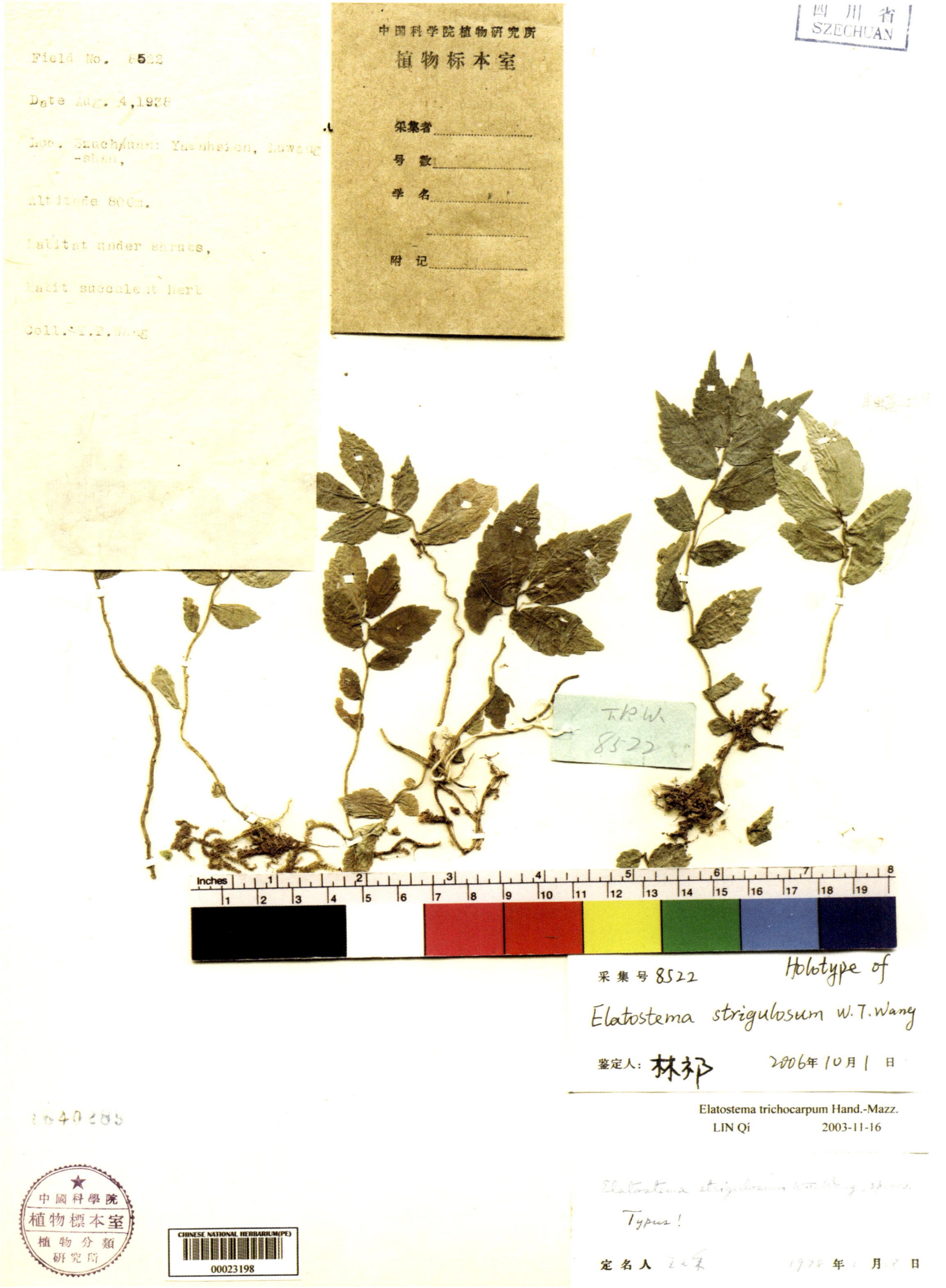

伏毛楼梯草 ***Elatostema strigulosum*** W. T. Wang in Bull. Bot. Lab. N. E. Forest. Inst. 7: 52, pl. 2: 4-5. 1980. **Holotype:** China. Sichuan: Yaan, alt. 800 m, 1938-08-04, T. P. Wang 8522.

拟骤尖楼梯草 ***Elatostema subcuspidatum*** W. T. Wang in Bull. Bot. Res., Harbin 4(3): 115, f. 3-4. 1984. **Holotype:** China. Chongqing: Nanchuan, Jinfoshan, alt. 1 600 m, 1983-08-30, Z. Y. Liu 4387.

条叶楼梯草 ***Elatostema sublineare*** W. T. Wang in Bull. Bot. Lab. N. E. Forest. Inst. 7: 61, pl. 2: 10. 1980. **Holotype:** China. Guizhou: Luodian, alt. 800 m, 1959-04-05, Guizhou. Austr. Exped. 213.

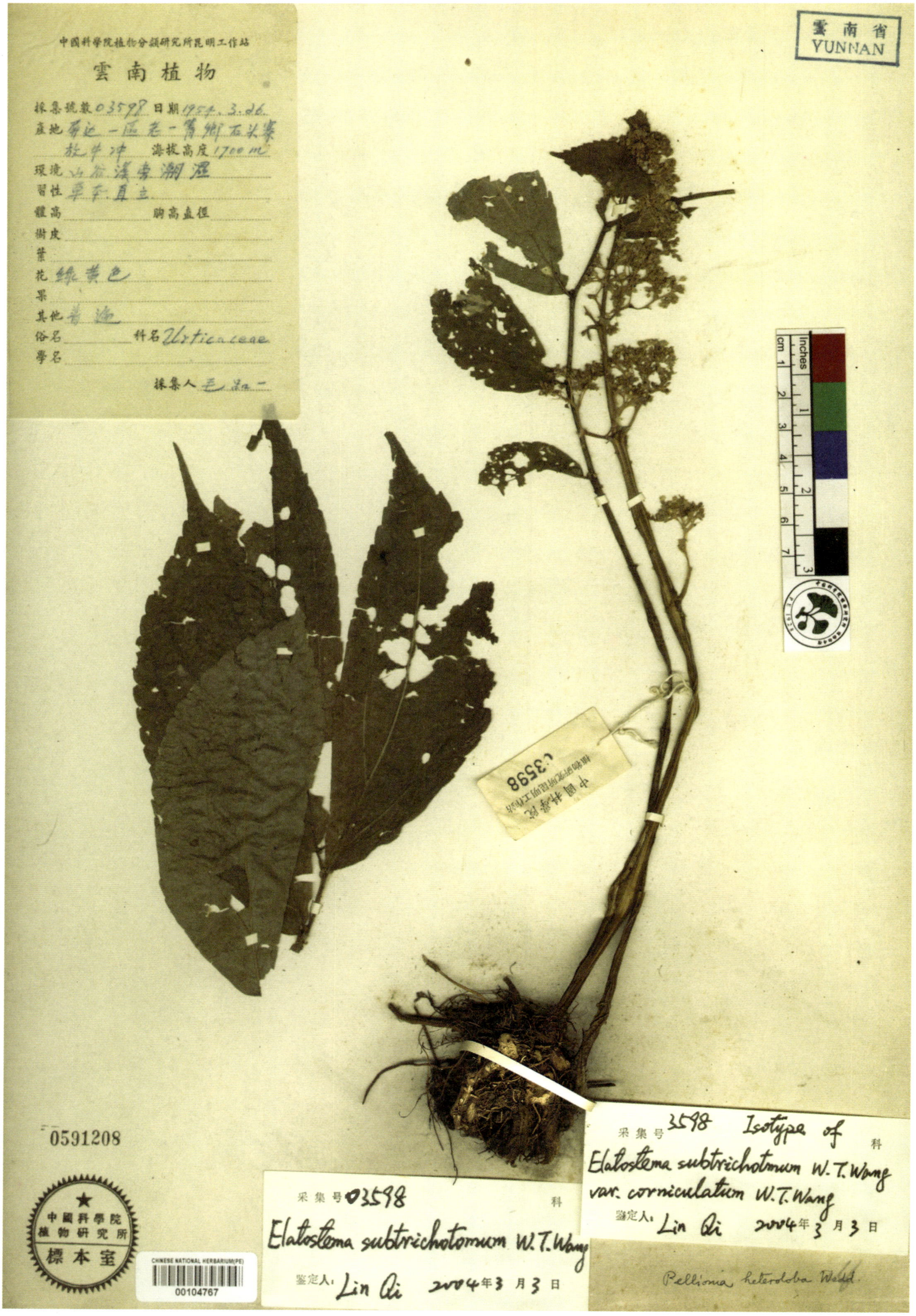

角萼楼梯草 ***Elatostema subtrichotomum*** W. T. Wang var. ***corniculatum*** W. T. Wang in Bull. Bot. Lab. N. E. Forest. Inst. 7: 26. 1980. **Isotype:** China. Yunnan: Pingbian, alt. 1 700 m, 1954-03-26, P. I Mao 3598.

拟细尾楼梯草 ***Elatostema tenuicaudatoides*** W. T. Wang in Acta Phytotax. Sin. 28: 311, f. 1: 6. 1990. **Holotype:** China. Xizang: Mêdog, alt. 2 150 m, 1983-06-14, B. S. Li & S. Z. Cheng 05086.

钦朗当楼梯草 ***Elatostema tenuicaudatoides*** W. T. Wang var. ***orientalis*** W. T. Wang in Acta Bot. Yunnan. Suppl. 5: 5. 1992. **Holotype:** China. Yunnan: Gongshan, alt. 1 240 m, 1991-03-10, Dulongjiang Exped. 4470.

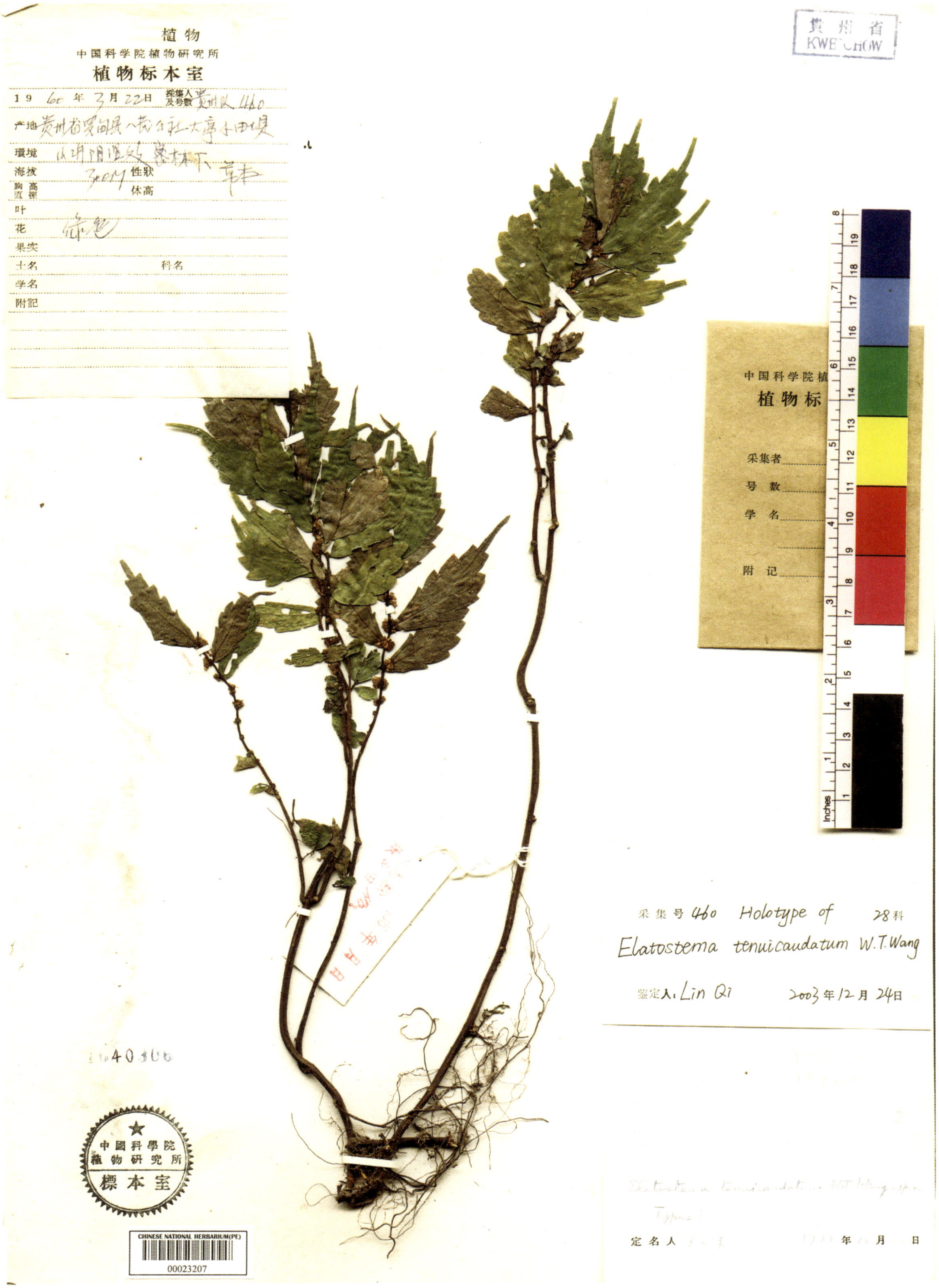

细尾楼梯草 ***Elatostema tenuicaudatum*** W. T. Wang in Bull. Bot. Lab. N. E. Forest. Inst. 7: 31, pl. 1: 5-6. 1980. **Holotype:** China. Guizhou: Luodian, alt. 300 m, 1960-03-22, Guizhou Exped. 460.

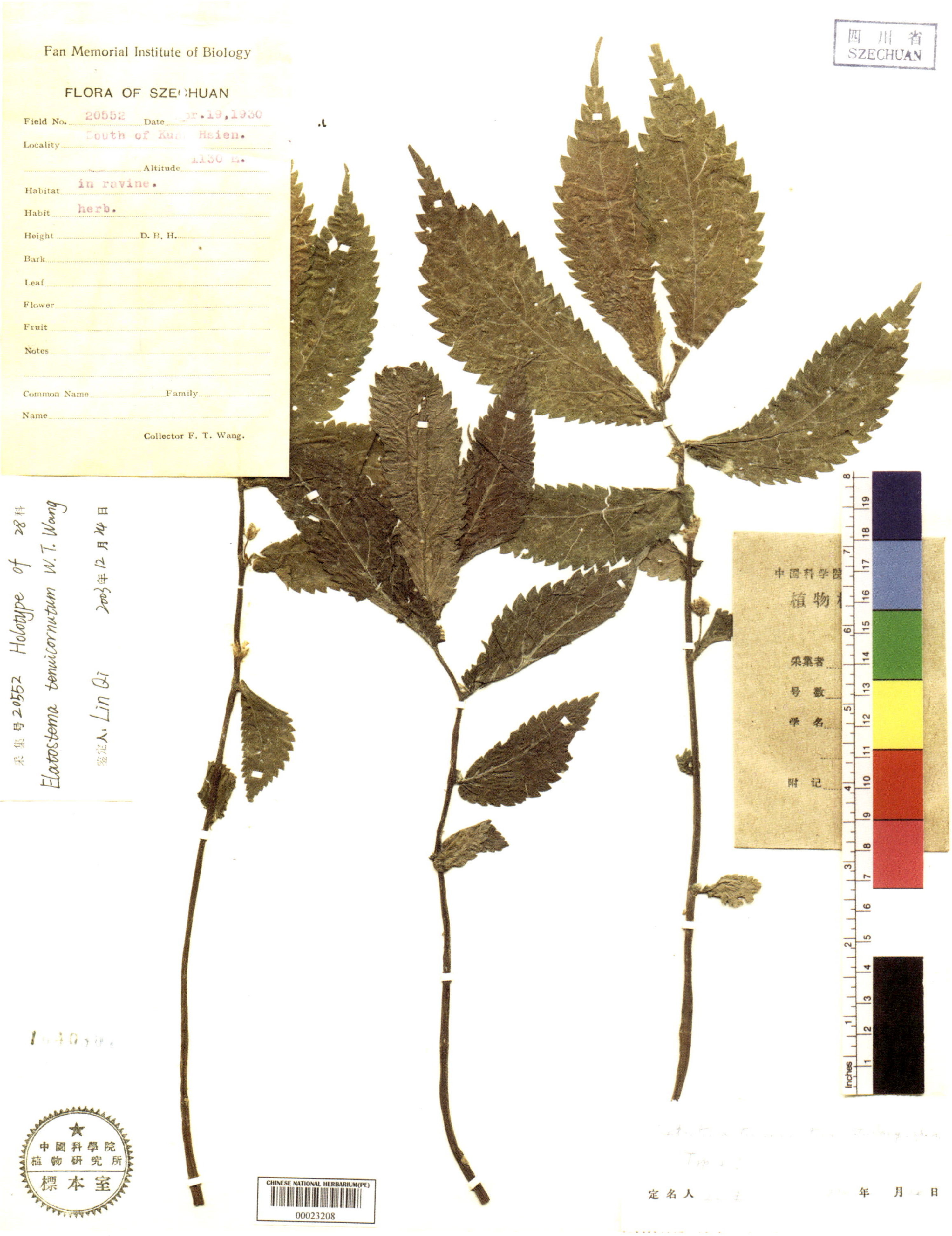

细角楼梯草 ***Elatostema tenuicornutum*** W. T. Wang in Bull. Bot. Lab. N. E. Forest. Inst. 7: 60, pl. 2: 8-9. 1980. **Holotype:** China. Sichuan: Kuan Hsien (Dujiangyan), alt. 1 130 m, 1930-04-19, F. T. Wang 20552.

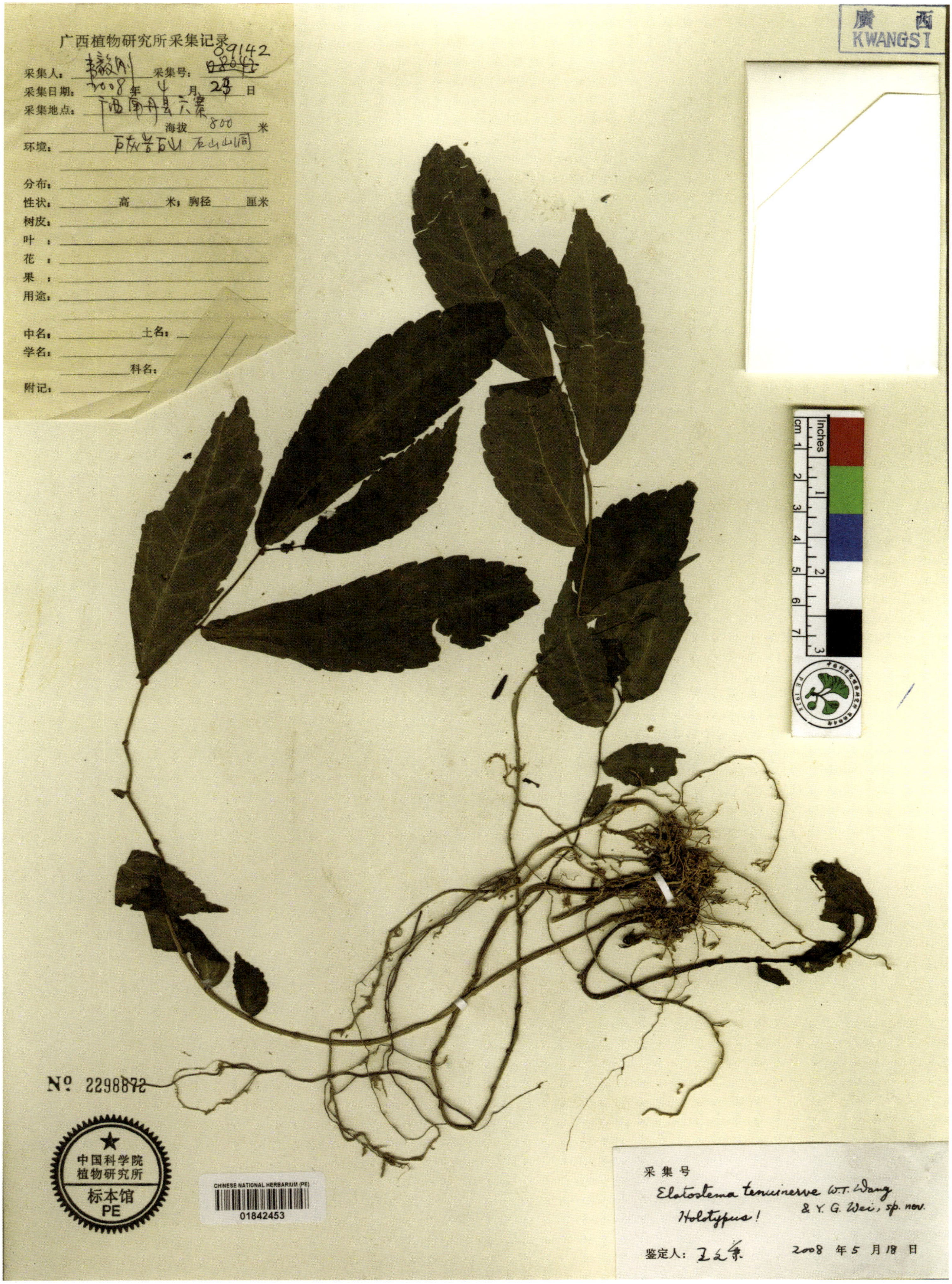

细脉楼梯草 ***Elatostema tenuinerve*** W. T. Wang & Y. G. Wei in Harvard Pap. Bot. 14: 183, f. 1. 2009. **Holotype:** China. Guangxi: Nandan, alt. 800 m, 2008-4-23, Y. G. Wei 09142.

薄托楼梯草 ***Elatostema tenuireceptaculum*** W. T. Wang in Guihaia 11: 1. 1991. **Holotype:** China. Guangxi: Leye, alt. 1 050 m, 1989-04-30, Hongshuihe Exped. 89- 618.

四被楼梯草 ***Elatostema tetratepalum*** W. T. Wang in Bull. Bot. Res., Harbin 2(1): 25. 1982. **Holotype:** China. Xizang: Mêdog, alt. 700 m, 1980-07-24, J. T. Wang, W. L. Chen & B. S. Li 11307.

天峨楼梯草 ***Elatostema tianeense*** W. T. Wang & Y. G. Wei in Guihaia 29: 146, f. 2. 2009. **Isotype:** China. Guangxi: Tiane, 2007-11-07, Y. G. Wei 07432.

田林楼梯草 ***Elatostema tianlinense*** W. T. Wang in Guihaia 11: 2. 1991. **Holotype:** China. Guangxi: Tianlin, alt. 1 050 m, 1989-04-25, Hongshuihe Exped. 89-468.

越南楼梯草 ***Elatostema vietnamense*** Q. Lin & L. D. Duan in Nordic Journ. Bot. 29: 594, f. 4. 2011. **Holotype:** Vietnam. Thua Thien-Hue: Bach Ma Natl. Park, 1998-10-19, H. N. Qin et al. 156.

绿苞楼梯草 ***Elatostema viridibracteolatum*** W. T. Wang, Elatostema (Urticaceae) in China 201, pl. 80. 2014. **Holotype:** China. Guangxi: Jingxi, 2009-03-01, Y. G. Wei & A. K. Monro 6428.

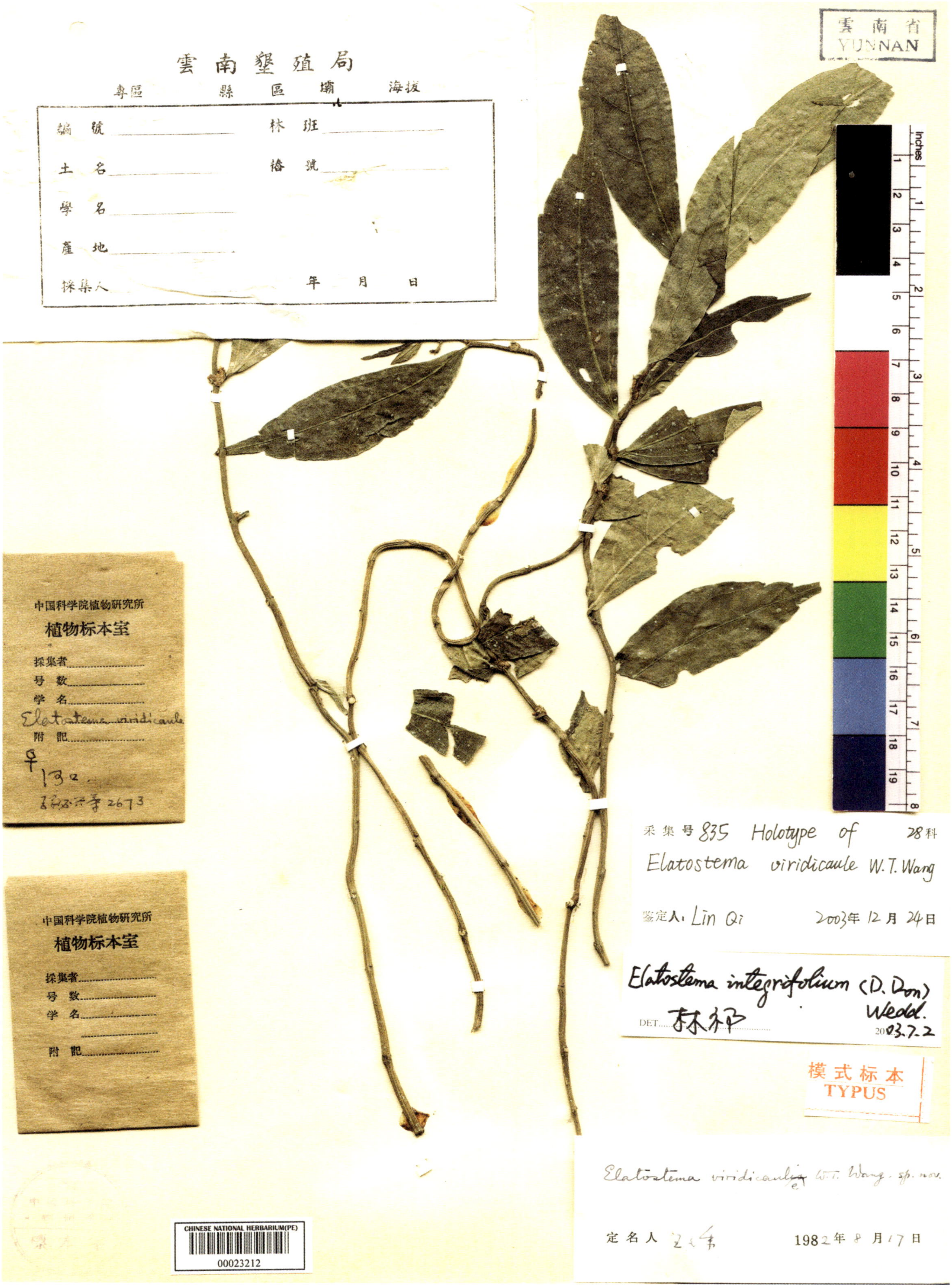

绿茎楼梯草 ***Elatostema viridicaule*** W. T. Wang in Bull. Bot. Res., Harbin 3(2): 62, f. 7. 1983. **Holotype:** China. Yunnan: Hekou, alt. 240 m, 1953-05-03, K. H. Cai 835.

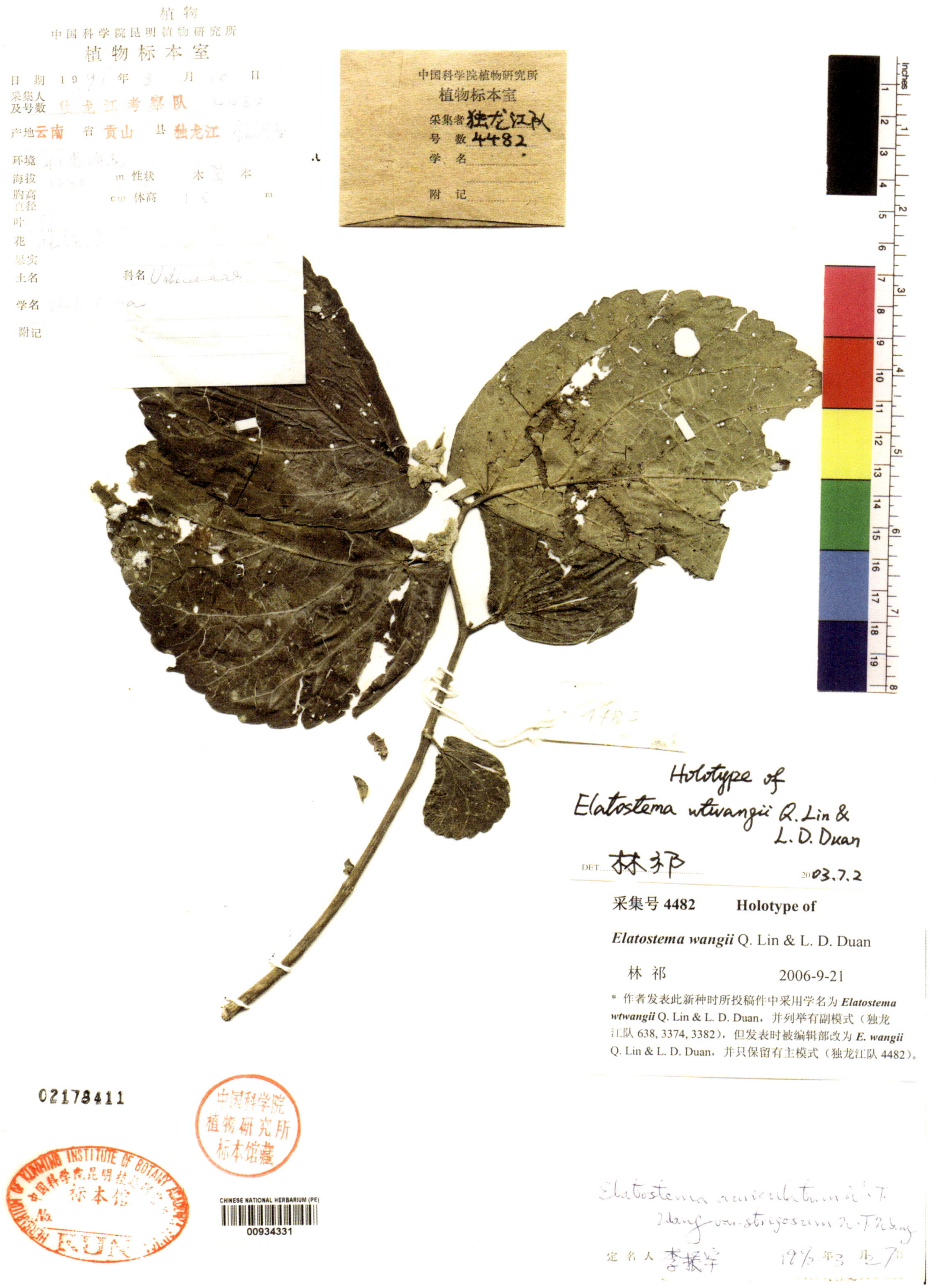

文采楼梯草 ***Elatostema wangii*** Q. Lin & L. D. Duan, Fl. China 5: 154. 2003. **Holotype:** China. Yunnan: Gongshan, alt. 1 240 m, 1991-03-10, Dulongjiang Exped. 4482.

黄毛楼梯草 *Elatostema xanthotrichum* W. T. Wang & Y. G. Wei in Ann. Bot. Fennici 48: 94, f. 1: E-G. 2011. **Holotype:** China. Guangxi: Donglan, alt. 350 m, 2008-04-04, Y. G. Wei 09062.

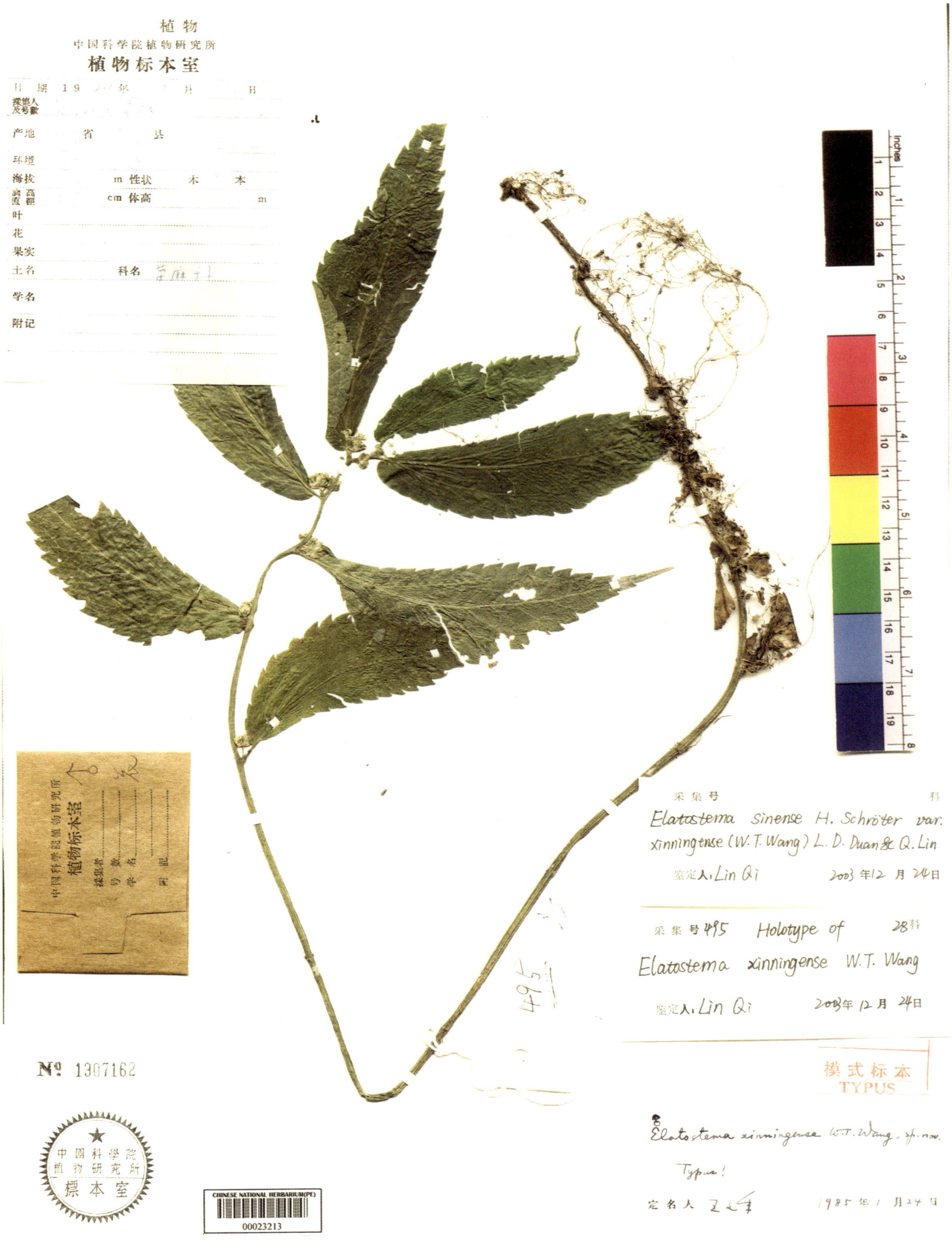

新宁楼梯草 ***Elatostema xinningense*** W. T. Wang in Guihaia 5: 323, f. 1. 1985. **Holotype:** China. Hunan: Xinning, alt. 900 m, 1984-09-13, Ziyunshan Exped. 495.

漾濞楼梯草 ***Elatostema yangbiense*** W. T. Wang in Acta Bot. Yunnan. 7: 294, f. 1: 1-2. 1985. **Isotype:** China. Yunnan: Yangbi, alt. 2 400 m, 1963-06-02, Jinshajiang Exped. 4227.

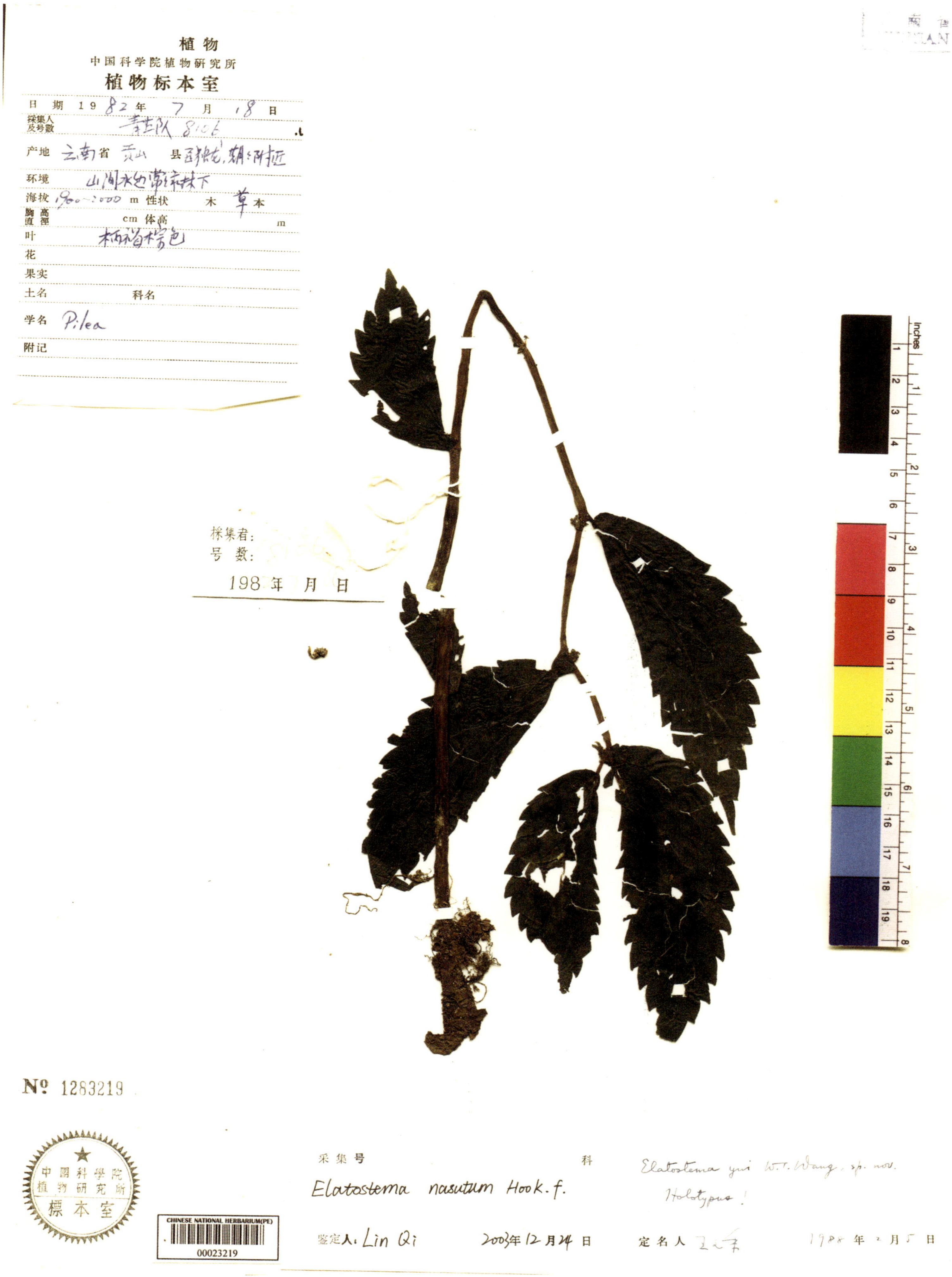

俞氏楼梯草 ***Elatostema yui*** W. T. Wang in Bull. Bot. Res., Harbin 9(2): 70, pl. 1: 3-4. 1989. **Holotype:** China. Yunnan: Gongshan, alt. 1 900 ～ 2 000 m, 1982-07-18, Qinghai-Xizang Exped. 8106.

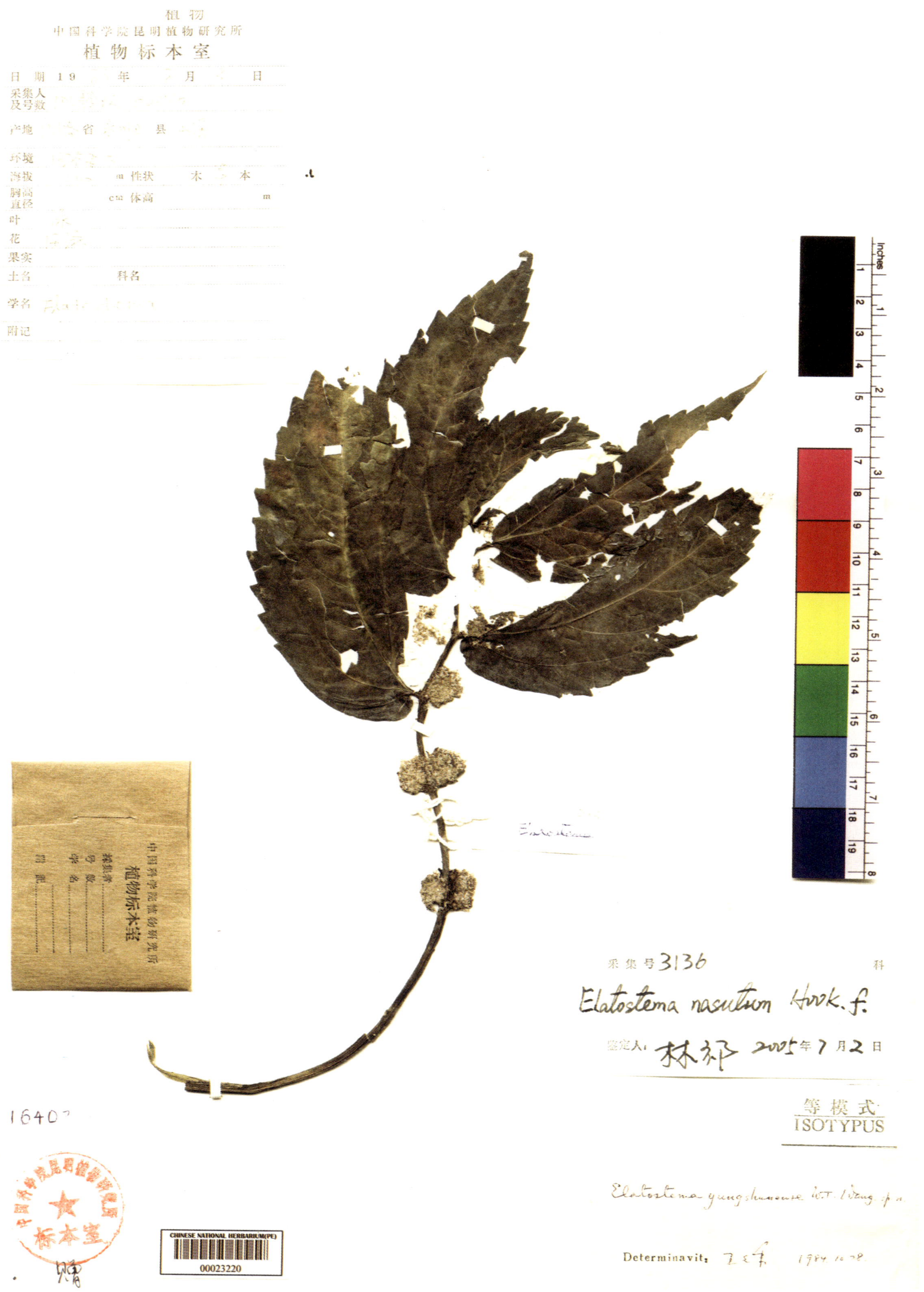

永顺楼梯草 ***Elatostema yungshunense*** W. T. Wang in Guihaia 5: 325, f. 2. 1985. **Isotype:** China. Hunan: Yongshun, alt. 400 m, 1983-08-03, Hunan-Guizhou Exped. 003136.

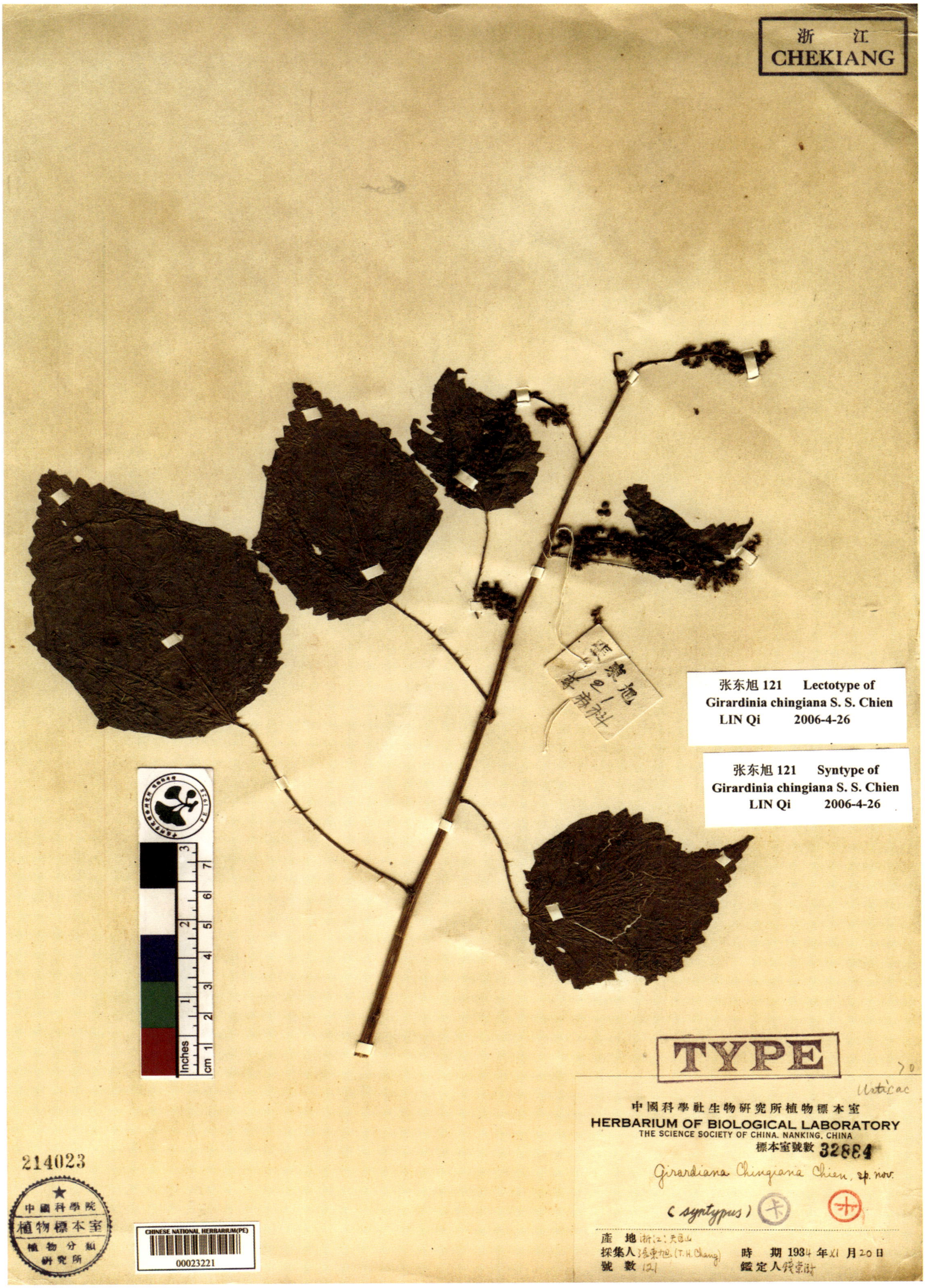

浙江蝎子草 ***Girardinia chingiana*** Chien in Contr. Biol. Lab. Sci. Soc. China, Bot. Ser. 9: 259, f. 25. 1934. **Lectotype** (designated by Q. Lin & al. in Bull. Bot. Res., Harbin 28: 536. 2008.): China. Zhejiang: Linan, Tianmushan, 1934-11-20, T. H. Chang 121.

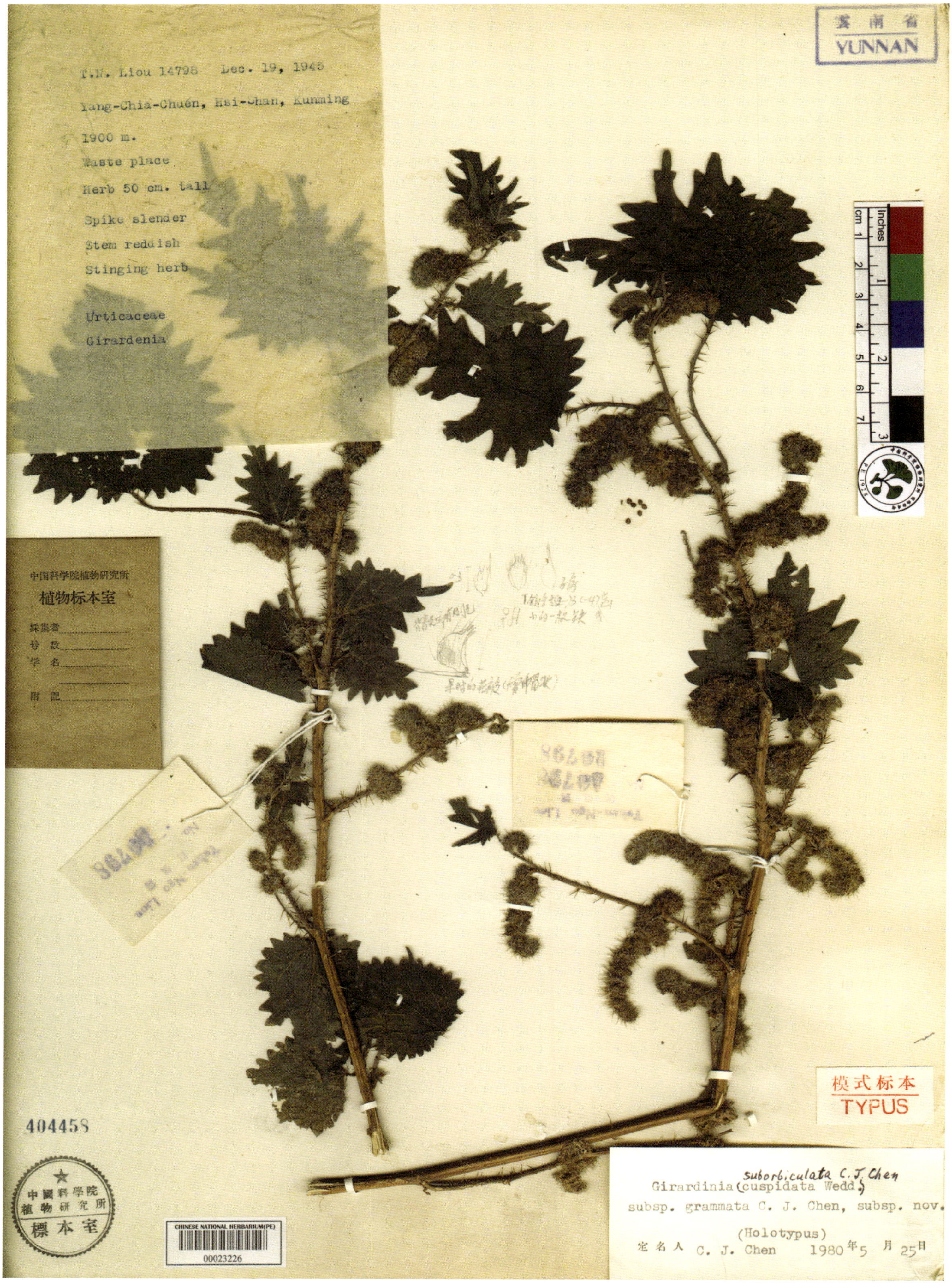

棱果蝎子草 ***Girardinia cuspidata*** Wedd. subsp. ***grammata*** C. J. Chen in Acta. Bot. Yunnan. 4: 334. 1982. **Holotype:** China. Yunnan: Kunming, Xishan, alt. 1 900 m, 1945-12-19, T. N. Liou 14798.

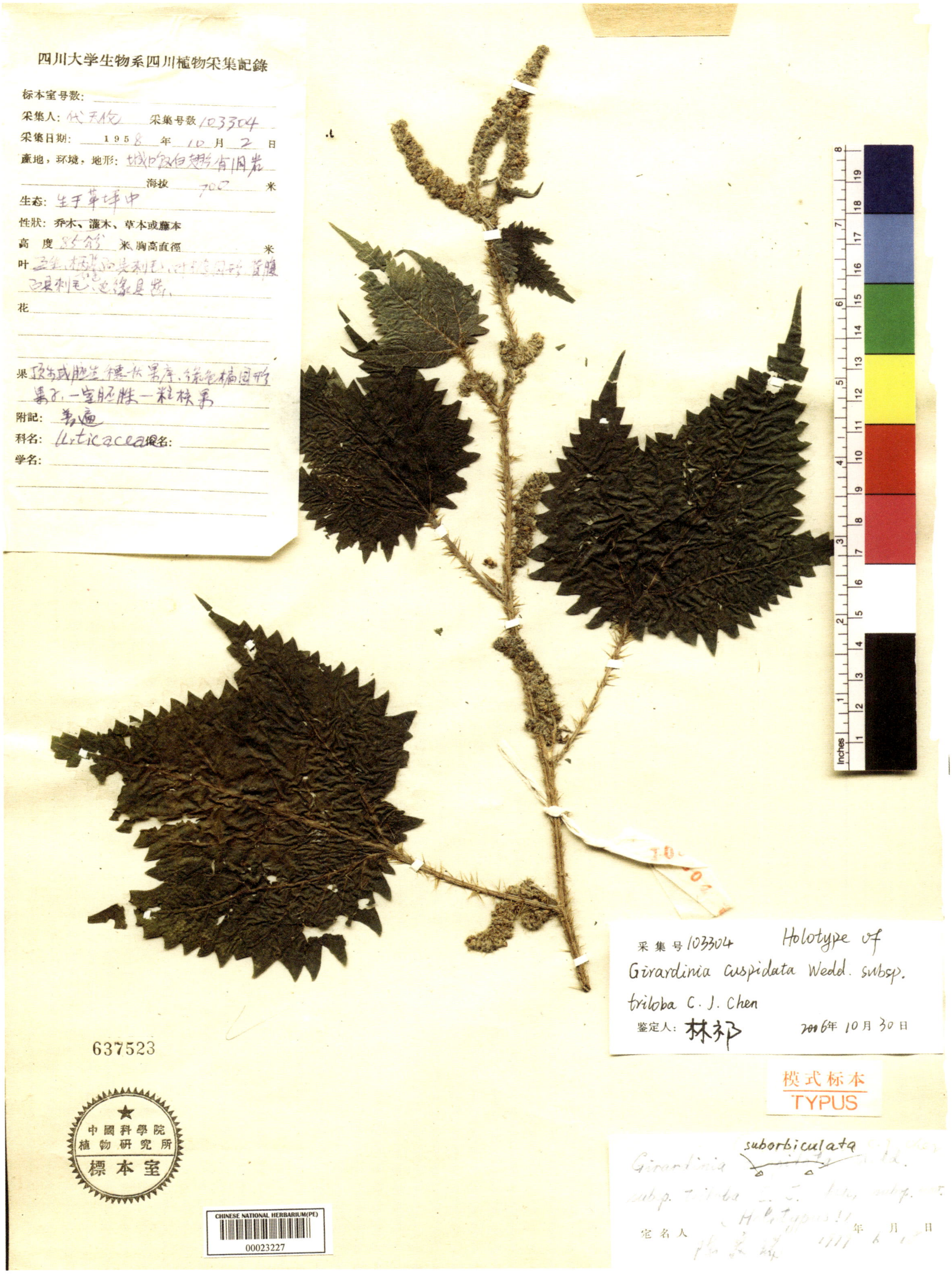

红火麻 ***Girardinia cuspidata*** Wedd. subsp. ***triloba*** C. J. Chen in Acta Bot. Yunnan. 4: 334. 1982. **Holotype:** China. Chongqing: Chengkou, alt. 700 m, 1958-10-02, T. L. Dai 103304.

长穗蝎子草 ***Girardinia longispica*** Hand.-Mazz. in Sinensia 2: 133. 1932. **Isotype:** China. Guizhou: Zhenfeng, 1930-10-21, Y. Tsiang 4226.

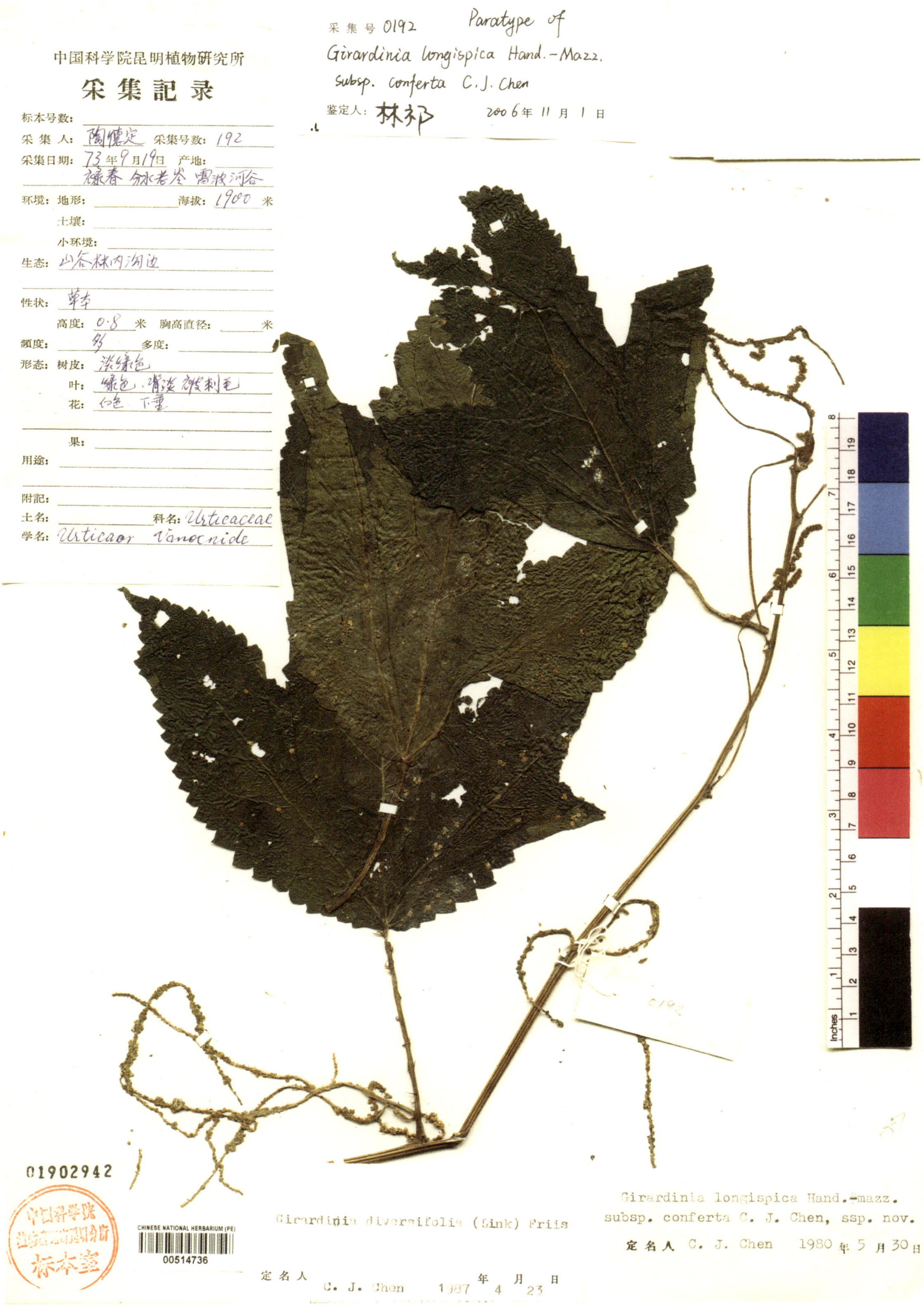

密疣果蝎子草 ***Girardinia longispica*** Hand.-Mazz. subsp. ***conferta*** C. J. Chen in Acta Bot. Yunnan. 4: 333. 1982. **Paratype:** China. Yunnan: Luchun, alt. 1 900 m, 1973-09-19, D. D. Tao 192.

毛果蝎子草 ***Girardinia palmata*** (Forsk.) Gaudich. subsp. ***ciliata*** C. J. Chen in Acta Bot. Yunnan. 4: 332. 1982. **Holotype:** China. Yunnan: Gongshan, alt. 2 800 m, 1935-10-??, C. W. Wang 67367.

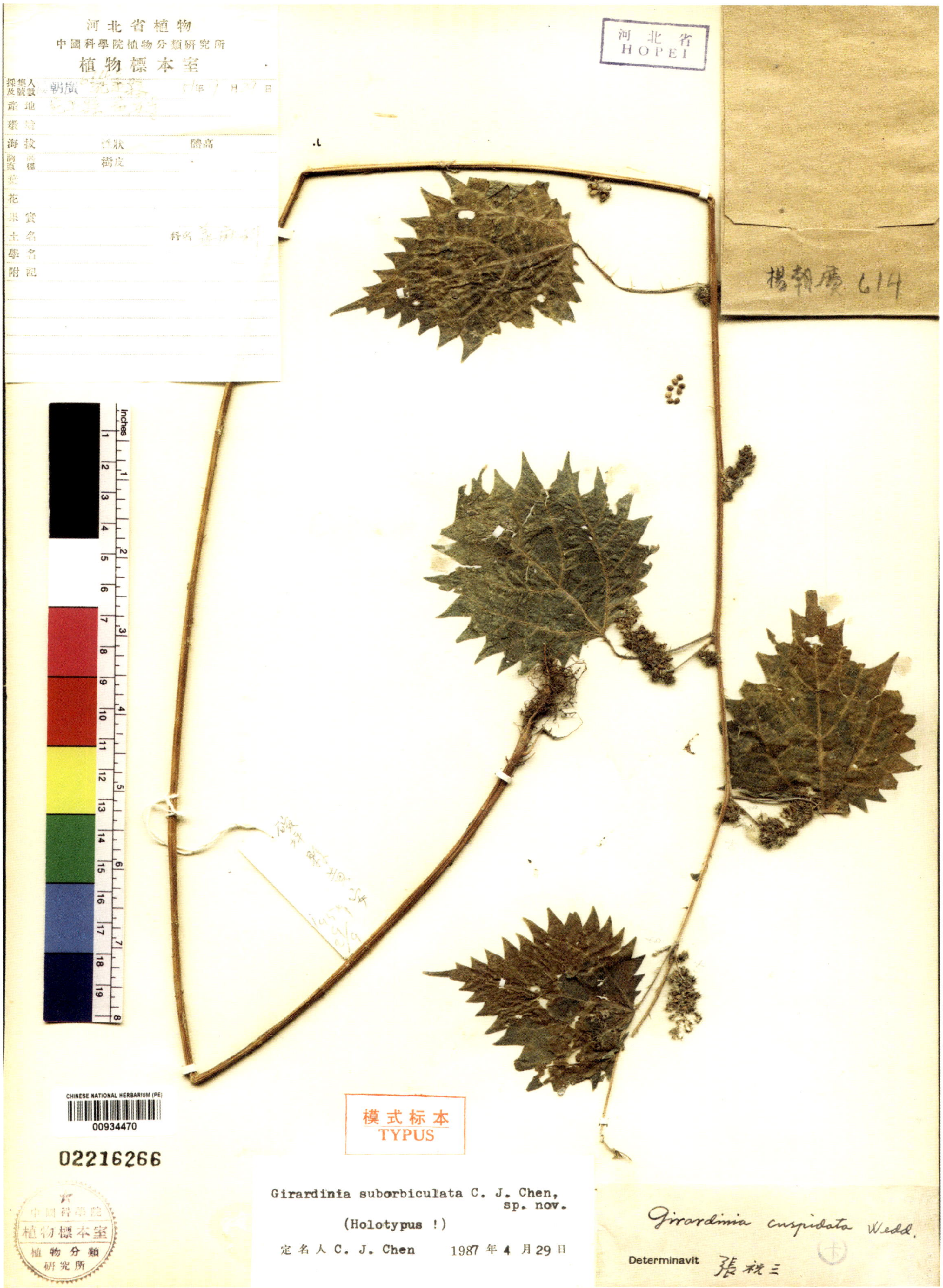

蝎子草 ***Girardinia suborbiculata*** C. J. Chen in Acta Phytotax. Sin. 30: 476. 1992. **Holotype:** China. Beijing: Fangshan, 1951-09-29, C. G. Yang 614.

圆基叶树火麻 ***Laportea basirotunda*** C. Y. Wu in Acta Phytotax. Sin. 6: 276. 1957. **Lectotype** (designated by Q. Lin & al. in Bull. Bot. Res., Harbin 28: 536. 2008.): China. Yunnan: Che-li (=Jinghong), 1 200 m, 1936-10-??, C. W. Wang 79201.

心叶艾麻 ***Laportea bulbifera*** (Sieb. & Zucc.)Wedd. subsp. ***latiuscula*** C. J. Chen in Acta Bot. Yunnan. 4: 329.1982. **Holotype:** China. Sichuan, Li Xian, alt. 3 400 m, 1957-08-29, X. Li 74251.

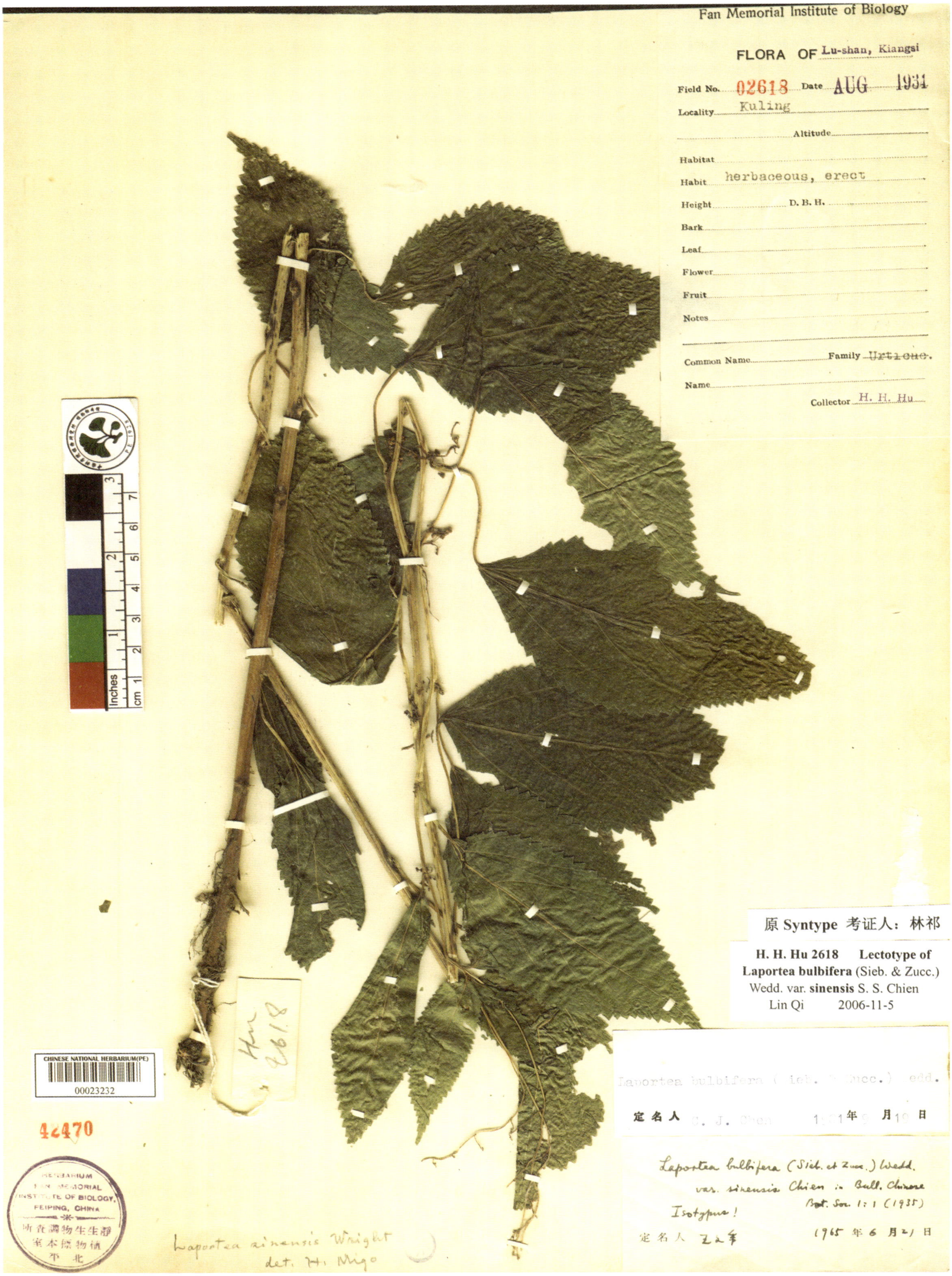

华珠芽艾麻 ***Laportea bulbifera*** (Sieb. & Zucc.) Wedd. var. ***sinensis*** Chien in Bull. Chin. Bot. Soc. 1:1. 1935. **Lectotype** (designated by Q. Lin & al. in Bull. Bot. Res., Harbin 28: 536. 2008.): China. Jiangxi: Lushan, 1934-08-21, H. H. Hu 2618.

仁昌火麻树 ***Laportea chingiana*** Hand.-Mazz. in Sinensis 2(1): 1. 1931. **Isotype:** China. Guangxi: Lingyun, alt. 900 m, 1928-09-05, R. C. Ching 7329.

棱果艾麻 ***Laportea elevata*** C. J. Chen in Acta Bot. Yunnan. 4：330. 1982. **Holotype:** China. Sichuan：Emei, Emeishan, alt. 1 200 m, 1957-04-23, G. H. Yang 54159.

福建红小麻 *Laportea fujianensis* C. J. Chen in Acta Bot. Yunnan. 4: 332, f. 1: 6-10. 1982. **Holotype:** China. Fujian: Nanjing , alt. 300 m, 1979-08-10, C. J. Chen & Z. Y. Li 103.

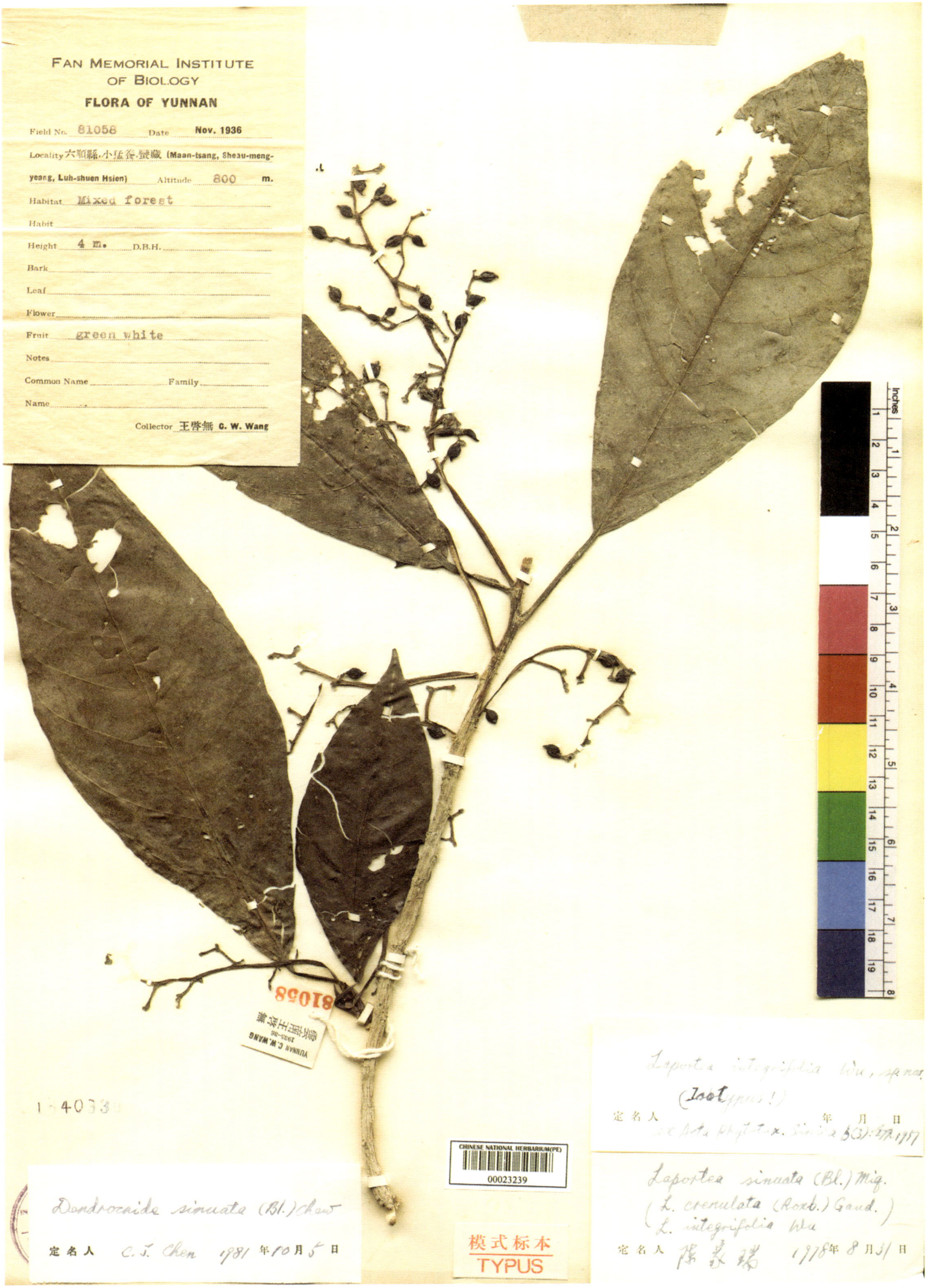

全缘叶火麻树 ***Laportea integrifolia*** C. Y. Wu in Acta. Phytotax. Sin. 6: 277. 1957. **Isotype:** China. Yunnan: Liushun (= Puer), alt. 800 m, 1936-11-??, C. W. Wang 81058.

墨脱艾麻 ***Laportea medogensis*** C. J. Chen in Acta Phytotax. Sin. 28: 68, f. 1. 1990. **Holotype:** China. Xizang: Mêdog, alt. 850 ～ 1 600 m, 1983-01-21, B. S. Li & S. Z. Cheng 02631.

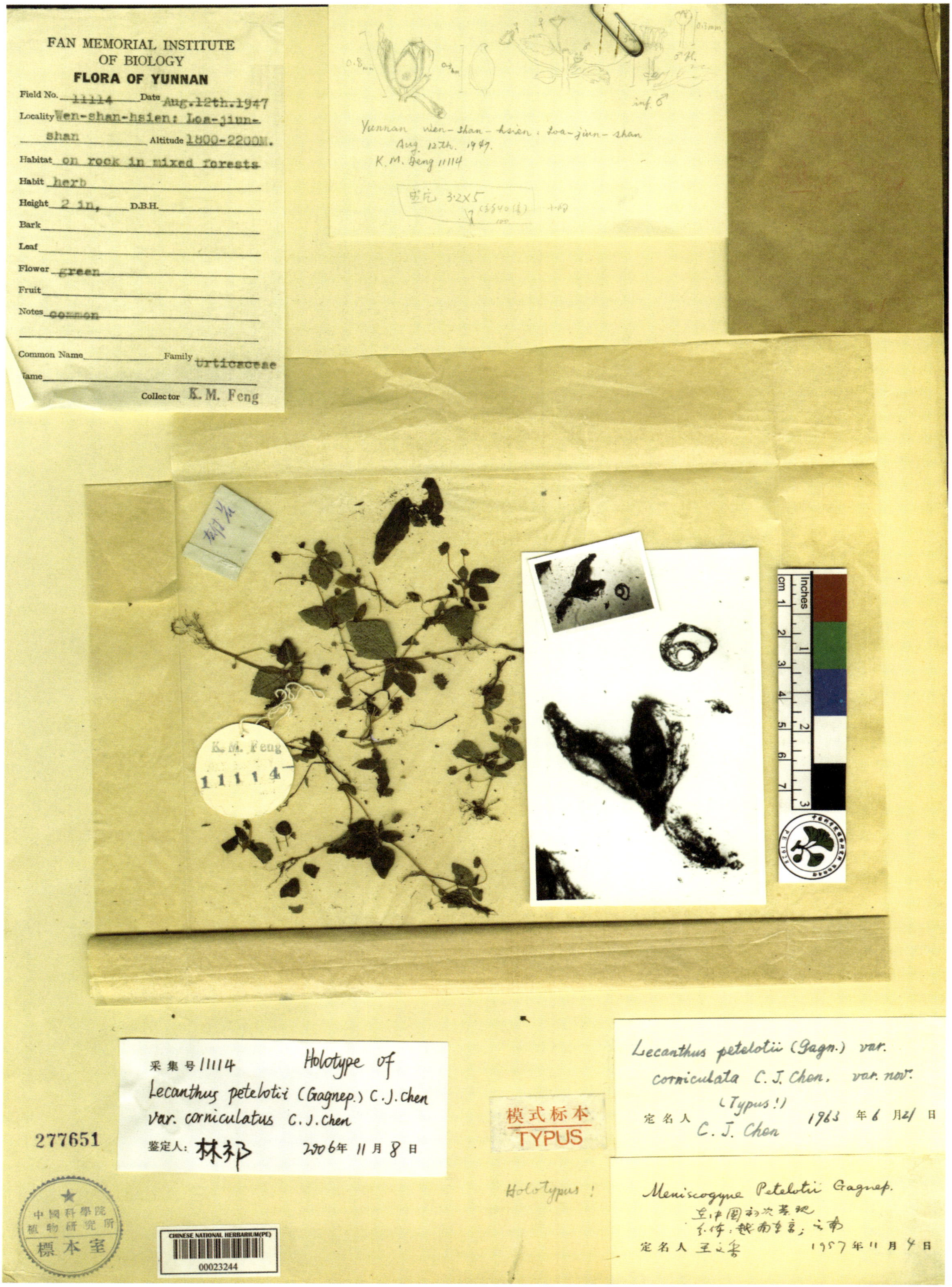

角被假楼梯草 ***Lecanthus petelotii*** (Gagnep.) C. J. Chen var. ***corniculata*** C. J. Chen, Fl. Xizang. 1: 547, f. 175: 4-9. 1983. **Holotype:** China. Yunnan: Wenshan, alt. 2 200 m, 1947-08-12, K. M. Feng 11114.

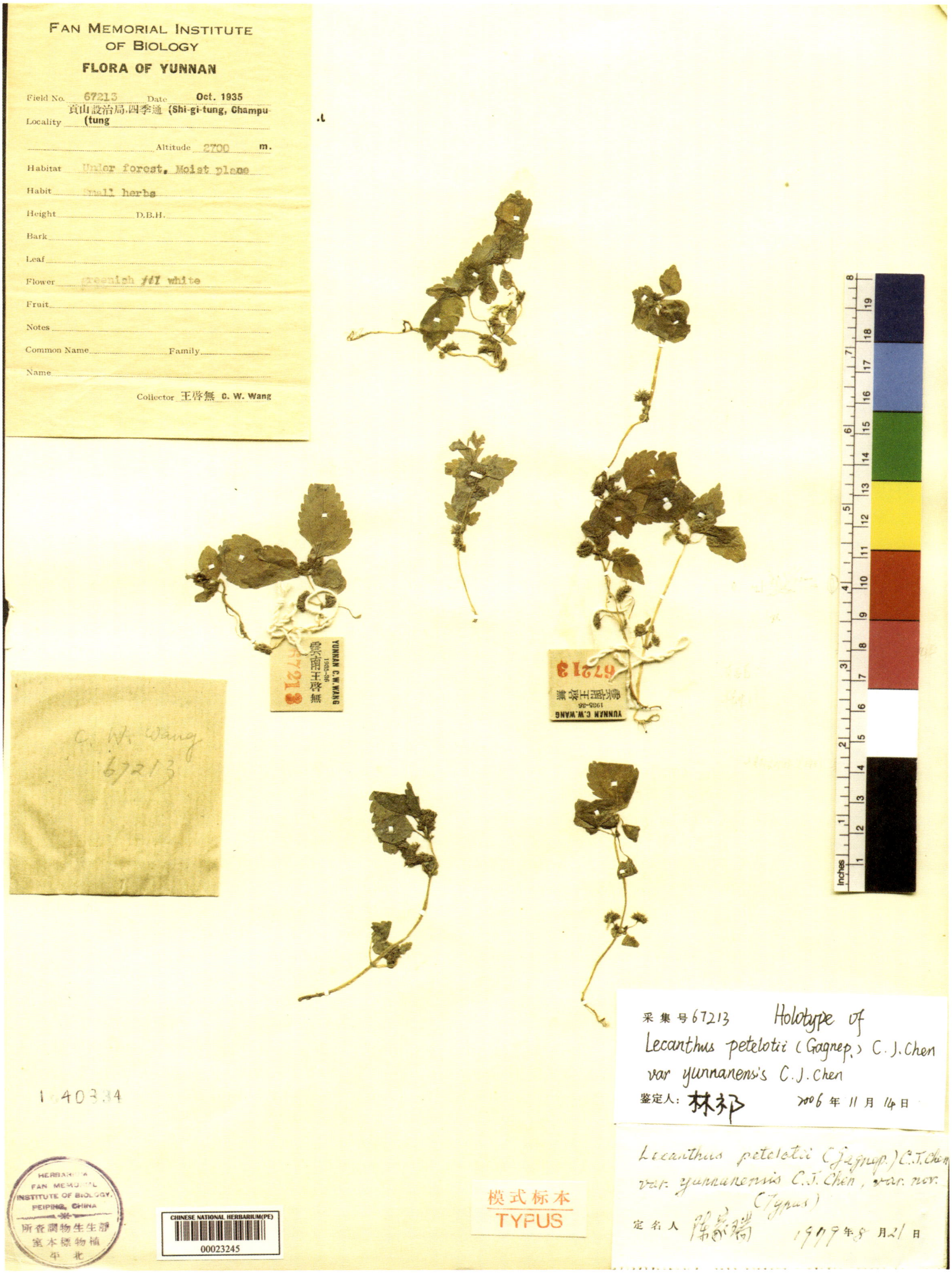

云南假楼梯草 ***Lecanthus petelotii*** (Gagnep.) C. J. Chen var. ***yunnanensis*** C. J. Chen in Acta Phytotax. Sin. 21: 349. 1983. **Holotype:** China. Yunnan: Gongshan, alt. 2 700 m, 1935-10-??, C. W. Wang 67213.

冷水花假楼梯草 ***Lecanthus pileoides*** Chien & C. J. Chen in Acta. Phytotax. Sin. 21: 348. 1983. **Holotype:** China. Guizhou: Pan Xian, alt. 2 100 m, 1959-08-22, Anshun Exped. 1247.

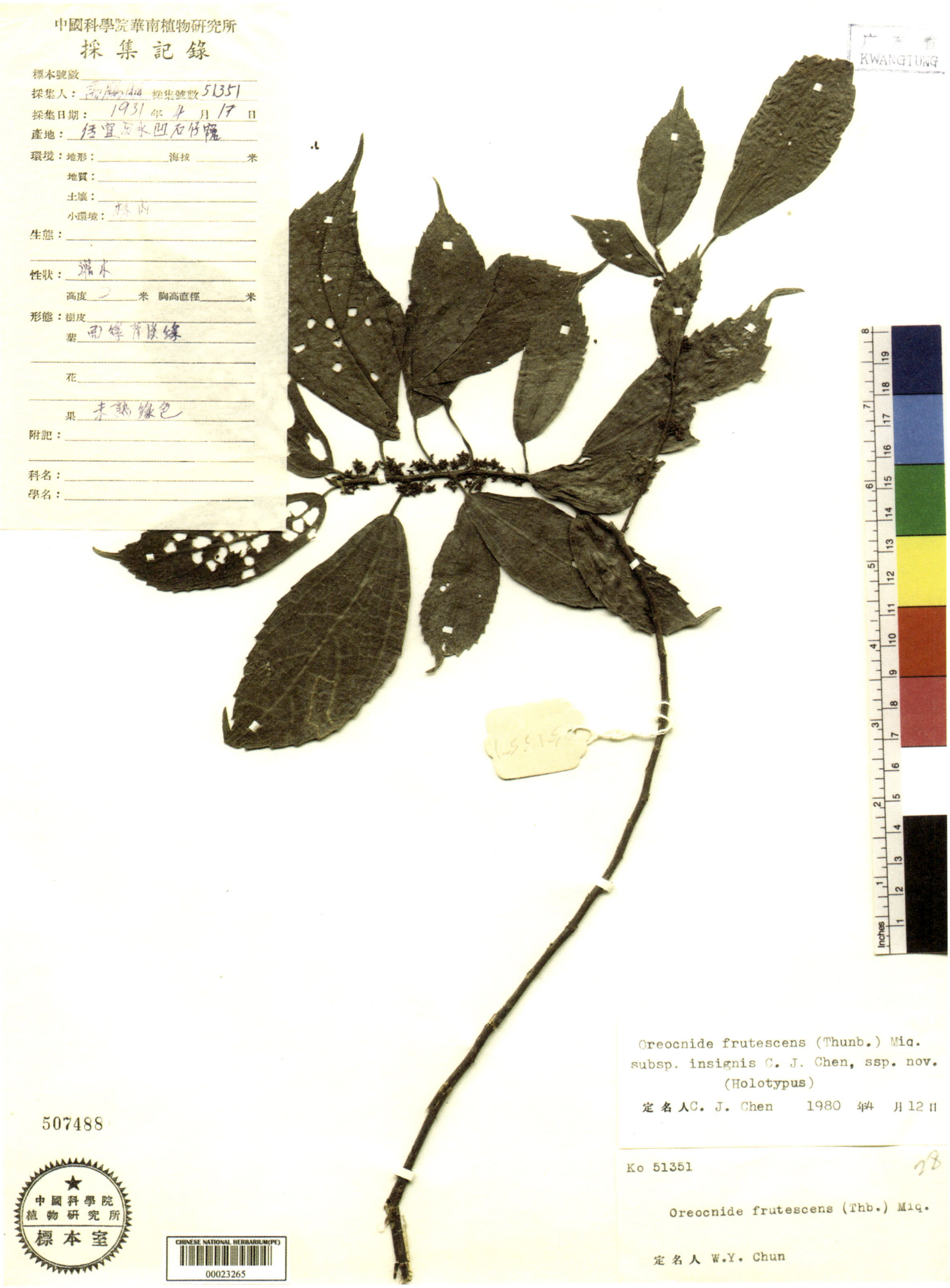

细梗紫麻 ***Oreocnide frutescens*** (Thunb.) Miq. subsp. ***insignis*** C. J. Chen. in Acta Phytotax. Sin. 21: 475. 1983. **Holotype:** China. Guangdong: Xinyi, 1931-04-17, S. P. Ko 51351.

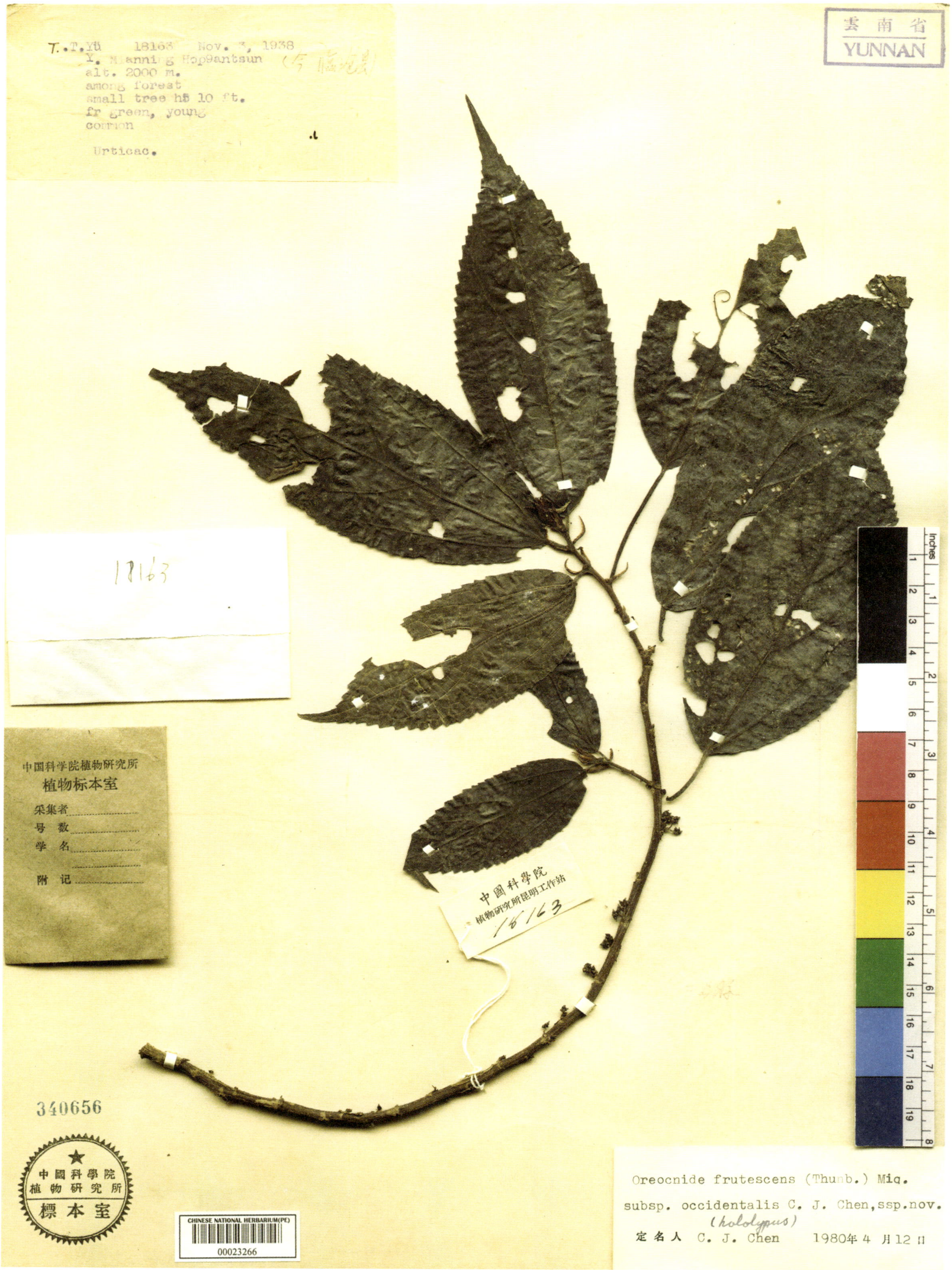

滇藏紫麻 ***Oreocnide frutescens*** (Thunb.) Miq. subsp. ***occidentalis*** C. J. Chen in Acta Phytotax. Sin. 21: 475. 1983.
Holotype: China. Yunnan: Mianning (=Lincang), alt. 2 000 m, 1938-11-03, T. T. Yu 18163.

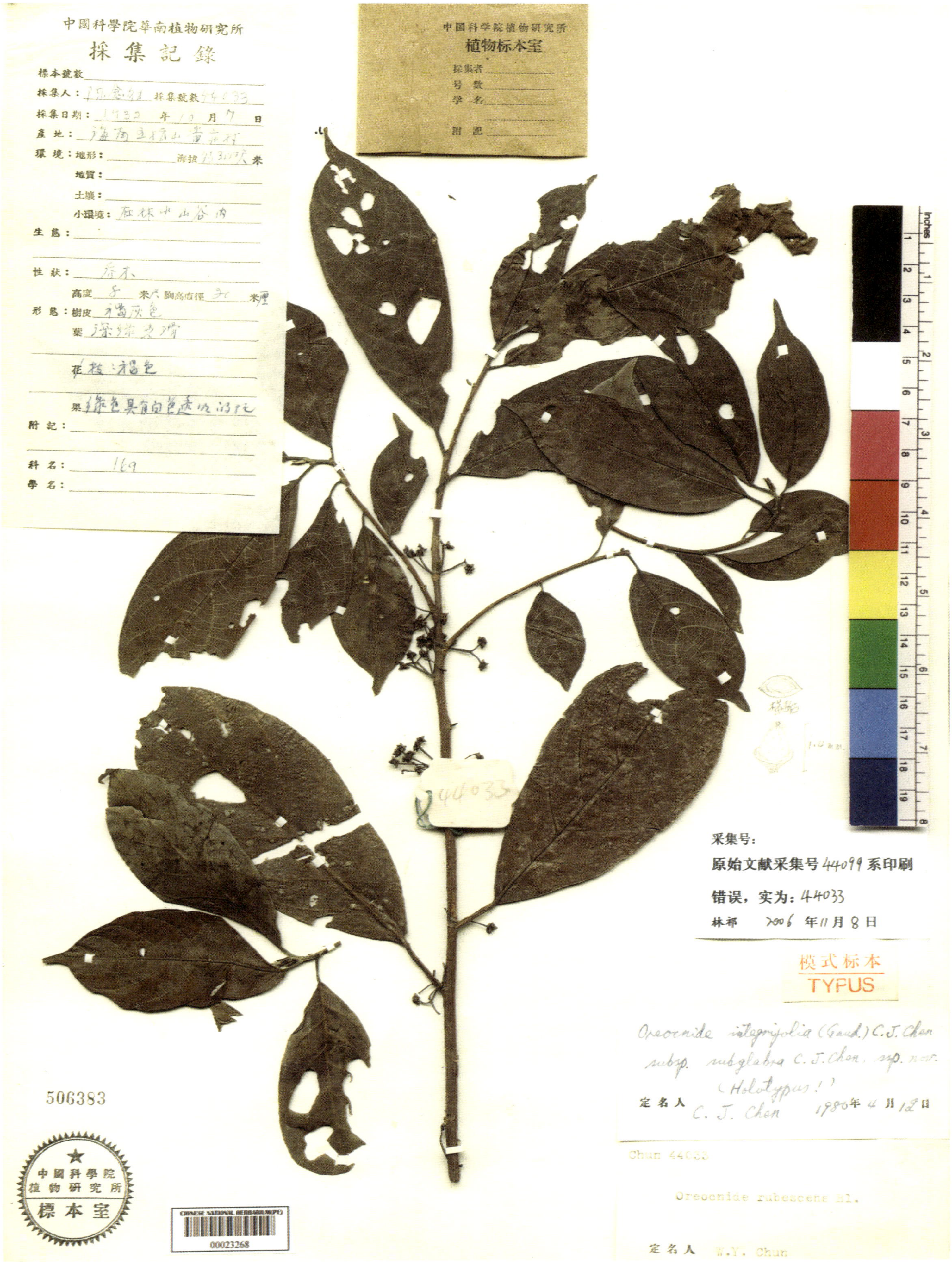

少毛全缘叶紫麻 ***Oreocnide integrifolia*** (Gaudich.) Miq. subsp. ***subglabra*** C. J. Chen in Acta Phytotax. Sin. 21: 473. 1983.
Holotype: China. Hainan: Qiongzhong, alt. 1 000 m, 1932-10-07, N. K. Chun 44033.

广西紫麻 ***Oreocnide kwangsiensis*** Hand.-Mazz. in Sinensia 2(1): 2. 1931. **Holotype:** China. Guangxi: Lingyun, alt. 870 m, 1928-08-02, R. C. Ching 6630 .

凸尖倒卵叶紫麻 ***Oreocnide obovata*** (C. H. Wright) Merr. var. ***mucronata*** C. J. Chen in Acta. Phytotax. Sin. 21: 474, f. 1: 4. 1983. **Holotype:** China. Guangxi: Heng Xian, alt. 280 m, 1957-04-20, Z. Z. Chen 50221.

细齿紫麻 ***Oreocnide serrulata*** C. J. Chen in Acta. Phytotax. Sin. 21: 474, f. 1: 1-3. 1983. **Holotype:** China. Guangxi: Poseh (=Baise), alt. 930 m, 1928-09-14, R. C. Ching 7422.

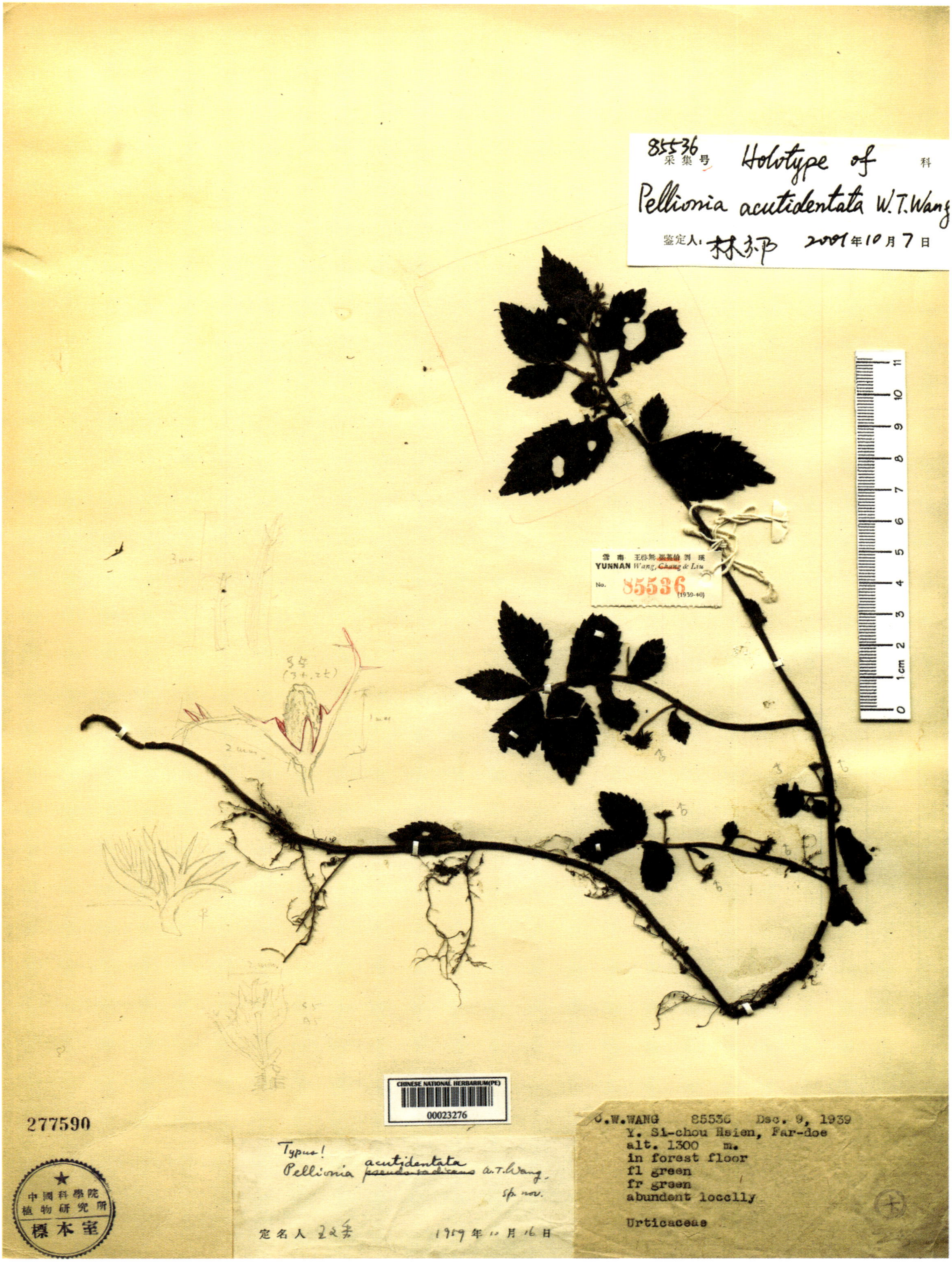

尖齿赤车 ***Pellionia acutidentara*** W. T. Wang in Bull. Bot. Lab. N. E. Forest. Inst., Harbin 6: 53, pl. 2-3. 1980. **Holotype:** China. Yunnan: Xichou, alt. 1 300 m, 1939-12-09, C. W. Wang 85536.

翅茎赤车 ***Pellionia caulialata*** S. Y. Liu in Guihaia 3: 317. 1983. **Isotype:** China. Guangxi: Guiping, 1982-12-14, S. Y. Liu & al. D 00322.

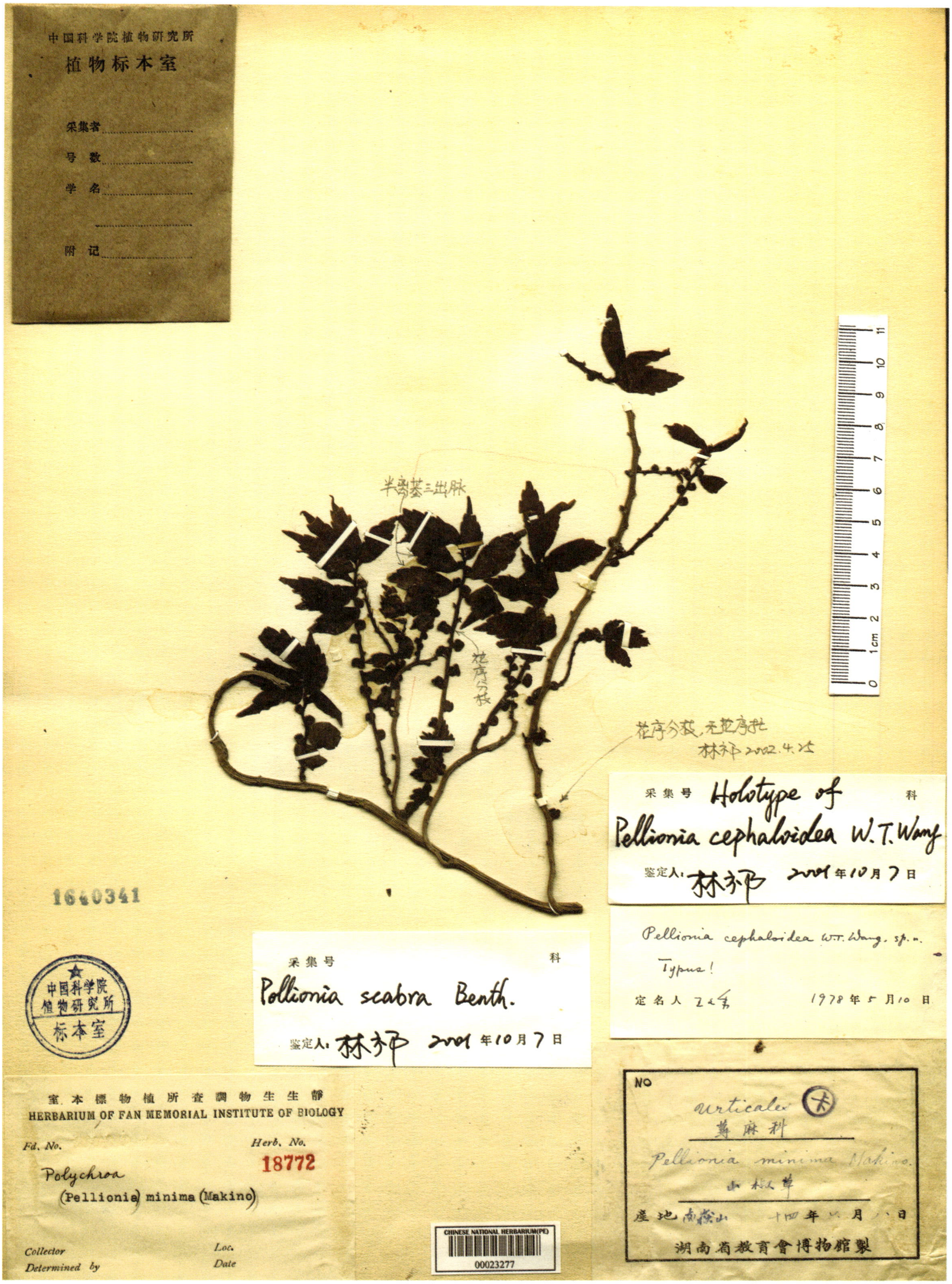

头序赤车 ***Pellionia cephaloidea*** W. T. Wang in Bull. Bot. Lab. N. E. Forest. Inst., Harbin 6: 64, pl. 7-9. 1980. **Holotype:** China. Hunan: Hengshan (=Nanyue), 1925-06-08, Musaeum Hunan s. n.

硬毛赤车 ***Pellionia crispulihirtella*** W. T. Wang in Bull. Bot. Res., Harbin 3(3): 57, f. 4. 1983. **Holotype:** China. Yunnan: Pingbian, alt. 1 500 m, 1939-10-09, C. W. Wang 82383.

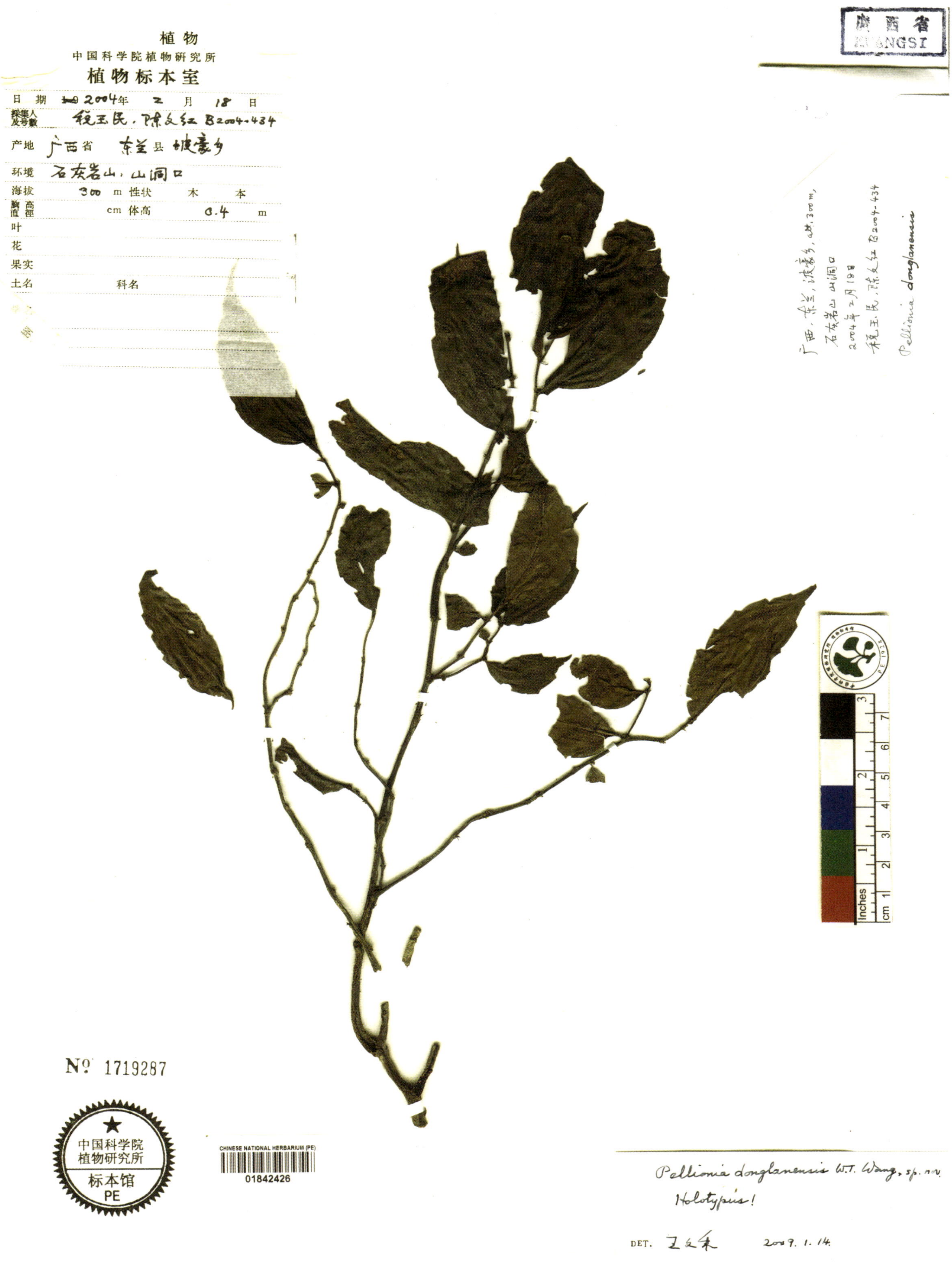

东兰赤车 ***Pellionia donglanensis*** W. T. Wang in Guihaia. 30: 1, f. 1. 2010. **Holotype:** China. Guangxi: Donglan, alt. 300 m, 2004-02-18, Y. M. Shui & W. H. Chen B2004-434.

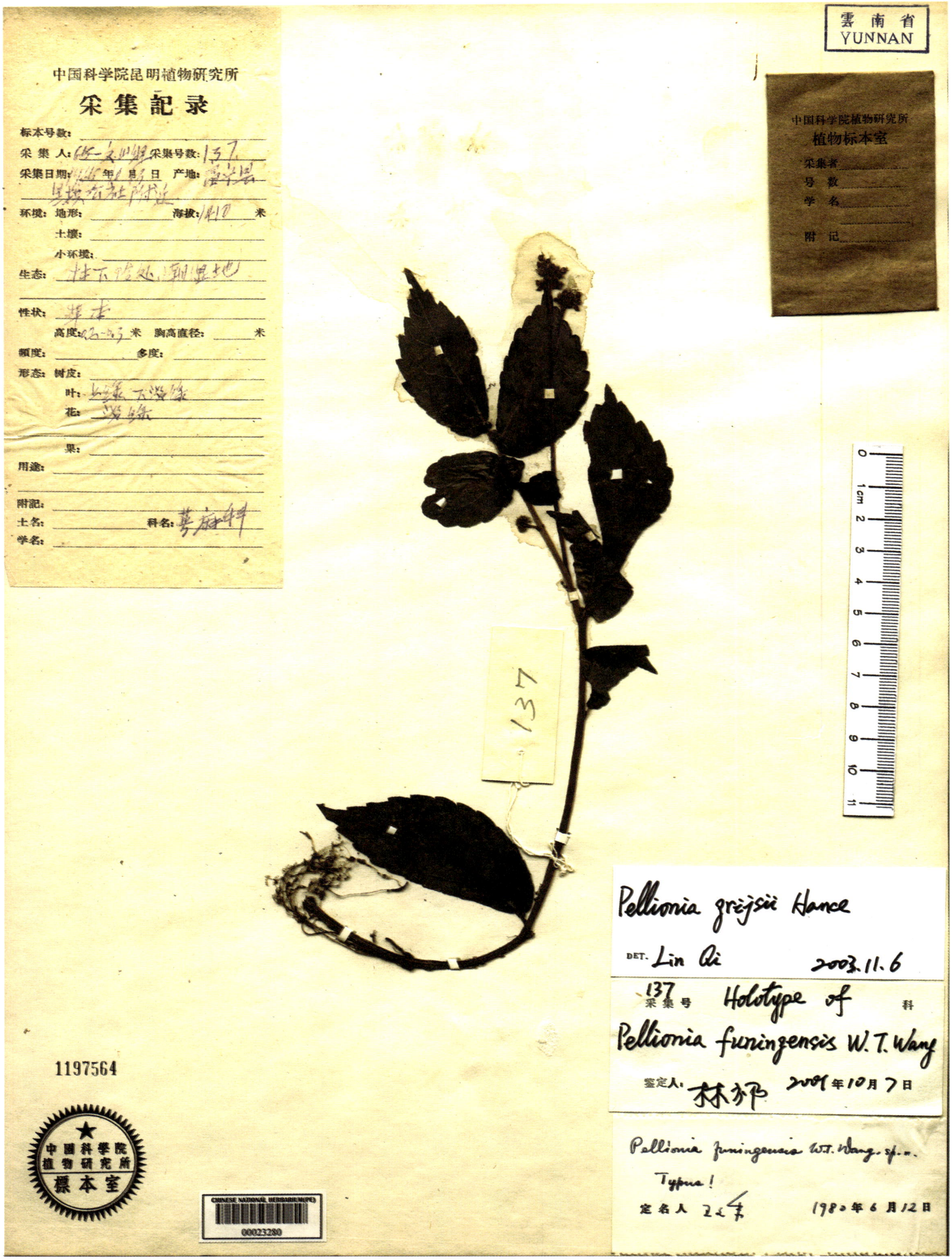

富宁赤车 ***Pellionia funingensis*** W. T. Wang in Bull. Bot. Res., Harbin 2(1): 2. 1982. **Holotype:** Yunnan: Funing, alt. 1 410 m, 1965-10-13, Wenshan Exped. 137.

小叶异被赤车 ***Pellionia heteroloba*** Wedd. var. ***minor*** W. T. Wang in Bull. Bot. Lab. N. E. Forest. Inst., Harbin 6: 60. 1980. **Holotype:** China. Guizhou: Xishui, alt. 650 m, 1959-09-24, Bijie Exped. 1593.

弄岗赤车 ***Pellionia longgangensis*** W. T. Wang in Bull. Bot. Res., Harbin 8(4): 77, pl. 1. 1988. **Holotype:** China. Guangxi: Longzhou, Longgang, alt. 230 m, 1985-11-09, Z. Y. Li, D. Z. Fu & H. N. Qin 027.

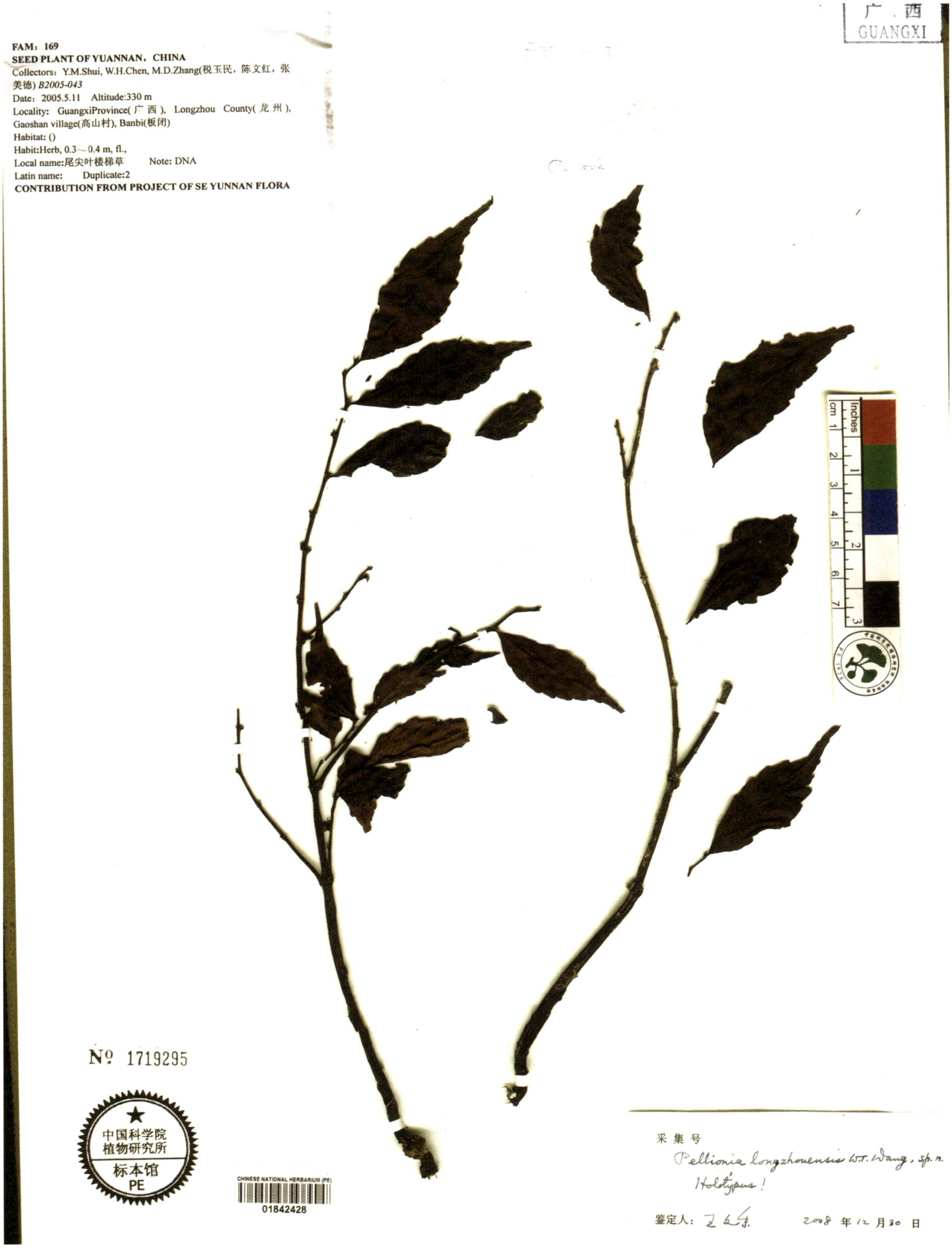

龙州赤车 ***Pellionia longzhouensis*** W. T. Wang in Giuhaia. 30: 3, f. 2: A-C. 2010. **Holotype:** China. Guangxi: Longzhou, alt. 330 m, 2005-05-11, Y. M. Shui, W. H. Chen & M. D. Zhang B2005-043.

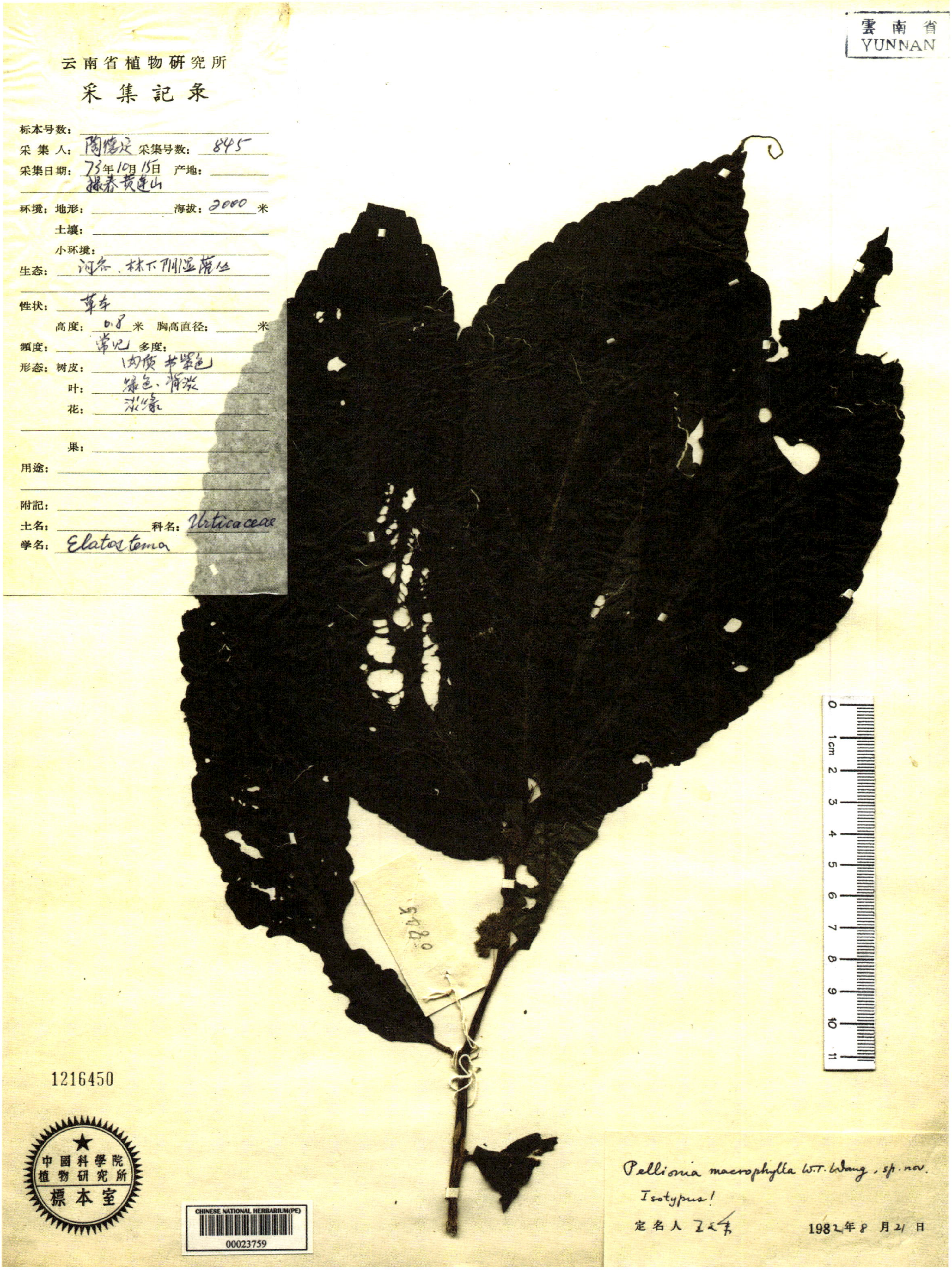

大叶赤车 ***Pellionia macrophylla*** W. T. Wang in Acta. Bot. Yunnan. 5: 271, f. 1. 1983. **Isotype:** China. Yunnan: Luchun, alt. 2 000 m, 1973-10-15, D. D. Tao 845.

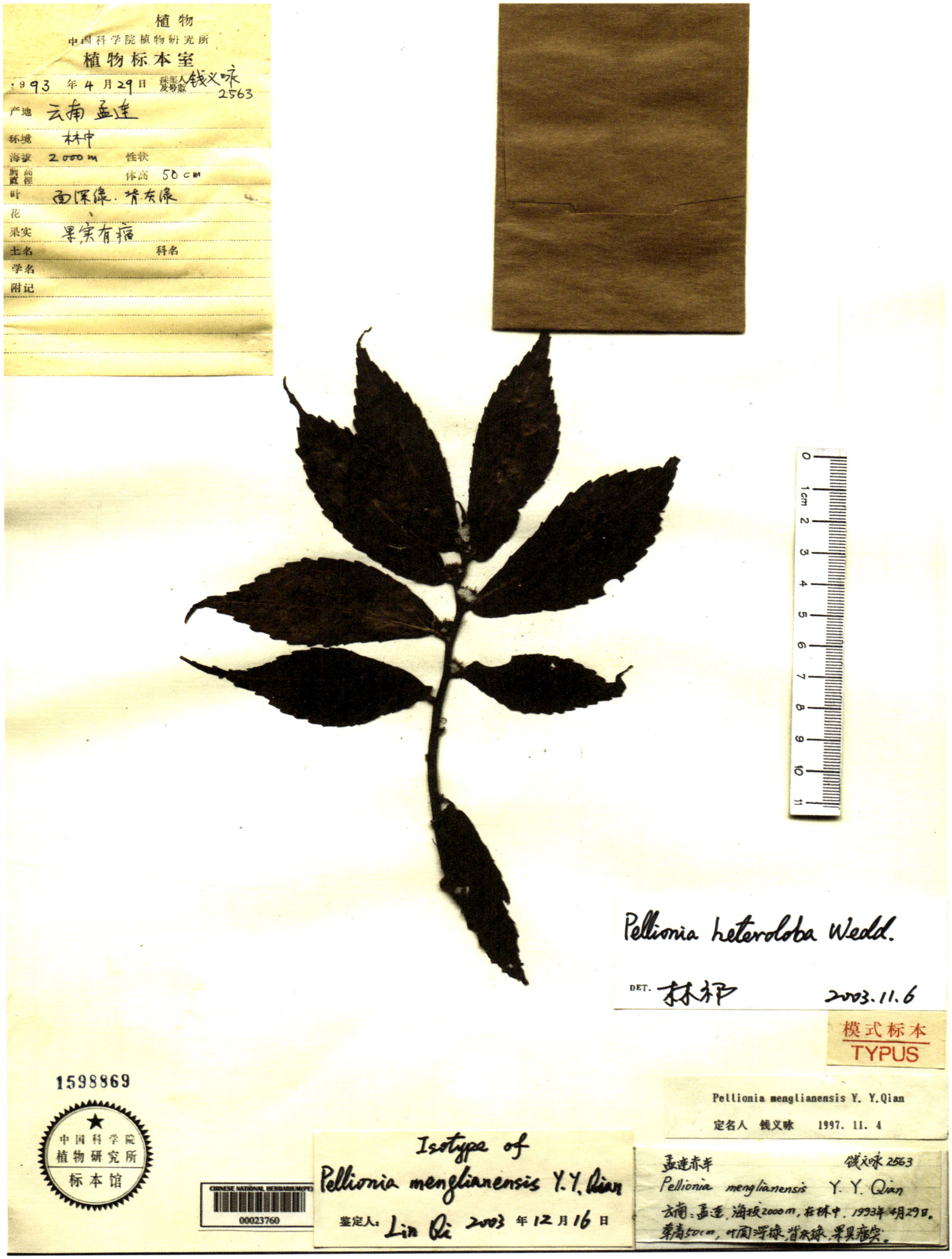

孟连赤车 ***Pellionia menglianensis*** Y. Y. Qian in Acta phytotax. sin. 37: 523, f. 1. 1999. **Isotype:** China. Yunnan: Menglian, alt. 2 000 m, 1993-04-29, Y. Y. Qian 2563.

柔毛赤车 ***Pellionia mollissima*** W. T. Wang in Guihaia 34: 1, f. 1. 2014. **Holotype:** China. Guangxi: Longzhou, 2003-09-15, Y. M. Shui & W. H. Chen B2003-038.

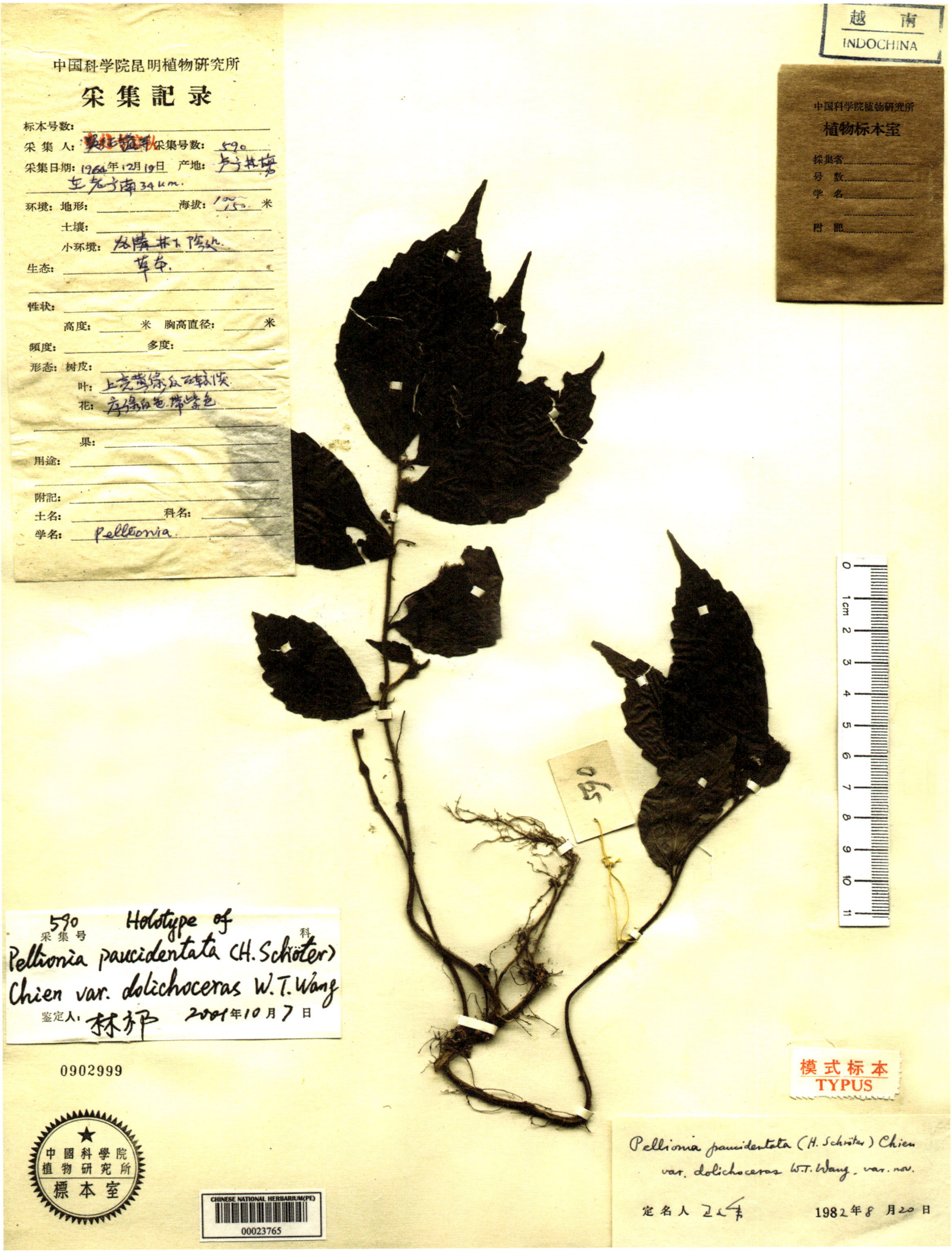

长角赤车 ***Pellionia paucidentata*** (H. Schröeter) Chien var. ***dolichoceras*** W. T. Wang in Bull. Bot. Res., Harbin 3(3): 59. 1983. **Holotype:** Vietnam. Lao-Cai, alt. 100 ~ 150 m, 1964-12-10, Sino-Vietnam Exped. 590.

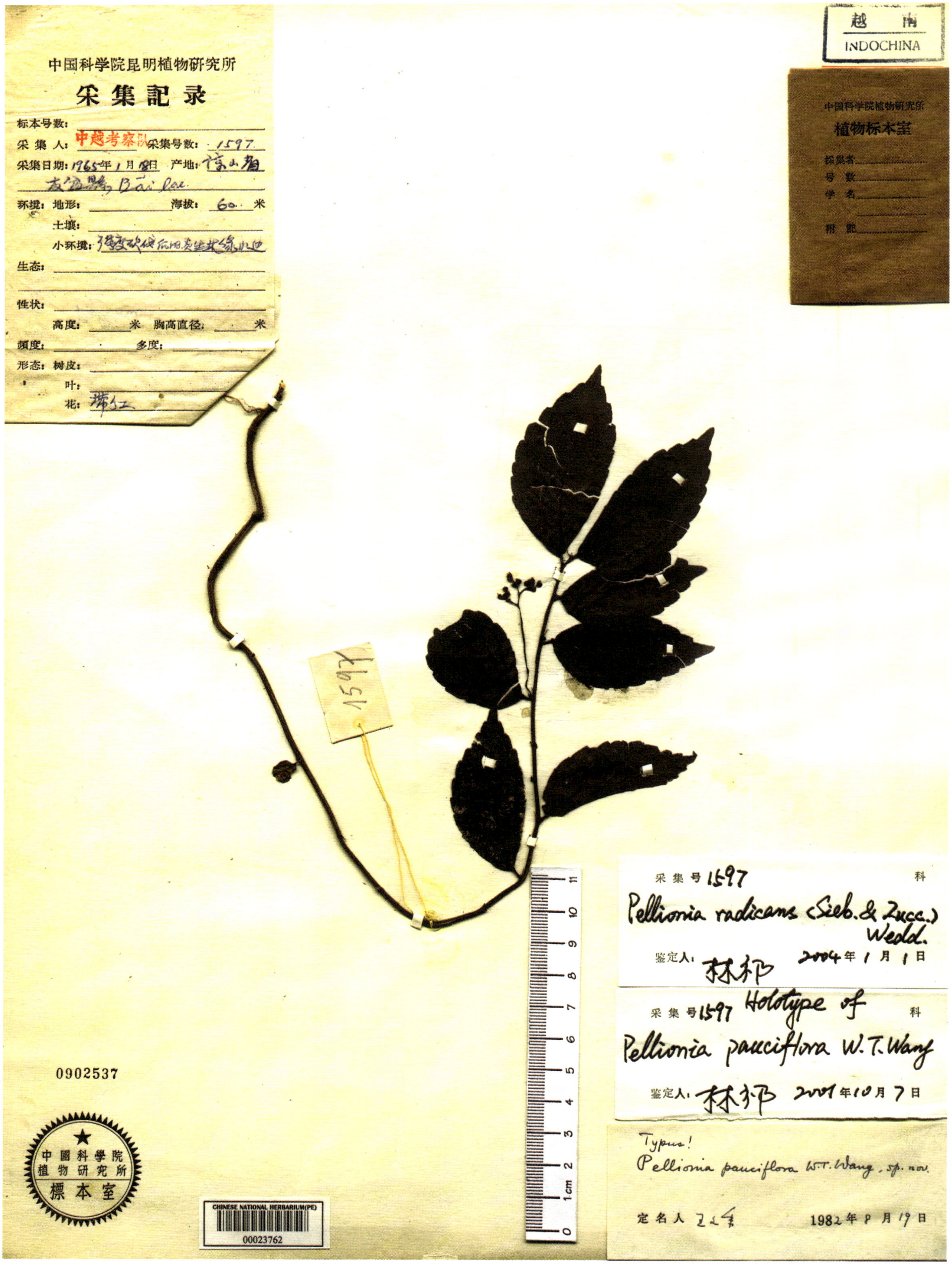

少花赤车 ***Pellionia pauciflora*** W. T. Wang in Bull. Bot. Res., Harbin 3(3): 58, f. 1. 1983. **Holotype:** Vietnam. Lang-Son, alt. 60 m, 1965-01-18, Sino-Vietnam Exped. 1597.

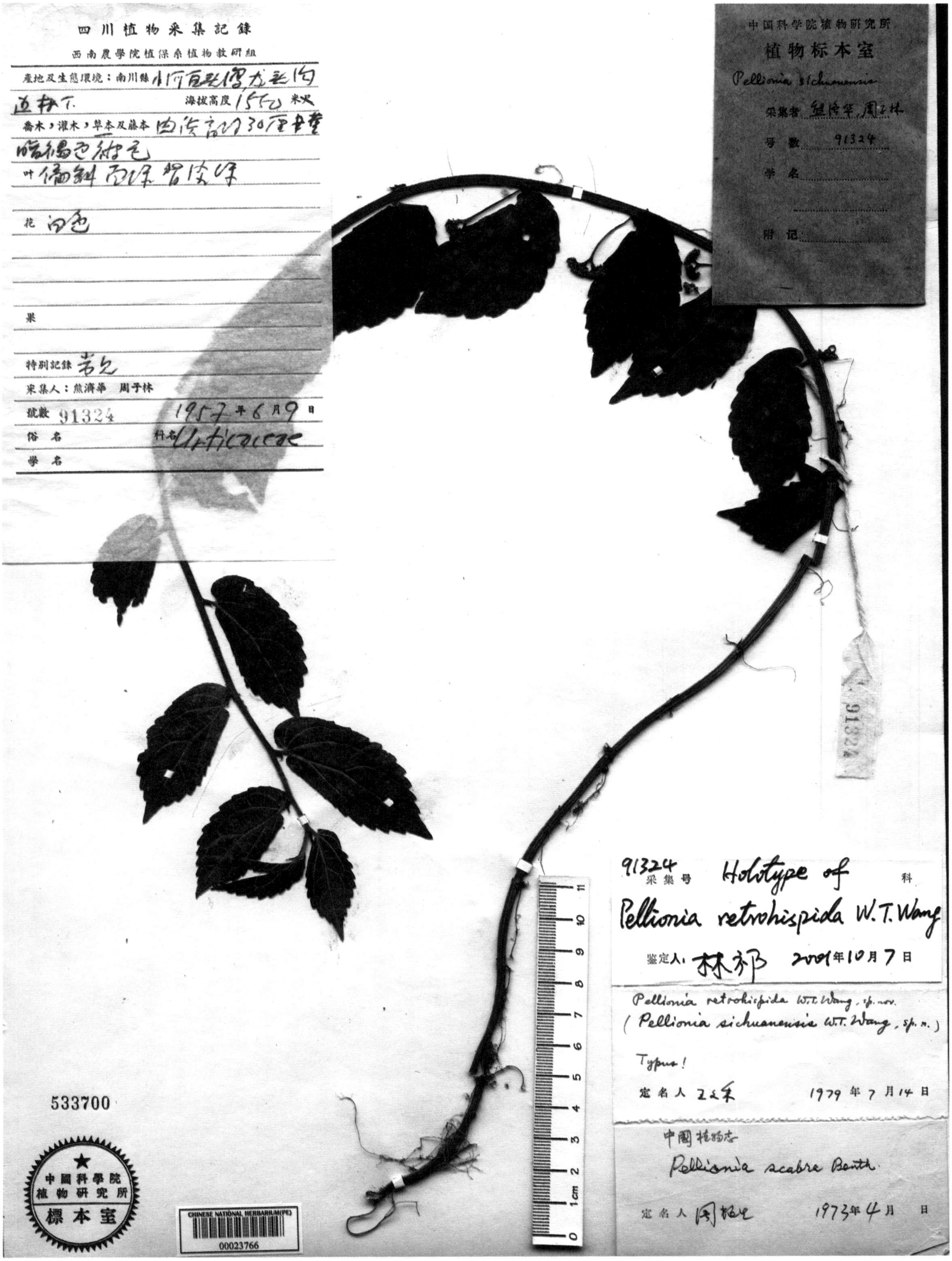

曲毛赤车 ***Pellionia retrohispida*** W. T. Wang in Bull. Bot. Lab. N. E. Forest. Inst., Harbin 6: 54, pl. 4-5. 1980. **Holotype:** China. Chongqing: Nanchuan, alt. 1 550 m, 1957-06-09, J. H. Xiong & Z. L. Zhou 91324.

融安赤车 ***Pellionia ronganensis*** W. T. Wang & Y. G. Wei in Nordic Journ. Bot. 28: 54, f. 1. 2010. **Holotype:** China. Guangxi: Rongan, alt. 200 m, 2008-04-28, Y. G. Wei 09185.

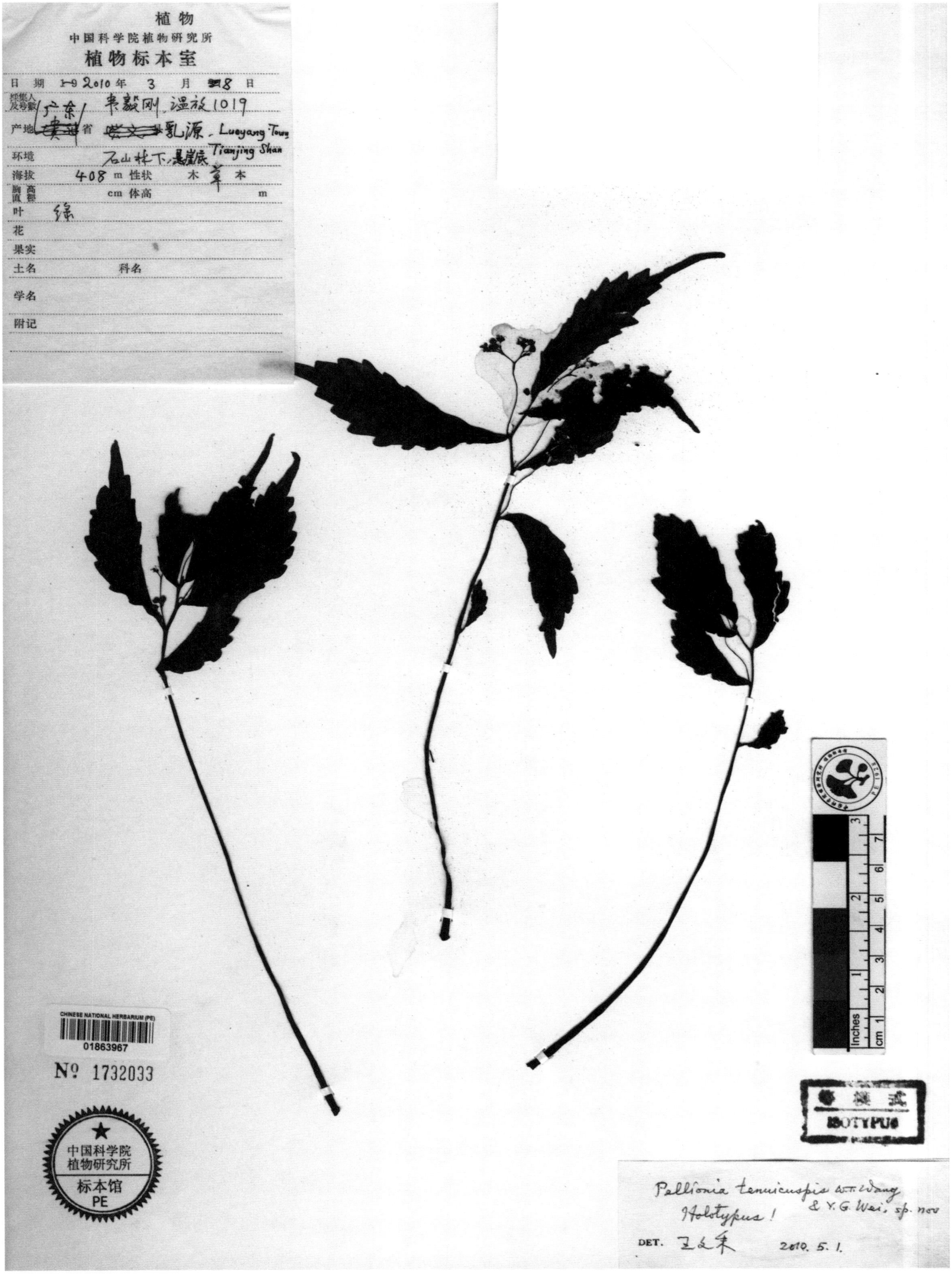

细尖赤车 ***Pellionia tenuicuspis*** W. T. Wang & Y. G. Wei in Ann. Bot. Fennici. 49: 190, f. 2. 2012. **Isotype:** China. Guangdong: Ruyuan, alt. 408 m, 2010-03-08, Y. G. Wei & F. Wen 1019.

长柄赤车 ***Pellionia tsoongii*** (Merr.) Merr in Philipp. Journ. Sci. 21: 493. 1922. **Isotype:** China. Guangxi: Dongxing, 1910-06-21, K. K. Tsoong 1870.

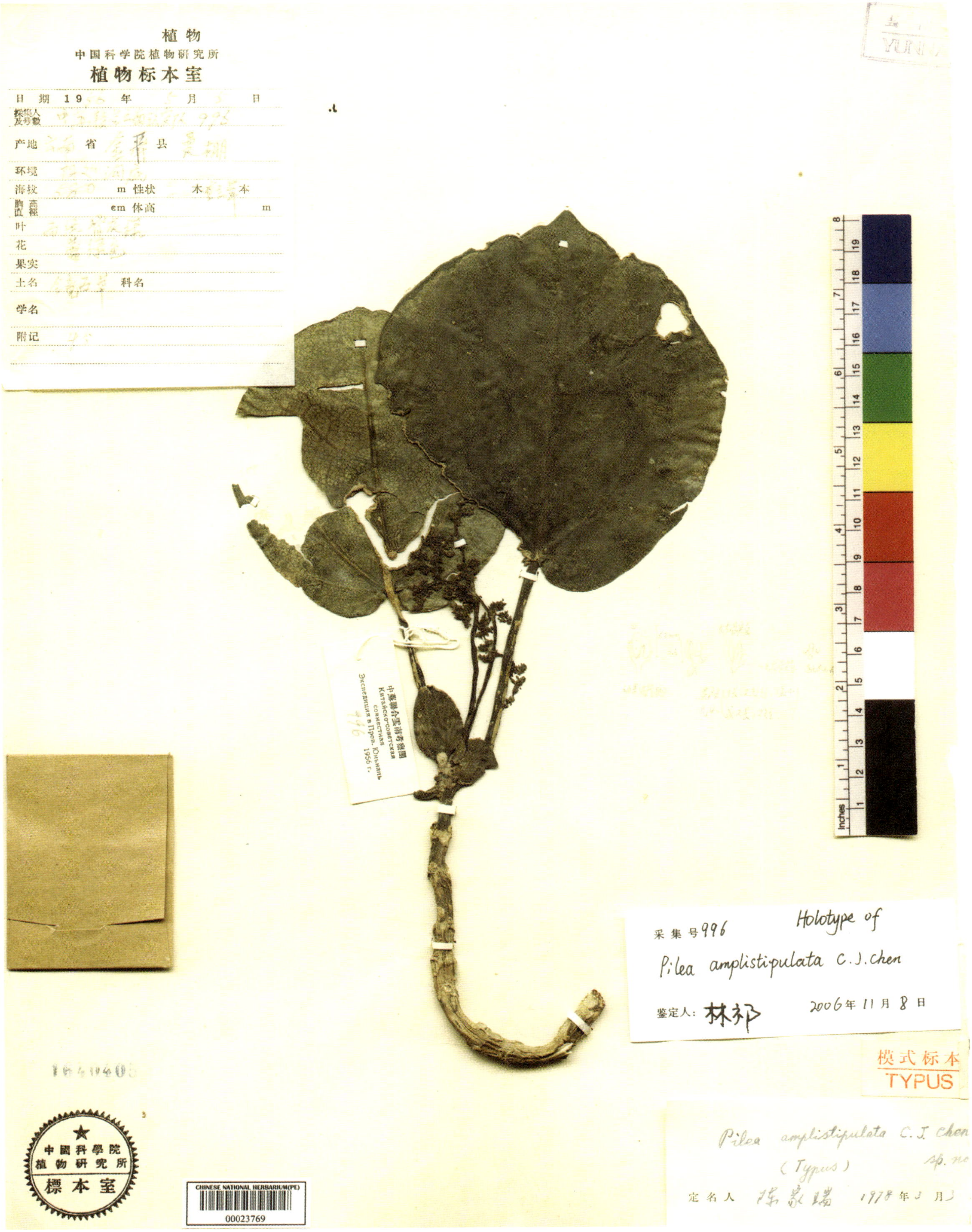

大托叶冷水花 ***Pilea amplistipulata*** C. J. Chen in Bull. Bot. Res., Harbin 2(3): 46. 1982 . **Holotype:** China. Yunnan: Jinping, alt. 580 m, 1956-05-05, Sino-Russia Yunnan Exped. 996.

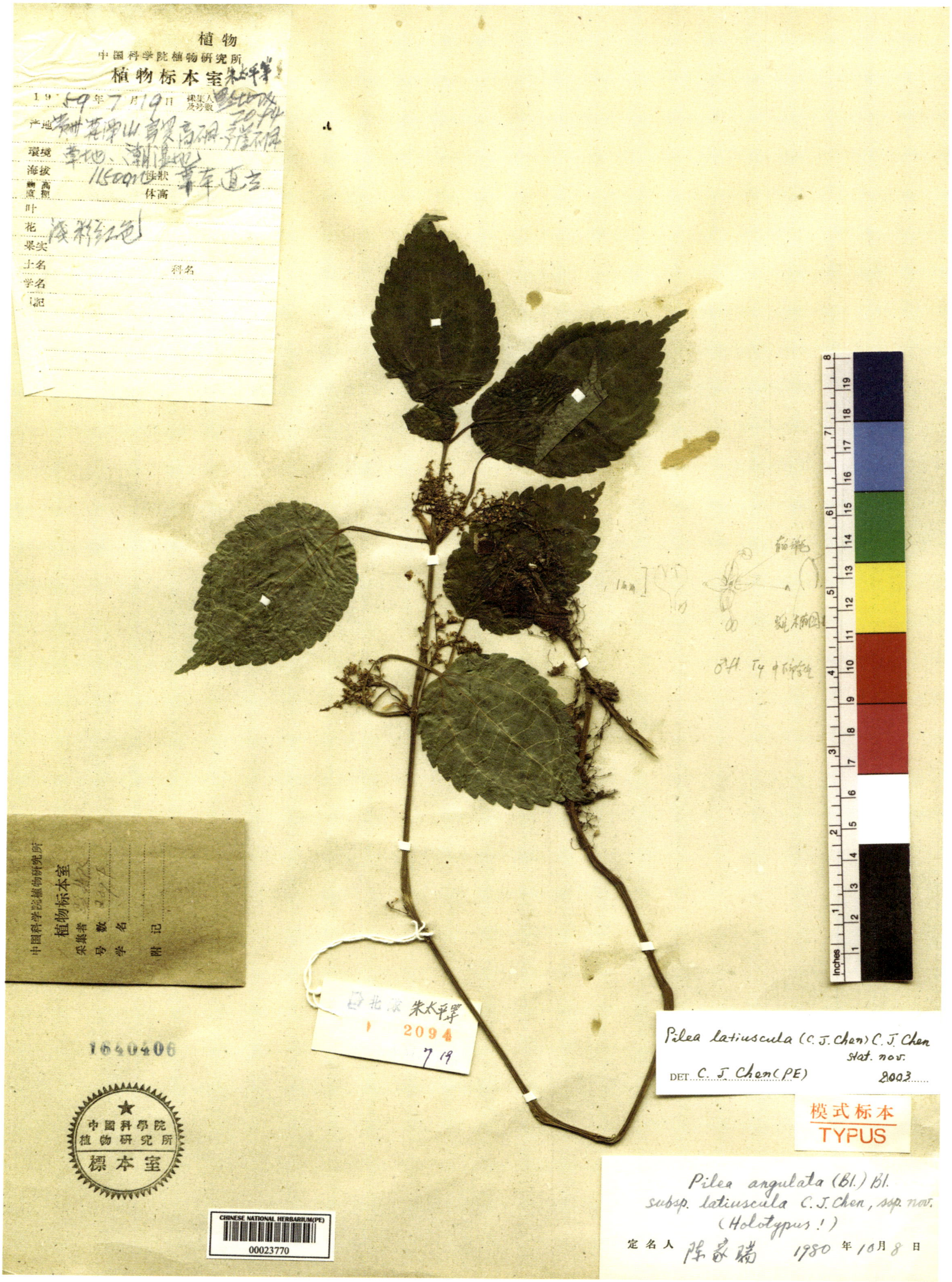

华中冷水花 ***Pilea angulata*** (Bl.) Bl. subsp. ***latiuscula*** C. J. Chen in Bull. Bot. Res., Harbin. 2(3): 83, pl. 6: 9-11. 1982.
Holotype: China. Guizhou: Fanjingshan, alt. 11 500 m, 1959-07-19, T. P. Zhu & al. 2094.

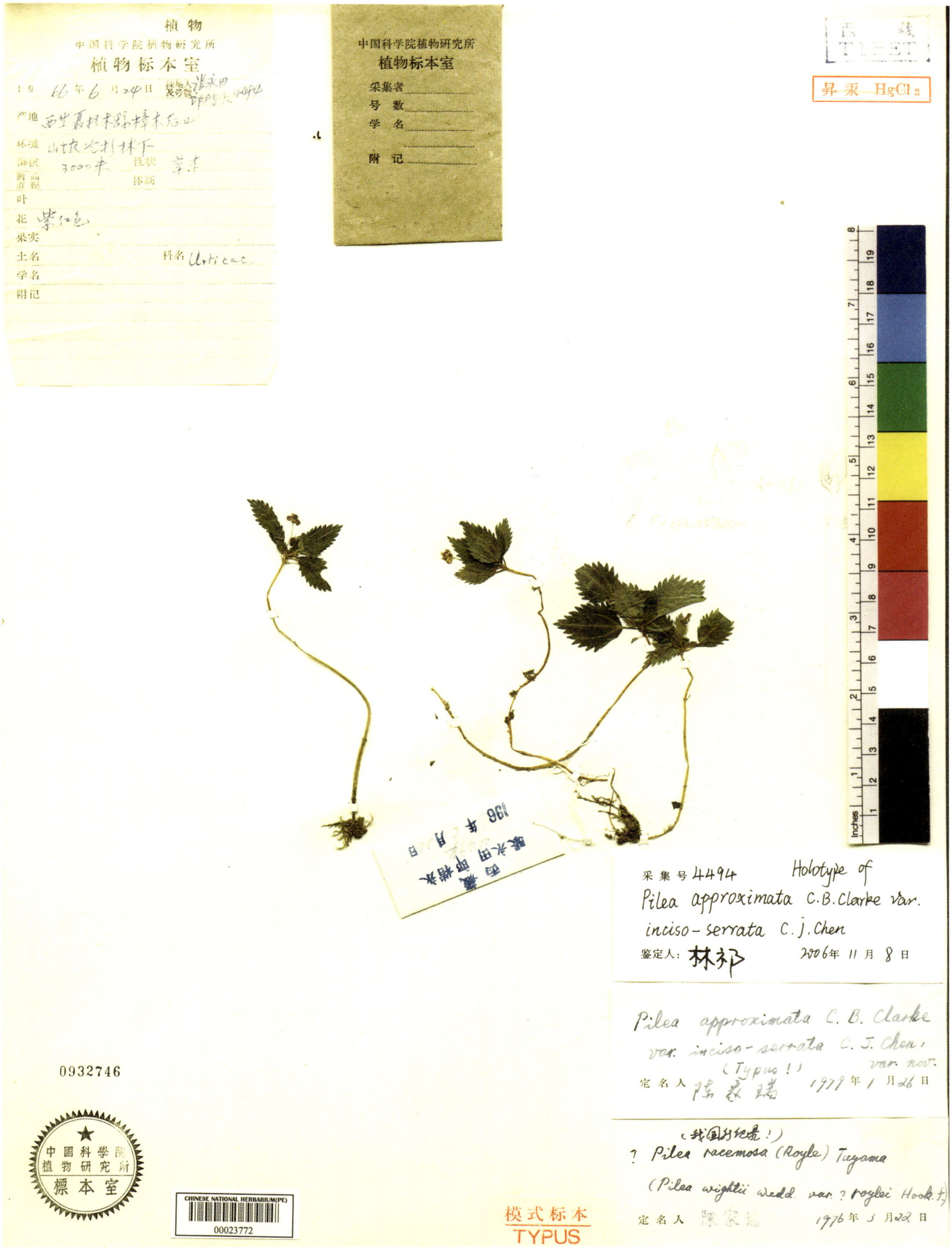

锐裂齿顶叶冷水花 ***Pilea approximata*** C. B. Clarke var. ***inciso-serrata*** C. J. Cnen in Bull. Bot. Res., Harbin 2(3): 100. 1982. **Holotype:** China. Xizang: Nyalam, alt. 3 000 m, 1966-06-24, Y. T. Chang & K. Y. Lang 4494.

耳基冷水花 ***Pilea auricularis*** C. J. Chen in Bull. Bot. Res., Harbin 2(3):70, pl. 5: 3-4. 1982. **Holotype:** China. Yunnan: Gongshan, alt. 2 500 m, 1935-10-??, C. W. Wang 66864.

基心叶冷水花 ***Pilea basicordata*** W. T. Wang ex C. J. Chen in Bull. Bot. Res., Harbin 2(3): 44, pl. 2: 1-4. 1982. **Holotype:** China. Guangxi: Liucheng, 1972-04-??, Z. C. Jin & S. X. Qin 35.

圆齿石油菜 ***Pilea cavaleriei*** Lévl. subsp. ***crenata*** C. J. Chen in Bull. Bot. Res., Harbin 2(3): 99. 1982. **Holotype:** China. Guangxi: Luocheng, alt. 600 m, 1928-05-25, R. C. Ching 5332.

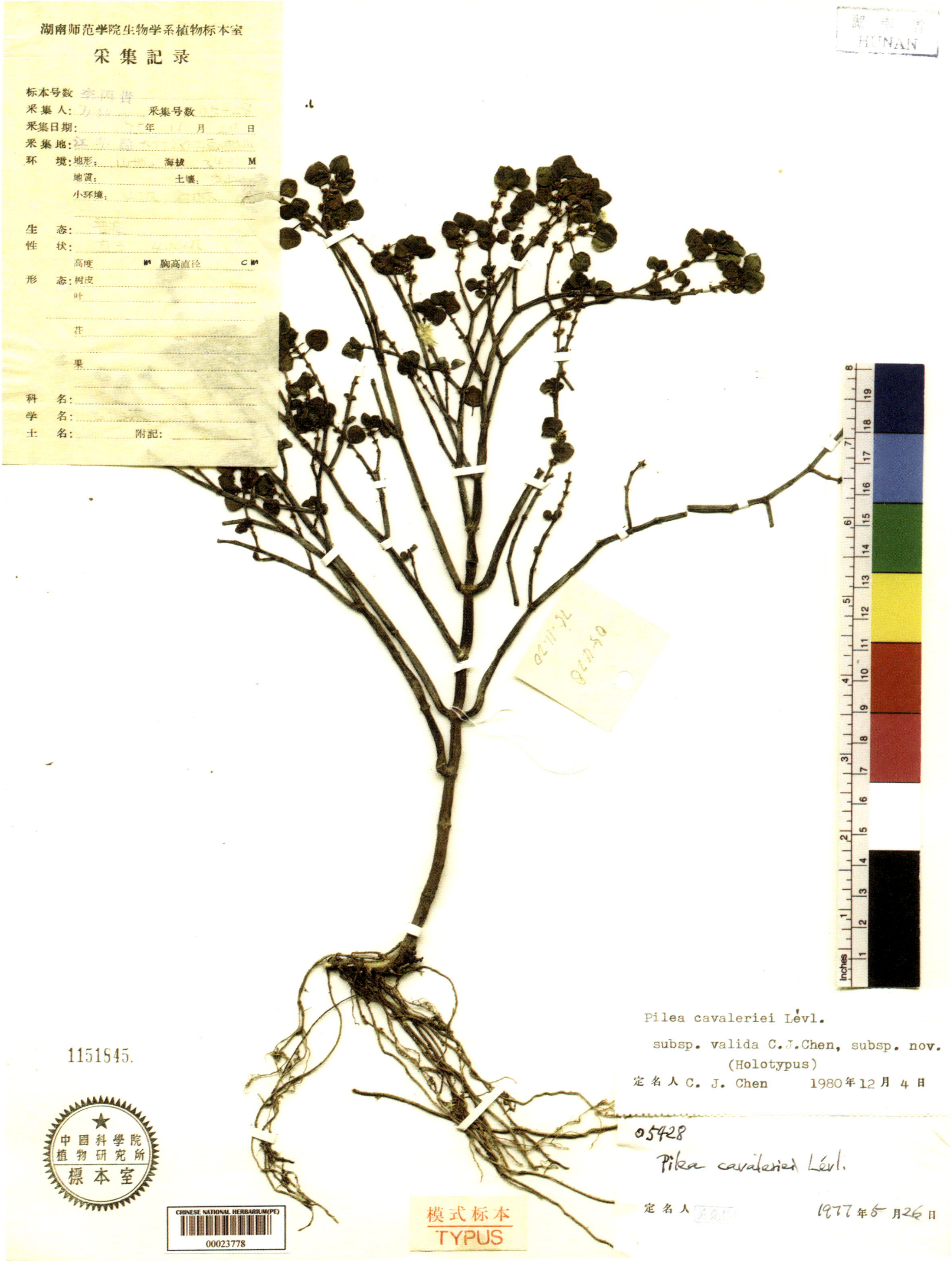

石油菜 ***Pilea cavaleriei*** Lévl. subsp. ***valida*** C. J. Chen in Bull. Bot. Res., Harbin 2(3): 98. 1982. **Holotype:** China. Hunan: Jianghua, alt. 340 m, 1975-11-20, B. G. Li & S. B. Wan 05428.

天坑冷水花 ***Pilea cavernicola*** A. K. Monro & al. in Phytokeys 19: 53, f. 1, 2, 3: A-B. 2012. **Paratype:** China. Guangxi: Fengshan, alt. 740 m, 2010-05-08, A. K. Monro & Y. G. Wei 6654.

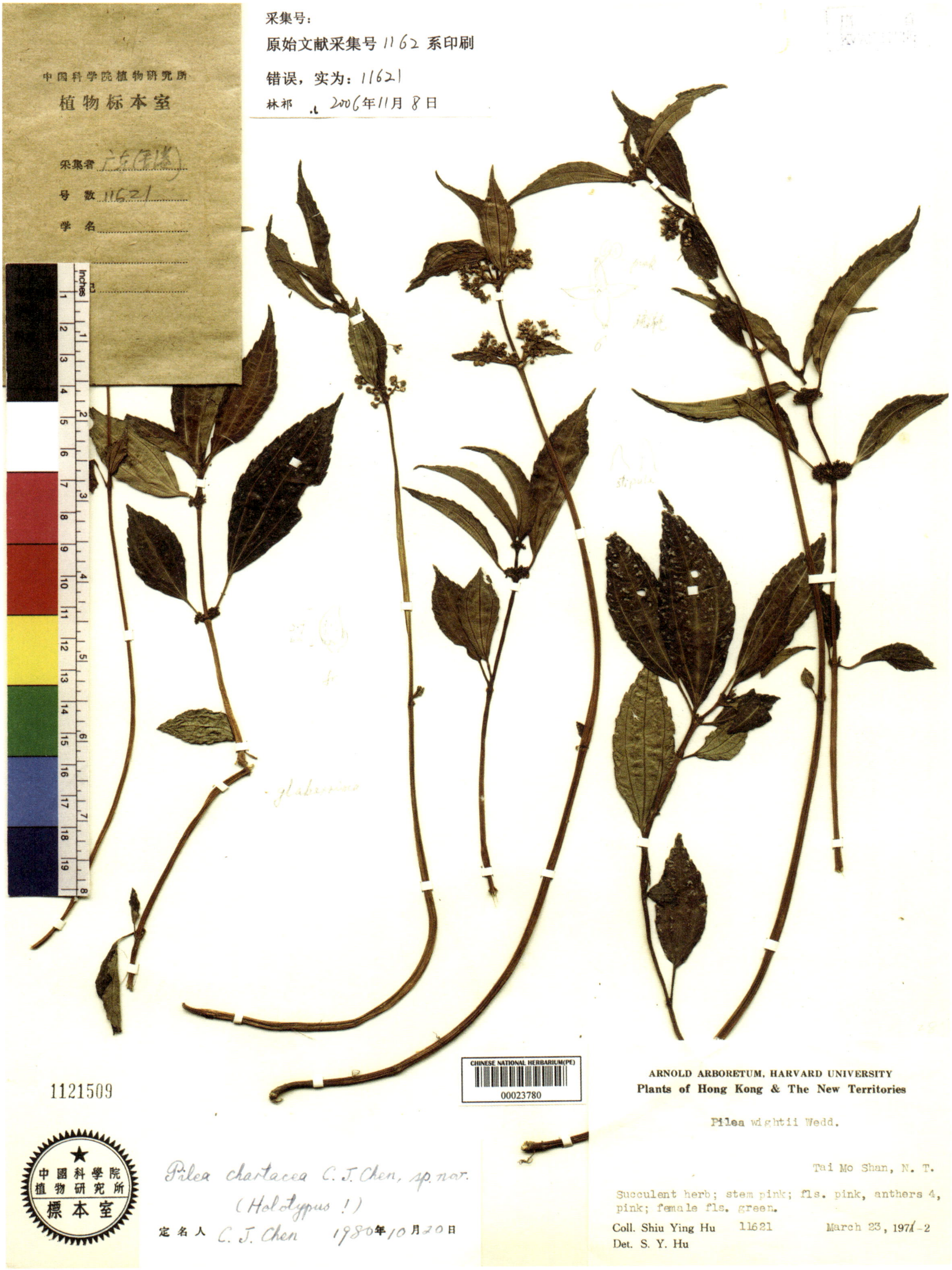

纸质冷水花 ***Pilea chartacea*** C. J. Chen in Bull. Bot. Res., Harbin 2(3): 63. 1982. **Holotype:** China. Hongkong: Damoshan, 1972-03-23, S. Y. Hu 11621.

心托冷水花 ***Pilea cordistipulata*** C. J. Chen in Bull. Bot. Res., Harbin 2(3): 60, pl. 4: 1-2. 1982. **Holotype:** China. Guangxi: Xingan, 1953-06-??, Guangxi Exped. 444.

碗状冷水花 ***Pilea crateraforma*** Metc. in Lingnan Sci. Journ. 15: 633. 1936. **Isotype:** China. Guangdong: Conghua, 1932-05-26, W. T. Tsang 20575.

石林冷水花 ***Pilea elegantissima*** C. J. Chen in Bull. Bot. Res., Harbin 2(3): 90, pl. 6: 1-5. 1982. **Holotype:** China. Yunnan: Lunan, 1979-09-14, C. J. Chen 222.

陇南冷水花 ***Pilea gansuensis*** C. J. Chen & Z. X. Peng ex C. J. Chen in Bull. Bot. Res., Harbin 2(3): 118, pl. 10: 1-3. 1982. **Isotype:** China. Gansu: Kang Xian, alt. 1 400 m, 1980-08-17, G. L. Zhang & W. J. Yang 80129.

六棱茎冷水花 ***Pilea hexagona*** C. J. Chen in Bull. Bot. Res., Harbin 2(3): 47, pl. 3: 1-6. 1982. **Holotype:** China. Yunnan: Hekou, 1956-06-08, Sino-Russia Yunnan Exped. 2309.

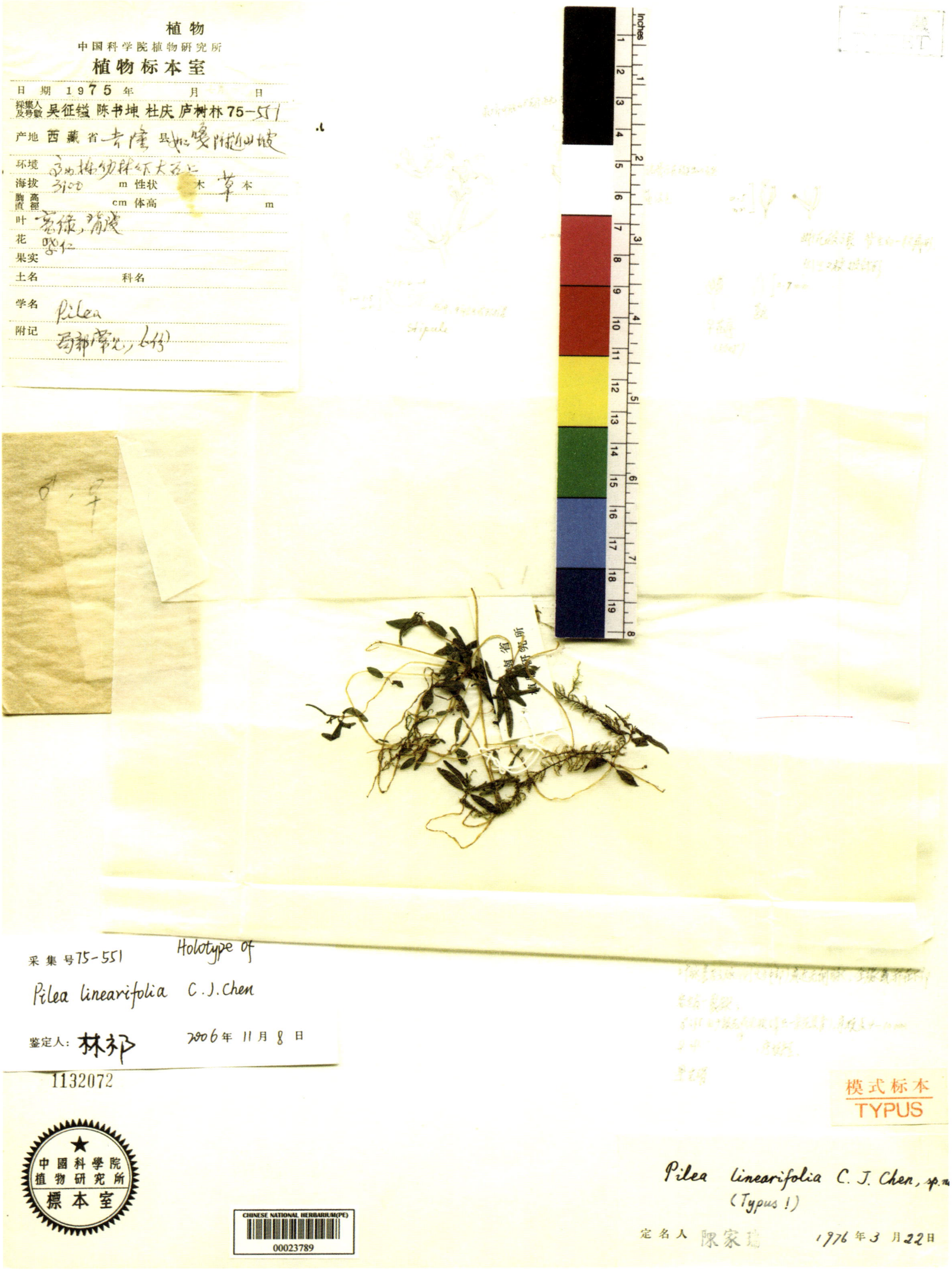

条叶冷水花 ***Pilea linearifolia*** C. J. Chen in Acta Phytotax. Sin. 17: 105, f. 1. 1979. **Holotype:** China. Xizang: Gyirong, alt. 3 100 m, 1975-07-04, C. Y. Wu & al. 75-551.

啮蚀叶冷水花 ***Pilea longicaulis*** Hand.-Mazz. var. ***erosa*** C. J. Chen in Bull. Bot. Res., Harbin 2(3): 52, pl. 3: 11-12. 1982. **Holotype:** China. Guangxi: Debao, alt. 1 100 m, 1958-11-23, Z. T. Li 602131.

黄花冷水花 ***Pilea longicaulis*** Hand.-Mazz. var. ***flaviflora*** C. J. Chen in Bull. Bot. Res., Harbin 2(3): 52. 1982. **Holotype:** China. Guizhou: Ceheng, alt. 1 500 m, 1958-09-02, Z. Y. Cao 449.

鱼眼果冷水花 ***Pilea longipedunculata*** Chien & C. J. Chen in Bull. Bot. Res., Harbin 2(3): 77, pl. 6: 6-8. 1982. **Holotype:** China. Yunnan: Weishan, alt. 1 900 m, 1933-09-30, Y. Tsiang 12181.

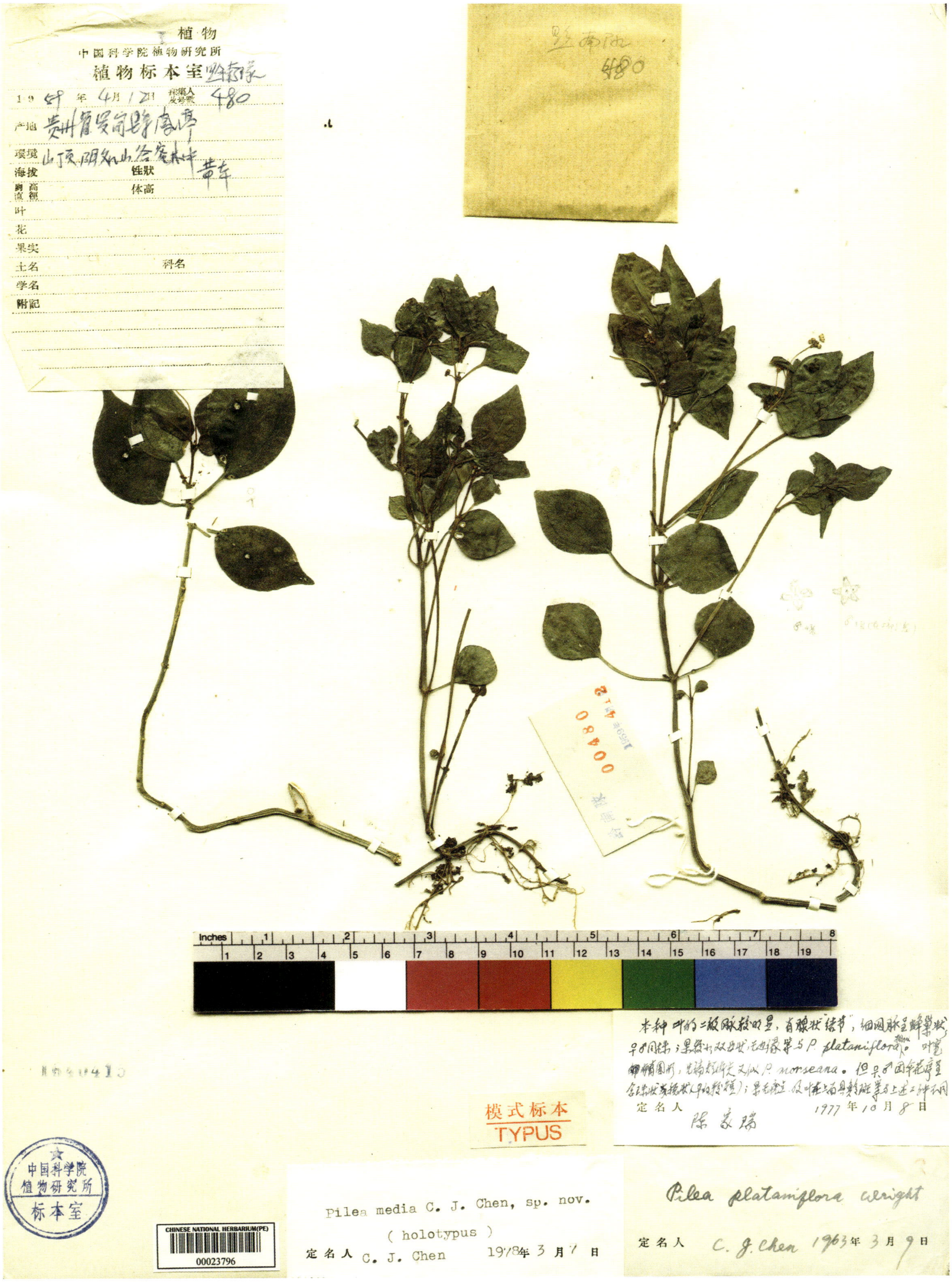

中间型冷水花 ***Pilea media*** C. J. Chen in Bull. Bot. Res., Harbin 2(3): 89. 1982. **Holotype:** China. Guizhou: Luodian, 1959-04-12, S. Guizhou Exped. 480.

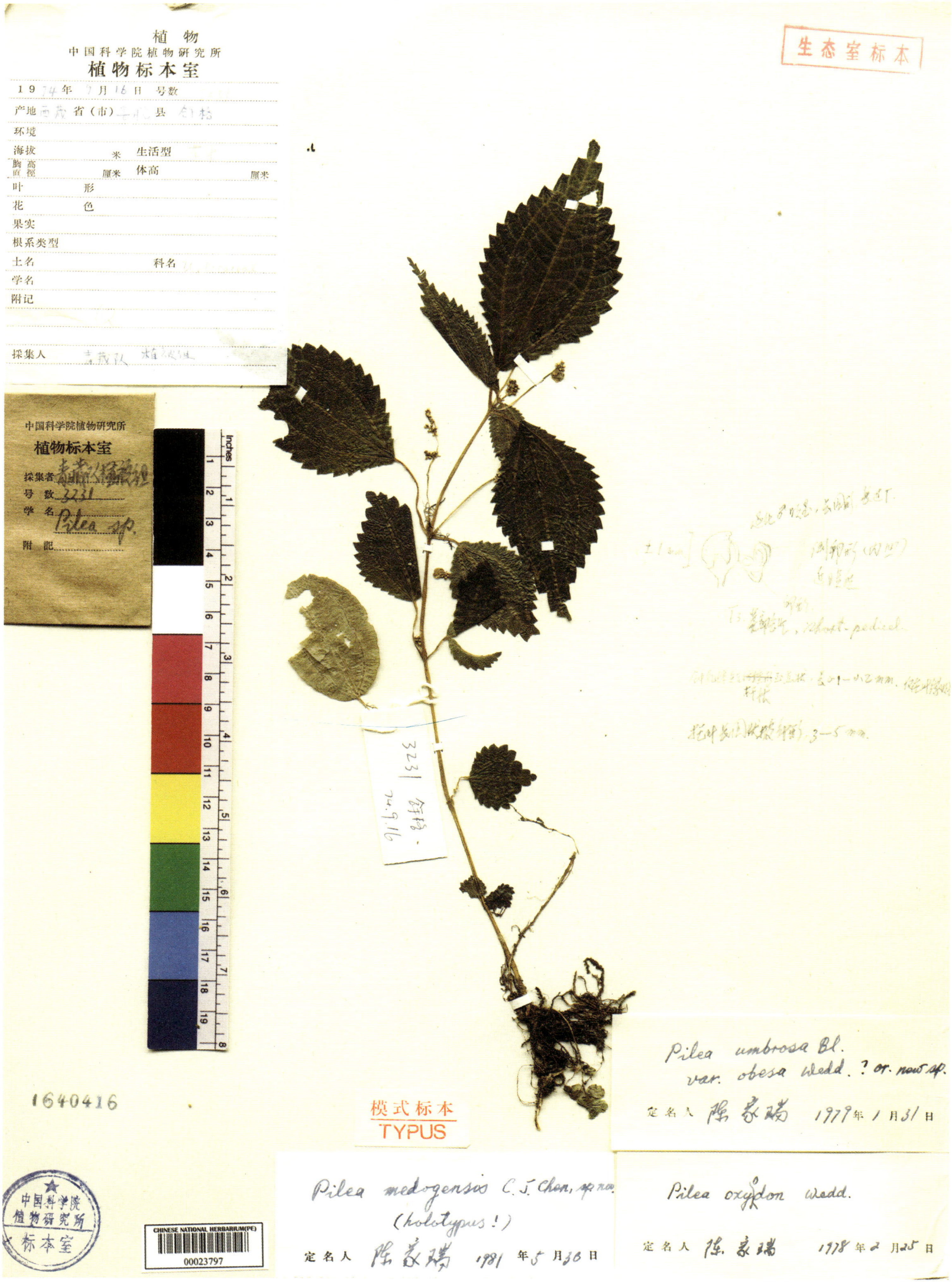

墨脱冷水花 ***Pilea medogensis*** C. J. Chen in Bull. Bot. Res., Harbin 2(3): 109. 1982. **Holotype:** China. Xizang: Médog, 1974-09-16, Qinghai-Xizang Exped. 3231.

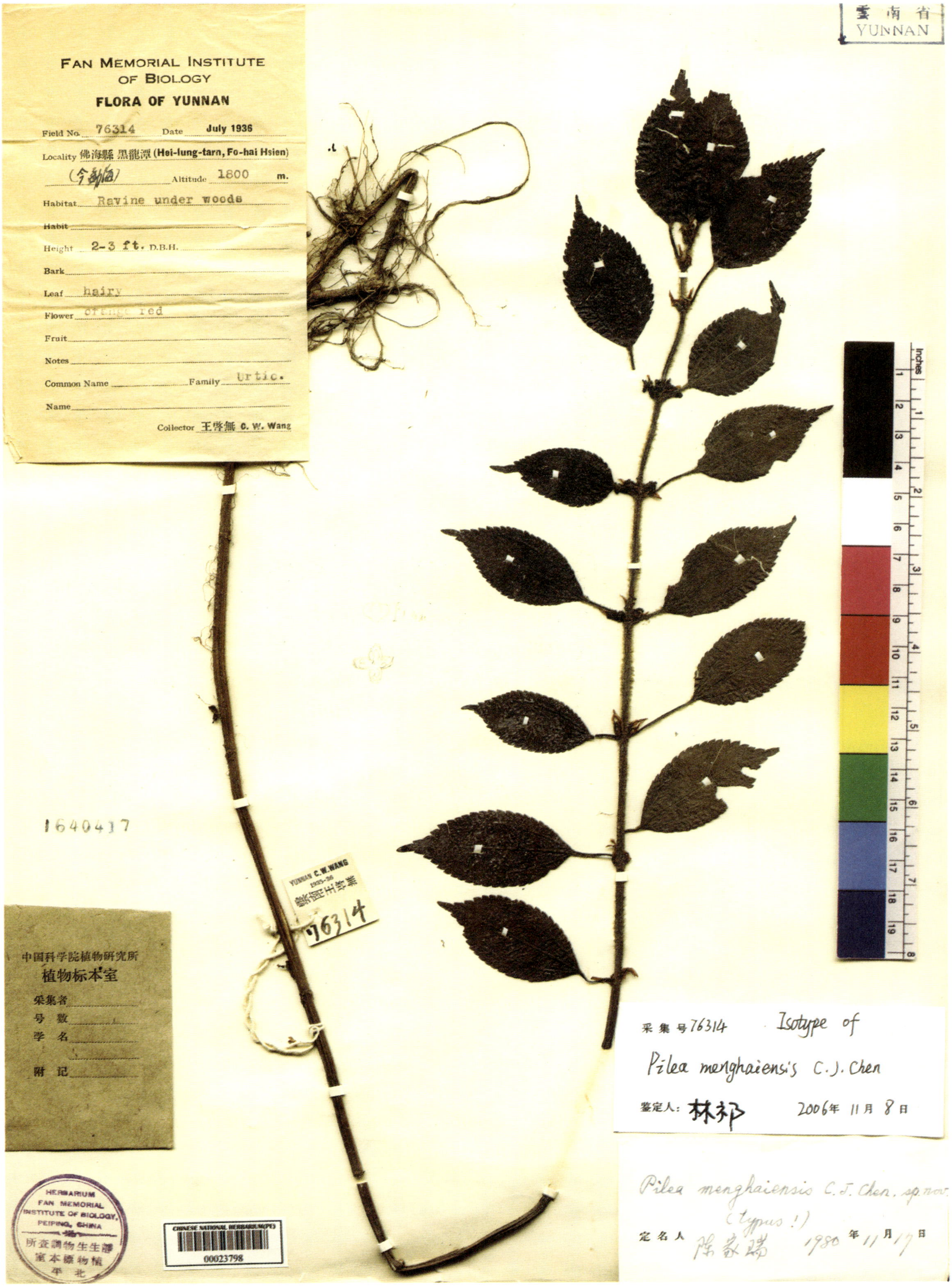

勐海冷水花 ***Pilea menghaiensis*** C. J. Chen in Bull. Bot. Res., Harbin 2(3): 67. 1982. **Isotype:** China. Yunnan: Menghai, alt. 1 800 m, 1936-07-??, C. W. Wang 76314.

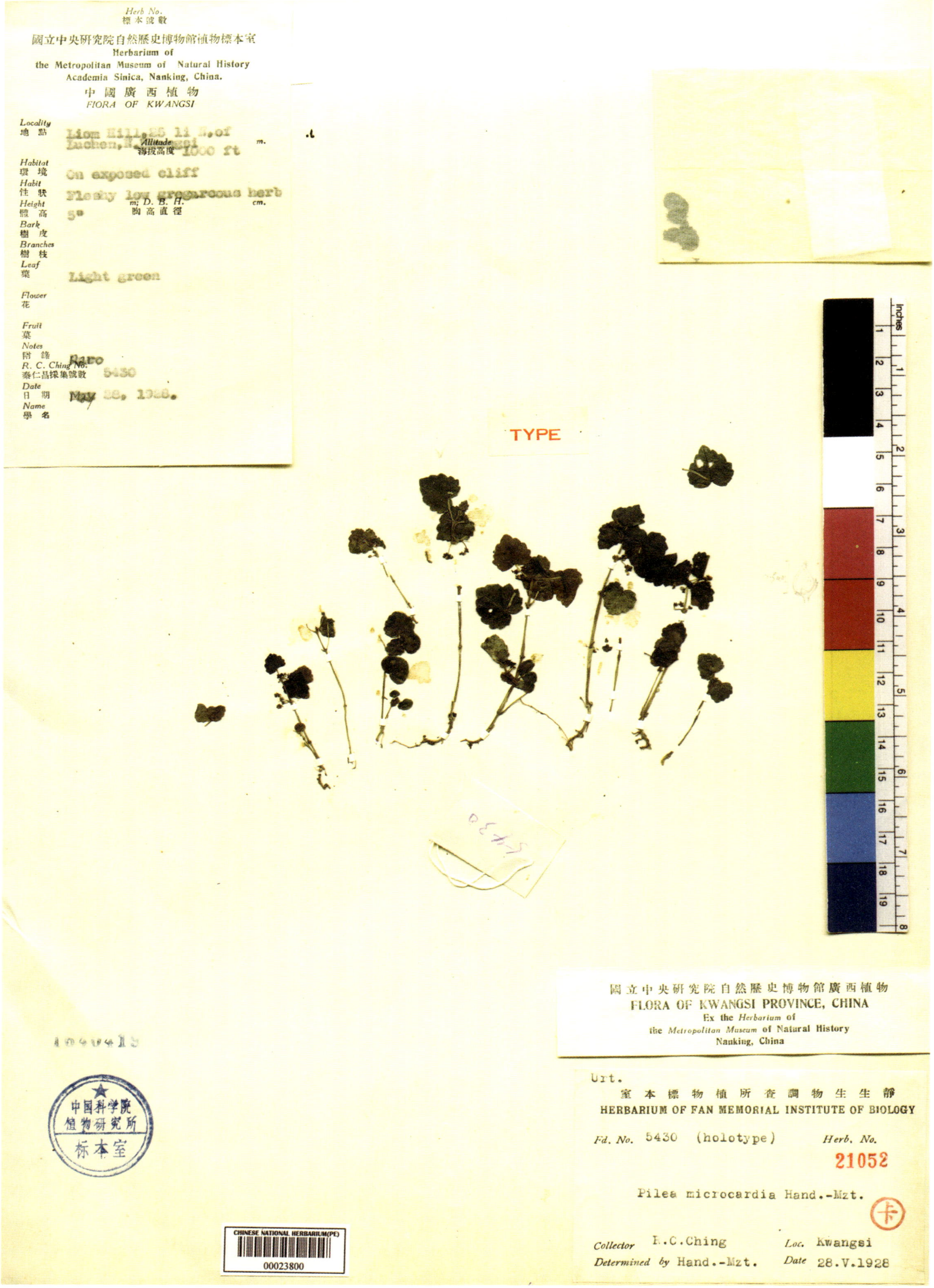

广西冷水花 ***Pilea microcardia*** Hand.-Mazz. in Sinensia 2(1): 2. 1931. **Holotype:** China. Guangxi: Luocheng, alt. 330 m, 1928-05-28, R. C. Ching 5430.

串珠毛冷水花 ***Pilea multicellulari*** C. J. Chen in Bull. Bot. Res., Harbin 2(3): 108. 1982. **Holotype:** China. Yunnan: Gongshan, alt. 2 800 m, 1935-10-??, C. W. Wang 67585.

南川冷水花 ***Pilea nanchuannesis*** C. J. Chen in Bull. Bot. Res., Harbin 2(3): 87. 1982. **Holotype:** China. Chongqing: Nanchuan, alt. 1 720 m, 1957-05-29, G. F. Li 61618.

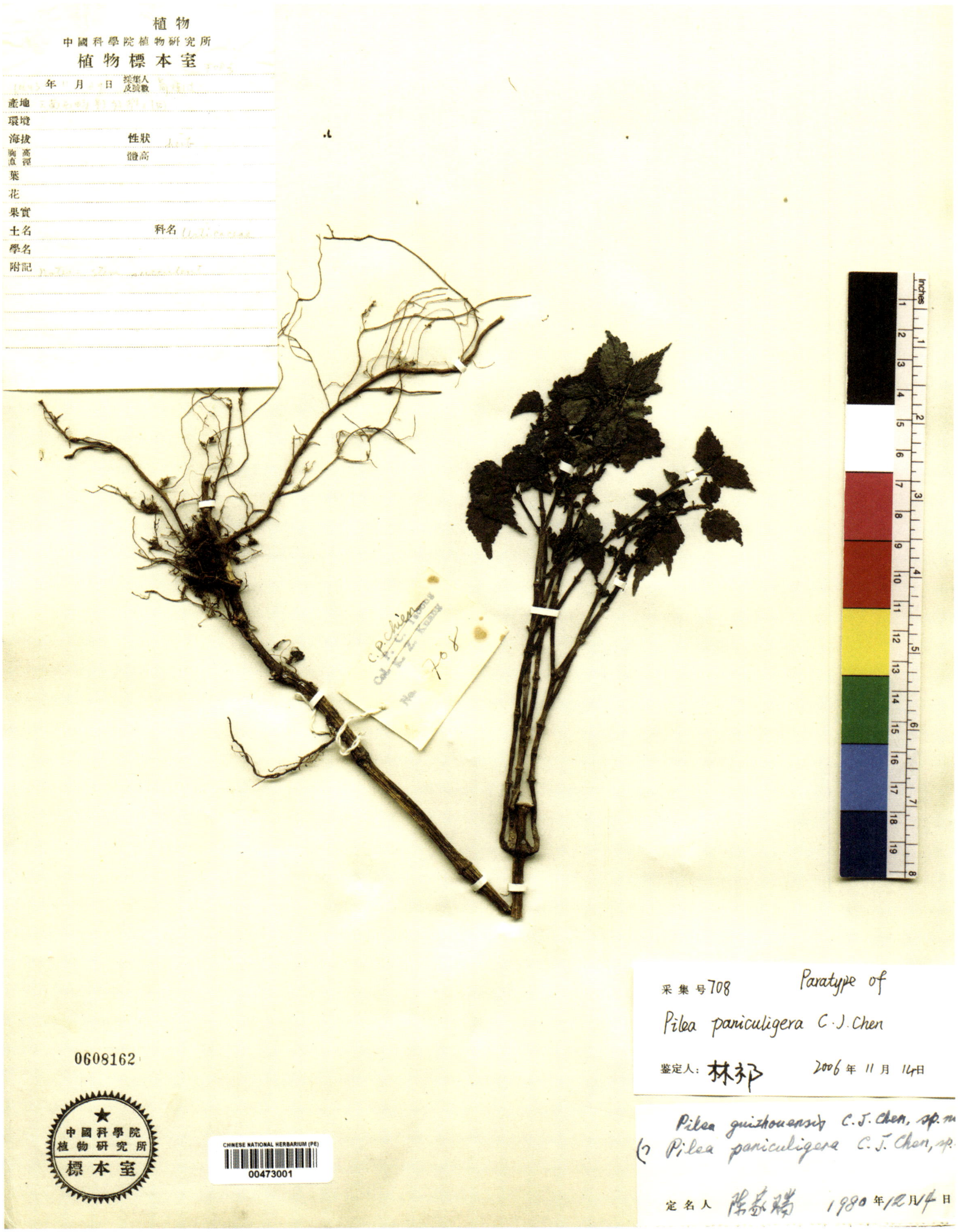

滇东南冷水花 ***Pliea paniculigera*** C. J. Chen in Bull. Bot. Res., Harbin 2(3): 92, pl. 7: 1-3. 1982. **Paratype:** China. Yunnan: Xichou, 1943-11-29, C. P. Tsien 708.

少花冷水花 ***Pilea pauciflora*** C. J. Chen in Bull. Bot. Res., Harbin 2(3): 104, pl. 10: 4-6. 1982. **Holotype:** China. Gansu, Lanzhou, Xigu, T. P. Wang 13675.

赤车冷水花 *Pilea pellionioides* C. J. Chen in Bull. Bot. Res., Harbin 2(3): 112, pl. 9: 1-5 1982. **Holotype:** China. Yunnan: Gongshan, alt. 1 800 m, 1938-10-08, T. T. Yu 20565.

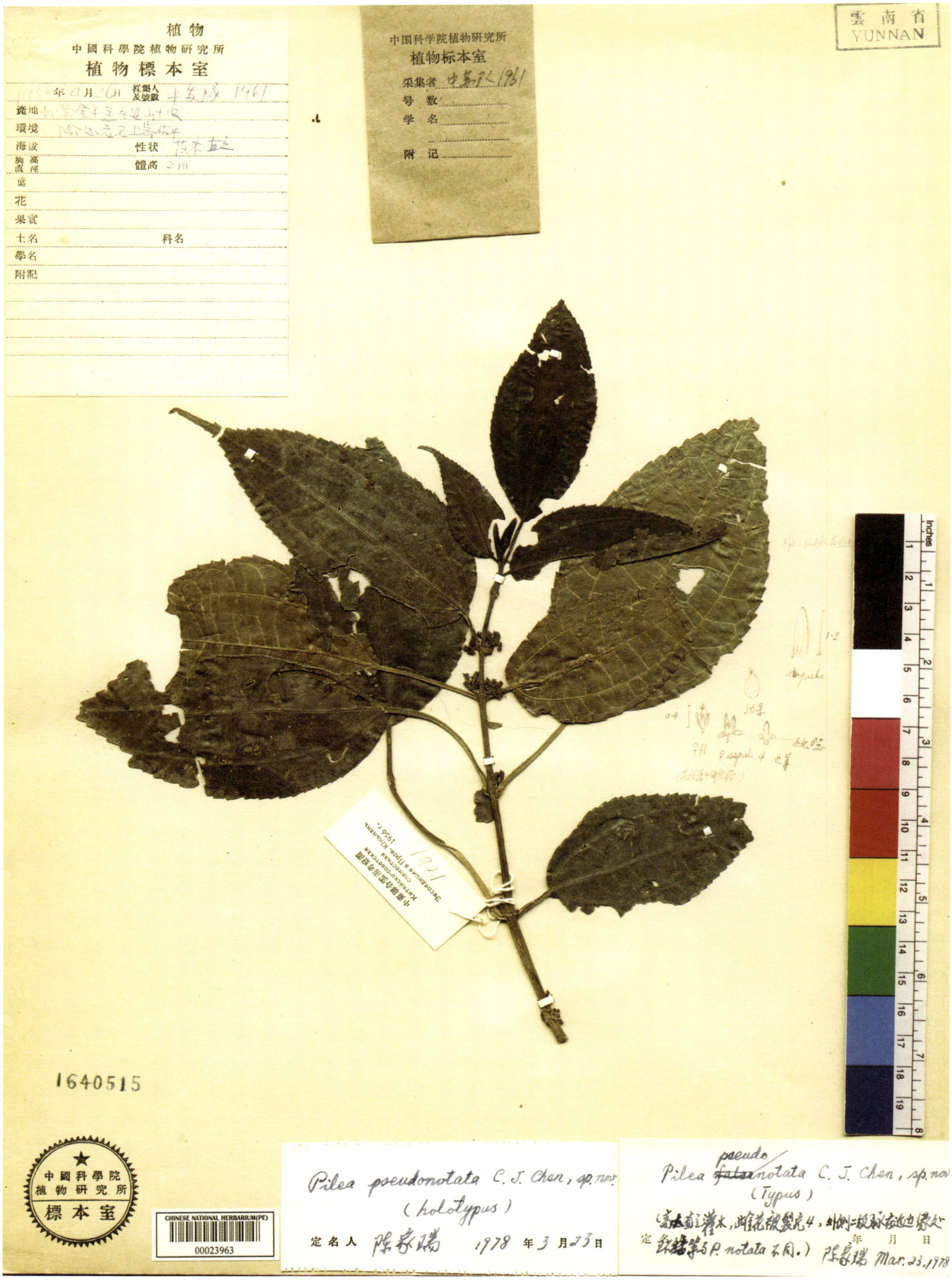

拟冷水花 ***Pilea pseudonotata*** C. J. Chen in Bull. Bot. Res., Harbin 2(3): 50, pl. 3: 7-10. 1982. **Holotype:** China. Yunnan: Jinping, 1956-04-26, Sino-Russia Yunnan Exped. 1961.

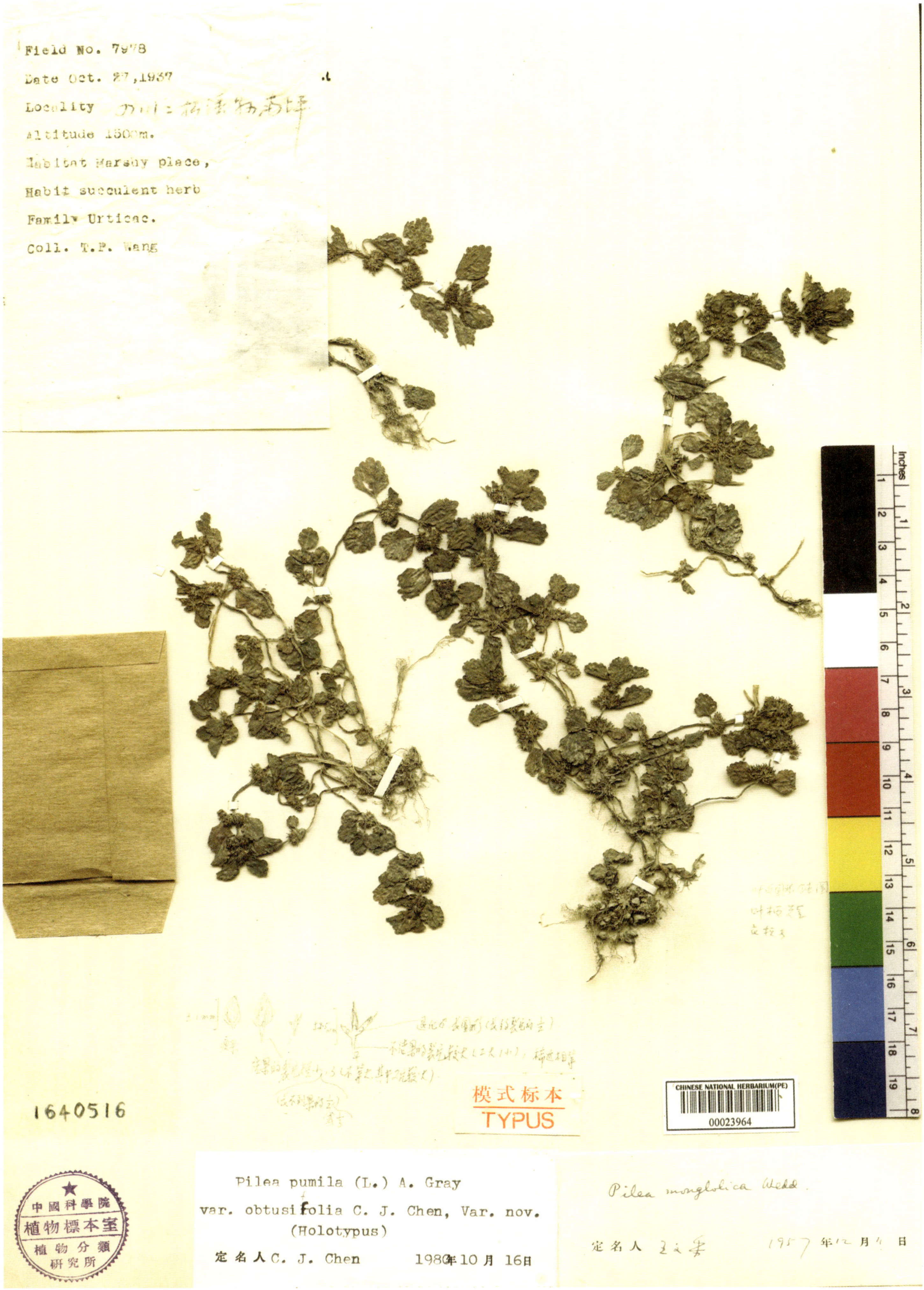

钝尖冷水花 ***Pilea pumila*** (Linn.) A. Gray var. ***obtusifolia*** C. J. Chen in Bull. Bot. Res., Harbin 2(3): 104. 1982. **Holotype:** China. Sichuan: Songpan, alt. 1 500 m, 1937-10-27, T. P. Wang 7978.

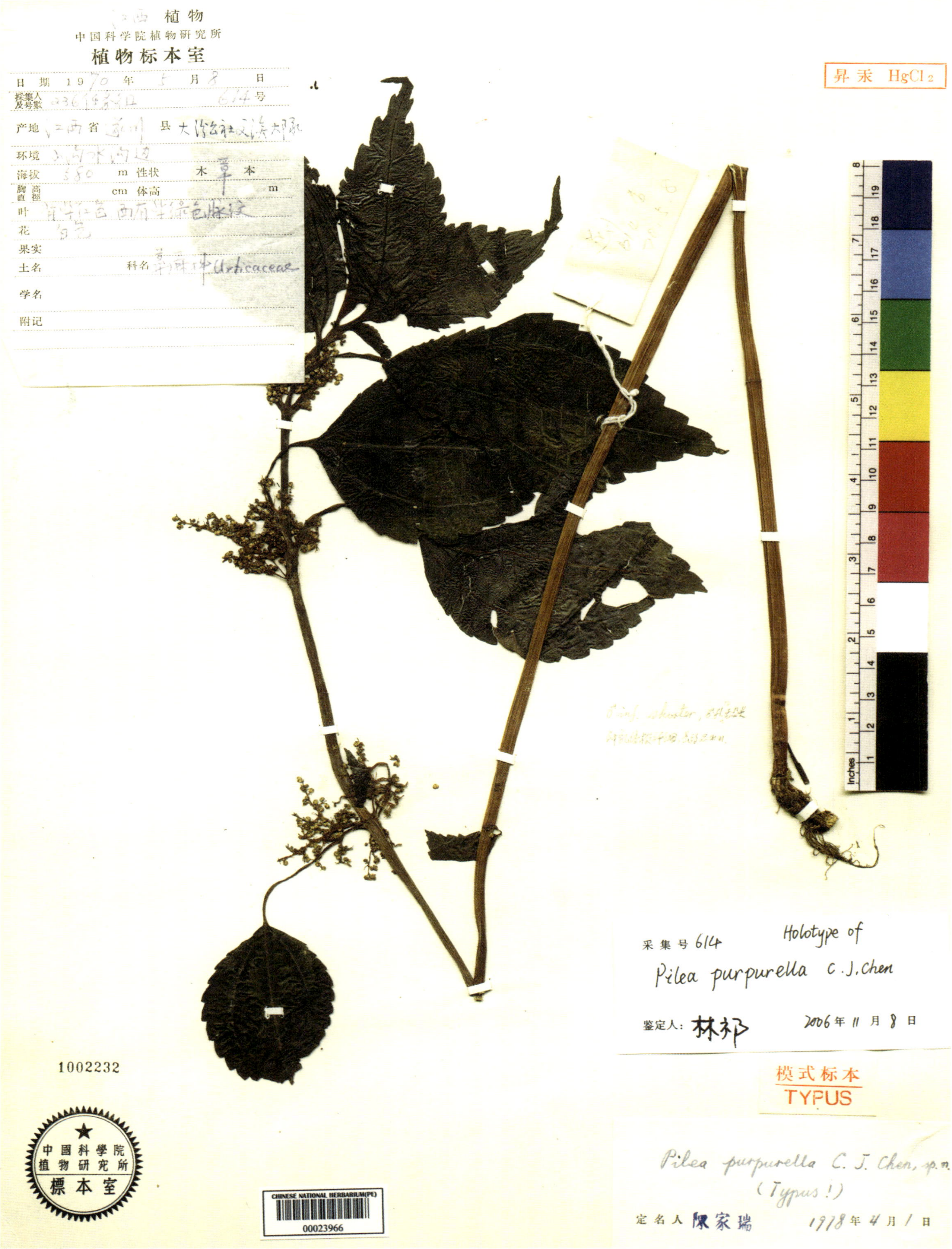

紫背冷水花 ***Pilea purpurella*** C. J. Chen in Bull. Bot. Res., Harbin 2(3): 57, pl. 4: 6. 1982. **Holotype:** China. Jiangxi: Suichuan, alt. 580 m, 1970-05-08, 236 Exped. 614.

序托冷水花 ***Pilea receptacularis*** C. J. Chen in Bull. Bot. Res., Harbin 2(3): 119, pl. 10: 7-10. 1982. **Isotype:** China. Chongqing: Nanchuan, alt. 1 950 m, 1957-08-01, J. H. Xiong & Z. L. Zhou 92390.

偏生冷水花 ***Pilea secunda*** Chien in Bull. Chin. Bot. Soc. 1(1): 4. 1935. **Holotype:** China. Yunnan: Jingdong, Wuliangshan, alt. 1 900 m, 1933-09-26, Y. Tsiang 12092.

师宗冷水花 ***Pilea shizongensis*** A. K. Monro et al. in Phytokeys 19: 58, f. 3: C, 4, 5. 2012. **Isotype:** China. Yunnan: Shizong, alt. 1 200 m, 2010-05-14, A. K. Monro & Y. G. Wei 6727.

少鳞冷水花 ***Pilea squamosa*** C. J. Chen var. ***sparsa*** C. J. Chen in Bull. Bot. Res., Harbin 2(3): 73. 1982. **Holotype:** China. Yunnan: Lushui, alt. 2 300 m, 1960-04-15, S. Jiang & al. 8174.

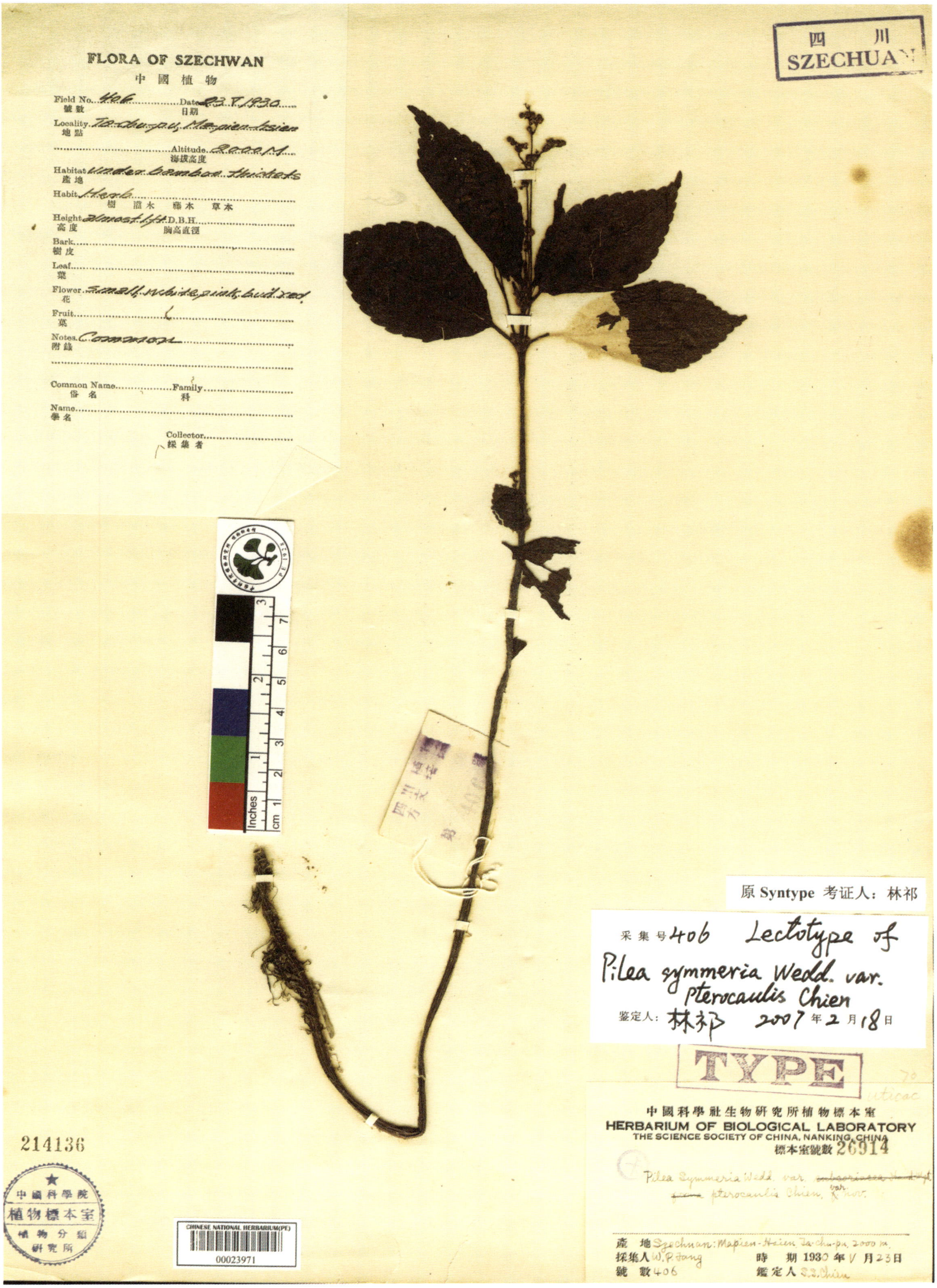

翅茎冷水花 ***Pilea symmeria*** Wedd. var. ***pterocaulis*** Chien in Bull. Chin. Bot. Soc. 1(1): 5. 1935. **Lectotype** (designated by Q. Lin et al. in Bull. Bot. Res., Harbin 28: 536. 2008.): China. Sichuan: Mabian, alt. 2 000 m, 1930-05-23, W. P. Fang 406.

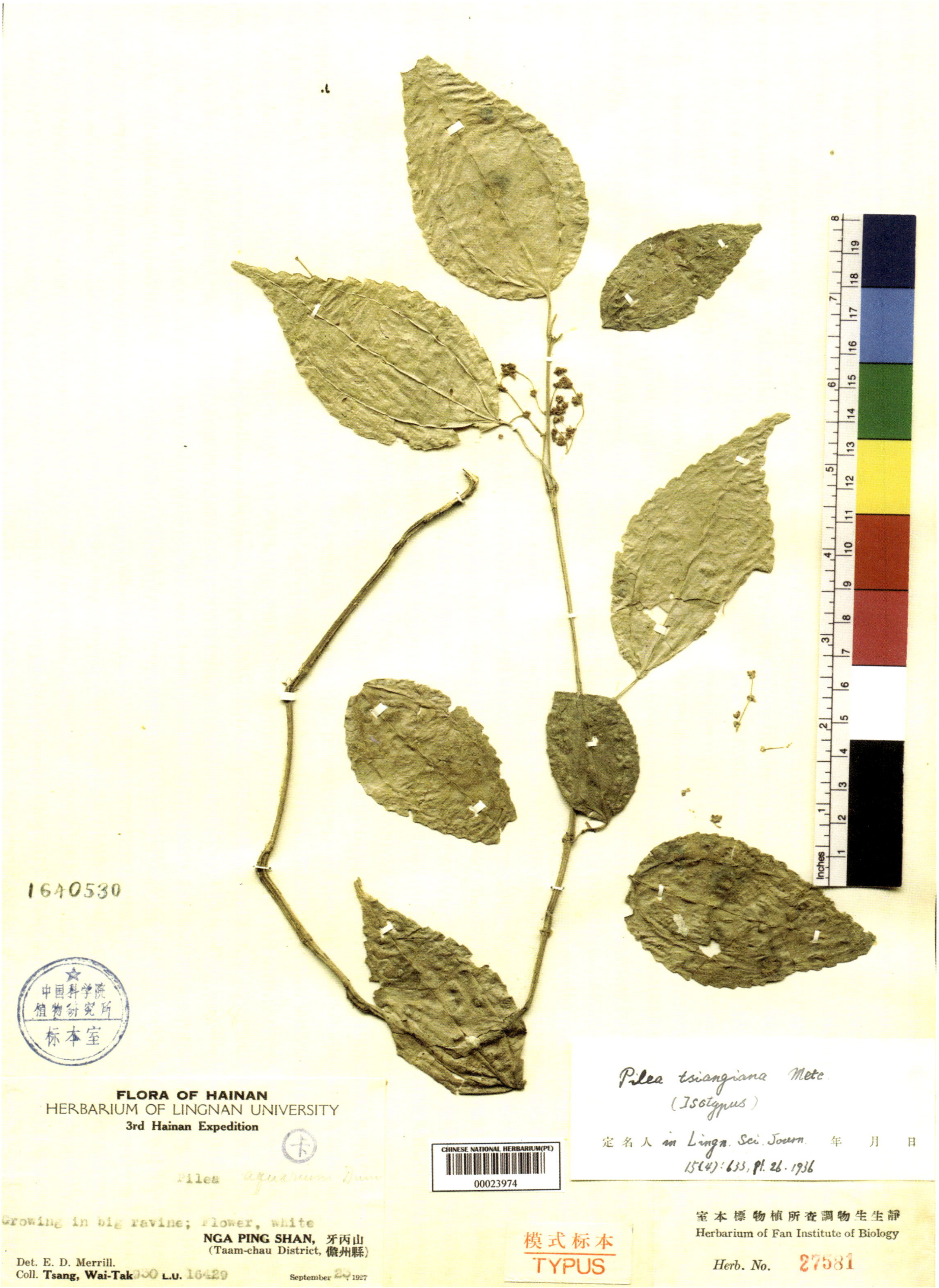

海南冷水花 ***Pilea tsiangiana*** Metc. in Lingnan Sci. Jour. 15: 633. 1936. **Isotype:** China. Hainan: Danzhou, 1927-09-23, W. T. Tsang 16429.

闽北冷水花 ***Pilea verrucosa*** Hend.-Mazz. subsp. ***fujianensis*** C. J. Chen in Bull. Bot. Res., Harbin 2(3): 55, pl. 4: 3-5. 1982. **Holotype:** China. Fujian: Jianning, alt. 1 000 m, 1978-06-03, Z. Y. Li 10880.

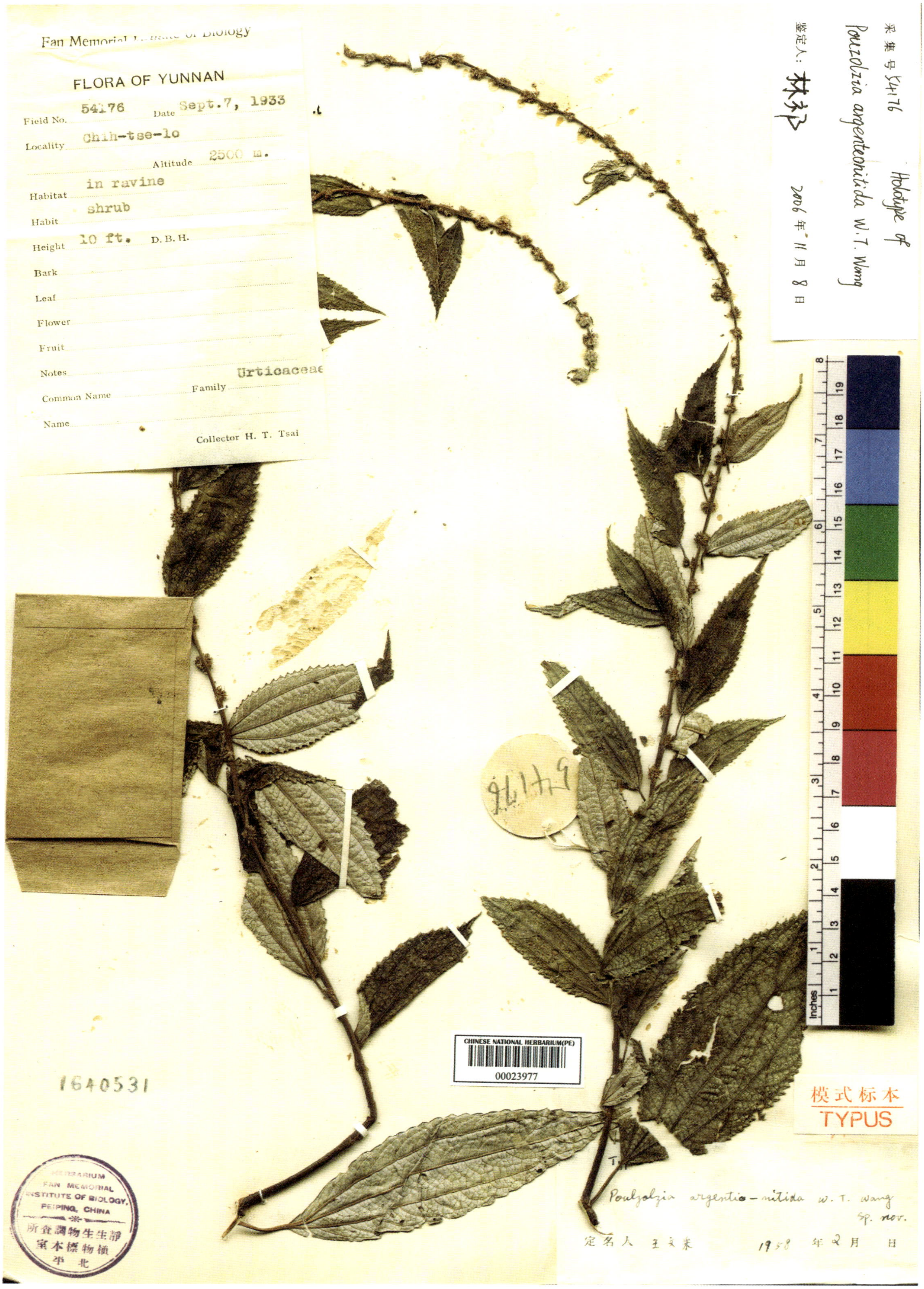

银叶雾水葛 ***Pouzolzia argenteonitida*** W. T. Wang in Acta Phytotax. Sin. 17: 108. 1979. **Holotype:** China. Yunnan: Chih-tse-lo (= Bijiang), alt. 2 500 m, 1933-09-07, H. T. Tsai 54176.

美叶雾水葛 ***Pouzolzia calophylla*** W. T. Wang & C. J. Chen in Acta Phytotax. Sin. 17: 108. 1979. **Holotype:** China. Xizang: Zayü, alt. 1 900 m, 1973-07-08, Qinghai-Xizang Exped. 73-647.

雪毡雾水葛 ***Pouzolzia niveotomentosa*** W. T. Wang in Acta. Bot. Yunnan. 3: 13, f. 1. 1981. **Isotype:** China. Yunnan: Daguan, alt. 800 m, 1973-06-20, B. S. Sun & al. 0698.

台湾雾水葛 ***Pouzolzia taiwaniana*** C. -I Peng & S. W. Chung in Bot. Stud. 53: 387, f. 2. 2012. **Iostype:** China. Taiwan: Pingtung, alt. 235 m, 2011-07-07, C. I Peng & al. 23133.

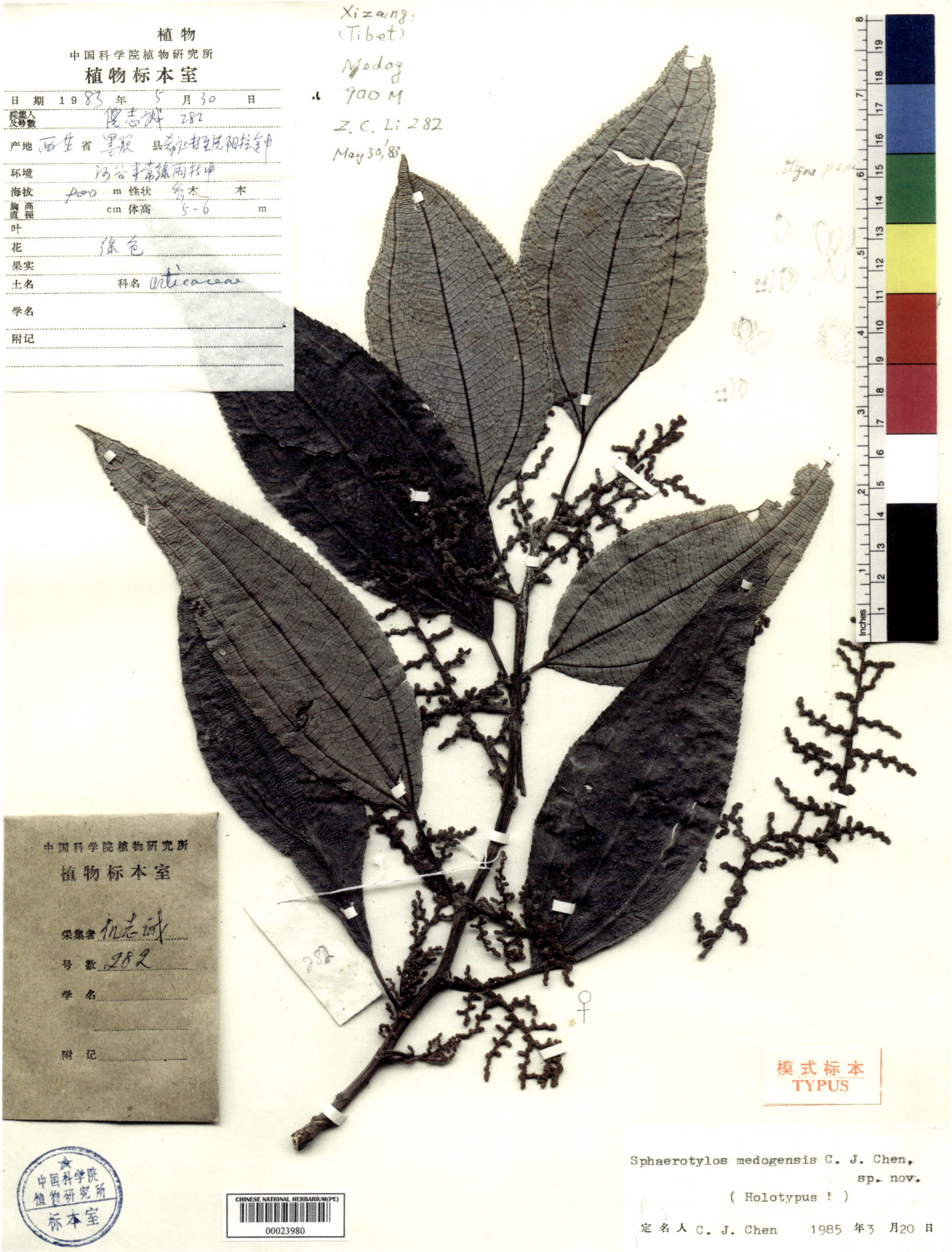

球隔麻 ***Sphaerotylos medogensis*** C. J. Chen in Acta Phytotax. Sin. 23: 453, f. 1. 1985. **Holotype:** China. Xizang: Médog, alt. 900 m, 1983-05-30, C. C. Ni 282.

甘肃荨麻 ***Urtica dioica*** Linn. subsp. ***gansuensis*** C. J. Chen in Bull. Bot. Res., Harbin 3(2): 119. 1983. **Holotype:** China. Gansu: Lanzhou, Xigu, alt. 2 200 m, 1939-09-08, W. Y. Hsia 6507.

新疆异株荨麻 ***Urtica dioica*** Linn. subsp. ***xingjiangensis*** C. J. Chen in Bull. Bot. Res., Harbin 3(2): 118, f. 1: 4-6. 1983. **Holotype:** China. Xinjiang: Gongliu, alt. 1 750 m, 1957-08-10, Gongliu Exped. 524.

长圆叶荨麻 ***Urtica mairei*** Lévl. var. ***oblongifolia*** C. J. Chen in Bull. Bot. Res., Harbin 3 (2): 122, f. 1: 9-11. 1983.
Isotype: China. Yunnan: Jingdong, alt. 2 200 m, 1940-01-17, M. K. Li 2985.

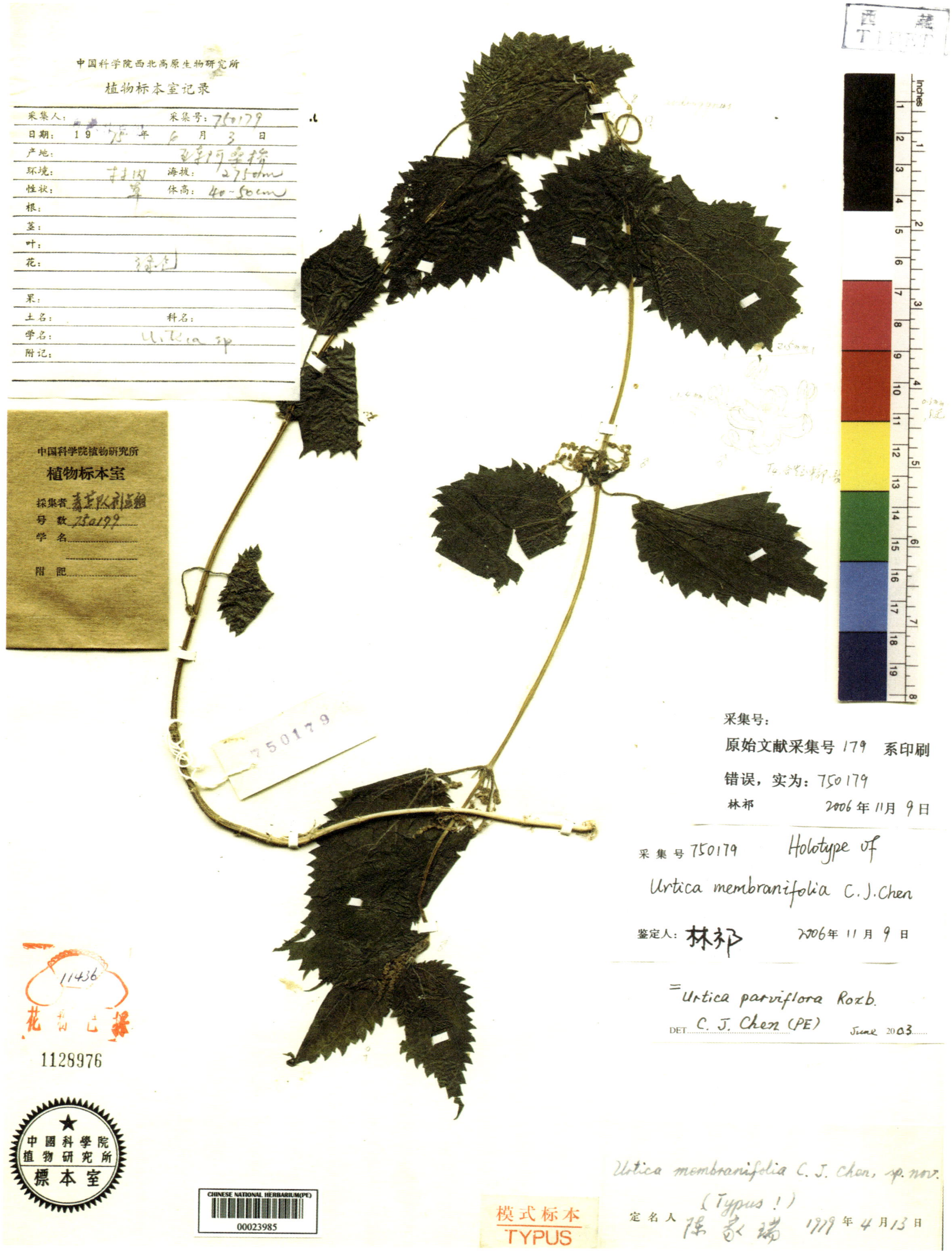

膜叶荨麻 ***Urtica membranifolia*** C. J. Chen, Fl. Xizang. 1: 529, f. 169: 9-11. 1983. **Holotype:** China. Xizang: Yadong, alt. 2 750 m, 1975-06-03, Qinghai-Xizang Exped. 750179.

西藏荨麻 ***Urtica tibetca*** W. T. Wang, Fl. Xizang. 1: 526, f. 169: 4-6. 1983. **Holotype:** China. Xizang: Lhasa, alt. 4 400 m, 1965-09-04, Y. T. Chang & K. Y. Lang 2599.

毛果荨麻 ***Urtica triangularis*** Hand.–Mazz. subsp. ***trichocarpa*** C. J. Chen in Bull. Bot. Res., Harbin 3(2): 111. 1983. **Holotype:** China. Qinghai: Qilian, 1958-07-29, P. C. Tsoong 8626.

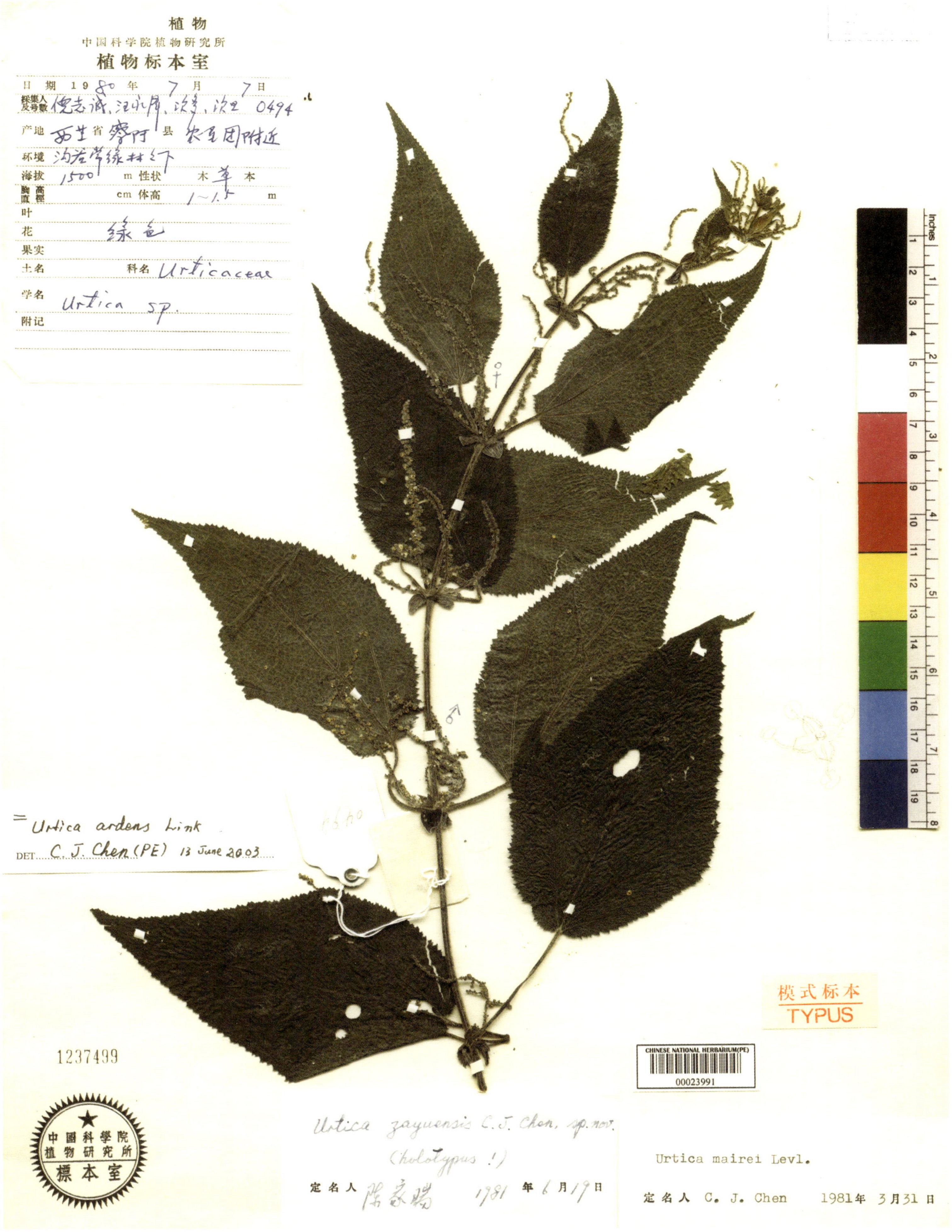

察隅荨麻 ***Urtica zayuensis*** C. J. Chen in Bull. Bot. Res., Harbin 3(2): 123, f. 1: 7-8. 1983. **Holotype:** China. Xizang: Zayü, alt. 1 500 m, 1980-07-07, C. C. Ni & al. 0494.

Index to Scientific Names ／拉丁学名索引

A

Aphananthe aspera var. *pebescens*, 212
Artocarpus bicolor, 238
Artocarpus brevisericea, 239
Artocarpus ficifolia, 240
Artocarpus gongshanensis, 241
Artocarpus lingnanensis, 242
Artocarpus nanchuanensis, 243
Artocarpus pithecogallus, 244
Artocarpus yunnanensis, 245

B

Betula austro-sinensis, 8
Betual bomiensis, 9
Betula chinensis, 10
Betula delavayi var. *forrestii*, 11
Betula delavayi var. *polyneur*, 12
Betula fujianensis, 13
Betula jinpingensis, 14
Betula jiulungensis, 15
Betula kweichowensis, 16
Betula platyphylla var. *brunnea*, 17
Betula potaninii var. *trichogemma*, 18
Betula rhombibracteata, 19
Boehmeria bicuspis, 286
Boehmeria densiglomerata, 287
Boehmeria formosana var. *fuzhouensis*, 288
Boehmeria glomerulifera var. *leioclada*, 289
Boehmeria holosericea var. *strigosa*, 290
Boehmeria leiophylla, 291
Boehmeria pseudotricuspis, 292
Boehmeria tibetica, 293
Boehmeriopsis pallid, 294
Broussonetia rupicola, 246

C

Carpinus austro-sinensis, 20
Carpinus austro-yunnanensis, 21
Carpinus chowii, 22
Carpinus daginensis, 23
Carpinus densispica, 24
Carpinus falcatibracteata, 25
Carpinus fangiana, 26
Carpinus huana, 27
Carpinus hupeana, 28
Carpinus kweichowensis, 29
Carpinus kweitingensis, 30
Carpinus kweiyangensis, 31
Carpinus lancilimba, 32
Carpinus likiangensis, 33
Carpinus longipes, 34
Carpinus marlipoensis, 35
Carpinus marlipoensis var. *angustifoli*, 36
Carpinus mianningensis, 37
Carpinus mollicoma, 38
Carpinus mollis, 39
Carpinus monbeigiana, 40
Carpinus obovatifolia, 41
Carpinus omeiensis, 42
Carpinus paohsingensis, 43
Carpinus parva, 44
Carpinus pilosinucula, 45
Carpinus pingpienensis, 46
Carpinus putoensis, 47
Carpinus shensiensis, 48
Carpinus sichourensis, 49
Carpinus simplicidentata, 50
Carpinus tehchingensis, 51
Carpinus tientaiensis, 52
Carpinus tsaiana, 53

Carpinus tschonoskii, 54
Carpinus tsiangiana, 55
Carpinus tsoongiana, 56
Carpinus tsunyihensis, 57
Carpinus tungtzeensis, 58
Carpinus turczaninowi var. *oblongifolia*, 59
Carpinus viminea var. *chiukiangensis*, 60
Carpinus wilsoniana, 61
Carya kweichowensis, 2
Castanopsis amabilis, 70
Castanopsis amabilis var. *brevispinosa*, 71
Castanopsis argyracantha, 72
Castanopsis carlesii, 73
Castanopsis chuniana, 74
Castanopsis chunii, 75
Castanopsis densispinosa, 76
Castanopsis fohaiensis, 77
Castanopsis globigemmata, 78
Castanopsis hupehensis, 79
Castanopsis kweichowensis, 80
Castanopsis lantsangensis, 81
Castanopsis lohfauensis, 82
Castanopsis longispicata, 83
Castanopsis lunglingensis, 84
Castanopsis macrostachys, 85
Castanopsis megaphylla, 86
Castanopsis megaphylla, 87
Castanopsis mekongensis, 88
Castanopsis mianningensis, 89
Castanopsis microcarpa, 90
Castanopsis nigrescens, 91
Castanopsis oblongifolia, 92
Castanopsis remotidenticulata, 93
Castanopsis remotiserrata, 94
Castanopsis robustispina, 95
Castanopsis rufotomentosa, 96
Castanopsis tapuensis, 97
Castanopsis wangii, 98
Castanopsis yanshanensis, 99
Celtis bungeana var. *lanceolata*, 213
Celtis chekiangensis, 214
Celtis fengqingensis, 215
Celtis leveillei, 216
Celtis taiyuanensis, 217
Celtis xizangensis, 218
Celtis yangquanensis, 219
Chamabainia cuspidata, 295
Corylus chinensis var. *macrocarpa*, 62
Corylus kweichowensis, 63
Corylus tibetica, 64
Corylus wangii, 65
Cudrania integra, 247
Cudrania jingdongensis, 248
Cyclobalanopsis austro-glauca, 100
Cyclobalanopsis austro-yunnanensis, 101
Cyclobalanopsis faadoouensis, 102
Cyclobalanopsis fengii, 103
Cyclobalanopsis jinpinensis, 104
Cyclobalanopsis kiukiangensis, 105
Cyclobalanopsis koumeii, 106
Cyclobalanopsis lungmaiensis, 107
Cyclobalanopsis multinervis, 108
Cyclobalanopsis nigrinervis, 109
Cyclobalanopsis nigrinux, 110
Cyclobalanopsis oxyodon var. *tomentosa*, 111
Cyclobalanopsis pachyloma var. *mubianensis*, 112
Cyclobalanopsis pinbianensis, 113
Cyclobalanopsis semiserratoides, 114
Cyclobalanopsis shiangpyngensis, 115
Cyclobalanopsis sichourensis, 116
Cyclobalanopsis tomentosinervis, 117
Cyclobalanopsis xizangensis, 118

D

Debregeasia elliptica, 296
Debregeasia libra, 297

E

Elatostema actinodromum, 298
Elatostema acuminatum var. *striolatum*, 299

Elatostema acutitepalum, 300
Elatostema albopilosoides, 301
Elatostema albopilosum var. *vicinum*, 302
Elatostema aliferum, 303
Elatostema alnifolium, 304
Elatostema androstachyum, 305
Elatostema angulaticaule, 306
Elatostema angulaticaule var. *lasiocladum*, 307
Elatostema angustitepalum, 308
Elatostema apicicrassum, 309
Elatostema arcuatipes, 310
Elatostema atrostriatum, 311
Elatostema atroviride var. *laxituberculatum*, 312
Elatostema atroviride var. *lobulatum*, 313
Elatostema attenuatoides, 314
Elatostema attenuatum, 315
Elatostema auriculatum, 316
Elatostema auriculatum var. *strigosum*, 317
Elatostema backeri var. *villosulum*, 318
Elatostema baiseense, 319
Elatostema balansae var. *hispidum*, 320
Elatostema bamaense, 321
Elatostema beibengense, 322
Elatostema beshengii, 323
Elatostema biformibracteolatum, 324
Elatostema biglomeratum, 325
Elatostema binatum, 326
Elatostema binerve, 327
Elatostema biopposittum, 328
Elatostema boehmerioides, 329
Elatostema bomiense, 330
Elatostema bracteosum, 331
Elatostema breviacuminatum, 332
Elatostema brevipedunculatum, 333
Elatostema brunneinerve, 334
Elatostema calciferum, 335
Elatostema cataractum, 336
Elatostema celingense, 337
Elatostema coriaceifolium, 338
Elatostema crassicostatum, 339
Elatostema crassimucronatum, 340
Elatostema crassiusculum, 341
Elatostema crenatum, 342
Elatostema crispulum, 343
Elatostema cucullatonaviculare, 344
Elatostema cuneiforme, 345
Elatostema cuneiforme var. *gracilipes*, 346
Elatostema cuspidatum var. *dolichoceras*, 347
Elatostema cyrtandrifolium var. *daweishanicum*, 348
Elatostema dactylocephalum, 349
Elatostema daxinense, 350
Elatostema densistriolatum, 351
Elatostema didymocephalum, 352
Elatostema dissectoides, 353
Elatostema dulongense, 354
Elatostema duyunense, 355
Elatostema ebracteatum, 356
Elatostema eriocephalum, 357
Elatostema fengshanense, 358
Elatostema ferrugineum, 359
Elatostema ficoides var. *brachyodontum*, 360
Elatostema ficoides var. *puberulum*, 361
Elatostema filipes, 362
Elatostema fugongense, 363
Elatostema funingense, 364
Elatostema grandidentatum, 365
Elatostema gungshanense, *366*
Elatostema gyrocephalum, 367
Elatostema gyrocephalum var. *pubicaule*, 368
Elatostema hechiense, 369
Elatostema hekouense, 370
Elatostema herbaceifolium var. *brevicaudatum*, 371
Elatostema heterocladum, 372
Elatostema heterogrammicum, 373
Elatostema hezhouense, 374
Elatostema jingxiense, 375
Elatostema jinpingense, 376
Elatostema laevicaule, 377
Elatostema laevissimum, 378
Elatostema laevissimum var. *puberulum*, 379

Elatostema latistipulum, 380
Elatostema latitepalum, 381
Elatostema laxicymosum, 382
Elatostema laxisericeum, 383
Elatostema leiocephalum, 384
Elatostema lihengianum, 385
Elatostema litseifolium, 386
Elatostema longibracteatum, 387
Elatostema longiciliatum, 388
Elatostema longicuspe, 389
Elatostema longipes, 390
Elatostema lui, 391
Elatostema luoi, 392
Elatostema luxiense, 393
Elatostema mabienense, 394
Elatostema maguanense, 395
Elatostema malacotrichum, 396
Elatostema malipoense, 397
Elatostema mashanense, 398
Elatostema medogense, 399
Elatostema medogense var. *oblongum*, 400
Elatostema megacephalum, 401
Elatostema melanocephalum, 402
Elatostema melanoceras, 403
Elatostema melanophyllum, 404
Elatostema menglunense, 405
Elatostema microcarpum, 406
Elatostema mollifolium, 407
Elatostema multicaule, 408
Elatostema muscicola, 409
Elatostema nanchuanense, 410
Elatostema nasutum var. *discophorum*, 411
Elatostema neriifolium, 412
Elatostema nianbense, 413
Elatostema nigribracteatum, 414
Elatostema oligophlebium, 415
Elatostema oppositum, 416
Elatostema oreocnidioides, 417
Elatostema ornithorrhynchum, 418
Elatostema oxyodontum, 419
Elatostema pachyceras, 420
Elatostema paracuminatum, 421
Elatostema paragungshanense, 422
Elatostema parvum var. *brevicuspis*, 423
Elatostema petiolare, 424
Elatostema phanerophlebium, 425
Elatostema pianmaense, 426
Elatostema planinerve, 427
Elatostema platyceras, 428
Elatostema pleiophlebium, 429
Elatostema polystachyoides, 430
Elatostema prunifolium, 431
Elatostema pseudocuspidatum, 432
Elatostema pseudodissectum, 433
Elatostema pseudoficoides, 434
Elatostema pseudoficoides var. *pubicaule*, 435
Elatostema pseudolongipes, 436
Elatostema pseudonanchuanense, 437
Elatostema pseudonasutum, 438
Elatostema pseudooblongifolium, 439
Elatostema purpureum, 440
Elatostema pycnodontum, 441
Elatostema quadribracteatum, 442
Elatostema ramosum, 443
Elatostema recticaudatum, 444
Elatostema recurviramum, 445
Elatostema retrorstrigulosum, 446
Elatostema rhombiforme, 447
Elatostema robustipes, 448
Elatostema ronganense, 449
Elatostema salvinioides, 450
Elatostema salvinioides var. *angustius*, 451
Elatostema scaposum, 452
Elatostema schizocephalum, 453
Elatostema schizodiscum, 454
Elatostema septemflorum, 455
Elatostema sexcostatum, 456
Elatostema shuzhii, 457
Elatostema stigmatosum, 458
Elatostema stipulosum var. *puberulum*, 459

Elatostema strigulosum var. *semitriplinerve*, 460
Elatostema strigulosum, 461
Elatostema subcuspidatum, 462
Elatostema sublineare, 463
Elatostema subtrichotomum var. *corniculatum*, 464
Elatostema tenuicaudatoides, 465
Elatostema tenuicaudatoides var. *orientalis*, 466
Elatostema tenuicaudatum, 467
Elatostema tenuicornutum, 468
Elatostema tenuifolium, 313
Elatostema tenuinerve, 469
Elatostema tenuireceptaculum, 470
Elatostema tetratepalum, 471
Elatostema tianeense, 472
Elatostema tianlinense, 473
Elatostema vietnamense, 474
Elatostema viridibracteolatum, 475
Elatostema viridicaule, 476
Elatostema wangii, 477
Elatostema xanthotrichum, 478
Elatostema xinningense, 479
Elatostema yangbiense, 480
Elatostema yui, 481
Elatostema yungshunense, 482
Eletostema atroviride var. *laxituberculatum*, 312

F
Fagus bijiensis, 119
Fagus brevipetiolata, 120
Fagus chienii, 121
Fagus clavata, 122
Fagus longipetiolata, 123
Fagus lucida var. *opienica*, 124
Fagus nayonica, 125
Fagus pashanica, 126
Fagus tientaiensis, 127
Ficus cehengensis, 249
Ficus cehengensis var. *multiformis*, 250
Ficus ciliata, 251
Ficus fedorovii, 252
Ficus formosana, 253
Ficus formosana var. *angustissima*, 254
Ficus guizhouensis, 255
Ficus hirta var. *malayana*, 256
Ficus howii, 257
Ficus pandurata var. *angustifolia*, 258
Ficus pandurata var. *holophylla*, 259
Ficus periptera var. *hirsutula*, 260
Ficus pingtangensis, 261
Ficus pubigera var. *reticulata*, 262
Ficus pumila var. *ellipsoidea*, 263
Ficus pyriformis var. *hirtinervis*, 264
Ficus quichauensis, 265
Ficus trivia, 266
Ficus trivia var. *laevigata*, 267
Ficus trivia var. *tenuipetiola*, 268
Ficus tsiangii, 269

G
Gagea stepposa, 3
Girardinia chingiana, 483
Girardinia cuspidata subsp. *grammata*, 484
Girardinia cuspidata subsp. *triloba*, 485
Girardinia longispica, 486
Girardinia longispica subsp. *conferta*, 487
Girardinia palmata subsp. *ciliata*, 488
Girardinia suborbiculata, 489
Gironniera yunnanensis, 220

H
Humulus yunnanensis, 270

J
Juglans hopeiensis, 4

L
Laportea basirotunda, 490
Laportea bulbifera subsp. *latiuscula*, 491
Laportea bulbifera var. *sinensis*, 492
Laportea chingiana, 493

Laportea elevata, 494
Laportea fujianensis, 495
Laportea integrifolia, 496
Laportea medogensis, 497
Lecanthus petelotii var. *corniculata*, 498
Lecanthus petelotii var. *yunnanensis*, 499
Lecanthus pileoides, 500
Lithocarpus amygdalifolius var. *praecipitiorum*, 128
Lithocarpus brachystachya, 129
Lithocarpus brunnea, 130
Lithocarpus chienchuanensis, 131
Lithocarpus chrysocoma, 132
Lithocarpus cleistocarpus var. *fangiana*, 133
Lithocarpus cleistocarpus var. *omeiensis*, 134
Lithocarpus corneus var. *anustifolius*, 135
Lithocarpus cuneiformis, 136
Lithocarpus damiaoshanicus, 137
Lithocarpus dictyoneurus, 138
Lithocarpus dunnii, 139
Lithocarpus eriobotryoides, 140
Lithocarpus eriolepis, 141
Lithocarpus glaber, 142
Lithocarpus haipinii, 143
Lithocarpus howii, 144
Lithocarpus hui, 145
Lithocarpus kiangsiensis, 146
Lithocarpus laetus, 147
Lithocarpus leucodermis, 148
Lithocarpus levis, 149
Lithocarpus mianningensis, 150
Lithocarpus oblanceolatus, 151
Lithocarpus obovatilimba, 152
Lithocarpus obscurus, 153
Lithocarpus oleaefolia, 154
Lithocarpus pakhaensis, 155
Lithocarpus podocarpa, 156
Lithocarpus propinquus, 157
Lithocarpus shunningensis, 158
Lithocarpus tabularis, 159
Lithocarpus trachycarpa var. *jakhuangensis*, 160
Lithocarpus variolosa subsp. *shunningensis*, 161
Lithocarpus xizangensis, 162

M
Morus alba var. *emarginata*, 271
Morus australis var. *linearipartita*, 272
Morus australis var. *oblongifolia*, 273
Morus australis var. *trilobata*, 274
Morus barkamensis, 275
Morus deqinensis, 276
Morus gongshanensis, 277
Morus gyirongensis, 278
Morus hastifolia, 279
Morus jinpingensis, 280
Morus mongolica var. *longicaudata*, 281
Morus mongolica var. *rotundifolia*, 282

O
Oreocnide frutescens subsp. *insignis*, 501
Oreocnide frutescens subsp. *occidentalis*, 502
Oreocnide integrifolia subsp. *subglabra*, 503
Oreocnide kwangsiensis, *504*
Oreocnide obovata var. *mucronata*, 505
Oreocnide serrulata, 506
Ostrya liana, 66
Ostrya yunnanensis, 67

P
Pasania cheliensis, 163
Pasania chiwui, 164
Pasania confertifolia, 165
Pasania echinothola, 166
Pasania fohaiensis, 167
Pasania hypoglauca, 168
Pasania ischnostachya, 169
Pasania longinux, 170
Pasania lysistachya, 171
Pasania nitidinux, 172
Pasania rhododendrophylla, 173

Pasania tomentosinux, 174
Pasania touranensis, 175
Pasania wenshanensis, 176
Pasania yenshanensis, 177
Pasania yui, 178
Pasania yunjenensis, 179
Pellionia acutidentara, 507
Pellionia caulialata, 508
Pellionia cephaloidea, 509
Pellionia crispulihirtella, 510
Pellionia donglanensis, 511
Pellionia funingensis, 512
Pellionia heteroloba var. *minor*, 513
Pellionia longgangensis, 514
Pellionia longzhouensis, 515
Pellionia macrophylla, 516
Pellionia menglianensis, 517
Pellionia mollissima, 518
Pellionia paucidentata var. *dolichoceras*, 519
Pellionia pauciflora, 520
Pellionia retrohispida, 521
Pellionia ronganensis, 522
Pellionia tenuicuspis, 523
Pellionia tsoongii, 524
Pilea amplistipulata, 525
Pilea angulata subsp. *latiuscula*, 526
Pilea approximata var. *inciso-serrat*, 527
Pilea auricularis, 528
Pilea basicordata, 529
Pilea cavaleriei subsp. *crenata*, 530
Pilea cavaleriei subsp. *valida*, 531
Pilea cavernicola, 532
Pilea chartacea, 533
Pilea cordistipulata, 534
Pilea crateraforma, 535
Pilea elegantissima, 536
Pilea gansuensis, 537
Pilea hexagona, 538
Pilea linearifolia, 539
Pilea longicaulis var. *erosa*, 540
Pilea longicaulis var. *flaviflora*, 541
Pilea longipedunculata, 542
Pilea media, 543
Pilea medogensis, 544
Pilea menghaiensis, 545
Pilea microcardia, 546
Pilea multicellulari, 547
Pilea nanchuannesis, 548
Pilea pauciflora, 550
Pilea pellionioides, 551
Pilea pseudonotata, 552
Pilea pumila var. *obtusifolia*, 553
Pilea purpurella, 554
Pilea receptacularis, 555
Pilea secunda, 556
Pilea shizongensis, 557
Pilea squamosa var. *sparsa*, 558
Pilea symmeria var. *pterocaulis*, 559
Pilea tsiangiana, 560
Pilea verrucosa subsp. *fujianensis*, 561
Platycarya simplicifolia, 5
Platycarya simplicifolia var. *terrnata*, 6
Pliea paniculigera, 549
Pouzolzia argenteonitida, 562
Pouzolzia calophylla, 563
Pouzolzia niveotomentosa, 564
Pouzolzia taiwaniana, 565
Pteroceltis tatarinowii var. *pubescens*, 221

Q
Quercus chingii, 180
Quercus conduplicans, 181
Quercus dentatoides, 182
Quercus disciformis, 183
Quercus fangshanensis, 184
Quercus fimbriat, 185
Quercus fooningensis, 186
Quercus fuhsingensis, 187
Quercus hopeiensis, 188
Quercus hui, 189

Quercus kongshanensis, 190
Quercus kozloviana, 191
Quercus longipes, 192
Quercus lotungensis, 193
Quercus lunglingensis, 194
Quercus marlipoensis, 195
Quercus meridionalis, 196
Quercus monnula, 197
Quercus motuoensis, 198
Quercus muliensis, 199
Quercus nemoralis, 200
Quercus obovatifolia, 201
Quercus pentacycla, 202
Quercus pseudo-serrata, 203
Quercus stewardiana, 204
Quercus tephrosia, 205
Quercus tiaoloshanica, 206
Quercus tungmaiensis, 207
Quercus utilis, 208
Quercus wangii, 209
Quercus yuii, 210
Rhoiptelea chiliantha, 236
Smithiodendron artocarpioideum, 283
Sphaerotylos medogensis, 566
Taxotrophis aquifolioides, 284
Trema nitida, 222
Ulmus chenmoui, 223
Ulmus elongata, 224
Ulmus erythrocarpa, 225
Ulmus kunmingensis, 226
Ulmus lamellosa, 227
Ulmus macrocarpa, 228
Ulmus macrocarpa var. *nana*, 229
Ulmus microcarpa, 230
Ulmus multinevis, 231
Ulmus prunifolia, 232
Ulmus pseudopropinqua, 233
Ulmus szechuanica, 234
Urtica dioica subsp. *gansuensis*, 567
Urtica dioica subsp. *xingjiangensis*, 568
Urtica mairei var. *oblongifolia*, 569
Urtica membranifolia, 570
Urtica tibetca, 571
Urtica triangularis, 572
Urtica zayuensis, 573

Index to Chinese Names ／中名索引

2 画
二色波罗蜜，238
二型苞楼梯草，324
二脉楼梯草，327
二裂楼梯草 ，313
七花楼梯草，455
九龙桦，15

3 画
三小叶化香树，6
三柄果柯，157
三裂叶鸡桑，274
大叶赤车，516
大叶锥栗，86
大托叶冷水花，525
大围山楼梯草，348
大苗山柯 ，137
大果华榛，62
大金鹅耳枥，23
大埔锥，97
大新楼梯草，350
川石栎，142
川鄂丝栗 ，79
川黔千金榆，26
广西冷水花，546
广西紫麻，504
广西疏齿锥，94
小叶异被赤车，513
小果榆，230
小果楼梯草，406
小果锥 ，90
小鹅耳枥，44
叉序楼梯草 ，325
马山楼梯草，398
马尔康桑，275
马边楼梯草，394
马关楼梯草，395
马来榕，256
马尾树，236

4 画
丰脉楼梯草，429
王氏栎 ，209
天目山鹅耳枥，27
天目朴树，214
天台水青冈，127
天台鹅耳枥，52
天坑冷水花，532
天峨楼梯草，472
无苞楼梯草，356
云南长柄水青冈 ，123
云南铁木，67
云南假楼梯草，499
木里栎 ，199
木姜楼梯草，386
五环椆 ，202
太原朴，217
车里柯，163
巨序楼梯草，401
少毛全缘叶紫麻，503
少花赤车，520
少花冷水花，550
少脉楼梯草，415
少鳞冷水花，558
中间型冷水花，543
毛叶千金榆，39
毛叶楼梯草，407
毛花丝朴树，216
毛茎多脉楼梯草，435
毛茎圆序楼梯草，368
毛茎梨序楼梯草，361
毛枝光叶楼梯草，379
毛果荨麻，572
毛果鹅耳枥，45
毛果蝎子草，488
毛脉青冈 ，117
毛脉梨果榕，264
毛脉楼梯草，413
毛翅托榕，260

毛翅楼梯草，337
毛棱茎楼梯草，307
长叶枹栎 ，197
长叶墨脱楼梯草，400
长尖楼梯草，389
长角赤车，519
长角骤尖楼梯草，347
长序榆，224
长苞高山栎 ，185
长苞楼梯草，387
长果柯 ，170
长柄赤车，524
长柄栎 ，192
长柄鹅耳枥，34
长圆叶荨麻，569
长圆叶鹅耳枥，59
长梗楼梯草，390
长缘毛楼梯草，388
长穗锥栗 ，83
长穗锥栗，85
长穗蝎子草，486
仁昌火麻树，493
仁昌青冈，180
片马楼梯草，426
仇栗树 ，177
凤山楼梯草，358
凤庆朴，215
六肋楼梯草，456
六棱茎冷水花，538
文山柯 ，176
文采楼梯草，477
方氏全苞石栎 ，133
心叶艾麻，491
心托冷水花，534
巴山水青冈 ，126
巴马楼梯草，321
邓氏柯，139
双头楼梯草，352
双对生楼梯草 ，328
双尖苎麻 ，286

5 画

甘肃荨麻，567
石林冷水花，536
石油菜，531
龙迈槠，107
龙州赤车，515
龙陵栎 ，194
龙陵锥栗，84
平头石栎，159
平脉楼梯草，427
平塘榕，261
东兰赤车，511
凸尖倒卵叶紫麻，505
田林楼梯草，473
四川鹅耳枥，49
四苞楼梯草，442
四被楼梯草，471
乍矿柯，160
白丝栗，165
白枝柯 ，148
丛林栎，200
册亨榕，249
乌喙楼梯草，418
乐山柯，130
乐东栎 ，193
头序赤车，509
冯氏槠 ，103
永仁柯，179
永顺楼梯草，482
对生楼梯草，416
对序楼梯草，326
台湾雾水葛，565
台湾榕，253

6 画

吉隆桑，278
耳状楼梯草 ，316
耳基冷水花，528
西南米槠 ，73
西畴大叶锥，87
西畴槠 ，116
西藏朴，218
西藏青冈，118
西藏苎麻 ，293
西藏荨麻，571

西藏椆，162
色楼梯草，319
灰叶栎，205
灰背叶柯，168
托盘托叶楼梯草，411
毕节水青冈，119
师宗冷水花，557
尖牙楼梯草，419
尖齿赤车，507
尖被楼梯草，300
光叶苎麻，291
光叶楔叶榕，267
光叶楼梯草，378
光序楼梯草，384
光茎楼梯草，377
光枝苎麻，289
曲毛赤车，521
曲毛楼梯草，343
曲枝楼梯草，445
曲梗楼梯草，310
吊罗栎，206
网果褐叶榕，262
网脉柯，138
先骕柯，145
伏毛苎麻，290
伏毛楼梯草，317
伏毛楼梯草，461
华中冷水花，526
华南桦，8
华南鹅耳枥，20
华珠芽艾麻，492
全缘叶火麻树，496
全缘柘，247
全缘琴叶榕，259
多茎楼梯草，408
多枝楼梯草，443
多歧楼梯草，430
多齿渐尖楼梯草，299
多齿微柱麻，295
多型册亨榕，250
多脉青冈栎，108
多脉高山桦，12
多脉榆，231
多脉楼梯草，434
江西石栗，146
安南柯，175
异茎楼梯草，372
异晶楼梯草，373
阳泉朴，219
红火麻，485
红壳锥，96
红果榆，234

7 画

弄岗赤车，514
贡山波罗蜜，241
贡山栎，190
贡山桑，277
贡山鹅耳枥，60
贡山楼梯草，366
赤车冷水花，551
赤水楼梯草，460
花葶楼梯草，452
苍白拟苎麻，294
杜鹃叶柯，173
李氏铁木，66
李叶榆，232
李恒楼梯草，385
丽江高山桦，11
丽江鹅耳枥，33
拟长圆楼梯草，439
拟长梗楼梯草，436
拟反糙毛楼梯草，446
拟半齿青冈，114
拟托叶楼梯草，438
拟贡山楼梯草，422
拟冷水花，552
拟细尾楼梯草，465
拟南川楼梯草，437
拟盘托楼梯草，353
拟渐尖楼梯草，421
拟渐狭楼梯草，314
拟疏毛楼梯草，301
拟槲树，182
拟骤尖楼梯草，432
拟骤尖楼梯草，462

坚桦，10
串珠毛冷水花，547
佛海榜，77
邻里楼梯草，302
卵叶水麻，297
卵叶柯，152
角被假楼梯草，498
角萼楼梯草，464
条叶冷水花，539
条叶楼梯草，463
序托冷水花，555
冷水花假楼梯草，500
启无柯，164
启无锥，98
尾叶蒙桑，281
陇南冷水花，537
陈氏栲树，74
鸡爪叶桑，272
纳雍水青冈，125
纸质冷水花，533
苎麻楼梯草，329

8 画

直尾楼梯草，444
苔地楼梯草，409
枇杷叶柯，140
刺壳柯，166
披针叶小叶朴，213
披针叶鹅耳枥，32
软毛鹅耳枥，38
软毛楼梯草，396
具钙楼梯草，335
昆明榆，226
国楣槠，106
昌化鹅耳枥，54
明陵榆，225
岩木瓜，269
罗氏楼梯草，392
罗浮锥栗，82
迭叶楼梯草，450
金毛柯 5.，132
金平青冈，104
金平桦，14
金平楼梯草，376
鱼眼果冷水花，542
单叶化香树，5
单齿鹅耳枥，50
浅齿楼梯草，342
法斗槠，102
河口楼梯草，370
河北栎，188
河池楼梯草，369
波密桦，9
波密楼梯草，330
宝兴鹅耳枥，43
房山栎，184
房山鹅耳枥，22
陕西鹅耳枥，48
线叶台湾榕，254
孟连赤车，517
革叶楼梯草，338

9 画

南川木波罗，243
南川冷水花，548
南川楼梯草，410
南方栎，196
南宁红锥，92
南宁栲，70
柄果柯，156
柳叶楼梯草，412
树志楼梯草，457
威尔逊鹅耳枥，61
厚叶楼梯草，341
厚皮丝栗，75
厚苞楼梯草，309
砚山锥栗，99
指序楼梯草，349
背崩楼梯草，322
显苞楼梯草，331
显柄楼梯草，424
显柱楼梯草，458
贵州山核桃，2
贵州桦，16
贵州鹅耳枥，29
贵州锥，80
贵州榕，255
贵阳鹅耳枥，31

贵定鹅耳枥，30
炭栎，208
钝尖冷水花，553
钟氏鹅耳枥，56
钦朗当楼梯草，466
香屏槠，115
复兴椆，187
细尖赤车，523
细角楼梯草，468
细尾楼梯草，467
细齿紫麻，506
细柄楔叶榕，268
细脉楼梯草，469
细梗紫麻，501
细梗楔苞楼梯草，346
细梗楼梯草，362
俅江青冈，105
顺宁石栗，158
顺宁厚叶柯，161
俞氏柯，178
俞氏楼梯草，481
剑川石栗，131
狭长鸡桑，273
狭叶琴叶榕，258
狭叶鹅耳枥，36
狭迭叶楼梯草，451
狭被楼梯草，308
独龙楼梯草，354
饶平栎，181
亮果柯，172
闽北冷水花，561
美叶雾水葛，563
屏边石栎，147
屏边青冈，113
屏边鹅耳枥，46
费氏榕，252
陡崖杏叶柯，128
贺州楼梯草，374
柔毛赤车，518
柔毛青檀，221
柔毛黄杞，3
柔毛糙叶树，212
绒毛曼青冈，111
绒序楼梯草，357

10 画

都匀楼梯草，355
桂木，242
桂木构，283
桐梓鹅耳枥，58
桤叶楼梯草，304
翅苞楼梯草，303
翅茎赤车，508
翅茎冷水花，559
峨边光叶水青冈，124
峨眉全苞石栎，134
峨眉鹅耳枥，42
峨眉矮桦，18
圆叶刺桑，284
圆叶蒙桑，282
圆芽锥，78
圆序楼梯草，367
圆齿石油菜，530
圆基叶树火麻，490
铁皮桦，17
倒卵叶鹅耳枥，41
倒卵青叶冈，201
倒披针叶柯，151
浆栎，174
浙江蝎子草，483
海南冷水花，560
宽托叶楼梯草，380
宽角楼梯草，428
宽苞鹅耳枥，53
宽昭榕，257
宽被楼梯草，381
窄叶烟斗柯，135
展毛滇黔楼梯草，318
通麦栎，207
绢毛楼梯草，383
勐仑楼梯草，405
勐海冷水花，545
勐海柯，167

11 画

球隔麻，566
琅琊榆，223

基心叶冷水花，529
菱叶楼梯草，447
菱苞桦，19
黄毛楼梯草，478
黄花冷水花，541
菴耳柯，143
雪毡雾水葛，564
冕宁鹅耳枥，37
啮蚀叶冷水花，540
崖构，246
崇澍水青冈，121
银毛叶山黄麻，222
银叶雾水葛，562
银白刺榛，72
梨果柯，144
偏生冷水花，556
兜船楼梯草，344
假春榆，233
假枹栎，203
脱皮榆，227
麻核桃，4
麻栗坡栎，195
麻栗坡鹅耳枥，35
麻栗坡楼梯草，397
粗尖楼梯草，340
粗肋楼梯草，339
粗角楼梯草，420
粗齿楼梯草，365
粗齿锥，95
粗梗楼梯草，448
渐狭楼梯草，315
密刺榛，76
密齿楼梯草，441
密疣果蝎子草，487
密球苎麻，287
密晶楼梯草，351
密穗鹅耳枥，24
隆脉楼梯草，425
维西鹅耳枥，40
维西榛，65
绵鳞柯，141
绿苞楼梯草，475
绿茎楼梯草，476

12 画

越南楼梯草，474
蒋氏鹅耳枥，55
戟叶桑，279
葵州榕，265
棒梗水青冈，122
棱茎楼梯草，306
棱果艾麻，494
棱果蝎子草，484
椭果薜荔，263
椭圆叶水麻，296
硬毛华南楼梯草，320
硬毛赤车，510
裂叶桑，271
裂托楼梯草，454
裂序楼梯草，453
雄穗楼梯草，305
紫花楼梯草，440
紫背冷水花，554
紫麻楼梯草，417
景东柘，248
黑叶楼梯草，404
黑叶锥，91
黑角楼梯草，403
黑序楼梯草，402
黑纹楼梯草，311
黑苞楼梯草，414
黑脉槠，109
黑翅楼梯草，391
锈茎楼梯草，359
锐裂齿顶叶冷水花，527
短毛楼梯草，459
短尖楼梯草，332
短尾楼梯草，371
短刺南宁榛，71
短齿楼梯草，360
短柄山毛榉，120
短绢毛波罗蜜，239
短梗楼梯草，333
短穗柯，129
猴子瘿袋，244
普陀鹅耳枥，47
湖北鹅耳枥，28

渤生楼梯草 , 323
滑壳柯 , 149
湄公锥, 88
富宁赤车, 512
富宁栎, 186
富宁楼梯草, 364
疏穗柯 , 171
疏伞楼梯草, 382
疏齿锥 , 93
疏瘤深绿楼梯草, 312
缅宁石栗 , 150
缅宁锥栗, 89
缘毛榕, 251

13 画

蒙古黄榆, 228
楔叶柯, 136
楔叶榕, 266
楔苞楼梯草 , 345
榄叶柯, 154
碗状冷水花, 535
雷公青冈, 189
辐脉楼梯草, 298
睦边青冈 , 112
嵩县栎, 191
锦屏桑, 280
矮形黄榆, 229
靖西楼梯草, 375
新宁楼梯草, 479
新疆异株荨麻, 568
滇东南冷水花, 549
滇波罗蜜, 245
滇南青冈, 100
滇南柯, 155
滇南鹅耳枥, 21
滇南槠, 101
滇桂楼梯草, 433
滇葎草, 270
滇黔苎麻 , 292
滇糙叶树, 220
滇藏紫麻, 502
福州苎麻, 288
福贡楼梯草, 363
福建红小麻, 495
福建桦, 13

14 画

榕叶波罗蜜, 240
槠果黑 , 110
碟斗青冈, 183
膜叶荨麻, 570
瘦穗柯 , 169
漾濞楼梯草, 480
察隅荨麻, 573
褐脉楼梯草 , 334

15 画

樱叶楼梯草, 431
蝎子草, 489
墨脱艾麻, 497
墨脱冷水花, 544
墨脱青冈 , 198
墨脱椆, 153
墨脱楼梯草, 399
德钦桑, 276
德钦鹅耳枥, 51
德浚栎, 210
遵义鹅耳枥, 57
澜沧栲, 81

16 画

薄叶楼梯草, 313
薄托楼梯草, 470
融安赤车, 522
融安楼梯草, 449
黔椆, 204
黔榛, 63
潞西楼梯草, 393

17 画

藏刺榛, 64
骤尖小叶楼梯草, 423

18 画

镰苞鹅耳枥, 25
瀑布楼梯草, 336

Authors and Addresses / 作者及工作单位地址

BAN Qin, CAO Ziyu, Chen Shurong, DU Yufen, FU Lianzhong, LIN Qi, MA Xintang, SUN Miao, SUN Qian, WANG Zhongtao, YANG Zhirong, China National Herbarium (PE), Institute of Botany, Chinese Academy of Sciences, Xiangshan, Beijing 100093, Beijing.

BI Shuqing, College of Life Science, Langfang Normal University, Langfang 065000, Hebei.
DU Qing, LI Qianyun, Department of Biology, Taiyuan Normal University, Taiyuan 030031, Shanxi.

LI Hongli, College of Life Science, West China Normal University, Nanchong 637002, Sichuan.
LIN Yun, Hunan Medication Vestibule School, Changsha 410208, Hunan.

WU Huibing, Department of Chinese Materia Medica, Hunan Food and Drug Vocational College, Changsha 410208, Hunan.

班　勤　曹子余　陈淑荣　杜玉芬　傅连中　林　祁　马欣堂　孙　苗　孙　茜　王忠涛　杨志荣
邮政编码：100093，北京市，香山，中国科学院植物研究所 国家植物标本馆（PE）

秘树青
邮政编码：0650003，河北省，廊坊市，廊坊师范学院 生命科学学院

杜　青　李倩云
邮政编码：030031，山西省，太原市，太原师范学院 生物系

李红丽
邮政编码：637002，四川省，南充市，西华师范大学 生命科学学院

林　云
邮政编码：410208，湖南省，长沙市，湖南省医药技工学校

吴慧冰
邮政编码：410208，湖南省，长沙市，湖南食品药品职业学院 中药系